高等职业教育系列教材

S7–300/400 PLC 基础及工业网络控制技术

陶 权 编著

机械工业出版社

本书以 S7-300/400 PLC 基本应用为基础，通过大量工程案例深入讲解了 S7-300/400 PLC 的工业网络控制技术。

全书共由 6 个项目构成，每个项目又分成若干任务，有些任务又细分成子任务；项目 1 讲解了西门子 S7-300/400 PLC 硬件认识及安装；项目 2 介绍了 STEP 7 编程软件和 PLCSIM 仿真软件的安装；项目 3 讲解了 S7-300/400 PLC 程序设计及调试；项目 4 讲解了 S7-300 PLC 的 MPI 通信；项目 5 讲解了 S7-300 PLC 的 PROFIBUS-DP 通信；项目 6 介绍了工业以太网通信。每个任务均包括任务目标、任务描述、知识准备、任务实施、技能训练、巩固练习等内容。

本书可作为高职高专电气自动化技术、生产过程自动化技术、机电一体化技术、机械制造及自动化等专业的 PLC 课程教材，也可供从事 PLC 应用系统设计、调试和维护的工程技术人员自学或作为培训教材使用。

为配合教学，本书配有电子课件，读者可以登录机械工业出版社教材服务网 www.cmpedu.com 免费注册后下载，或联系编辑索取（QQ：2850823889，电话（010）88379739）。

图书在版编目（CIP）数据

S7-300/400 PLC 基础及工业网络控制技术/陶权编著 .—北京：机械工业出版社，2014.12（2024.1 重印）

高等职业教育系列教材

ISBN 978-7-111-48709-8

Ⅰ.① S… Ⅱ.① 陶… Ⅲ.① plc 技术-高等职业教育-教材
Ⅳ.① TM571.6

中国版本图书馆 CIP 数据核字（2014）第 280020 号

机械工业出版社（北京市百万庄大街 22 号　邮政编码　100037）
责任编辑：李文轶　　责任校对：张艳霞
责任印制：郜　敏
北京富资园科技发展有限公司印刷

2024 年 1 月第 1 版·第 7 次印刷
184mm×260mm·18.5 印张·457 千字
标准书号：ISBN 978-7-111-48709-8
定价：55.00 元

电话服务　　　　　　　　　　网络服务
客服电话：010-88361066　　　机　工　官　网：www.cmpbook.com
　　　　　010-88379833　　　机　工　官　博：weibo.com/cmp1952
　　　　　010-68326294　　　金　书　网：www.golden-book.com
封底无防伪标均为盗版　　　　机工教育服务网：www.cmpedu.com

高等职业教育系列教材机电类专业委员会成员名单

主　　任　　吴家礼

副 主 任　　任建伟　张　华　陈剑鹤　韩全立　盛靖琪　谭胜富

委　　员　　（按姓氏笔画排序）

　　　　　　王启洋　王国玉　王建明　王晓东　代礼前　史新民
　　　　　　田林红　龙光涛　任艳君　刘靖华　刘　震　吕　汀
　　　　　　纪静波　何　伟　吴元凯　陆春元　张　伟　李长胜
　　　　　　李　宏　李柏青　李晓宏　李益民　杨士伟　杨华明
　　　　　　杨　欣　杨显宏　陈文杰　陈志刚　陈黎敏　苑喜军
　　　　　　金卫国　奚小网　徐　宁　陶亦亦　曹　凤　盛定高
　　　　　　覃　岭　程时甘　韩满林

秘 书 长　　胡毓坚

副秘书长　　郝秀凯

出 版 说 明

《国家职业教育改革实施方案》（又称"职教20条"）指出：到2022年，职业院校教学条件基本达标，一大批普通本科高等学校向应用型转变，建设50所高水平高等职业学校和150个骨干专业（群）；建成覆盖大部分行业领域、具有国际先进水平的中国职业教育标准体系；从2019年开始，在职业院校、应用型本科高校启动"学历证书+若干职业技能等级证书"制度试点（即1+X证书制度试点）工作。在此背景下，机械工业出版社组织国内80余所职业院校（其中大部分院校入选"双高"计划）的院校领导和骨干教师展开专业和课程建设研讨，以适应新时代职业教育发展要求和教学需求为目标，规划并出版了"高等职业教育系列教材"丛书。

该系列教材以岗位需求为导向，涵盖计算机、电子、自动化和机电等专业，由院校和企业合作开发，多由具有丰富教学经验和实践经验的"双师型"教师编写，并邀请专家审定大纲和审读书稿，致力于打造充分适应新时代职业教育教学模式、满足职业院校教学改革和专业建设需求、体现工学结合特点的精品化教材。

归纳起来，本系列教材具有以下特点：

1）充分体现规划性和系统性。系列教材由机械工业出版社发起，定期组织相关领域专家、院校领导、骨干教师和企业代表召开编委会年会和专业研讨会，在研究专业和课程建设的基础上，规划教材选题，审定教材大纲，组织人员编写，并经专家审核后出版。整个教材开发过程以质量为先，严谨高效，为建立高质量、高水平的专业教材体系奠定了基础。

2）工学结合，围绕学生职业技能设计教材内容和编写形式。基础课程教材在保持扎实理论基础的同时，增加实训、习题、知识拓展以及立体化配套资源；专业课程教材突出理论和实践相统一，注重以企业真实生产项目、典型工作任务、案例等为载体组织教学单元，采用项目导向、任务驱动等编写模式，强调实践性。

3）教材内容科学先进，教材编排展现力强。系列教材紧随技术和经济的发展而更新，及时将新知识、新技术、新工艺和新案例等引入教材；同时注重吸收最新的教学理念，并积极支持新专业的教材建设。教材编排注重图、文、表并茂，生动活泼，形式新颖；名称、名词、术语等均符合国家有关技术质量标准和规范。

4）注重立体化资源建设。系列教材针对部分课程特点，力求通过随书二维码等形式，将教学视频、仿真动画、案例拓展、习题试卷及解答等教学资源融入到教材中，使学生学习课上课下相结合，为高素质技能型人才的培养提供更多的教学手段。

由于我国高等职业教育改革和发展的速度很快，加之我们的水平和经验有限，因此在教材的编写和出版过程中难免出现疏漏。恳请使用本系列教材的师生及时向我们反馈相关信息，以利于我们今后不断提高教材的出版质量，为广大师生提供更多、更适用的教材。

机械工业出版社

前　言

随着工业自动化技术和通信网络技术的飞速发展，PLC 应用领域大大拓展，PLC 技术已成为自动化行业核心应用技术。西门子 S7-300/400 PLC 是目前市场占有率极高的大中型 PLC，在工业上应用广泛。

本书以 S7-300/400 PLC 机型为例，以工程应用为目的，以编程指令应用为主线，借助大量典型案例讲解 PLC 编程方法和技巧及工业网络控制技术；通过分析工艺控制要求，进行硬件配置和软件编程，系统调试与实施，由浅入深、循序渐进地讲解知识、训练技能，提升学生综合技术应用能力。

本书把 S7-300/400 PLC 相关内容整合成 6 个项目，每个项目又分成若干任务，共有 16 个任务，有些任务又细分成子任务；项目 1 讲解了西门子 S7-300/400 PLC 硬件认识及安装；项目 2 介绍了 STEP 7 编程软件和 PLCSIM 仿真软件的安装；项目 3 讲解了 S7-300/400 PLC 程序设计及调试；项目 4 讲解了 S7-300 PLC 的 MPI 通信；项目 5 讲解了 S7-300 PLC 的 PROFIBUS-DP 通信；项目 6 介绍了工业以太网通信。每个任务均包括任务目标、任务描述、知识准备、任务实施、技能训练、巩固练习等内容。

本书特点如下。

1. 案例丰富：以项目为载体，以任务为驱动，每个项目都通过几个案例具体实施，使学生能够深刻理解编程方法和指令使用。

2. 强调实用：例如在工业网络控制部分，远程控制、信息采集、联网运行等是难点，本书并未在理论上夸夸其谈，而是通过具体案例来讲解，使读者容易理解工业网络控制应用。

3. 图文并茂：理论精简，通俗易懂，并有大量图形，实用性强。

4. 综合性强：工业网络控制部分内容涵盖了目前自动化技术的主流产品 PLC、变频器、HMI 和组态软件技术，案例中有大量 PLC 与周边设备综合应用的项目，着重培养学生系统综合集成的能力，突出学生创新能力提高。

本书由广西工业职业技术学院陶权教授编著，柳州自动化科学研究所所长刘文峰主审。在本书的编写过程中，参考了有关资料和文献，在此向相关的作者表示衷心的感谢。

由于编者水平有限和时间仓促，书中不妥之处在所难免，恳请广大读者批评指正。

编　者

目 录

出版说明
前言
项目1 西门子 S7-300/400 PLC 硬件认识及安装 1
  任务 1.1　S7-300 系列 PLC 硬件系统的认识 1
  任务 1.2　S7-400 系列 PLC 硬件系统的认识 12
项目2 STEP 7 编程软件和 PLCSIM 仿真软件的安装 28
  任务 2.1　STEP 7 编程软件的安装 28
  任务 2.2　PLCSIM 仿真软件的安装 34
项目3 S7-300/400 PLC 程序设计及调试 39
  任务 3.1　位逻辑指令应用 39
    子任务 1　四路抢答器 PLC 控制 45
    子任务 2　电动机正反转 PLC 控制 57
    子任务 3　风机运行状态 PLC 监控 60
    子任务 4　地下停车场车辆出入 PLC 控制 64
  任务 3.2　定时器指令、计数器指令的应用 71
    子任务 1　多级传送带运输系统 PLC 控制 77
    子任务 2　停车场车位计数 PLC 控制 79
    子任务 3　运货小车 PLC 控制 81
    子任务 4　顺序控制 PLC 编程 83
    子任务 5　物料混合装置 PLC 控制 89
  任务 3.3　功能指令应用 96
    子任务 1　气动机械手 PLC 控制 109
    子任务 2　灌装生产线包装 PLC 控制 112
  任务 3.4　用户程序结构指令应用 118
    子任务 1　基于 FC（子程序）的星形-三角形降压起动的 PLC 控制 124
    子任务 2　基于 FC（带参数）的星形-三角形降压起动的 PLC 控制 127
    子任务 3　基于 FB 背景数据的星形-三角形降压起动的 PLC 控制 129
    子任务 4　FB 多重背景数据的星形-三角形降压起动 PLC 控制 134
    子任务 5　水泵、油泵、气泵星形-三角形降压起动控制与大型设备运行的 PLC 控制 139
  任务 3.5　模拟量指令及 PID 指令的应用 149
    子任务 1　循环池液位的 PID 控制 167
    子任务 2　化工厂聚合釜温度和流量的 PID 串级控制 172
项目4 S7-300 PLC 的 MPI 通信 177
项目5 S7-300 PLC 的 PROFIBUS-DP 通信 186

任务 5.1　基于 PROFIBUS-DP 的 S7-300 PLC 控制 S7-200 PLC 通信 …………… *191*
　　子任务 1　S7-300 PLC 与一台 S7-200 PLC 的彩灯主从控制 ………………… *196*
　　子任务 2　S7-300 PLC 与两台 S7-200 PLC 的电动机控制通信 ……………… *199*
任务 5.2　基于 PROFIBUS-DP 的 S7-300 PLC 之间的 PROFIBUS-DP 通信 ……… *205*
　　子任务 1　两台 S7-300 PLC 的 PROFIBUS-DP 通信 ……………………… *206*
　　子任务 2　PROFIBUS-DP 的一主二从 MS 通信 ……………………………… *210*
任务 5.3　基于 PROFIBUS-DP 的 S7-300 PLC 与远程 I/O 模块 ET200 通信 …… *212*
　　子任务 1　食品高温杀菌热水设备远程控制 …………………………………… *217*
　　子任务 2　锅炉补水远程控制系统 ……………………………………………… *221*
任务 5.4　基于 PROFIBUS-DP 的 S7-300 与 MM440 变频器通信 ………………… *225*
　　子任务 1　S7-300 PLC 通过 PROFIBUS-DP 控制 MM440 变频器 ………… *231*
　　子任务 2　基于 PROFIBUS-DP 的 PLC 远程控制和修改 MM440 变频器参数 …… *239*
　　子任务 3　PLC 通过 PROFIBUS-DP 控制两台变频器运行系统 ……………… *243*

项目 6　工业以太网通信　*256*

任务 6.1　两台 S7-300 PLC 的以太网通信 ………………………………………… *261*
任务 6.2　工业以太网 PROFINET 实现分布式 I/O 控制 …………………………… *265*
任务 6.3　基于以太网和组态王的化工反应车间远程监控系统设计 ……………… *271*

参考文献 ………………………………………………………………………………… *288*

项目 1　西门子 S7-300/400 PLC 硬件认识及安装

【任务目标】

- 学习 S7-300/400 PLC 硬件的基本知识。
- 学习 S7-300/400 PLC 模块的特性和技术规范。
- 训练硬件的选型。
- 训练西门子 S7-300/400 PLC 模块的安装。

【任务描述】

S7-300/400 属于模块式 PLC，机架（RACK）、电源模块（PS）、CPU 模块、信号模块（SM）、通信模块（CP）、功能模块（FM）、接口模块（IM）等像积木一样一块一块地组合起来，要求各模块的安装要符合安装规范，在安装前要学习 S7-300/400 PLC 各种模块的基本知识、特性和技术规范。

【知识准备】

西门子 PLC 系列产品包括小型 PLC（S7-200）系列、中等性能系列（S7-300）和高性能系列（S7-400）。西门子 S7 家族产品价格与 CPU 性能趋势（PLC 的 I/O 点数、运算速度、存储容量及网络功能）如图 1-1 所示。

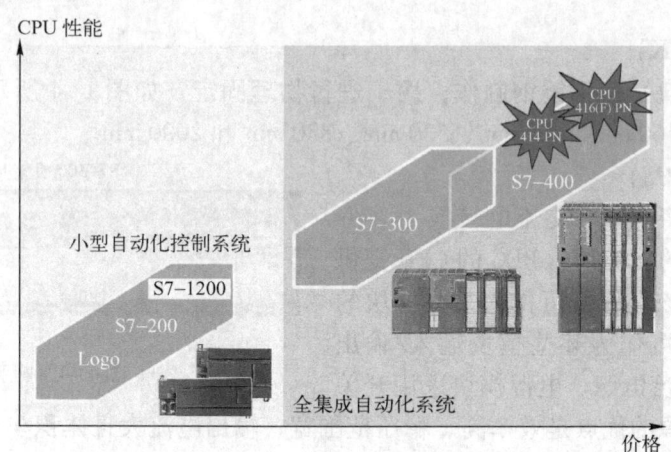

图 1-1　价格与 CPU 性能趋势图

任务 1.1　S7-300 系列 PLC 硬件系统的认识

S7-300 属于模块式 PLC，主要由机架（RACK）、电源模块（PS）、CPU 模块、信号模块（SM）、通信模块（CP）、功能模块（FM）、接口模块（IM）等组成，图 1-2 所示是

S7-300 PLC 外形图，图 1-3 所示是 S7-300 PLC 结构图。S7-300 系列 PLC 的模块都有名称，具有同样名称的模块根据接口名称和功能的不同，又有不同的规格，在 PLC 的硬件组态中，以订货号为准。

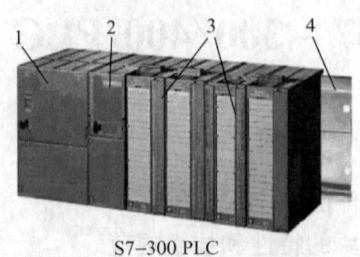

图 1-2　S7-300 PLC 外形图
1—电源模块　2—CPU 模块　3—信号模块　4—机架

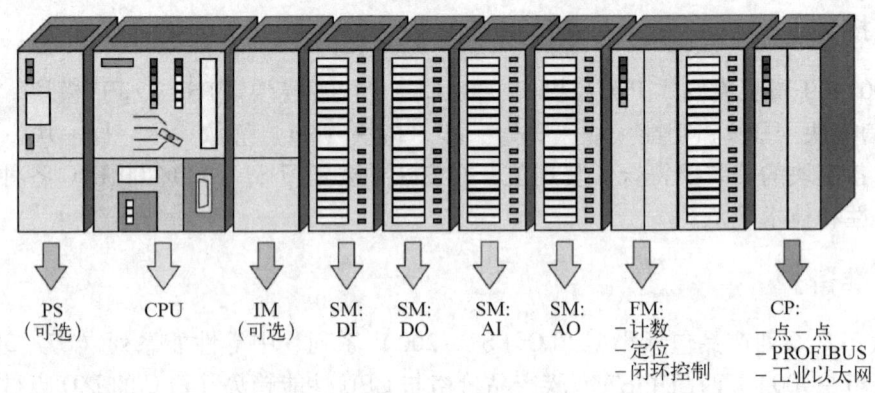

图 1-3　S7-300 PLC 结构图

1. 机架（RACK）

机架（包括导轨）由不锈钢制作，用于进行物理固定，如图 1-4 所示；有 5 种不同的长度规格，分别为 160 mm、482 mm、530 mm、830 mm 和 2000 mm。

2. 电源模块（PS）

电源模块用于将 220 V 交流电转换为 24 V 直流电，电源模块的功能是为 PLC 的 CPU 提供 24 V 的直流电压，该电压既可作为某些模块的 24 V 工作电源，也可作为某些模块输入/输出端子的外接 24 V 直流电源。电源模块采用开关电源电路，开关电源的优点是效率高、稳压范围宽、输出电流大且体积小。

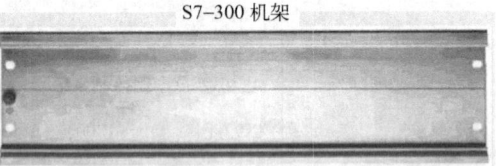

图 1-4　机架

PS305 电源模块由直流供电（24 V/46 V/72 V/96 V/110 V），如图 1-5 所示，电源模块的额定输出电流有 2 A、5 A 和 10 A 三种。电源模块的面板上有工作开关和状态指示灯，当电源过载时指示灯会闪烁。

PS307 电源模块由交流供电，如图 1-6 所示，PS307 电源模块输入电压为 AC 120/230 V，输出电压为 DC 24 V，根据输出电流不同，可分为 2 A、5 A 和 10 A 型。图 1-6 是 PS307 2A 型的。

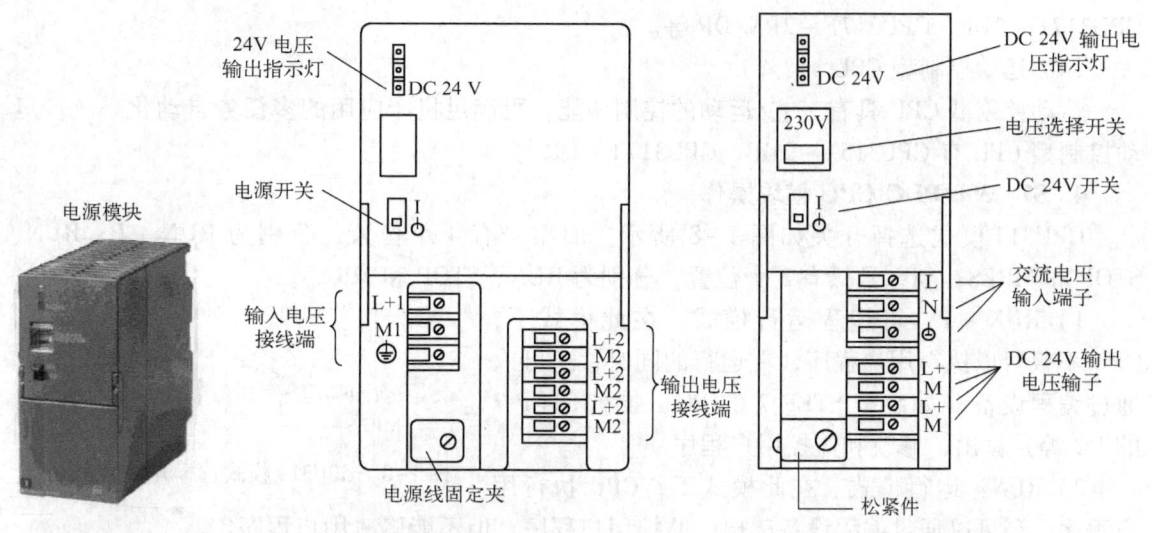

图1-5 直流电源模块及面板　　图1-6 交流电源模块及面板

3. 中央处理器单元（CPU）模块

S7-300 的 CPU 型号很多，主要分为紧凑型、标准型、故障安全型和运动控制型等，各种型号的 CPU 模块有不同的性能，CPU 模块面板上有状态指示灯、模式转换开关、24V 电源端子、电池盒和存储卡插槽等。如图1-7 所示。

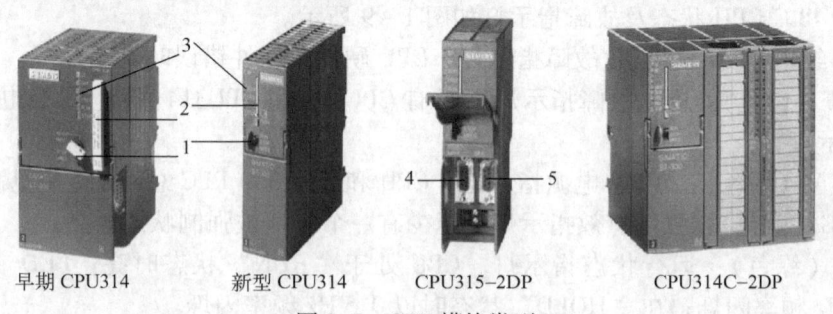

图1-7 CPU 模块类型

1—模式转换开关　2—MMC 卡　3—状态指示　4—MPI 通信口　5—DP 通信口

（1）紧凑型 CPU

CPU313C、CPU314C 集成了数字量和模拟量的 I/O 通道。

CPU313C-2DP 集成了数字量输入/输出和一个 PROFIBUS-DP 的主站/从站通信接口。

CPU314C-2DP 集成了数字量和模拟量输入/输出和一个 PROFIBUS-DP 的主站/从站通信接口。

（2）标准型 CPU

标准型 CPU 为模块式结构，未集成 I/O 功能，标准型 CPU 有 CPU312、CPU314、CPU315-2DP、CPU315-2PN/DP 等。一个 CPU315-2DP 可处理 8192 个开关量（或 512 个模拟量）。

（3）故障安全型 CPU

故障安全型 CPU 适用于对安全要求极高的场合，它可在系统出现故障时立即进入安全模式，保证人与设备的安全；故障安全型 CPU 有 CPU315F-2DP、CPU315F-2PN/DP、

CPU317F-2DP、CPU317F-2PN/DP 等。

（4）运动控制型 CPU

运动控制型 CPU 具有工艺/运动的控制功能，可满足机床应用的多任务自动化系统，运动控制型 CPU 有 CPU315T-2DP、CPU317T-DP 等。

4. S7-300 PLC CPU 模块操作

CPU314 模式选择开关如图 1-8 所示。旧型号有 4 个位置，分别为 RUN-P、RUN、STOP 和 MRES；新型号只有 3 个位置，分别为 RUN、STOP 和 MRES。

1）RUN-P：可编程运行模式。在此模式下，CPU 不仅可以执行用户程序，在运行的同时，还可以通过编程设备（如装有 STEP 7 的 PG、装有 STEP 7 的 PC 等）读出、修改和监控用户程序。

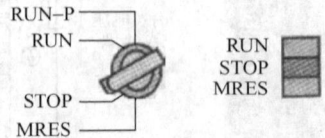

图 1-8 CPU314 模式选择开关示意图

2）RUN：运行模式。在此模式下，CPU 执行用户程序，还可以通过编程设备读出、监控用户程序，但不能修改用户程序。

3）STOP：停机模式。在此模式下，CPU 不执行用户程序，但可以通过编程设备（如装有 STEP 7 的 PG、装有 STEP 7 的 PC 等）从 CPU 中读出或修改用户程序。在此位置可以拔出钥匙。

4）MRES：存储器复位模式。该位置不能保持，当开关在此位置释放时将自动返回到 STOP 位置。将钥匙从 STOP 模式切换到 MRES 模式时，可复位存储器，使 CPU 回到初始状态。

5. CPU 状态及故障显示

S7-300 PLC CPU 状态及故障指示灯如图 1-9 所示。

1）SF（红色）：系统出错/故障指示灯。CPU 硬件或软件错误时灯亮。

2）BATF（红色）：电池故障指示灯（只有 CPU313 和 CPU314 配备）。当电池失效或未装入时，指示灯亮。

3）DC 5 V（绿色）：+5 V 电源指示灯。CPU 和 S7-300 PLC 总线的 5 V 电源正常时亮。

4）FRCE（黄色）：强制有效指示灯。至少有一个 I/O 被强制状态时亮。

5）RUN（绿色）：运行状态指示灯。CPU 处于"RUN"状态时亮；LED 在"Startup"状态时以 2 Hz 频率闪烁；在"HOLD"状态时以 0.5 Hz 频率闪烁。

6）STOP（黄色）：停止状态指示灯。CPU 处于"STOP"或"HOLD"或"Startup"状态时亮；在存储器复位时 LED 以 0.5 Hz 频率闪烁；在存储器置位时 LED 以 2 Hz 频率闪烁。

6. MMC 卡

MMC 卡如图 1-10 所示，MMC 卡用来存储 PLC 程序和数据，无 MMC 卡的 CPU 模块是不能工作的，而 CPU 本身不带 MMC 卡，需另外购买。选用时，要求 MMC 卡容量应大于 CPU 的内存容量，以 CPU312C 为例，其内存为 32 KB，选用的 MMC 卡最大容量为 4 MB。

图 1-9　CPU 状态及故障指示灯　　　　图 1-10　CPU MMC 卡

插拔 MMC 卡应在断电或 STOP 模式下进行，否则会使 MMC 卡内的程序和数据丢失，甚至损坏 MMC 卡。

7. 信号模块（SM）

信号模块包括数字量和模拟量的 I/O 模块，它们作为 PLC 的过程输入和输出通道。信号模块主要有数字量输入模块（DI）SM321、数字量输出模块（DO）SM322、数字量输入/输出模块（DI/DO）SM323；模拟量输入模块（AI）SM331 和模拟量输出模块（AO）SM332。模拟量输入模块可以输入热电偶、热电阻、DC 4~20 mA 和 DC 0~10 V 等多种不同类型和不同量程的模拟量信号。信号模块通过背板总线将现场的过程信号传递给 CPU。图 1-11 是信号模块及前连接器外形。

信号模块（SM）　前连接器

图 1-11　信号模块及前连接器

（1）数字量输入模块（DI）SM321

SM321 数字量输入模块有两种输入方式：直流输入和交流输入。根据输入方式和点数的不同，SM321 又可分为多种类型，其类型在模块上有标注。SM321 不同类型的内部结构与接线方式有一定的区别，图 1-12、图 1-13 列出了两种典型的 SM321 面板、内部结构与接线方式。

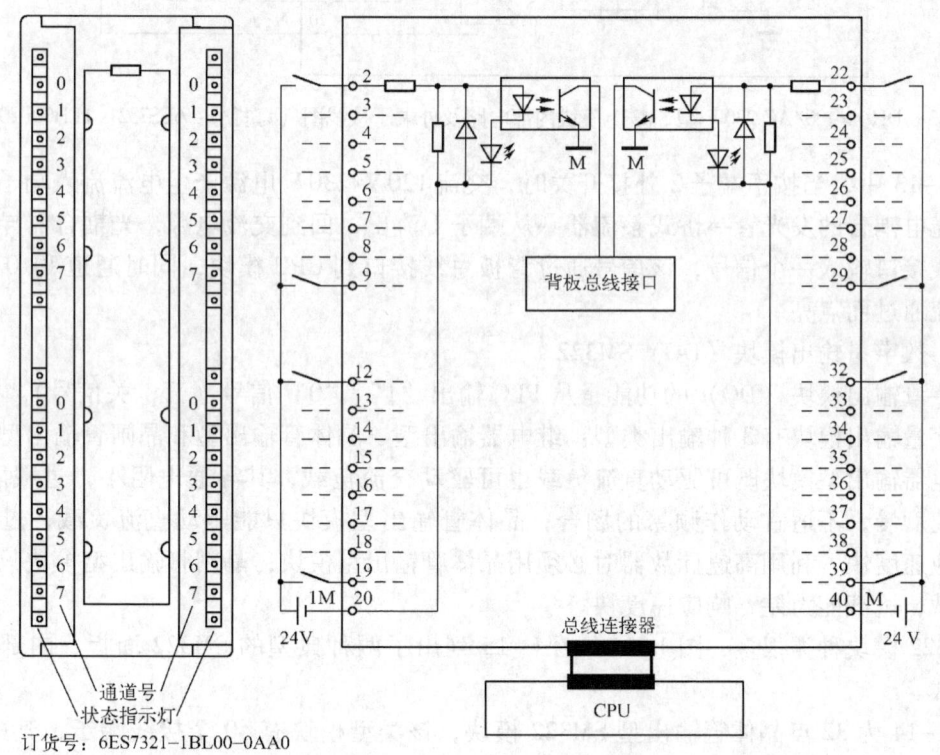

订货号：6ES7321-1BL00-0AA0

图 1-12　DI32×DC 24 V 型 SM321 模块内部电路及外端子接线图

图 1-12 中，当按下端子 2 外接开关时，直流 24V 电源产生电流注入端子 2 内部电路，给通道 I0.0 输入"1"信号，该信号经光电耦合→背板总线接口电路→模块外接的总线连接器→CPU 模块，同时通道 I0.0 指示灯因有电流通过而点亮。

5

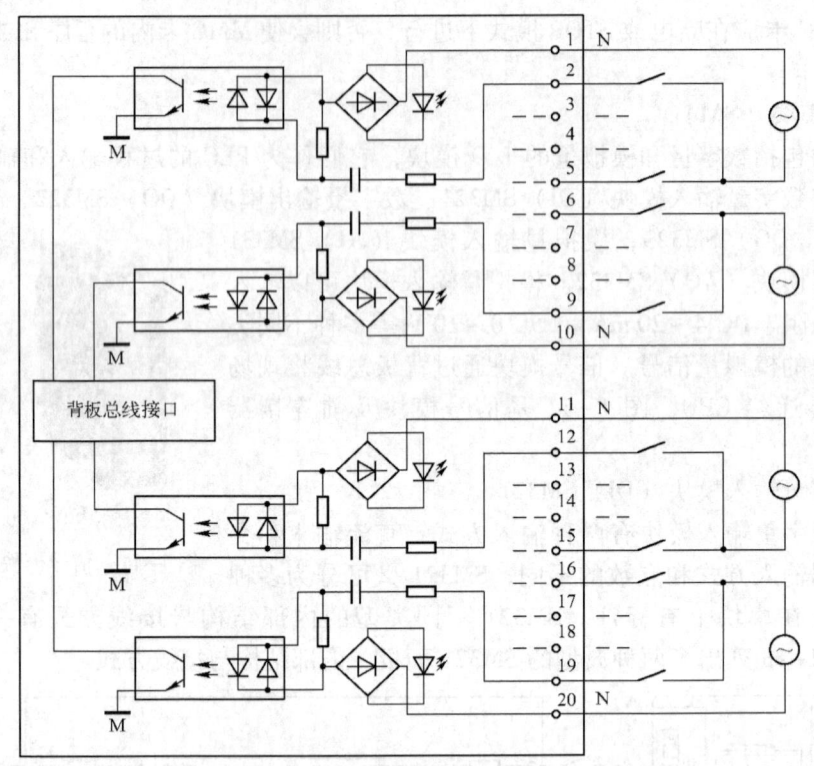

图 1-13 DI16×120/AC 230 V 型 SM321 模块内部电路及外端子接线图（订货号：6ES7321-1FH00-0AA0）

图 1-13 中，当按下端子 2 外接开关时，交流 120 V/230 V 电源产生电流流入端子 2→RC 元件→光电耦合的发光管→桥式整流器→从端子 1 流出，回到交流电源，光耦合器导通，给背板总线接口输入一个信号，该信号通过背板总线接口到 CPU 模块，同时通道 I0.0 指示灯因有电流通过而点亮。

（2）数字量输出模块（DO）SM322

数字量输出模块（DO）的功能是从 PLC 输出 "1"、"0" 信号（开、关信号）。

数字量输出模块有 3 种输出类型：继电器输出型、晶体管输出型和晶闸管输出型。

继电器输出型模块既可驱动直流负载也可驱动交流负载，其导通电阻小，过载能力强，但响应速度慢，不适宜动作频繁的场合；晶体管输出型模块只能驱动直流负载，过载能力差，响应速度快，利用高速计数器时必须用晶体管输出型模块；晶闸管输出型模块只能驱动交流负载，过载能力差，响应速度快。

SM322 模块种类很多，图 1-14、图 1-15 列出了两种典型的 SM322 面板、内部结构与接线方式。

图 1-14 为 32 点晶体管输出型 SM322 模块，该类型模块有 40 个接线端子，其中 32 个端子定义为输出端子。当 CPU 模块内部的 Q0.0 = 1 时，CPU 模块通过背板总线将该值送到 SM322 的总线接口电路，接口电路输出电压使光耦合器导通，进而使 Q0.0 端子所对应的晶体管（图中带三角形的符号）导通，有电流流过 Q0.0 端子外接的线圈，电流途径是 24 V + →1L +端子→晶体管器件→端子→24 V -。通电线圈产生磁场使有关触点产生动作。

图 1-15 为 16 点晶闸管输出型 SM322 模块，该类型模块有 20 个接线端子，16 个端子定

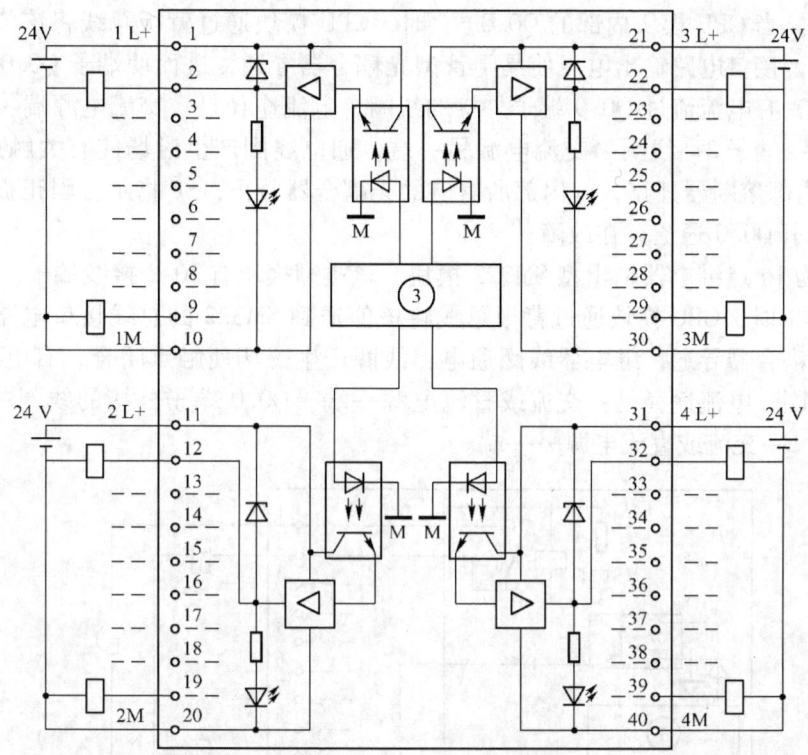

图1-14 32点晶体管输出型SM322模块内部电路及外端子接线图（订货号：6ES7322-1BL00-0AA0）

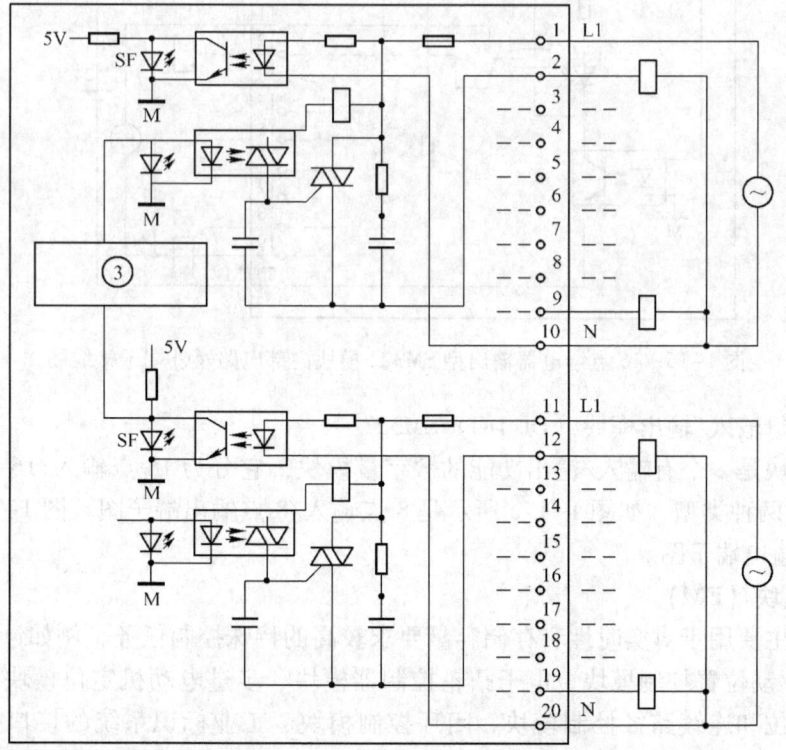

图1-15 16点晶闸管输出型SM322模块内部电路及外端子接线图（订货号：6ES7322-1FH00-0AA0）

义为输出端子。当CPU模块内部的Q0.0＝1时，CPU模块通过背板总线将该值送到SM322内的接口电路，接口电路输出电压使晶闸管型光耦合器导通，进而使端子Q0.0所对应的双向晶闸管导通，有电流流过Q0.0端子外接的线圈，电流途径是：交流电源端→L1→熔断器→双向晶闸管→端子2→线圈→交流电源另一端，通电线圈产生磁场使有关触点产生动作。如果L1端子内部熔断器开路，其内部所对应的光耦合器截止，SF指示灯因正极电压升高而导通发光，指示Q0.0通道存在故障。

图1-16为16点继电器输出型SM322模块，该类型模块有20个接线端子。当CPU模块内部的Q0.0＝1时，CPU模块通过背板总线将该值送到SM322的总线接口电路，接口电路输出电压使光耦合器导通，继电器线圈通电，线圈产生磁场使触点闭合，有电流流过Q0.0端子外接的线圈，电流途径是：交流或直流电源一端→Q0.0端子外接的线圈→端子2→内部触点→端子1→交流或直流电源另一端。

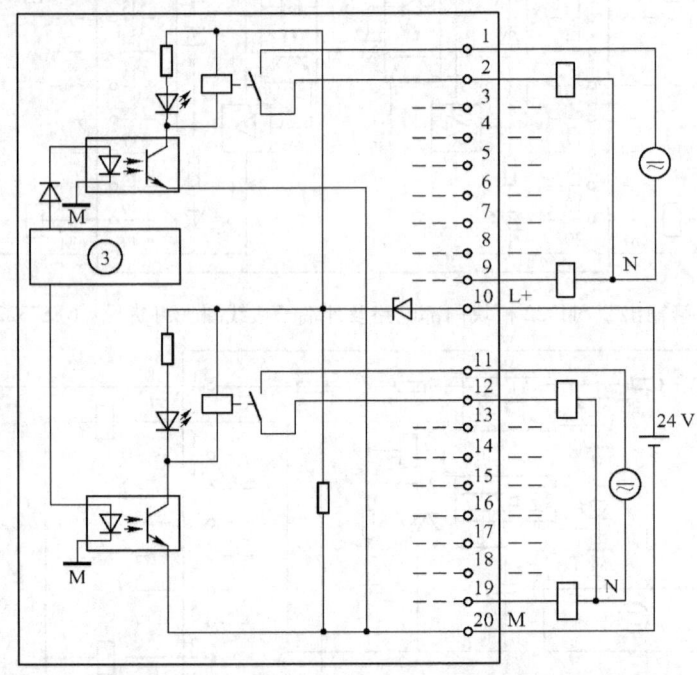

图1-16　16点继电器输出型SM322模块内部电路及外端子接线图

（3）数字量输入/输出模块（DI/DO）SM323

SM323模块是一个有输入/输出功能的数字量模块，它分为16点输入/16点输出和8点输入/8点输出两种类型，如图1-17a所示是8点输入/8点输出端子图。图1-17b所示是16点输入/16点输出端子图。

8. 功能模块（FM）

功能模块主要用于对实时性和存储容量要求较高的特殊控制任务，例如计数器模块、快速/慢速进给驱动位置控制模块、电子凸轮控制器模块、步进电动机定位模块、伺服电动机定位模块、定位和连续路径控制模块、闭环控制模块、工业标识系统的接口模块、称重模块、位置输入模块和超声波位置解码器等，如图1-18所示。

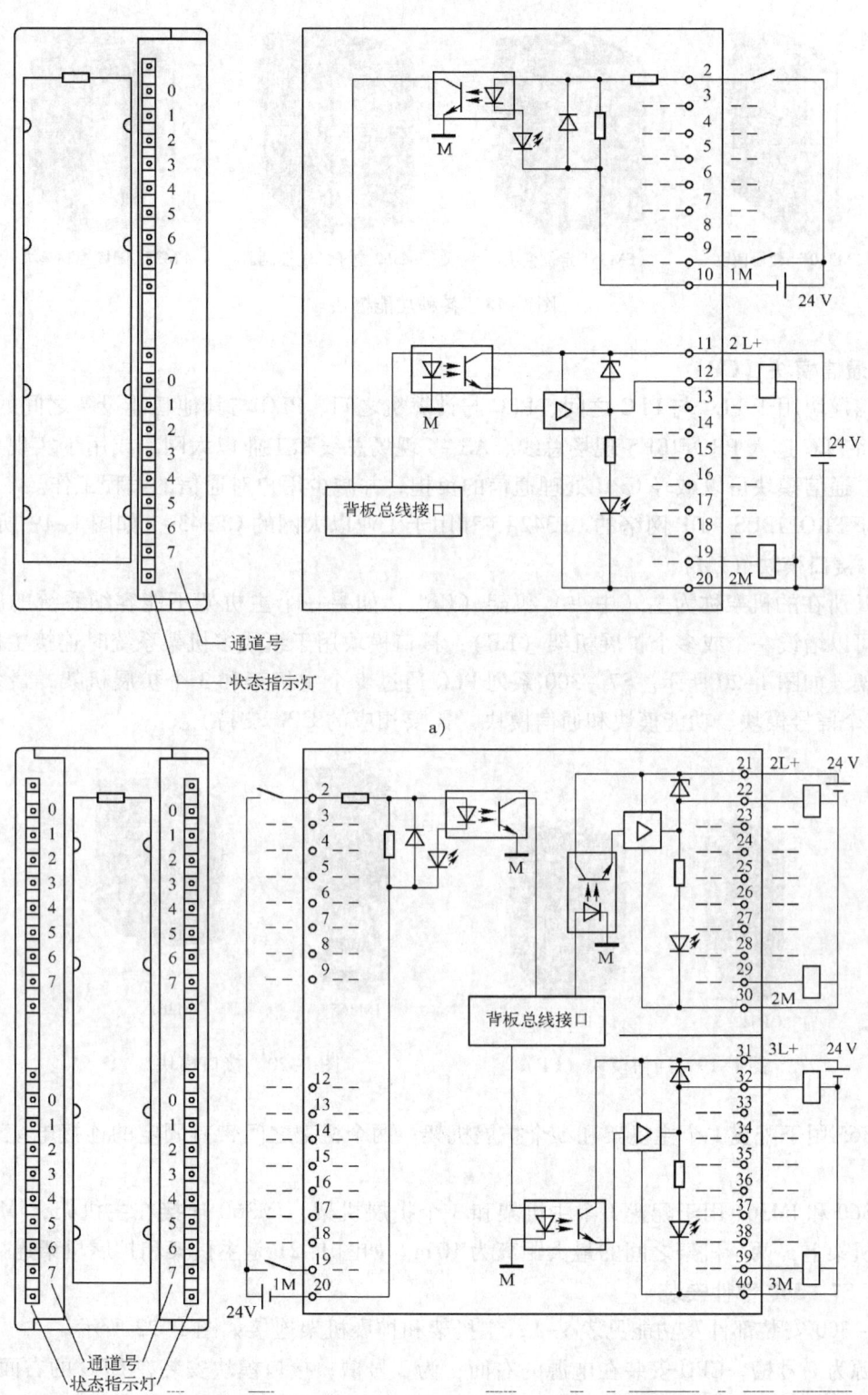

图 1-17 数字量输入/输出模块
a) 8 输入/8 输出模块内部电路及外端子接线图　b) 16 输入/16 输出模块内部电路及外端子接线图

FM350 计数器模块　　FM351 定位模块　　FM352 电子凸轮控制器　　FM355 闭环控制模块

图 1-18　各种功能模块

9. 通信模块（CP）

通信模块用于 PLC 与 PLC 之间、PLC 与计算机之间、PLC 与其他智能设备之间的通信，它可以将 PLC 连入 PROFIBUS 现场总线、AS-i 现场总线和工业以太网，或用于实现点对点通信等。通信模块可以减轻 CPU 处理通信的负担，并减少用户对通信的编程工作。

用于 PROFIBUS-DP 网络的 CP342-5 和用于工业以太网的 CP343-1 如图 1-19 所示。

10. 接口模块（IM）

CPU 所在的机架称为主（中央）机架（CR），如果一个主机架不能容纳系统的所有模块，则可以增设一个或多个扩展机架（ER）；接口模块用于组成多机架系统时连接主机架和扩展机架，如图 1-20 所示。S7-300 系列 PLC 通过 1 个主机架和 3 个扩展机架，最多可以配置 32 个信号模块、功能模块和通信模块（需要相应的 CPU 支持）。

　CP342-5　　CP343-1　　　　　　IM365　　　　IM361

图 1-19　通信模块（CP）　　　　　图 1-20　接口模块

IM365 用于配置 1 个主机架和 1 个扩展机架；两个机架之间带有固定的连接电缆，长度为 1 m。

IM360 和 IM361 用于配置 1 个主机架和 3 个扩展机架，IM360 连接在主机架，IM361 装在扩展机架上，两个机架之间的最大距离为 10 m。如图 1-21 是主机架和扩展机架连接图。

11. S7-300 部件安装

S7-300 安装部件及功能见表 1-1，主机架和扩展机架连接如图 1-22 所示。

电源为 1 号槽，CPU 安装在电源的右面，为 2 号槽，接口模块安装在 CPU 的右面，为 3 号槽。每个机架最多安装 8 个 I/O 模块（信号模块、功能模块、通信模块），最大扩展能力为 32 个模块；对紧凑型 CPU31xC，不能在机架 3 的最后一个槽位插入 I/O 8 模块，该槽位的地址已经分配给 CPU 集成的 I/O 端口。

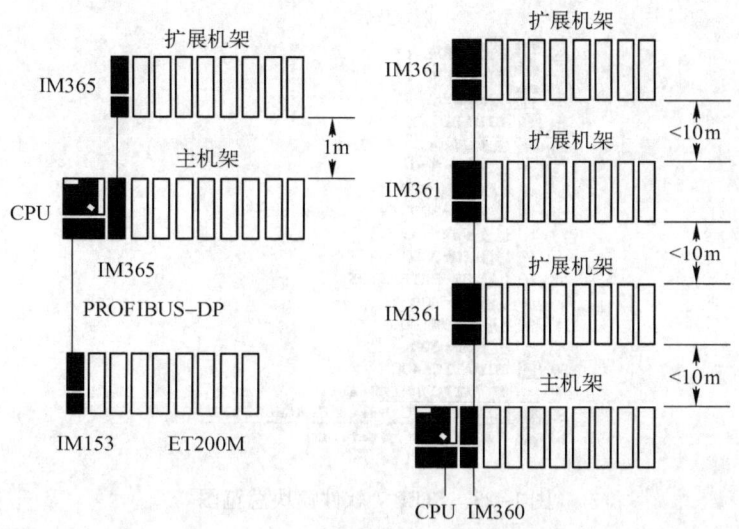

图 1-21 主机架和扩展机架连接图

表 1-1 S7-300 安装部件及功能

部 件	功 能
导轨	S7-300 支架
电源模块（PS）	交流 220 V 转换为直流 24 V 电压
中央处理器（CPU）	执行用户程序。附件：备份电源，MMC 存储卡
机架接口模块（IM）	连接两个机架的总线
信号模块（SM）模拟量/数字量	把不同的过程信号与 S7-300 匹配。附件：总线连接器，前连接器
功能模块（FM）	完成定位、闭环控制等功能
通信模块（CP）	附件：电缆、软件、接口电路

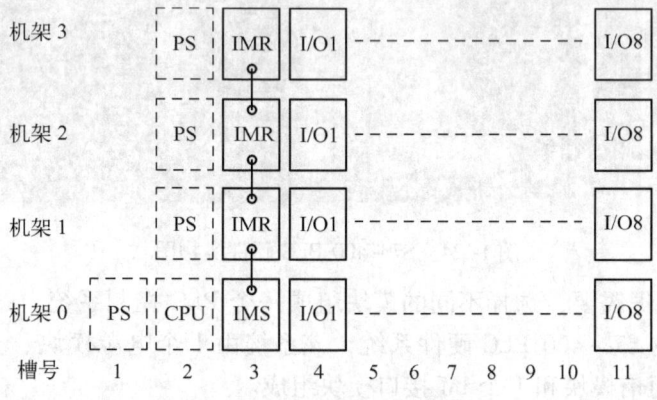

图 1-22 主机架和扩展机架连接

如图 1-23 是 STEP 7 编程软件中的模块总览图，进行硬件组态时需用到。

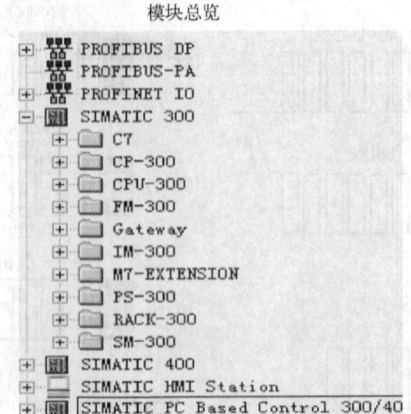

图 1-23 STEP 7 软件模块总览图

任务 1.2 S7-400 系列 PLC 硬件系统的认识

1. S7-400 系列 PLC 结构

S7-400 是 S7 系列 PLC 中等性能最好、功能最强、扩展性最好的 PLC 产品,可以满足绝大多数工业自动化控制要求。与 S7-300 PLC 一样,S7-400 PLC 也属于模块式 PLC,主要由 CPU 模块、电源模块、I/O 模块、通信模块和功能模块等组成,将这些模块安装在 S7-400 PLC 专用机架上,依靠机架上自带的总线连为一体。图 1-24 列出两种 S7-400 PLC 硬件实物图。

图 1-24 S7-400 PLC 硬件实物图

S7-400 可以根据需要,选择不同的模块组成一个 PLC 控制系统。图 1-25 是一个典型的包含了多种模块的 S7-400 PLC 硬件系统,该系统由 1 个电源模块、多个 CPU 模块、多个 I/O 模块、多个通信模块和 1 个 IM 接口模块组成。

2. S7-400 系列 PLC 分类

S7-400 PLC 有 3 大类:标准 S7-400 PLC、S7-400 H 硬件冗余系统和 S7-400 F/FH 系统。

标准 S7-400 PLC 广泛适用于过程工业和制造业,具有大数据量的处理能力,能协调整个生产系统,支持等时模式,可灵活、自由地进行系统扩展,支持带电热插拔,具有不停机添加/修改分布式 I/O 等特点。

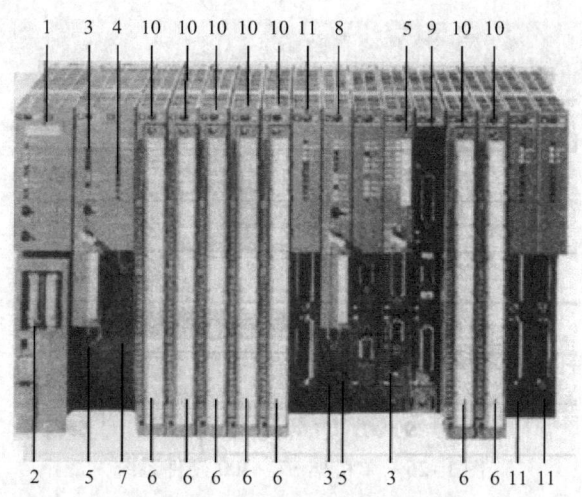

图1-25 S7-400 PLC硬件系统

1—电源模块 2—备用电源模块 3—模式开关 4—指示灯 5—存储卡 6—前连接器
7—CPU1 8—CPU2 9—扩展模块 10—I/O模块 11—IM接口模块

S7-400 H硬件冗余系统非常适用于过程工业，可降低故障停机成本，具有双机热备份，避免停机；可无人值守运行，且双CPU切换时间低于100 ms，同时还有先进的事件同步冗余机制。

S7-400 F/FH系统是基于S7-400 H硬件冗余系统的，实现了对人身、机器和环境的最高安全性，符合IEC61508 SIL3安全规范，标准程序与故障安全程序在CPU中同时运行。

1）CPU412-1、CPU412-2和CPU412-2PN适用于中等性能范围的小型自动化系统。

2）CPU414-2、CPU414-3和CPU412-3PN/DP适用于中等性能范围的小型自动化系统，它满足对程序规模和指令处理速度及通信要求高的场合。

3. S7-400 PLC硬件组成

S7-400 PLC的模块安装在一个称为单机架S7-400 PLC的系统中，图1-26所示为一种单机架S7-400 PLC硬件系统，系统采用了具有18个插槽的机架，安装了电源模块、CPU模块和其他模块（I/O模块、接口模块、功能模块和通信模块等），单机架系统必须安装电源模块和CPU模块，其他模块可根据需要安装，如图1-27所示。

（1）机架

机架上已含有背板总线，模块安装在机架上后，机架上的总线会将各模块连接起来。为各模块提供电源。S7-400 PLC有7种类型的机架，分别是UR1、UR2、ER1、ER2、CR2、CR3和CR2-H。

（2）电源

S7-400 PLC电源模块的功能是通过背板总线为机架中的其他模块提供工作电压，S7-400电源模块有PS405和PS407两种类型，每种类型又分为标准型和冗余型，当S7-400的供电系统稳定性较差时，建议使用冗余型电源模块。

S7-400标准型电源模块分为4 A、10 A和20 A，冗余型电源模块只有10 A系列。

S7-400各种电源模块的面板大同小异，区别主要是有的电源模块只能安装一个备用电池，有的电源模块可以安装两个备用电池。S7-400电源模块的外形与面板如图1-28所示。

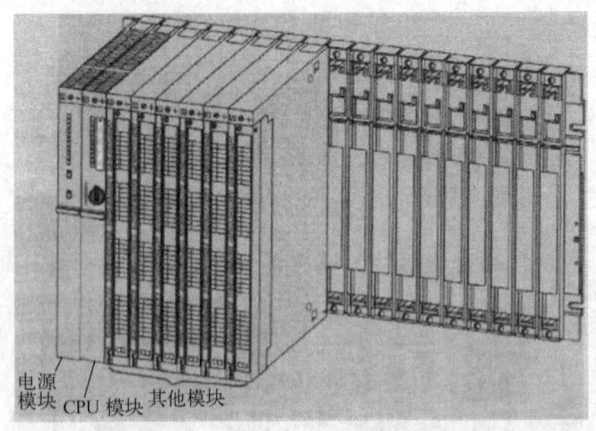

电源模块　CPU 模块　其他模块

图 1-26　单机架 S7-400 硬件系统

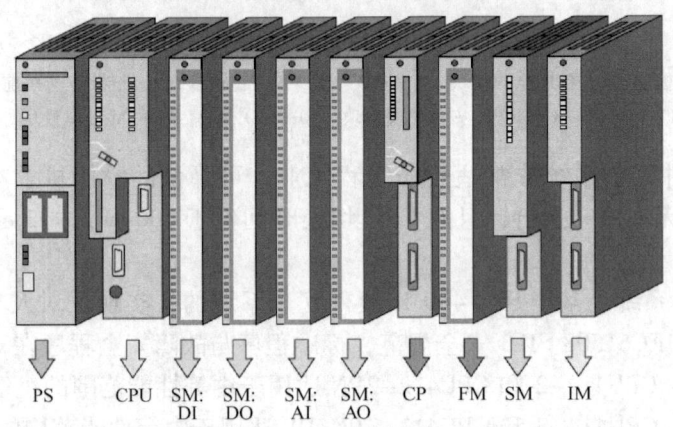

PS　CPU　SM:DI　SM:DO　SM:AI　SM:AO　CP　FM　SM　IM

图 1-27　S7-400 PLC 硬件安装示意图

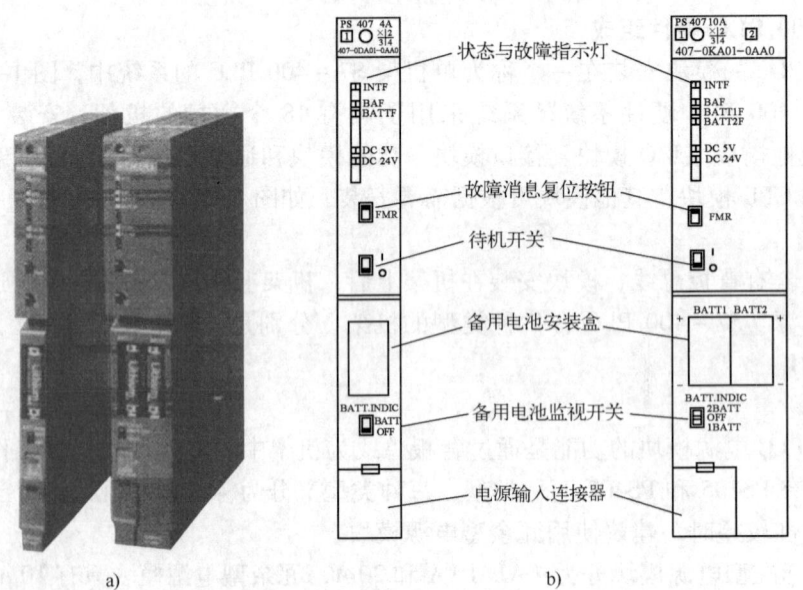

a)　　　　　　　　　b)

图 1-28　S7-400 电源模块的外形与面板

a) 外形　b) 面板

下面对 S7-400 电源模块的面板各部分进行说明。

① 状态与故障指示灯。

S7-400 电源模块的状态与故障指示灯含义见表 1-2。

表 1-2 电源模块的状态与故障指示灯含义

指示灯名称		颜色	含　义
电源模块	INTF	红色	出现内部故障时亮
	DC 5 V	绿色	5V 电压输出正常时亮
	DC 24 V	绿色	24V 电压输出正常时亮
单电池模块	BAF	红色	开关置于 BATT 位置时背板总线上的电池太低时亮
	BATTF	黄色	开关置于 BATT 位置时电池耗尽或极性接反时亮
双备用电池	BAF	红色	开关置于 1BATT 或 2BATT 位置时，背板总线上的电池太低时亮
	BATT1F	黄色	开关置于 1BATT 或 2BATT 位置时，电池 1 耗尽或极性接反时亮
	BATT2F	黄色	开关置于 1BATT 或 2BATT 位置时，电池 2 耗尽或极性接反时亮

② 按钮和开关。

电源模块上有故障消息复位（FMR）按钮、待机开关和备用电池监视（BATT. INDIC）开关。

a. 故障消息复位（FMR）按钮：用于排除故障后复位故障指示灯。

b. 待机开关：用于对电源模块进行开机和待机控制，当电源模块切换到待机状态时，其背板总线上的输出电压（DC 5 V/24 V）为 0。

c. 备用电池监视（BATT. INDIC）开关：用于选择监视备用电池。

③ 备用电源盒。

备用电池的功能是当电源模块关机或者供电电压过低时，系统的参数设置及 RAM 存储将通过背板总线备份到 CPU 及可编程模块。另外，备用电池可以在 CPU 通电后执行 CPU 的重启动。电源模块和被备份的模块都会监视电池电压。

如果备用电池电压偏低或极性装反，则系统无法执行备份功能，因此安装备用电池后，应开启 BATT. INDIC（备用电池监视）开关，以便随时了解备用电池的情况。

如果安装了两块备用电池，并且将 BATT. INDIC 开关置于"2BATT"时，电源模块将会使用其中一块电池，当该电池耗完后，会自动切换使用另一块电池。

备用电池为选件，其类型为 AA 锂电池，额定电压为 3.6 V，额定容量为 2.3 A·h，订货号为 6ES7971-0BA00。

（3）CPU

S7-400 CPU 模块型号很多，图 1-29 列出了两种典型的 CPU 模块的操作面板，从图中可看出面板上主要有状态和故障指示灯，存储卡插槽、模式选择开关和通信接口等。

下面对 S7-400 CPU 模块面板进行详细说明。

① 状态和故障指示灯。

CPU 模块的状态和故障指示灯含义见表 1-3。

② 存储卡插槽。

存储卡插槽可以插入 RAM 卡来扩展 CPU 的装载存储器，也可以插闪存卡。RAM 卡的容量有：64 KB，256 KB，1 MB，2 MB；RAM 卡的内容利用 CPU 模块上的电池保持。

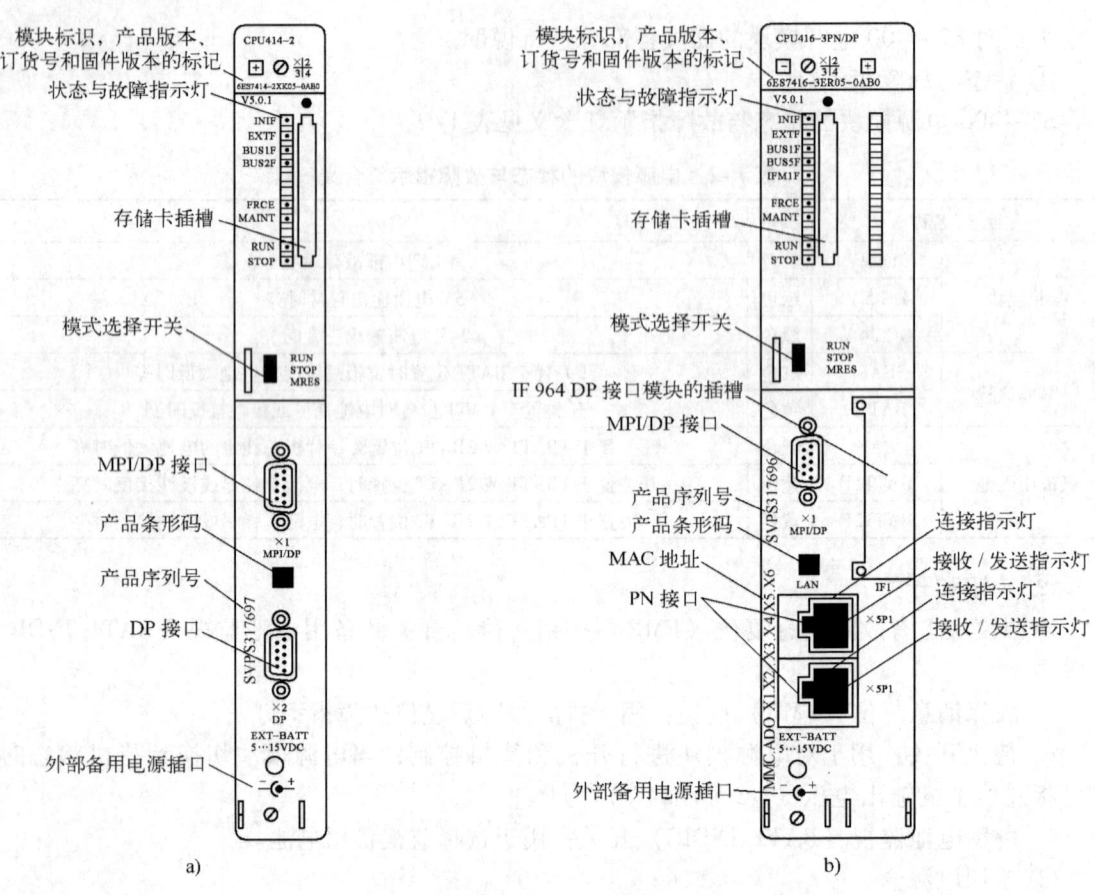

图 1-29 两种典型的 CPU 模块的操作面板
a) CPU41x-2 操作面板 b) CPU41x-3 PN/DP 操作面板

表 1-3 S7-400 CPU 模块面板状态和故障指示灯含义

指示灯名称	颜色	含义
INIT	红色	内部故障
EXTF	红色	外部故障
FRCE	黄色	强制作业激活
MAINT	黄色	维护请求待处理
RUN	绿色	运行
STOP	黄色	停止
BUS1F	红色	MPI/DP 接口 1 上的总线故障
BUS2F	红色	DP 接口 2 上的总线故障
BUS5F	红色	NET 接口处的总线故障
IFM1F	红色	接口模块 1 上的故障
IFM2F	红色	接口模块 2 上的故障

闪存卡是用于存储用户程序和数据的非易失性存储器（不需要备用电池），可在编程设备或 CPU 模块中进行编程，插入闪存卡也扩展了 CPU 的装载存储器。快闪 EPROM 卡的容量有：64 KB，256 KB，1 MB，2 MB，4 MB，8 MB，16 MB；这些内容备份到集成的 E^2PROM。

③ 模式选择开关。

模式选择开关用来设置 CPU 的当前工作模式。模式选择开关有 RUN（运行）、STOP（停止）和 MRES（存储器复位）3 种模式。

④ 通信接口。

S7-400 CPU 模块的通信接口类型有：MPI 接口（多点接口）、DP 接口（现场总线接口）和 PN 接口（工业以太网接口）。

所有的 CPU 模块至少有一个 MPI 接口（多点接口），用于连接 PG（编程器）、PC（个人计算机）或 OP（操作员面板）。CPU 模块是否有 DP 接口、PN 接口，可查看 CPU 型号中是否含有 DP、PN 字符，若有则表明该 CPU 模块具有这两种接口（或可在接口插槽中插入接口模块获得 DP 接口），例如 CPU414-3 PN/DP 模块中含有 PN/DP，表示同时具有 DP 和 PN 接口。

⑤ 外部备用电源插口。

当该接口输入 DC 5～15 V 的外部备用电源时，可使 CPU 模块实现以下功能：

a. 备份存储在 RAM 中的用户程序；

b. 保存动态 DB 中的标志值、定时器值、计数器值和系统数据；

c. 备份内部时钟。

用该接口为 CPU 提供备用电源，可制作一个带直径为 2.5 mm 插头的电源线，也可在机架的电源模块中安装备用电池，起到同样的效果。

（4）数字量模块

S7-400 的数字量模块有 SM421 输入模块和 SM422 输出模块。

① 数字量输入模块。

数字量输入模块 SM421 的规格型号很多，各型号连接方式有所不同，主要区别在于电源和公共端。SM421 的接线方式为单列方式。

a. 技术规格。

数字量输入模块 SM421 的技术规格见表 1-4。

表 1-4 SM421 的技术规格

订货号	主要参数	分组数	功耗/W
6ES7421-7BH00-0AB0	16 点，DC 24 V 输入，带诊断功能	独立输入	5
6ES7421-7BH01-0AB0			
6ES7421-1BL00-0AA0	32 点，DC 24 V 输入	1	6
6ES7421-1BL01-0AA0	32 点，DC 24 V 光耦输入		
6ES7421-1EL00-0AA0	32 点，DC、AC 通用 120 V 输入	4	16
6ES7421-1FH00-0AA0	16 点，DC、AC 通用 120/230 V 输入	4	12
6ES7421-1FH20-0AA0			
6ES7421-7DH00-0AB0	16 点，DC、AC 通用 24～60 V 输入，带诊断功能	独立输入	3～8
6ES7421-5EH00-0AA0	16 点，AC 120 V 输入	独立输入	20

b. 接线。

数字量输入模块 SM421 的接线图如图 1-30 所示。

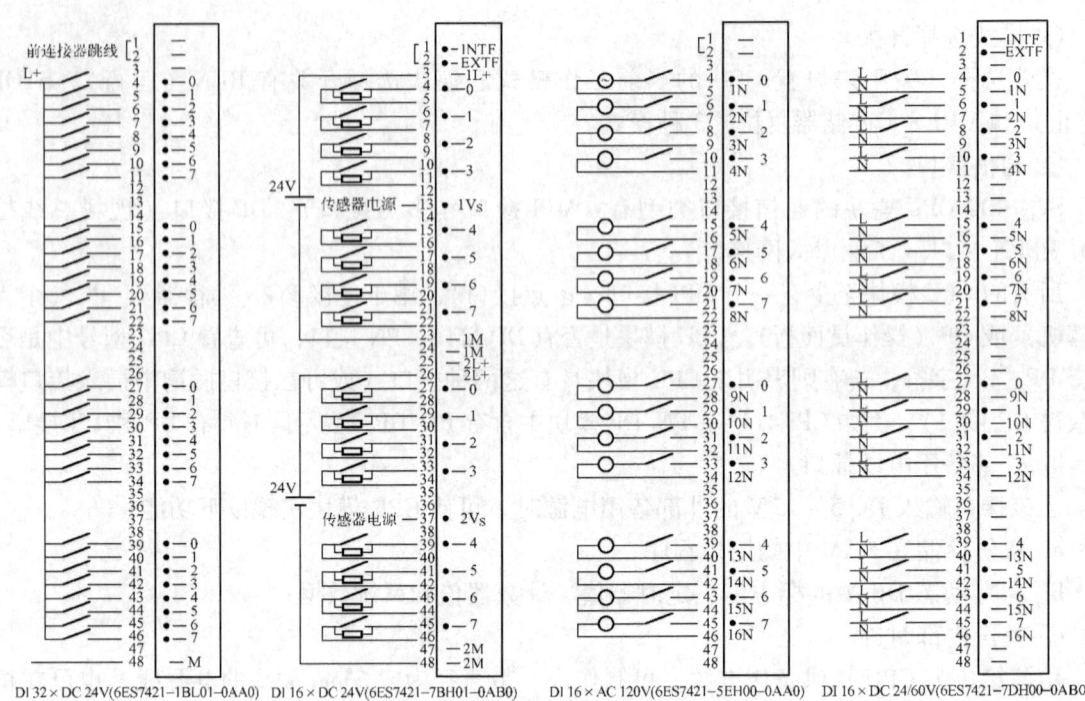

图 1-30 数字量输入模块 SM421 的接线图

② 数字量输出模块 SM422。

数字量输出模块 SM422 用于连接接触器线圈、阀门、指示灯等负载，其输出形式有 DC 24 V 晶体管输出、晶闸管输出和继电器输出。

a. 技术规格。

数字量输出模块 SM422 型号很多，其主要规格见表 1-5。

表 1-5 SM422 的技术规格

订货号	主要参数	分组数	功耗/W
6ES7422-1HH00-0AB0	16 点，DC 60 V/AC 230 V，5 A 继电器触点输出	8	25
6ES7422-1BH10-0AA0	16 点，DC 24 V，2 A 晶体管输出	2	7
6ES7422-1BH11-0AA0			
6ES7422-1FH00-0AA0	16 点，AC 120/230 V 双向晶闸管输出	4	16
6ES7421-1BL00-0AA0	32 点，DC 24 V，0.5 A 晶体管输出	4	4

b. 接线。

数字量输出模块 SM422 的接线图如图 1-31 所示。

【任务实施】

西门子 S7-300 PLC 模块的安装

1. 任务实施步骤及工艺要求

S7-300 PLC 的硬件安装主要包括：导轨、电源（PS）、中央处理器（CPU）、微型存储

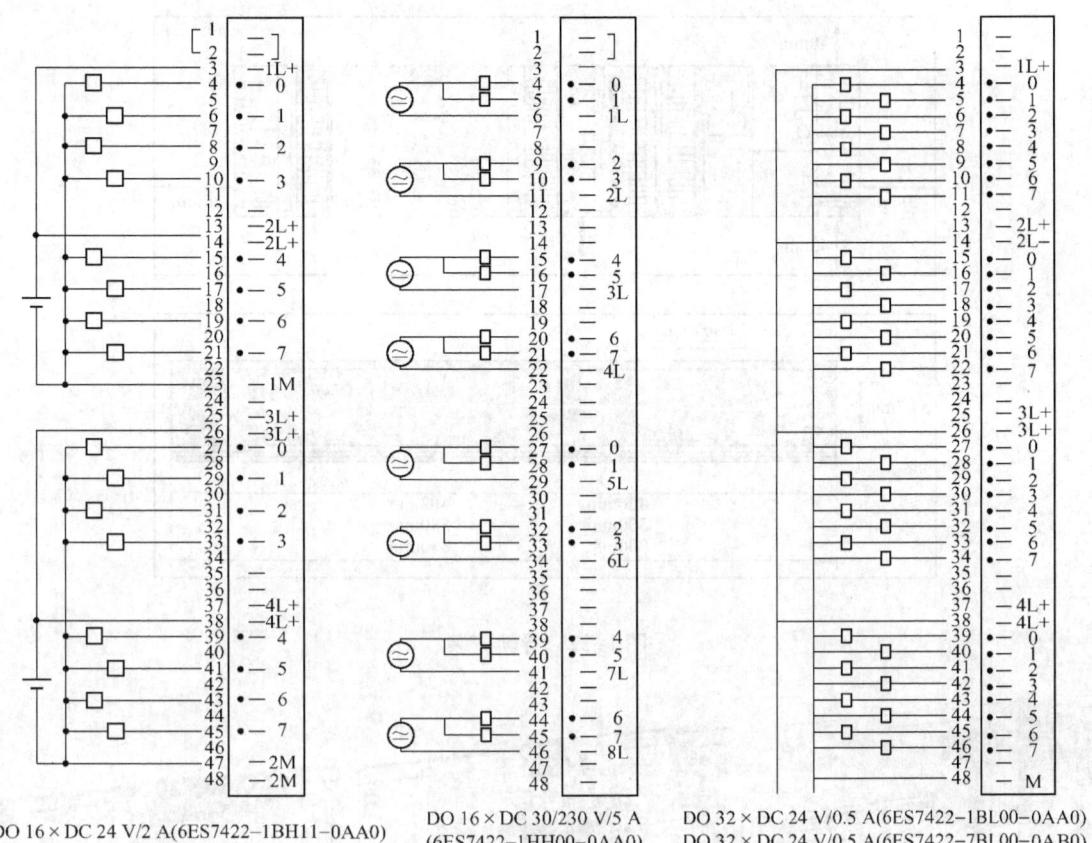

图 1-31 数字量输出模块 SM422 的接线图

卡（MMC）、开关量输入模块（DI）、开关量输出模块（DO）、模拟量输入模块（AI）、模拟量输出模块（AO）、多针前连接器、PC 适配器或 CP5611 通信适配器以及功能模块等部件的安装。

（1）安装导轨

将导轨用螺钉固定在机柜的合适位置上，安装导轨时应留有足够的空间用于安装模块和散热，如图 1-32 所示。

（2）安装电源和 CPU 模块

将电源模块（PS）安装在导轨的最左端，接着在其右侧安装 CPU 模块。

① 电源模块安装在导轨上，用螺钉旋具拧紧电源模块上的螺钉，将电源模块固定在导轨上。

② 总线连接器插入 CPU 模块背部的总线连接插槽中，将 CPU 模块安装在导轨上电源模块的旁边，用螺钉旋具拧紧 CPU 模块的螺钉，如图 1-33 所示，将 CPU 模块固定在导轨上。

③ 将 SIYIATIC 微存储卡（MMC）插入 CPU 模块的插槽中。

（3）安装信号模块

将总线连接器插入信号模块（SM），并将模块安装在 CPU 模块右侧的导轨上。如图 1-34 所示。

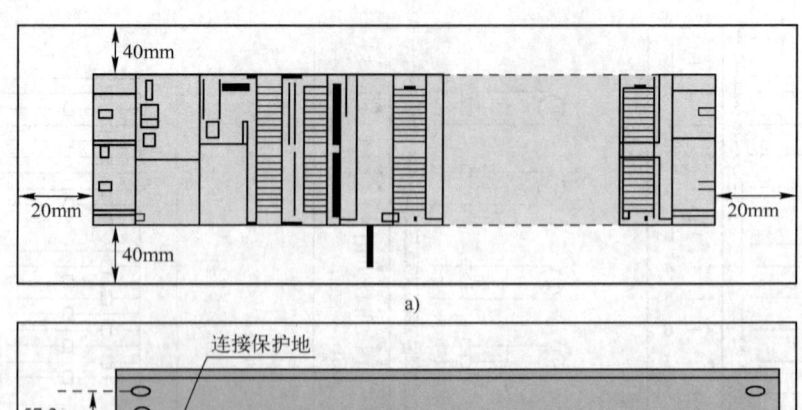

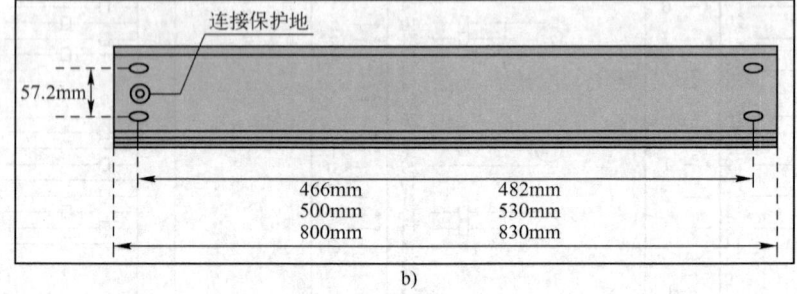

图 1-32 导轨安装

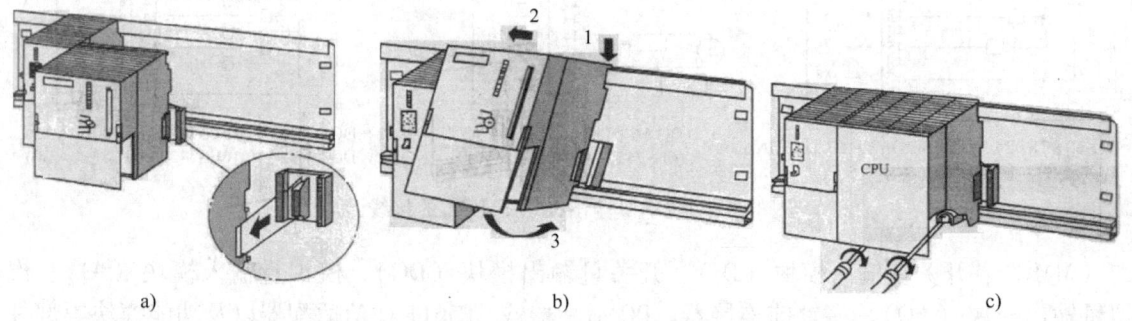

图 1-33 固定 CPU 模块

a）安装总线连接器 b）安装 CPU 模块 c）拧紧 CPU 模块的螺钉

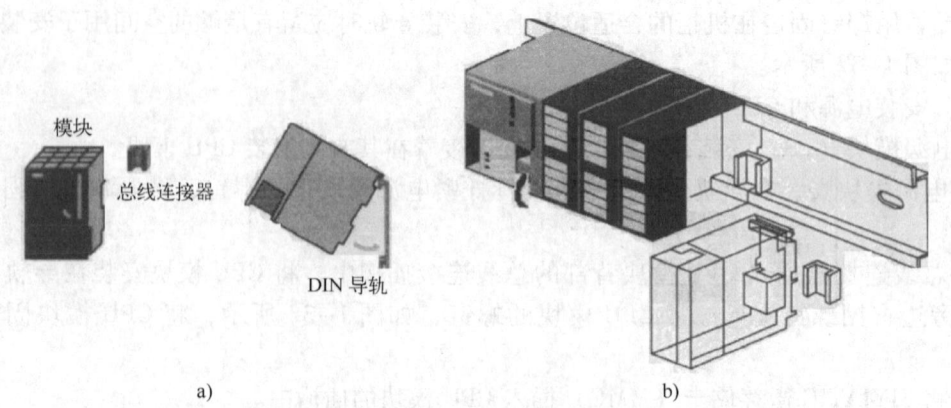

图 1-34 安装总线连接器和信号模块

a）安装总线连接器 b）安装信号模块

说明：每个模块（除 CPU 外）都有一个总线连接器。在插入总线连接器时，必须从 CPU 开始。为此，应取出最后一个模块的总线连接器，将总线连接器插入另一个模块；最后一个模块不用安装总线连接器。按照接口模块（如果不需要扩展机架可以不接）、信号模块（一般先接输入模块再接输出模块）和功能模块的顺序，将所有模块悬挂在导轨上，将模块滑到左边的导轨上，然后向下回转模块，再拧紧模块上的螺钉将其固定在导轨上。

（4）安装前连接器

打开信号模块的前盖板，将前连接器置于接线位置。将前连接器推入正确的位置，拧紧连接器中心的固定螺钉。如图 1-35a 所示。

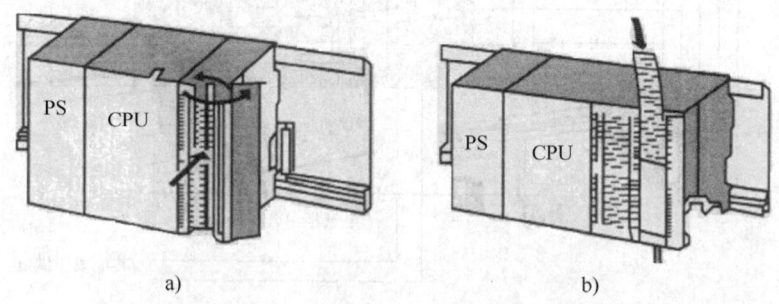

图 1-35　安装前连接器和插入标签条和槽号标签
a) 安装前连接器　b) 插入标签条

（5）插入标签条和槽号标签

① 将标签条插入到模块的前面板上，如图 1-35b 所示。

② 模块安装完毕后，给每一个模块指定槽号。根据这些槽号，可以在 STEP 7 组态表中更容易地指定模块地址。贴槽号标签时按照表 1-1 所示的顺序将槽号标签插入各个模块下端的槽号插槽中，如图 1-36 所示。如果无接口模块（IM）则将槽号 3 空出，CPU 模块后面的信号模块槽号从槽号 4 开始编号。

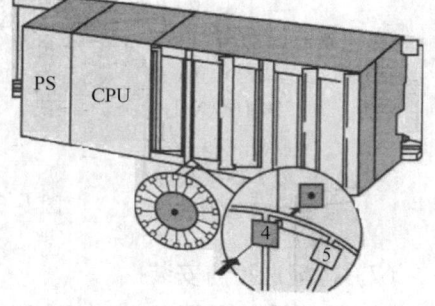

（6）接线

① 连接电源模块（PS）的接地线和电源线。如图 1-37 所示。

图 1-36　槽号标签

② 连接电源模块（PS）和 CPU 模块之间的 U 形电源连接器。

③ 保护接地导线和导轨的连接。导轨已固定在安装表面上，保护接地导线的最小截面积为 10 mm^2。

④ 屏蔽连接器件。屏蔽连接器件直接连接到导轨上，将固定支架的两个螺栓推到导轨底部的滑槽里，将支架固定在屏蔽电缆需连接的模块下面，将固定支架旋紧到导轨上。屏蔽端子下面带有一个开槽的金属片，将屏蔽端子放在支架一边，然后向下推屏蔽端子到所要求的位置。

如果还需要安装其他功能模块（FM）或通信模块（CP），则将模块安装到信号模块后面的导轨上，安装后的 S7-300PLC 如图 1-38 所示。

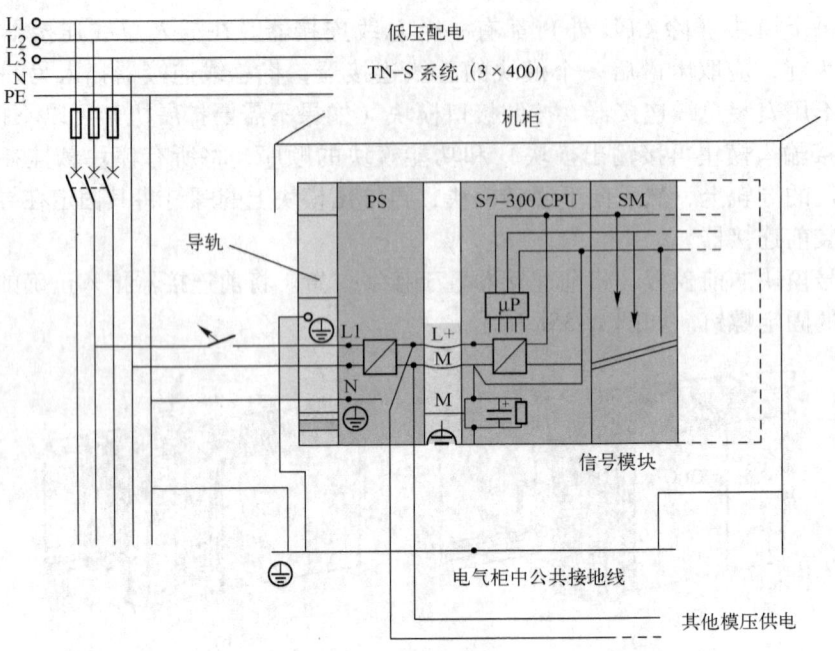

图1-37 接线图

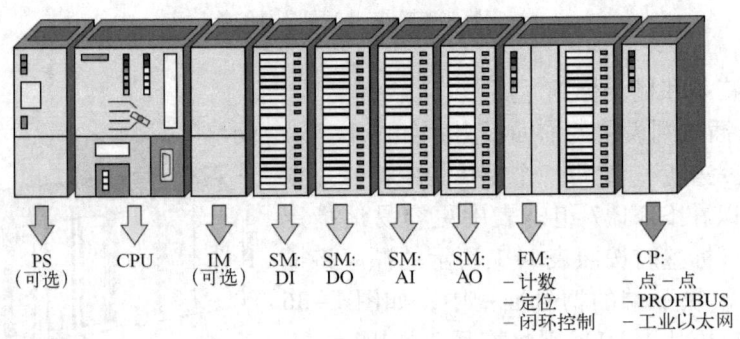

图1-38 安装后的S7-300 PLC

(7) 机柜选型与安装

对于大型设备的运行或安装环境中有干扰或污染时,应该将S7-300安装在一个机柜中。在选择机柜时,应注意以下事项:

① 机柜安装位置处的环境条件(温度、湿度、尘埃、化学影响、爆炸危险)决定了机柜所需的防护等级;

② 模块导轨间的安装间隙;

③ 机柜中所有组件的总功率消耗。

在确定S7-300机柜安装尺寸时,应注意以下技术参数:

① 模块导轨所需安装空间;

② 模块导轨和机柜柜壁之间的最小间隙;

③ 模块导轨之间的最小间隙;

④ 电缆导管或风扇所需的安装空间;

⑤ 机柜固定位置。

【技能训练】

实训　安装一个典型的 S7－300 PLC 硬件系统

1. 实训目的

（1）熟悉 S7－300 PLC 常用模块。

（2）掌握 S7－300 PLC 常用模块的安装规范。

2. 实训任务和要求

安装一个单导轨 PLC 控制系统，包含电源模块、CPU 模块、数字量模块、模拟量模块、通信模块等。

要求各模块安装符合安装规范。

3. 实训设备

电源模块 PS 305（5A）、CPU 模块 313C－2DP、数字量输入模块 SM321、数字量输出模块 SM322、模拟量模块 SM334、通信模块 CP341－1 和 CP341－5、总线连接器、前连接器、导轨、螺钉、螺钉旋具、导线若干。

4. 实训步骤

（1）对照部件清单检查部件是否齐备；

（2）安装导轨；

（3）安装电源；

（4）把总线连接器连接到 CPU，并安装模块；

（5）把总线连接器连接到 I/O 模块和 CP 模块，并安装模块；

（6）连接前连接器，并插入标签条和槽号；

（7）给模块配线（电源、CPU 和 I/O 模块）。

5. 实训报告

（1）写出 PLC 硬件系统安装顺序

（2）写出每一个部件的安装规范

（3）填表 1-6，写出 PLC 硬件名称、订货号

表 1-6　PLC 硬件名称及订货号

模块	PS	CPU	DI	DO	AI	AO	CP
名称							
订货号							

表 1-7 是目前国内市场上常用的 S7－300 PLC 部分产品及其订货号。

表 1-7　S7－300 PLC 部分产品及订货号

S7－300 PLC	
订货数据	订货号
482 mm（DIN 安装导轨）	6ES7 390－1AE80－0AA0
530 mm（DIN 安装导轨）	6ES7 390－1AF30－0AA0
PS307，120/230 V AC 输入，24 V DC/2 A 输出	6ES7 307－1BA00－0AA0

(续)

订货数据	订货号
PS307，120/230 V AC 输入，24 V DC/5 A 输出	6ES7 307-1EA00-0AA0
PS307，120/230 V AC 输入，24 V DC/10 A 输出	6ES7 307-1KA00-0AA0
安装适配器（将 PS307 装在 35 mm 导轨上）	6ES7 390-6BA00-0AA0
CPU312，16 KB RAM，位操作时间<0.2 μs，DI/DO 最大 256 点，AI/AO 最大 64 点	6ES7 312-1AD10-0AB0
CPU314，48 KB RAM，位操作时间<0.1 μs，DI/DO 最大 1024 点，AI/AO 最大 256 点	6ES7 314-1AF10-0AB0
CPU315-2DP，128 KB RAM，位操作时间<0.1 μs，DI/DO 最大 16 384 点（集中 1 024 点）AI/AO 最大 1 024 点（集中配置 256 点）	6ES7 315-2AG10-0AB0
CPU317-2DP，512 KB RAM，带 PROFIBUS-DP 主/从接口 DI/DO 集中配置 1024 点，AI/AO 集中配置 128 点 DI/DO 最大 65 536 点，AI/AO 最大 4 096 点（远程扩展）	6ES7 317-2AJ10-0AB0
CPU318-2DP，512 KB RAM，带 PROFIBUS-DP 主/从接口 DI/DO 集中配置 1 024 点，AI/AO 集中配置 128 点 DI/DO 最大 65 536 点，AI/AO 最大 4 096 点（远程扩展）	6ES7 318-2AJ00-0AB0
CPU312C，16 KB RAM，机上集成 10DI/6DO，2 个计数/频率测量（10 KHz）2 路脉冲输出（2.5 kHz），1 个 MPI 接口	6ES7 312-5BD01-0AB0
CPU313C，32 KB RAM，机上集成 24DI/16DO，4+1×AI/2AO 3 个计数/频率测量（30 kHz），4 路脉冲输出（2.5 kHz）可闭环控制，1 个 MPI 接口	6ES7 313-5BE01-0AB0
CPU313C PTP，32 KB RAM，机上集成 16DI/16DO 3 个计数/频率测量（30 kHz），4 路脉冲输出（2.5 kHz）可闭环控制，1 个 MPI 接口，支持点到点协议	6ES7 313-6BE01-0AB0
CPU313C-2DP，32 KB RAM，机上集成 16DI/16DO 3 个计数/频率测量（30 kHz），4 路脉冲输出（2.5 kHz）可闭环控制，1 个 MPI 接口，DP 主/从功能	6ES7313-6CE01-0AB0
CPU314C PTP，48 KB RAM，机上集成 24DI/16DO，4+1×AI/2AO 4 个计数/频率测量（60 kHz），4 路脉冲输出（2.5 kHz）可闭环控制，1 路定位，1 个 MPI 接口，支持点到点协议	6ES7 314-6BF01-0AB0
CPU314C-2DP，48 KB RAM，机上集成 24DI/16DO，4+1×AI/2AO 4 个计数/频率测量（30 kHz），4 路脉冲输出（2.5 kHz）可闭环控制，1 路定位，1 个 MPI 接口，DP 主/从功能	6ES7 314-6CF01-0AB0
IM360，用于主机架，可扩展 3 个机架	6ES7 360-3AA01-0AA0
IM361，用于扩展机架（扩展 3 个机架时）	6ES7 361-3CA01-0AA0
IM365，包括两个模块，用于主/从机架，带电缆	6ES7 365-0BA01-0AA0
IM360/IM 361 连接电缆（1M）	6ES7 368-3BB01-0AA0
IM360/IM 361 连接电缆（2.5M）	6ES7 368-3BC51-0AA0

【巩固练习】

一、填空题

1. S7-300 PLC 的负载电源模块用于将_____电源转换为_____电源。
2. SM 模块是_____I/O 模块和_____I/O 模块的总称。

3. 通信处理器用于实现 PLC 与_____之间的通信。

4. S7-300 PLC 各个模块之间通过_____相互连接。

5. 每个 S7-300 机架,最多可安装_____个 SM 模块。

6. _____应当安装在机架的最左边。

7. S7-300 PLC 扩展机架上的接口模块应安装在_____边或者在_____之后。

8. S7-300 PLC 若采用 IM360/IM361 接口模块,则每个扩展机架都需要_____。

9. S7-300 PLC 若采用 IM360/IM361 接口模块,IM360 应当安装在_____上,而 IM361 应当安装在_____上。

10. 微存储器卡 MMC 用于对_____的扩充。

11. CPU 型号后缀有"DP"字样,表明该型号的 CPU 集成有现场总线_____通信接口。

12. 型号为 DI32×DC 24 V 的模块属于_____,有 32 点的_____通道,适用于电压为_____的现场信号。

13. 型号为 DI8×DC 24 V, Interrupt 的模块,带有_____和中断功能。

14. AI 模块转换结果为有符号数,符号位存放在_____位,"1"表示转换结果为_____,"0"表示结果为_____。

15. 现场数字量传感器若需要 DC 24 V 电源,可以利用负载电源模块(PS),通过_____模块向传感器供电。

16. S7-300 PLC 对各个 I/O 点的编址是依据其所属模块的_____决定的。

17. S7-300 PLC 给每个槽位分配的字节数是_____B。

18. I9.0 是一个数字量_____通道的地址,它位于_____机架的_____号槽位。

19. 若在 1 号扩展机架的 8 号槽位安装了一块 DO8×DC 24 V 模块,则该槽位第 2 个点的地址编号为_____。

20. 负载电源模块具有自保护功能,如果输出短路,则输出电压为_____,短路故障解除后可_____恢复供电。

21. QW272 表示一个模拟量_____通道的地址,其中高位字节是_____,低位字节是_____。

22. S7-400 PLC 的中央机架必须配置 CPU 模块和_____模块。

23. S7-300/400 PLC 用户程序的开发与设计,必须使用_____软件包进行组态和编程。

24. S7-300/400 PLC 指令中的基本数据类型用于定义不超过_____位的数据。

25. PI/PO 存储区又称为_____区,可直接访问_____模块。

26. 在 S7 指令系统中,十进制常数 100 可用 B#16#64 表示,其中"#"为_____符,"16"表示_____进制,并且占用了_____个存储字节。

二、判断题(判断下列说法的正误,正确的在括号中打"√",错误的打"×")

1. S7-300/400 系列的 PLC 属于一体化式结构的 PLC。(   )

2. 负载电源模块(PS)不负责向 CPU 模块供电。(   )

3. CPU 单元模块内部有将 DC 24 V 电源转换为 DC 5 V 的电路,负责向微处理器供电。(   )

4. 通信处理器属于一种功能模块。(   )

5. 在组成一套 S7-300 PLC 时，导轨是必选件。（　　）
6. S7-300 PLC 各模块之间信息的传递通过背板总线来完成。（　　）
7. S7-300 PLC 背板总线集成在每一个模块中。（　　）
8. S7-300 的总线接头固定在导轨上。（　　）
9. SIMATIC 人机界面（HMI）的控制程序被集成在 S7-300 PLC 操作系统内。（　　）
10. 机架上各个模块的耗电量也是选择 CPU 模块的依据之一。（　　）
11. S7-300 PLC 的扩展机架不需要接口模块。（　　）
12. 中央机架的编号为 0，与其相连的扩展机架编号为 1，其余类推。（　　）
13. S7-300 的工作存储器、系统存储器都属于 CPU 的内置 RAM。（　　）
14. 某些 CPU 模块集成有 I/O 通道，可直接按组成小点数系统，无须配置信号模块。（　　）
15. S7-300 PLC 允许的最大 I/O 点数是固定的，都为 1024 点。（　　）
16. AI 模块是模拟量输入模块，属于 SM 模块的一种，其核心部件是 A-D 转换器。（　　）
17. AI 模块的转换结果按二进制补码形式存放。（　　）
18. 电源模块（PS）可通过数字量输出模块向负载供电。（　　）
19. 若信号模块的 I/O 点数少于槽位上允许的最大点数，则它所占用的槽位上多余的地址可分配给其他模块。（　　）
20. S7-400 PLC 的信号模块可以带电插拔更换。（　　）
21. S7-400 PLC 的扩展能力与 S7-300 PLC 大致相同。（　　）
22. S7 系列 PLC 的位存储区（M）用于存储用户程序的中间运算结果和标志位。（　　）
23. S7 系列 PLC 的位存储区（M）不能按双字（MD）存取。（　　）
24. PI/PO 存储区可以按位存取。（　　）
25. 本地数据（L）是局域数据，也称为动态数据。（　　）

三、选择题

1. 高速计数器模块属于（　　）。
   A. 信号模块（SM）　　　B. 功能模块（FM）　　　C. 接口模块（IM）
2. 在下列模块中，（　　）是 S7-300 PLC 必须具备的。
   A. 负载电源模块　　　B. 信号模块　　　C. CPU 模块
3. S7-300 PLC 的一个机架上所有模块所需的 DC 5V 电源，由（　　）提供。
   A. CPU 模块　　　B. 负载电源模块　　　C. 接口模块
4. 中央机架上接口模块的位置是（　　）。
   A. 最左端　　　B. PS 模块之后　　　C. CPU 模块之后
5. S7-300 PLC 的系统存储器用于存放（　　）。
   A. PLC 系统程序
   B. 用户程序
   C. I/O 映像寄存器、位存储器、计数器、定时器等
6. S7-300 PLC 的允许容量（I/O 最大点数）取决于（　　）。
   A. CPU 模块的型号　　　B. 系统存储器的容量　　　C. 电源模块的功率
7. 存放 AI 模块转换结果所需的长度为（　　）。
   A. 单字节　　　B. 单字（双字节）　　　C. 双字（四字节）

8. S7-300 PLC 的每个机架最多可以安装的模块数量是（　　）。
   A. 8 块　　　　　　　　　B. 10 块　　　　　　　　　C. 11 块
9. S7-300 PLC 的 I/O 编址从第（　　）开始。
   A. 3 号槽位　　　　　　　B. 4 号槽位　　　　　　　C. 5 号槽位
10. S7-300 PLC 的每个槽位最多可有（　　）I/O。
    A. 16 点　　　　　　　　B. 24 点　　　　　　　　C. 32 点
11. （　　）系列的 PLC 适宜于多点数、分布式 I/O 的场合。
    A. S7-200　　　　　　　B. S7-300　　　　　　　C. S7-400
12. 下列（　　）是 32 位无符号整数类型符号。
    A. DWORD　　　　　　　B. DINT　　　　　　　　C. WORD

四、分析思考题

1. 接口模块（IM）的作用是什么？
2. 简述 AI 模块转换结果的存储格式。
3. S7-300 PLC 的背板总线是通过怎样的形式连接起来的？S7-300 PLC 的电源模块是否为必选器件？S7-400 PLC 的背板总线结构与 S7-300 PLC 有何不同？
4. S7-300 PLC 最大可以扩展几个机架？每个机架最多可以安装几个 I/O 模块？
5. PI/PQ 与 I/Q 有什么区别？位逻辑指令可以使用 PI/PQ 存储区的地址吗？

项目 2　STEP 7 编程软件和 PLCSIM 仿真软件的安装

任务 2.1　STEP 7 编程软件的安装

【任务目标】

- 了解 STEP 7 软件对计算机的要求。
- 会安装 STEP 7 编程软件。
- 了解 STEP 7 授权管理。
- 熟悉 STEP 7 的软件更新。

【任务描述】

完成了 S7-300 PLC 的硬件安装以后，要想能够实现控制要求，还需要编写相应的控制程序，这里使用的编程软件为 STEP 7。本任务要求掌握编程软件的安装、使用方法和注意事项，同时能够用 PLCSIM 仿真软件进行调试程序。

【知识准备】

1. S7-300/400 PLC 的编程软件

STEP 7 是用于对西门子 PLC 进行编程和组态（配置）的软件。

STEP 7 主要有以下版本：

① STEP 7 Micro/DOS 和 STEP 7 Micro/WIN：适用于 S7-200 系列 PLC 的编程和组态。

② STEP 7 Lite：适用于 S7-300、C7 系列 PLC、ET200X 和 ET200S 系列分布式 I/O 的编程和组态。

③ STEP 7 Basis：适用于 S7-300/400、M7-300/400 和 C7 系列 PLC 的编程和组态。

④ STEP 7 Professional：它除包含 STEP 7 Basis 版本的标准组件外，还包含了扩展软件包，如 S7-Graph（顺序功能流程图）、S7-SCL（结构化语言）和 S7-PLCSIM（仿真）。

本书所介绍的 STEP 7 V5.4 SP5 软件属于 STEP 7 Basis 版本，如果需要在该软件中使用仿真功能和绘制顺序流程图，必须另外安装 S7-PLCSIM 和 S7-Graph 组件。

2. STEP 7 软件的安装要求

（1）硬件要求

① CPU：主频为 600 MHz 及以上。

② 内存：至少为 256 MB。

③ 硬盘的剩余空间：应在 300~600 MB 以上，视安装选项不同而定。

④ 显示设备：显示器支持 1024×768 分辨率和 16 位以上彩色。

（2）软件要求

① Microsoft Windows 2000（至少为 SP3 版本）。

② Microsoft Windows XP Professional（专业版，建议 SPl 或以上）。

③ Microsoft Windows Server 2003。

以上操作系统需要安装 Microsoft Internet Explorer 6.0 或以上版本。STEP 7 V5.4 对 Microsoft Windows 3.1/95/98/NT 都不支持，也不支持 Microsoft XP Home（家用）版本。

建议将 STEP 7 和西门子的其他大型软件（例如 WinCC flexible 和 WinCC 等）安装在 C 盘。一旦这些软件出现问题时，可以用 Ghost 快速恢复它们。

3. STEP 7 软件的安装

（1）安装前的准备

为了让安装过程能顺利进行，建议在安装 STEP 7 软件前关闭 Windows 防火墙、杀毒软件和安全防护软件（如 360 安全卫士）。Windows 防火墙的关闭方法如图 2-1 所示，打开"控制面板"，双击"Windows 防火墙"图标，弹出 Windows 防火墙窗口，选择"关闭"选项，确定后即可关闭 Windows 防火墙。

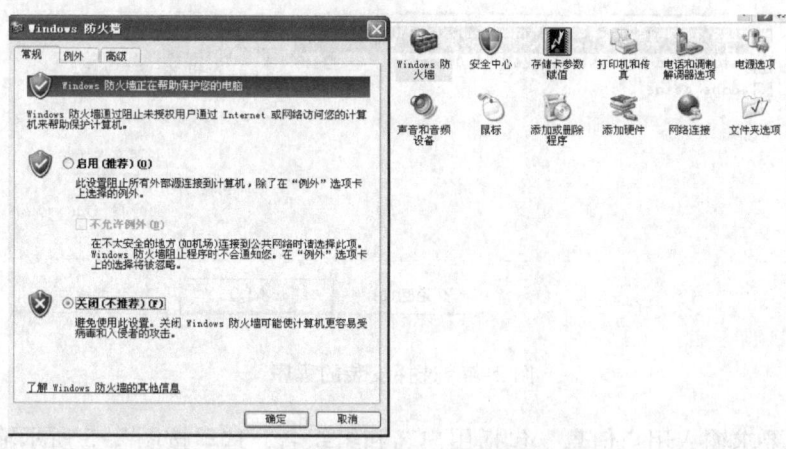

图 2-1　在"控制面板"中关闭防火墙

（2）安装过程

将含有 STEP 7 软件的光盘放入计算机光驱，为了使安装过程更加快捷，建议将 STEP 7 软件复制到硬盘某分区的根目录下（如 D:），文件夹名称不要包含中文字符，否则安装时可能会出错。打开 STEP 7 软件文件夹，如图 2-2 所示，双击"Setup.exe"文件即开始安装 STEP 7 软件。STEP 7 软件安装过程中出现的对话框及说明如图 2-3 所示。

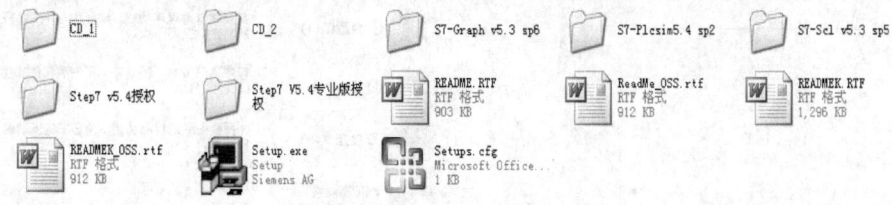

图 2-2　STEP 7 软件文件夹

1）对话框要求选择安装程序语言，选择"简体中文"项。

2）对话框要求选择安装的程序，如图 2-4 所示，STEP 7 V54 incl SP4 Chinese 为 STEP 7 主程序，必须安装，其他程序可选择安装，如原计算机中已安装了阅读 PDF 文件的软件，可选择不安装 Adobe Reader 8 软件。

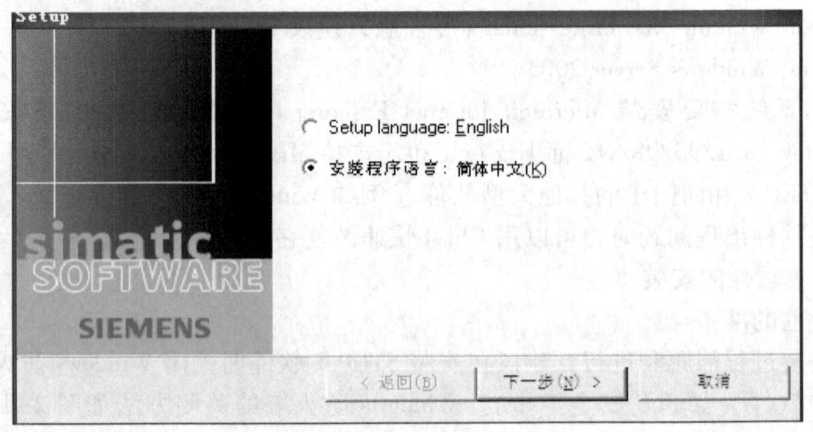

图 2-3　选择安装语言

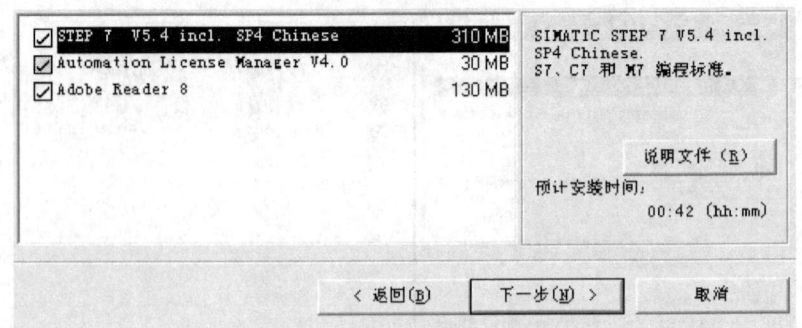

图 2-4　选择安装的程序

3) 对话框要求输入用户信息，包括用户名和组织名，这里按图 2-5 所示输入。

4) 对话框要求选择安装类型和安装路径（位置），这里保持默认类型和路径，如要更改软件安装位置，可单击"更改"来选择新的安装路径，注意路径中不能含有中文字符，如图 2-6 所示。

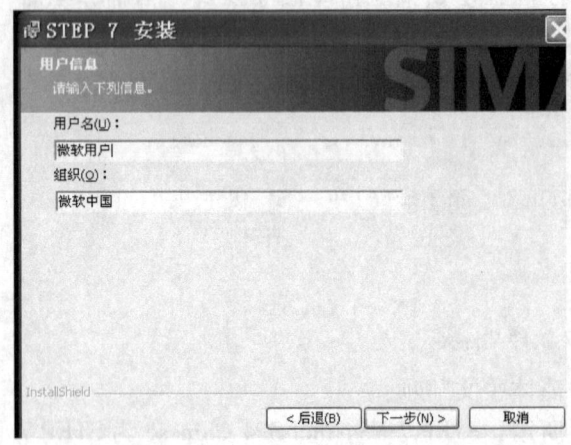

图 2-5　输入用户信息

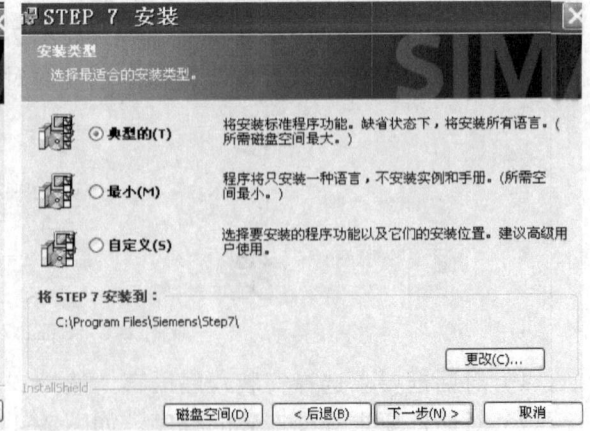

图 2-6　选择安装类型和安装路径

5）对话框要求选择产品语言，这里选择"简体中文"，如图2-7所示。

6）对话框要求选择密钥传送方式，如果无密钥，则STEP 7软件只能使用14天，这里选择"否，以后再传送许可证密钥"，可先试用或以后使用授权工具来安装密钥，如图2-8所示。

 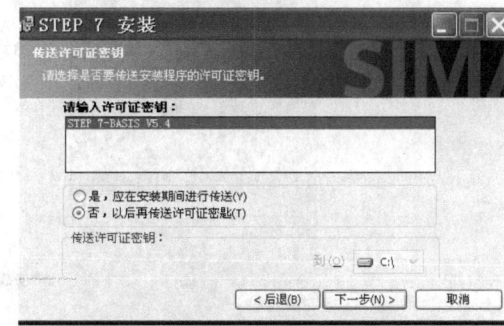

图2-7　选择"简体中文"　　　　　　　　　图2-8　选择密钥传送方式

7）对话框提示准备安装程序，如图2-9所示，并显示前面进行的选择和输入信息，单击"安装"即开始安装STEP 7软件，安装需要较长的时间。在安装过程中，如遇到无法继续安装的情况，可重启计算机后重新安装。

8）对话框要求选择存储卡参数赋值方式，这里选择"无"，再单击"确定"按钮，如图2-10所示。

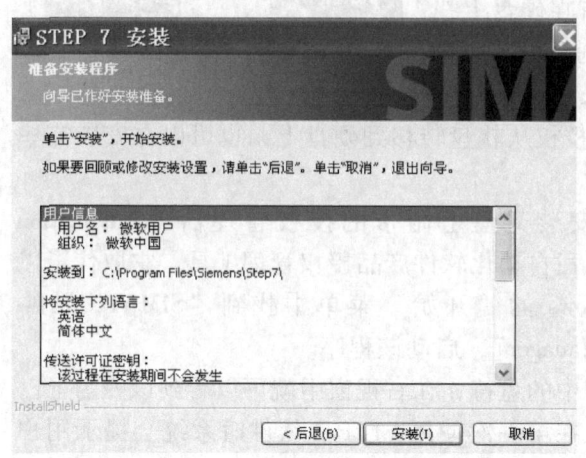 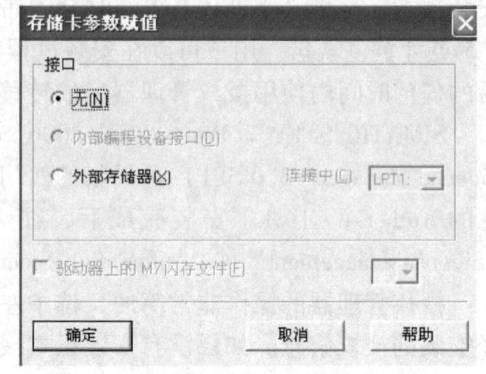

图2-9　准备安装程序　　　　　　　　　图2-10　选择存储卡参数赋值方式

9）对话框要求设置PG/PC（编程器/个人计算机）通信的接口参数，安装好STEP 7后，在SIMATIC管理器中执行菜单命令"选项"→设置PG/PC接口"，也会出现上述的对话框，这里单击"取消"，在后面需要时再进行设置。

10）对话框提示软件已成功安装，选择"是，立即重启计算机"，再单击"完成"按钮，即完成STEP 7软件的安装，如图2-11所示。

STEP 7软件安装完成后，在计算机桌面上会出现图2-12所示的两个图标。"Automation License Manager"为自动化许可证管理器，用来传送、显示和删除西门子软件的许可证密钥；"SIMATIC Manager"为SIMATIC管理器，用于将STEP 7标准组件和扩展组件集成在一

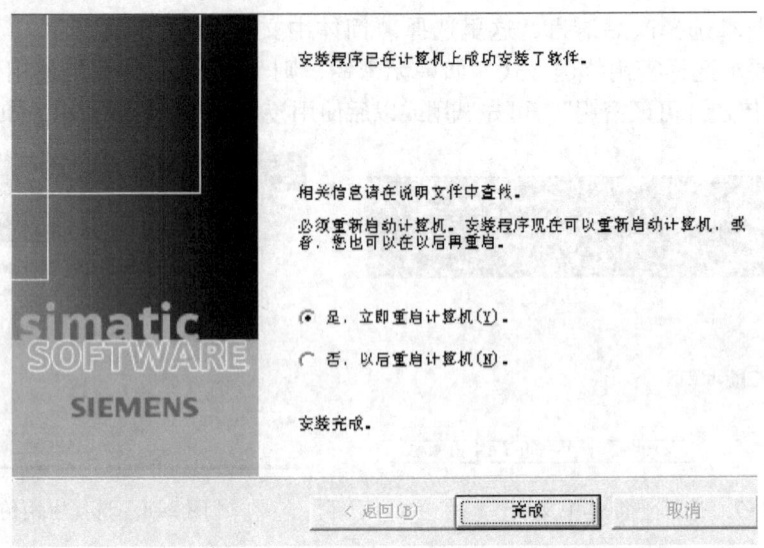

图 2-11　选择是否立即重启计算机

起，并将所有数据和设置收集在一个项目中，双击 SIMATIC 管理器即启动 STEP 7。

4. STEP 7 的授权管理

授权是使用 STEP 7 软件的"钥匙"。只有在硬盘上找到相应的授权，STEP 7 才可以正确使用，否则会提示用户安装授权。在购买 STEP 7 软件时会附带一张包含授权的

图 2-12　两个图标

3.5 英寸黄色软盘。用户可以在安装过程中将授权从软盘转移到硬盘上，也可以在安装完毕后的任何时间内使用授权管理器完成转移。

SIMATIC STEP 7 Professional 2006 SR4 安装光盘上附带的授权管理器（Automation License Manager V3.0 SP1）是最新的西门子公司自动化软件产品授权管理工具，它取代了以往的 AuthorsW 工具。安装完成后，在 Windows 的"开始"菜单中找到"SIMATIC"→"LicenseManagement"→"Automation License Manager"，启动该程序。

授权管理器的操作非常简便，选中左视窗中的盘符，在右视窗中就可以看到该磁盘上已经安装的授权信息。如果没有安装正式授权，在第一次使用 STEP 7 软件时系统会提示用户使用一个有效期 14 天的试用授权。

单击工具栏中部的视窗选择下拉按钮，则显示下拉菜单，如图 2-13 所示。选择"Installed software"选项，可以查看已经安装的软件信息。若选择"Licensed software"选项，可以查看已经得到授权的软件信息，如图 2-14 所示。选择"Missing License key"选项，可以查看所缺少的授权。

5. STEP 7 软件在安装及使用过程中的注意事项

（1）检查字符集兼容性

目前各个版本的 STEP 7 都是在西文（英文/德文/西班牙文/法文/意大利文）字符环境下进行安装和测试的，所以在安装 STEP 7 软件之前一定要将 PC 操作系统的字符集切换为英文字符，否则可能会有错误提示，并终止安装过程。

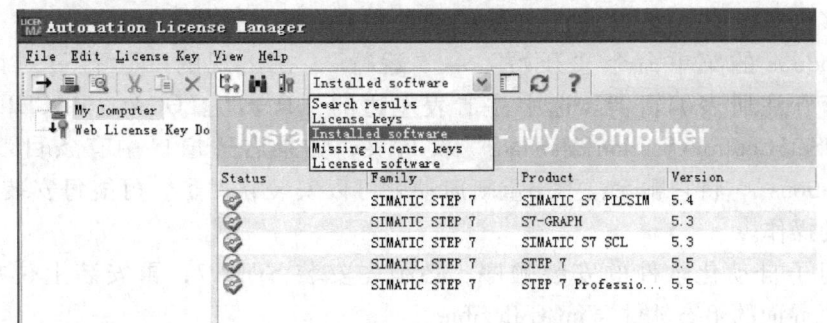

图 2-13　已安装的 STEP 7 软件

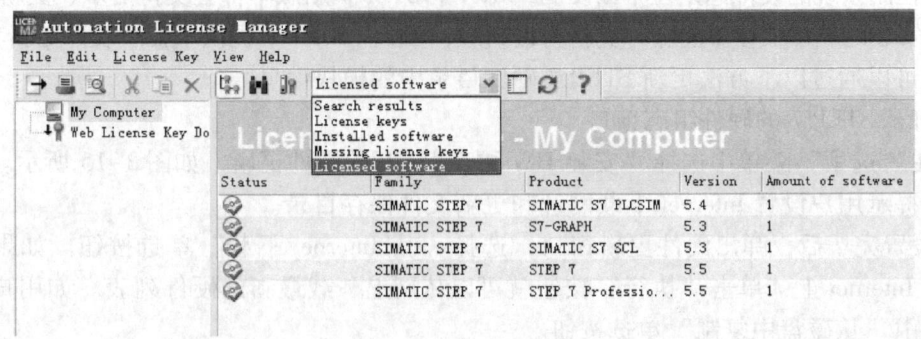

图 2-14　已授权的 STEP 7 软件

如果遇到字符集错误，则需要将"系统的语言设置"栏设置为"英语（美国）"。

另外，因为目前发布的 STEP 7 软件的开发和测试都是基于英文平台和英文字符集的，所以在使用 STEP 7 的过程中，若使用中文就可能会产生错误，如符号地址的名称、注释，尤其在使用符号表时，尽量不要使用中文字符，建议使用英文标识。当 STEP 7 出现程序块打不开的情况时，同样需要将字符集切换为英文状态，重启后再切换回中文状态，问题就可以解决了。

对于 STEP 7 的中文版，安装时不会出现上述问题，但在打开 STEP 7 程序时，有时也会出现字符集错误提示，但一般不影响程序操作。

（2）检查软件兼容性

在确保 PC 的操作系统和字符集与 STEP 7 完全兼容后，如果还存在使用问题，那么就需要进一步检查软件的兼容性情况。

建议在安装 STEP 7 之前，先不要安装杀毒软件、防火墙软件、数据库软件、Protel 99 SE、金山词霸、系统资源管理软件等工具软件，这些工具对 PC 软硬件资源的独占性强，有的软件稳定性测试不全面，所以可能与 STEP 7 产生冲突，如对注册表的修改、动态链接库的调用等。

如果不能确定是哪个软件与 STEP 7 发生冲突，建议用户做好数据备份后，重新安装操作系统，先安装 STEP 7，再安装其他软件。

在安装 STEP 7 或其他软件时，可能出现"Please restart Windows before installing new programs"（安装新程序之前，请重新启动 Windows），或其他类似的信息。如果重新启动计算机后再安装软件，还是出现上述信息，说明因为杀毒软件的作用，Windows 操作系统已经注册了一个或多个写保护文件,以防止被删除或重命名。解决的方法如下。

执行 Windows 的菜单命令"开始"→"运行",在出现的"运行"对话框中输入"regedit",打开注册表编辑器。选中注册表左边的"HKEY_LOCAL_MACHINE\System\CurrentControlSet\Control\Session Manager"文件夹,如果右边窗口中有条目"PendingFile Rename Operations",将它删除,不用重新启动就可以安装软件了。可能每安装一个软件都需要做同样的操作。

注意西门子自动化软件的安装顺序。必须先安装 STEP 7,再安装上位机组态软件 WinCC 和人机界面的组态软件 WinCC flexibie。

(3) STEP 7 软件的硬件更新与版本升级

自动控制系统的硬件总是在不断发展,每一个 STEP 7 新版本都会支持更多、更新的硬件,但是用户安装的软件往往不能随时更新为最新版,因此,STEP 7 提供了在线硬件更新功能。

用户可以通过以下方法更新 STEP 7 硬件目录中的模块信息。

1) 打开 STEP 7 的硬件组态窗口。

2) 在"选项"菜单中选择"安装 HW 更新",开始硬件更新,如图 2-15 所示。第一次使用时会提示用户设置 Internet 下载网址和更新文件保存目录。

3) 设置完毕后,弹出硬件更新窗口,选择"从 Internet 下载"单选按钮。如果用户已经连到了 Internet 上,单击"执行"按钮就可以从网上下载最新的硬件列表。如用户已经下载,则选中"从磁盘中复制"单选按钮。

4) 在弹出的更新列表中选择需要的硬件,单击"下载"按钮下载更新。

5) 下载完成后系统会继续提示用户安装下载的硬件信息。在"Installed"栏如果显示"no"表示该硬件尚未安装;如果显示"Supplied"表示当前的 STEP 7 中已经包含了该硬件无需再更新。选中需要更新的硬件,单击"Install"按钮,按照提示即可完成更新。

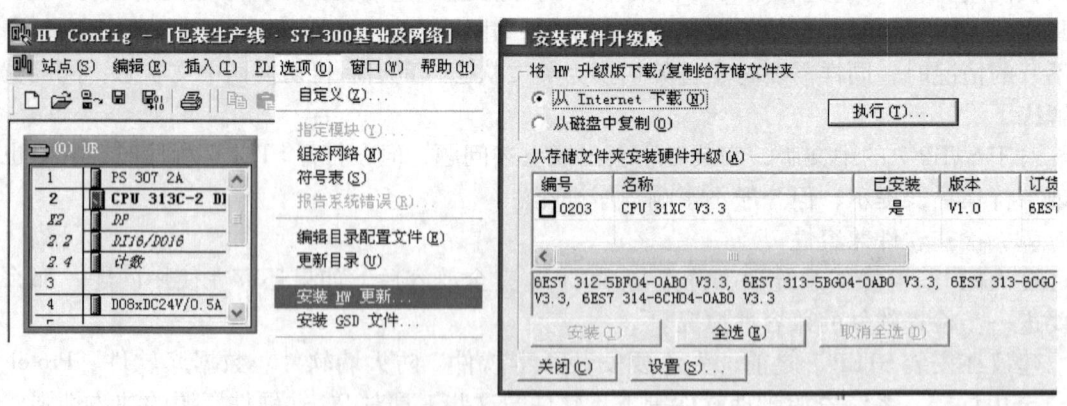

图 2-15 更新 STEP 7 硬件

任务 2.2　PLCSIM 仿真软件的安装

【任务目标】

● 掌握仿真软件 PLCSIM 的安装方法和步骤。

【任务描述】

集成在 STEP 7 中的仿真软件为 PLCSIM，安装了仿真软件以后既可以在计算机上模拟 PLC 的用户程序执行过程，也可以在开发阶段进行仿真调试程序，以便及时发现和排除错误。本任务要求掌握安装仿真软件的方法，为以后的使用打下基础。

【知识准备】

安装好 STEP 7 以后就可以安装仿真软件了。安装后，PLCSIM 会自动嵌入 STEP 7，只要在 SIMATIC 管理器的工具栏中单击图标（打开/关闭仿真器）就可以打开仿真软件，如图 2-16 所示。

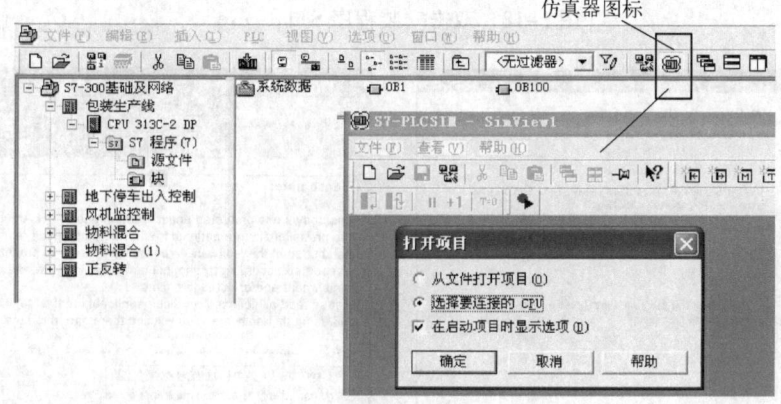

图 2-16 打开仿真软件

【任务实施】

PLCSIM 仿真软件的安装过程如下。

① 首先打开 PLCSIM 软件安装程序文件夹，选择"S7 – Plcsim5.4 sp2"如图 2-17 所示，双击安装程序 Setup.exe，如图 2-18 所示。

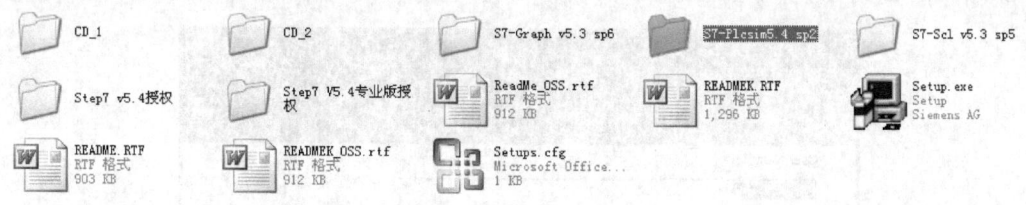

图 2-17 选择"S7 – Plcsim5.4 sp2"文件夹

② 运行安装程序后，会弹出如图 2-19 所示的欢迎界面，而后单击界面中的"Next"按钮进入下一步。

在此界面中选择安装的语言，语言为英语。而后单击界面中的"Next"按钮进入下一步。

③ 继续选择安装的程序，在需要安装的程序名称前的复选框中单击为选中状态。计算机中已经安装的程序，系统会自动检索并提示，选择后单击"Next"按钮，进入下一步，等候一段时间后，窗口中会弹出如图 2-20 所示的界面。

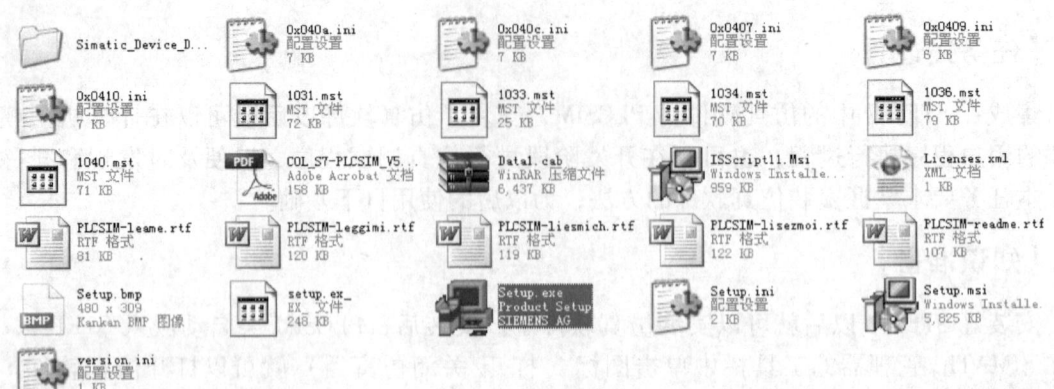

图 2-18 双击安装程序 Setup.exe

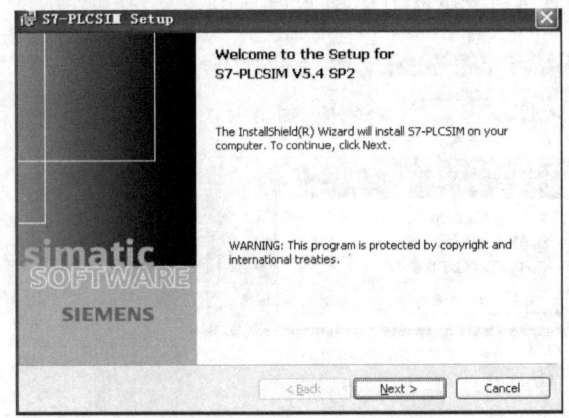

图 2-19 欢迎界面

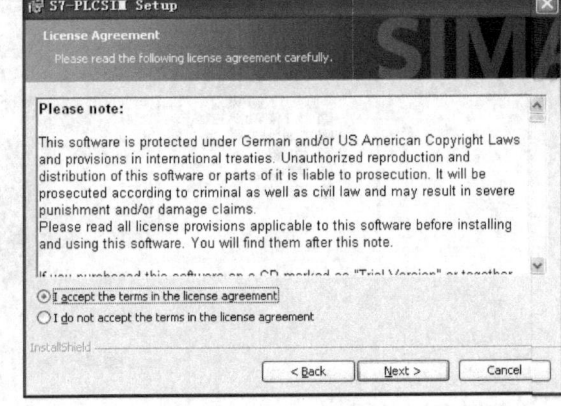

图 2-20 版权确认

④ 在版权确认窗口中，如果继续安装，需要选中"I accept the terms in the license agreement"后，再单击"Next"继续下一步。

⑤ 用户信息填写，如图 2-21 所示。

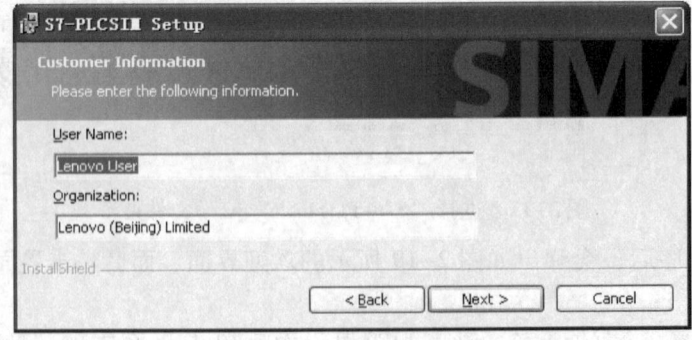

图 2-21 用户信息

⑥ 接着要选择安装类型。和 STEP 7 一样，PLCSIM 也有典型安装、最小安装和自定义安装三种方式，如图 2-22 所示。选择典型安装（Typical）后，通过单击"选择"按钮（"Change"）可以选择程序安装的位置，设置完成后单击"Next"按钮进入语言选择步骤，

如图 2-23 所示。英语为默认语言，可以选择是否安装其他的语言，选择后单击"Next"按钮继续。

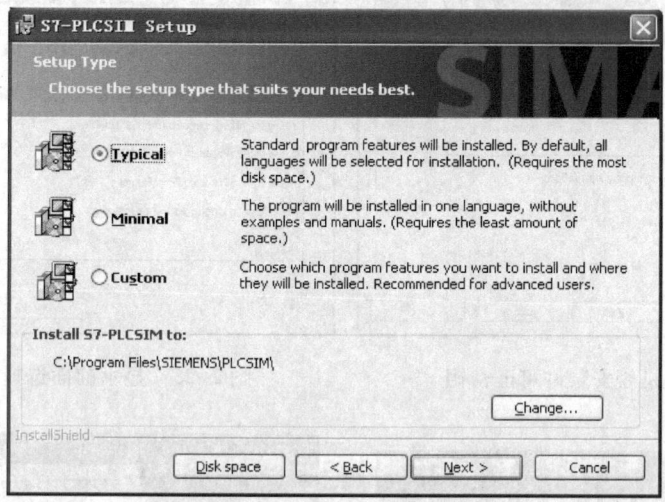

图 2-22　选择安装类型

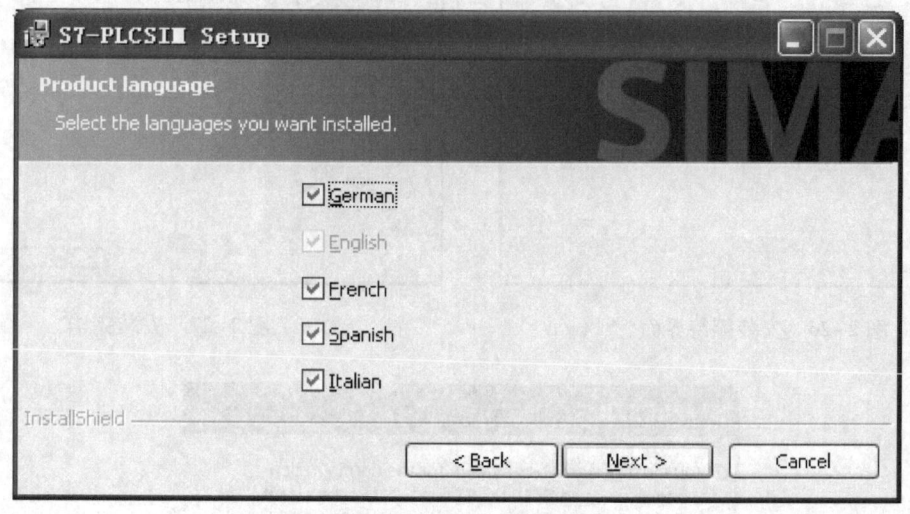

图 2-23　产品界面语言选择

⑦ 在安装过程中需要选择是否安装许可证密钥，如图 2-24 所示，可以现在安装，也可以以后再安装，选择后单击"Next"按钮，则在安装仿真程序之前的设置完成，进入安装过程，如图 2-25 所示。

⑧ 在出现的对话框中，显示前面选择和输入的信息，如果确认无误，单击"Install"安装，正式开始安装 S7 - PLCSIM。

⑨ 安装等待界面，如图 2-26 所示。

⑩ 程序安装完成后，选择重新启动计算机，单击"Finish"按钮，如图 2-27、图 2-28 所示。计算机重新启动后，仿真软件 PLCSIM 就自动嵌入 STEP 7 中，在仿真调试时就可以使用了。

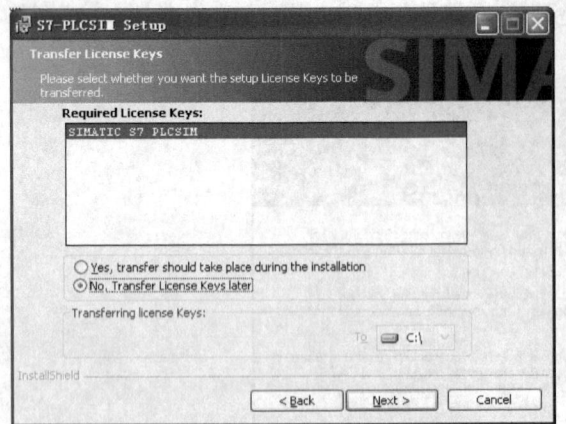

图 2-24　选择是否安装许可证密钥　　　　图 2-25　显示前面选择和输入的信息

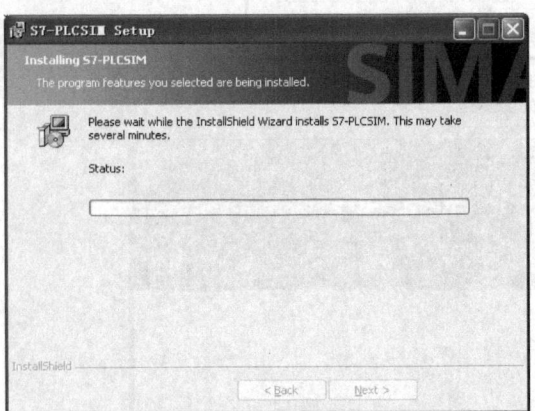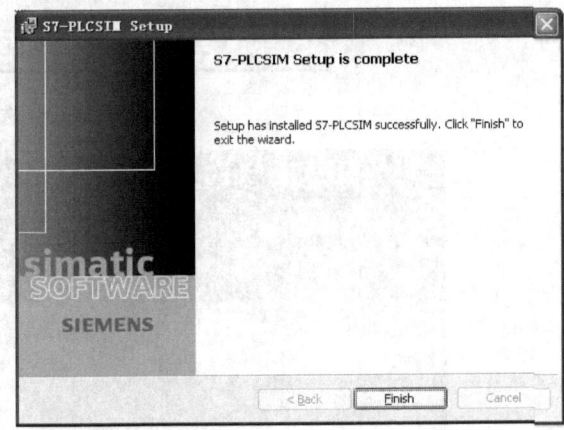

图 2-26　安装等待界面　　　　　　　　　　图 2-27　安装完毕

图 2-28　重启计算机

项目 3 S7-300/400 PLC 程序设计及调试

任务 3.1 位逻辑指令应用

【任务目标】

- 会设计简单的 PLC 控制程序。
- 会用 PLCSIM 软件进行仿真调试。
- 会进行硬件接线和系统调试。
- 掌握 S7-300 PLC 的指令和功能。
- 掌握程序设计的方法和步骤。
- 掌握程序调试的方法。

【任务描述】

位逻辑指令是编程中最常用的指令形式，位逻辑指令使用两个数字 1 和 0，对于触点和线圈而言，1 表示已激活或已励磁，0 表示未激活或未励磁。在本任务中通过四路抢答器控制、电动机正反转控制、风机运行状态监控、地下停车场车辆入出控制等程序的编写和调试，掌握 S7-300 PLC 位逻辑指令的应用。

【知识准备】

1. S7-300 PLC 的数据类型与存储区

（1）数制

S7-300 PLC 中常用的数制为二进制、十六进制和 BCD 码。

二进制数能够表示两种不同的状态，有 0 和 1 两个不同的数字符号。在 S7-300 PLC 中，二进制数常用 2#表示，例如 2#10010010 用来表示一个 8 位二进制数。在使用中，1 状态和 0 状态也可以用 TRUE 和 FALSE 表示。

4 位二进制数可以用 1 位十六进制数表示，使得计数更加简洁。十六进制数由 0~9 和 A~F 十六个符号组成。在 S7-300 PLC 中，十六进制数用 B#16#、W#16#或 DW#16#后面加十六进制数的形式表示，前面的字母 B 表示字节，例如 B#16#7F；字母 W 表示字，例如 W#16#35A8；字母 DW 表示双字，例如 DW#16#25D9B60E。

BCD 码是用 4 位二进制数表示一位十进制数，BCD 码用 0000、0001、0010、0011、0100、0101、0110、0111、1000、1001 分别表示十进制数的 0、1、2、3、4、5、6、7、8、9。

BCD 码其实是十六进制数，但是各位间的运算关系是逢十进一，十进制数可以方便地转化为 BCD 码，例如十进制数 296 对应的 BCD 码为 W#16#296 或者 2#0000 0010 1001 0110。

在 PLC 中，输入输出十进制变量一般会使用到 BCD 码，比如，从键盘输入一个十进制数,十进制数首先转换成 BCD 码,如果要将一个变量输出到显示器上,那么首先要将二进制转换成 BCD 码,再转换成 7 段码来显示。

(2) 数据类型

用户程序中的所有数据必须被数据类型识别。S7-300 PLC 有三种数据类型:
- 基本数据类型;
- 复杂数据类型(用户可以通过组合基本数据类型创建);
- 参数类型(用来定义传送到 FB 或 FC 的参数)。

基本数据类型语句表、梯形图和功能块图指令使用特定长度的数据对象。例如位逻辑指令使用位;装载和传递指令(STL)以及移动指令(LAD 和 FBD)使用字节、字和双字。

(3) 存储区

在学习指令之前,要先了解有关 PLC 的存储区概念。不同品牌的 PLC,梯形图指令大同小异,但是,存储区的名字及地址的表示方法却差异很大。如图 3-1 所示是 S7-300/400 PLC 存储地址示意图。

双字地址	字地址	字节地址	位地址 7 6 5 4 3 2 1 0	绝对地址
ID0	IW0	IB0		00000
		IB1		00001
	IW2	IB2		00002
		IB3		00003
				00004
		IB1023		01023
QD0	QW0	QB0		01024
		QB1		
	QW2	QB2		
		QB3		
		QB1023		
MD0	MW0	MB0		
		MB1		
	MW2	MB2		
		MB3		
		MB127		
				65535

图 3-1　S7-300/400 PLC 存储地址示意图

图 3-2 是存储区域输入/输出映像区,西门子 S7-300/400 PLC 的存储区域如下。

1) 输入映像区(I 或 PI):开关量输入 DI 模块映射到 I 区,模拟量输入 AI 模块映射到 PI 区;这是只读区。

2) 输出映像区(Q 或 PQ):Q 区写入与之对应的开关量输出 DO 模块,PQ 区写入与之对应的模拟量输出 AO 模块;Q 区可读/写,PQ 区只写但不可读。

3) 位存储区(M):又叫做中间继电器,可读/写。

4) DB 块:用户定义的数据块,必须先定义后使用,可读/写。

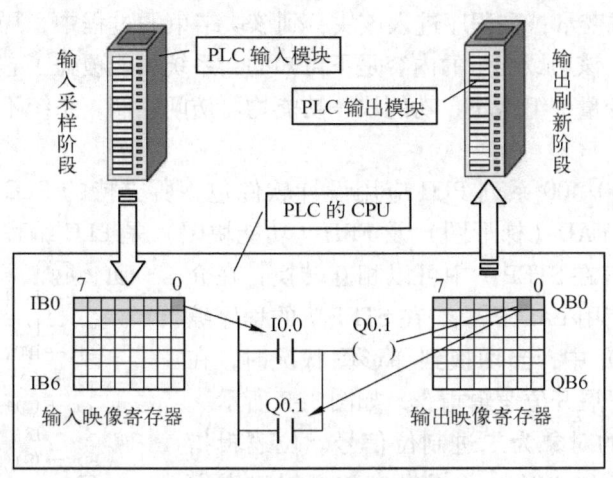

图 3-2 输入/输出映像区

5) T 区：定时器名。

6) C 区：计数器名。

7) L 区：这是局部数据区，上面提到的存储区都是全局数据区。所谓全局数据区，就是所有的程序（OB 块、FC、FB）都可以访问，而且访问到的是同一个变量；局部数据区则不然，每个独立的 OB 块、FC、FB 块都有一个独立的 L 区，例如：OB1 和 FC1 中都有 L0.0，但它们却不是同一个变量。

8) DB：数据块地址寄存器，DBX、DBB、DBW、DBD 分别表示数据块的位、字节、字、双字。

在 STEP 7 的梯形图指令中，不同类型的常数的格式都有严格的规定。如 byte、word 和 dword 类型的常数，在输入时要以 "16#" 作为前缀，后面跟十六进制的数据；dint 类型的数据在输入时要以 "L#" 作为前缀，后面跟十进制的数据；real 类型的数据，在输入时，后面一定要带小数部分，如没有小数部分，则加上 ".0"；计时器的时间常数则以 "S5T#" 为前缀，后面加上 a H_bbM_ccS_dddMS（表示：几小时_几分_几秒_几毫秒），"S5T#2.5S" 表示 2.5 秒。

STEP 7 中的变量，从是否使用符号的角度，可以分为符号名变量和地址名变量。地址名变量是以存储区域名为前缀，后面紧跟代表二进制长度的 B、W、D（分别代表字节、字和双字），然后是起始字节的地址；位的地址名变量是存储区域名，加上位所在的字节地址，加 "."，加上位的序号。例如：IB0、IW0、ID0、I0.0；QB0、QW0、QD0、Q0.0；MB0、MW0、MD0、M0.0；LB0、LW0、LD0、L0.0；DB1.DBX0.0、DB1.DBB0、DB1.DBW0、DB1.DBD0。

定时器变量名则以 T 加上一个 0~max 之间的数字来表示，如 T0、T1 等；计数器变量名则以 C 加上一个 0~max 之间的数字来表示，如 C0、C1 等（注：max 代表某型号的 CPU 所具有的最大数）。建议尽量少用地址名变量，而多使用符号名变量。符号名变量是可以通过符号编辑器（symbol editor）来建立，也可以直接在使用了地址名变量后，用鼠标右键单击它，在弹出菜单中，选择 "编辑符号" 来建立符号。在 STEP 7 中，不仅可以为地址名变量建立符号名变量，还可以为组织块、功能块、功能、数据块建立符号名变量，并使用符号名来编写程序。一旦建立了符号名变量，在编写程序的过程中，系统会自动提示，以便正确输入变量。

L区的变量是局域变量；在程序进入该块，到该块结束的过程中，局域变量是稳定的，当程序再次进入该块时，该局域变量的内容是不可知的，系统可能覆盖了它。除此之外，其他存储区域的变量为全局变量，组织块、功能块、功能均可访问它们，系统不会改变它们的内容。

2. 位逻辑指令

STEP 7 是 S7-300/400 系列 PLC 应用设计软件包，所支持的 PLC 编程语言非常丰富。其中 STL（语句表）、LAD（梯形图）及 FBD（功能块图）是 PLC 编程的三种基本语言。

由于以上三种语言在 STEP 7 中可以相互转换，在介绍位逻辑指令时主要使用 LAD 语言。在 STEP 7 的程序编辑器（STL/LAD/FBD）中，当切换到梯形图状况时，在编辑器左侧的指令区可展开位逻辑指令，如图 3-3 所示。

位逻辑指令处理的对象为二进制位信号。位逻辑指令扫描信号状态"1"和"0"，并根据布尔逻辑对它们进行组合，所产生的结果（"1"或"0"）称为逻辑运算结果，存储在状态字 RLO 中。位逻辑指令包括触点与线圈指令、基本逻辑指令、置位和复位指令及跳变沿检测指令等。

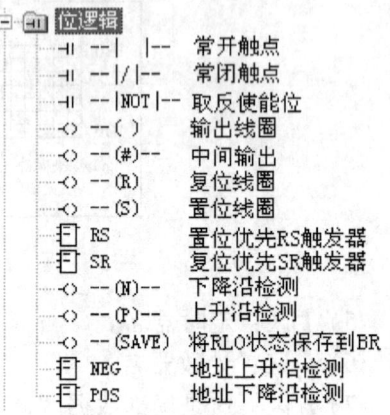

图 3-3　位逻辑指令展开图

（1）触点指令

触点指令说明见表 3-1。

表 3-1　触点指令说明表

指令标识	梯形图符号	说　　明	存 储 区	举　　例
--| |--	??.? 常开触点	当??.?位为1时,??.?位常开触点闭合,为0时触点断开	I、Q、M、L、D、T、C	当I0.0为1时,I0.0常开触点闭合,左边母线能流通过触点流到A点
--|/|--	??.? 常闭触点	当??.?位为0时,??.?位常闭触点闭合,为1时触点断开	I、Q、M、L、D、T、C	当I0.0为0时,I0.0常闭触点闭合,左边母线能流通过触点流到A点
--|NOT|--	NOT 能流取反	当触点左方有能流时,经能流取反后右方无能流;左方无能流时,右方有能流		当I0.0断开时,A点无能流,经取反后,B点有能流;这里两个触点的组合,功能与一个常闭触点相同

（2）线圈指令

线圈指令说明表见表 3-2。

（3）触发器指令

触发器指令说明表见表 3-3。

表 3-2 线圈指令说明表

指令标识	梯形图符号	说 明	存 储 区	举 例
--( )	??.? —( )— 输出线圈	当能流通过??.?线圈位时,??.?位为1	I、Q、M、L、D	I0.0　Q0.0 —┤├———( )— 当I0.0常开触点闭合时,有能流通过Q0.0线圈,Q0.0位为1
--(#)--	??.? —(#)— 中间输出	其功能是将输入端的能流（即RLO位）保存到??.?位中,该线圈只能用于中间单元,不能与左边或右边母线连接	I、Q、M、L、D	I0.0　　　M0.0　I0.1　Q0.0 —┤├—┤NOT├—(#)—┤/├—( )— 当I0.0断开时,能流取反后,M0.0线圈有能流通过（RLO位=1）,即M0.0位为1,如果I0.1处于闭合,则Q0.0线圈得电
--(R)	??.? —(R)— 复位线圈	当有能流通过时,将??.?位复位为0;能流消失后,该位仍保持为0	I、Q、M、L、D、T、C	I0.0　Q0.0 —┤├———(R)— I0.1　Q0.0 —┤├———(S)— 当I0.0闭合时,Q0.0=0;当I0.1闭合时,Q0.0=1
--(S)	??.? —(S)— 置位线圈	当有能流通过时,将??.?位置位为1;能流消失后,该位仍保持为1	I、Q、M、L、D、T、C	
--(N)--	??.? —(N)— RLO下降沿检测	当RLO位由"1"变为"0"时,N线圈会输出一个扫描周期的能流,??.?位保存上一个扫描周期RLO位	I、Q、M、L、D	I0.0　M0.0　Q0.0 —┤├——(N)——( )— 当I0.0由闭合转变为断开时,M0.0线圈左端的能流从有到无,Q0.0得电一个扫描周期
--(P)--	??.? —(P)— RLO上升沿检测	当RLO位由"0"变为"1"时,P线圈会输出一个扫描周期的能流,??.?位保存上一个扫描周期RLO位	I、Q、M、L、D	I0.1　M0.1　Q0.1 —┤├——(P)——( )— 当I0.1由断开转变为闭合时,M0.1线圈左端的能流从无到有,Q0.0得电一个扫描周期
--(SAVE)	—(SAVE)— RLO保存到BR	将输入端的能流状态保存到BR		I0.0 —┤├——(SAVE)— 当I0.0闭合时,SAVE指令左端有能流存在,即RLO位为1,该状态值1存入状态寄存器的BR位（第8位）

表 3-3 触发器指令说明表

指令标识	梯形图符号	说 明	存 储 区	举 例
SR	??.? ┌─SR─┐ ―┤S　Q├― ―┤R　　│ └────┘ SR双稳态触发器 （复位优先型）	当S=1,R=0时,??.?位置1,Q=1 当S=0,R=1时,??.?位置0,Q=0 当S=0,R=0时,??.?位不变,Q不变 当S=1,R=1时,先执行置位S,后执行复位R,??.?位先为1,后为0,结果Q=0	??.?、S、R、Q均为I、Q、M、L、D	M0.0 I0.0　┌─SR─┐　Q0.0 —┤├—┤S　Q├——( )— I0.1　│　　│ —┤├—┤R　　│ 　　　└────┘ I0.0闭合（S=1）,I0.1断开（R=0）,M0.0=1,Q0.0=1; S=0,R=1,M0.0=0,Q0.0=0; S=0,R=0,M0.0位不变,Q0.0不变; S=1,R=1,M0.0位先为1后为0,结果M0.0=0,Q0.0=0

(续)

指令标识	梯形图符号	说　　明	存　储　区	举　　例
RS	??.? ─┤RS├─ 　R　Q …┤S	当 R=1，S=0 时，??.? 位置 0，Q=0 当 R=0，S=1 时，??.? 位置 1，Q=1 当 S=0，R=0 时，??.? 位不变，Q 不变 当 R=1，S=1 时，先执行复位 R，后执行置位 S，??.? 位先为 0，后为 1，结果 Q=1	??.?、S、R、Q 均为 I、Q、M、L、D	I0.0 闭合（R=1），I0.1 断开（S=0），M0.0=0，Q0.0=0； R=0，S=1，M0.0=1，Q0.0=1； R=0，S=0，M0.0 位不变，Q0.0 位不变； R=1，S=1，M0.0 位先为 0 后为 1，结果 M0.0=1，Q0.0=1

3. 梯形图与语句表的转换

在前面对位逻辑指令的介绍都是使用梯形图（LAD）指令，在 STEP 7 中，可以通过设置将梯形图转换为语句表（STL）或功能块图（FBD），如图 3-4 所示。

语句表中用字母 A（And）表示逻辑"与"操作指令，用于常开触点的串联，AN 用于常闭触点的串联；用字母 O 表示逻辑"或"的操作指令，用于常开触点的并联，ON 用于常闭触点的并联。如图 3-5a、b、c、d 所示。

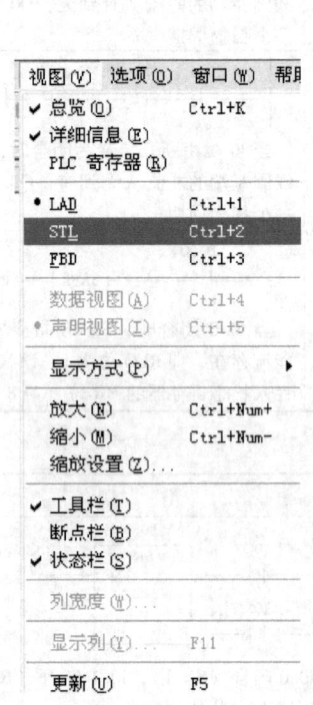

图 3-4　梯形图与语句表的转换

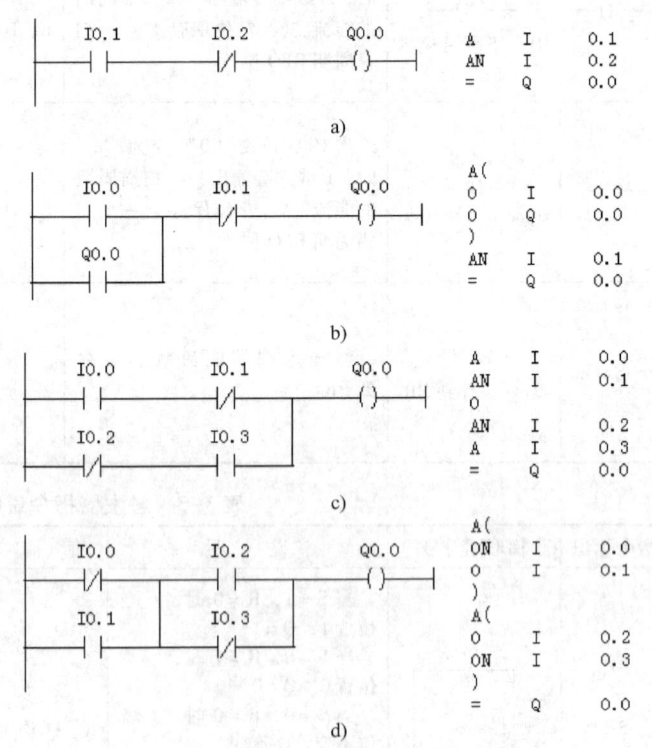

图 3-5　梯形图程序和转换的语句表程序

【任务实施】

子任务 1　四路抢答器 PLC 控制

1. 控制要求
（1）有 4 组进行抢答，抢答按钮为 SB1~SB4，对应 4 个抢答指示灯为 L1~L4。
（2）主持人按钮为 SB0，主持人按下 SB0，所有指示灯复位。
（3）最先按下抢答按钮的组指示灯亮，其他后按下的组指示灯不亮。

2. I/O 地址分配表
I/O 地址分配表见表 3-4。

表 3-4　I/O 地址分配表

输入			输出		
变量	PLC 地址	说明	变量	PLC 地址	说明
SB0	I0.0	主持人按钮	L1	Q0.1	第 1 组指示灯
SB1	I0.1	第 1 组按钮	L2	Q0.2	第 2 组指示灯
SB2	I0.2	第 2 组按钮	L3	Q0.3	第 3 组指示灯
SB3	I0.3	第 3 组按钮	L4	Q0.4	第 4 组指示灯
SB4	I0.4	第 4 组按钮			

3. 硬件接线图
PLC 硬件接线图如图 3-6 所示。

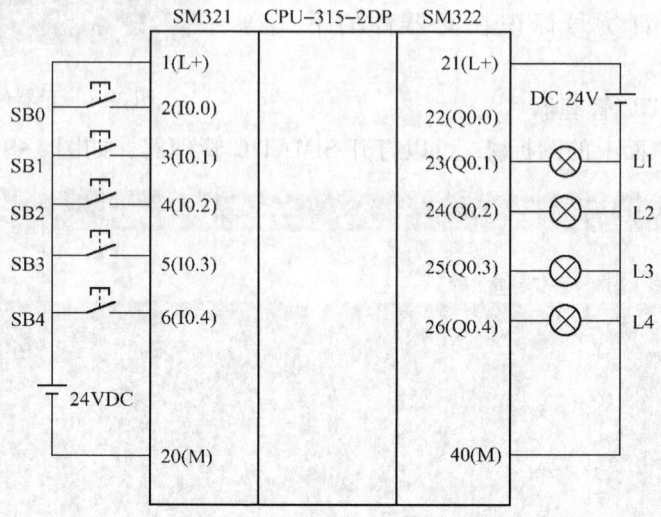

图 3-6　PLC 硬件接线图

4. 硬件组态
① 硬件组态的基本步骤如图 3-7 所示。
② 插槽配置的规则：

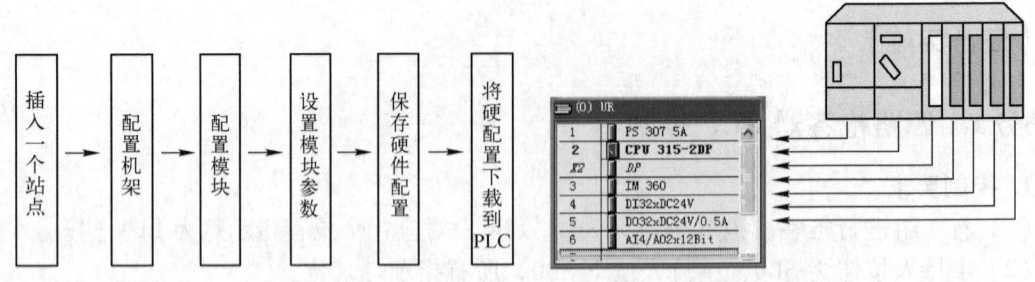

图 3-7　硬件组态的基本步骤

RACK（0）

插槽 1：电源模块或为空。

插槽 2：CPU 模块。

插槽 3：接口模块或为空。

插槽 4～11：信号模块、功能模块、通信模块或为空。

RACK（1～3）

插槽 1：电源模块或为空。

插槽 2：为空。

插槽 3：接口模块。

插槽 4～11：信号模块、功能模块、通信模块（如为 IM365，则该机架上不能插入通信模块）或为空。

组态的硬件必须与 PLC 导轨上的 PLC 元器件订货号相符合（订货号标识在元器件的下方）。如图 3-8 所示。

图 3-8　元器件订货号

（1）启动 SIMATIC 管理器

启动时，双击桌面上的图标，可以打开 SIMATIC 管理器，如图 3-9 所示。

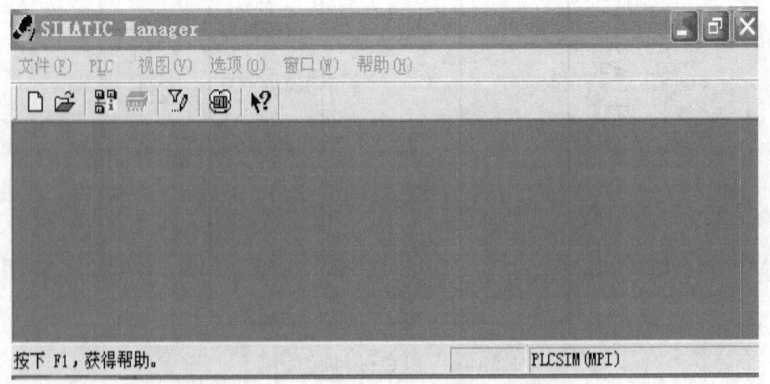

图 3-9　SIMATIC 管理器

（2）新建一个项目

在启动的 SIMATIC 管理器界面中单击"新建"图标，新建一个项目，可在"名称"位置输入项目名称,单击"浏览"按钮可修改项目存储路径,如图 3-10 所示,设置完成后单击"确定"按钮。

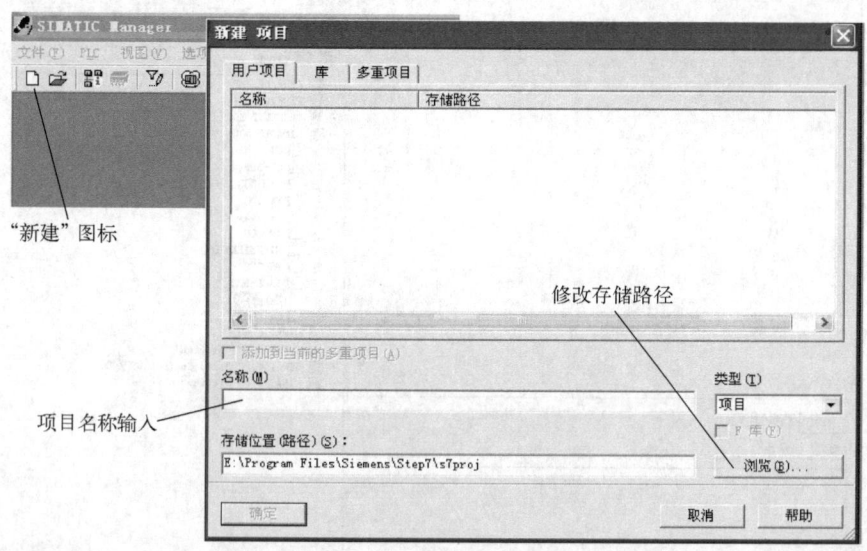

图 3-10 新建一个项目

(3) 插入站点

插入一个 SIMATIC 300 站点,如图 3-11 所示。

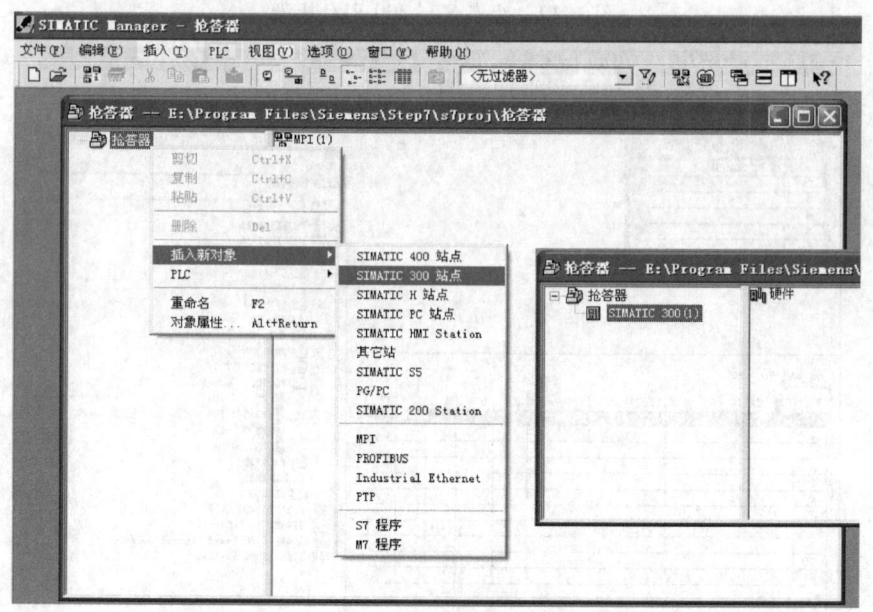

图 3-11 插入一个 SIMATIC 300 站点

(4) 组态 S7-300 PLC 机架

双击"硬件"图标,得到如图 3-12 所示的界面,选择机架"RACK-300"。

(5) 组态电源

在机架的 1 号插槽中组态电源,如图 3-13 所示。

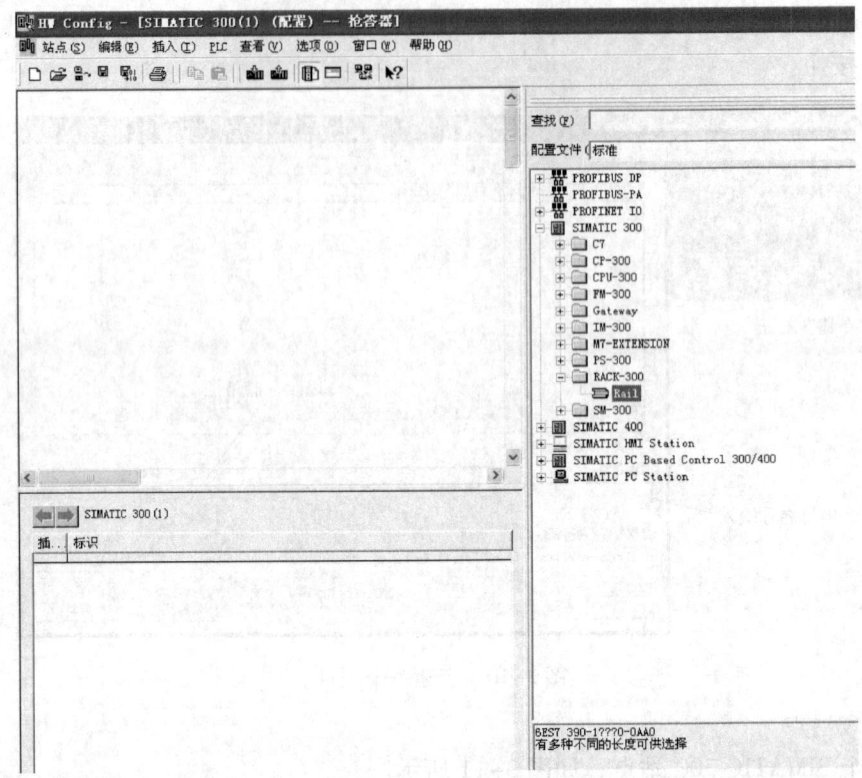

图 3-12　组态 S7-300 PLC 机架

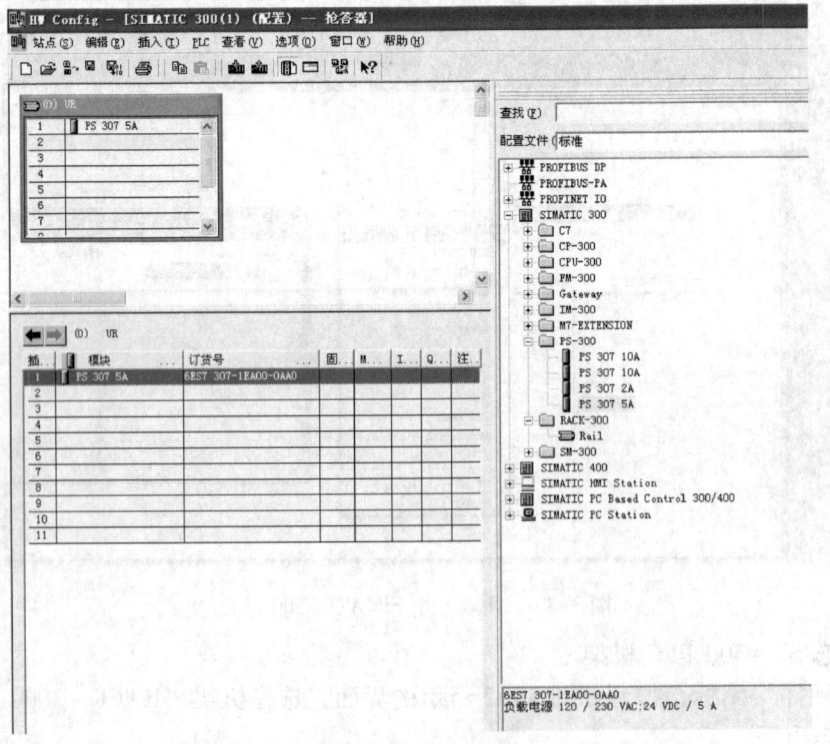

图 3-13　组态电源

（6）组态 CPU

在 2 号插槽添加 CPU。如图 3-14 所示，硬件目录中的某些 CPU 型号有多种操作系统版本，在添加 CPU 时，CPU 的型号和操作系统版本都要与实际硬件一致。

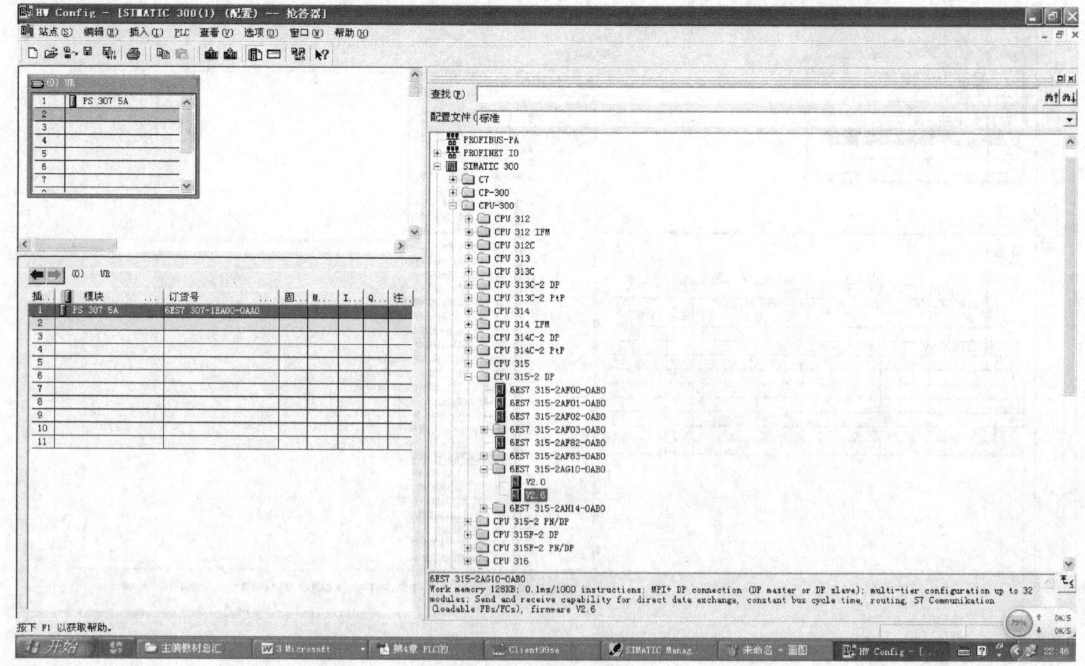

图 3-14　组态 CPU

如果需要扩展机架，则应该在 IM-300 目录下找到相应的接口模块，添加到 3 号插槽。如无扩展机架，3 号插槽留空，如图 3-15 所示。

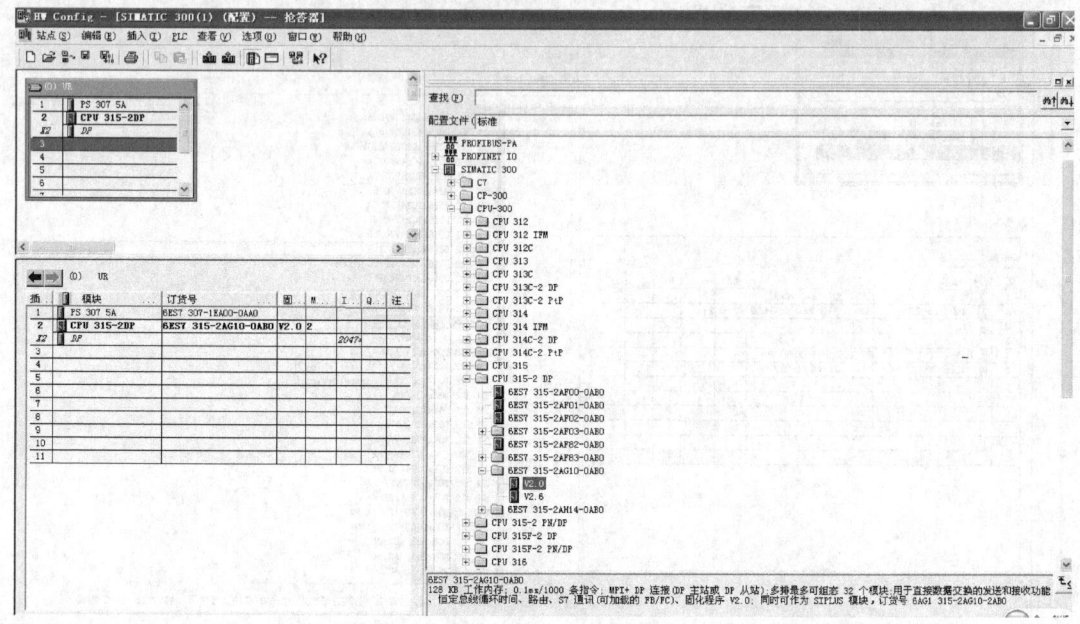

图 3-15　扩展机架

(7) 插入输入模块 SM321

4～11号插槽中可以添加信号模块、功能模块、通信处理器等，如图3-16所示。

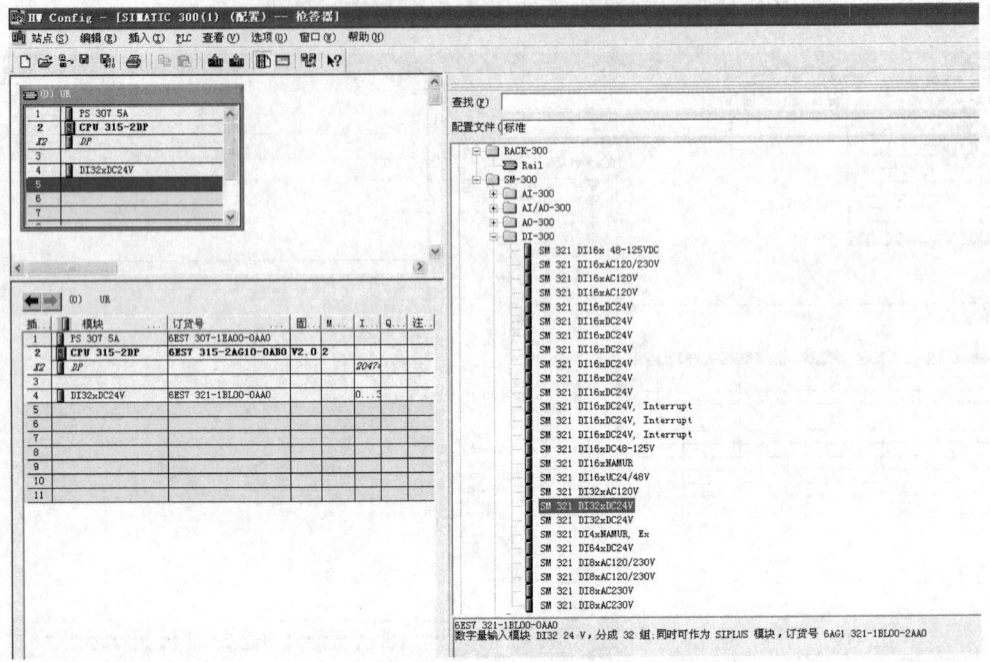

图 3-16　组态输入模块 SM321

(8) 插入输出模块 SM322

插入输出模块 SM322 如图 3-17 所示。

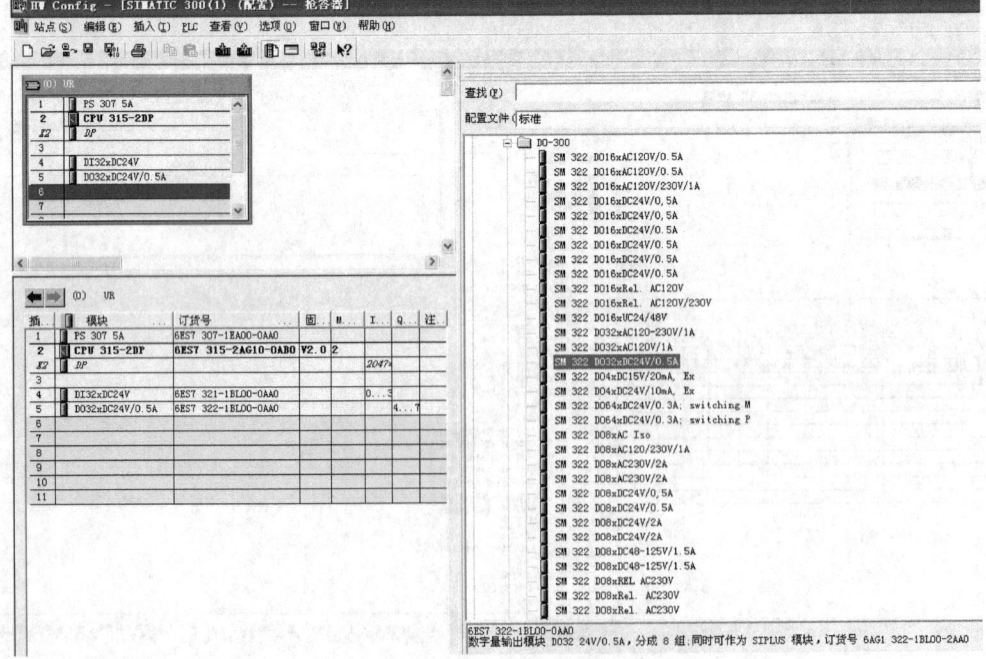

图 3-17　组态输出模块 SM322

模块地址可以是系统默认，也可以重新设定。将"系统默认"选项的"√"去掉，在地址栏中输入数字0，表示输入起始地址为0。

双击图3-18中的"DO32×DC24V/0.5A"选项，就会弹出图3-19中所示的开关量输出"属性"对话框。

将图3-19对话框中的"系统默认"复选框中的对勾去掉，将"开始"输入框中的"4"改为"0"，单击"确认"按钮。注意：模块地址是软件编程的前提！

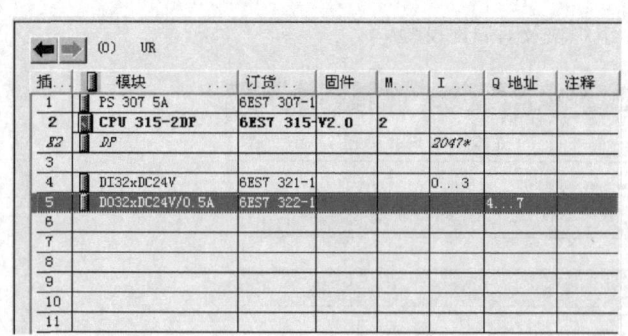

图 3-18 更改 DO 地址

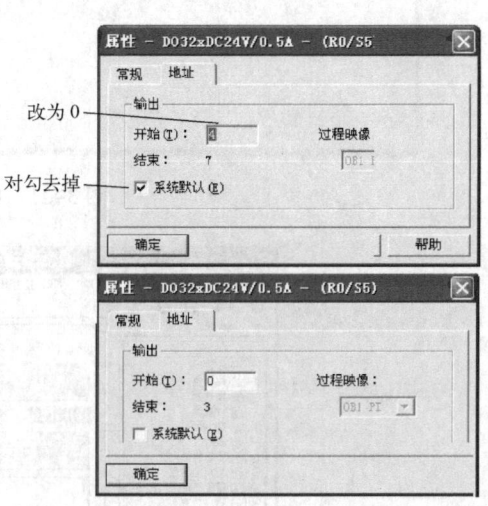

图 3-19 更改 DO 地址

（9）得到项目结构图并设置块

按工具栏上的"保存和编译"按钮，可得 STEP 7 项目结构图，如图 3-20 所示。

项目是以分层结构保存对象数据的文件夹，包含了自动控制系统中的所有数据，图 3-20 的左边是项目树形结构窗口。第一层为项目，第二层为站点，站点是组态硬件的起点。站点的下面是 CPU，"S7 程序"文件夹是编写程序的起点，所有的用户程序均存放在该文件夹中。

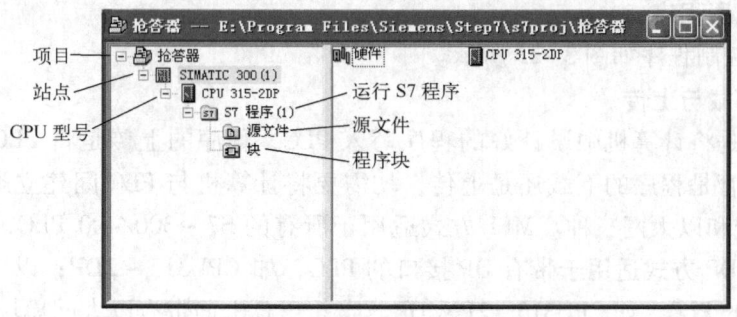

图 3-20 STEP 7 项目结构图

单击"块"，右侧可显示 OB1，双击 OB1，就会显示如图 3-21 所示的"属性"对话框，在"创建语言"下拉列表框中选择"LAD"（梯形图），经确定后就可进入编程状态，如图 3-22 所示。

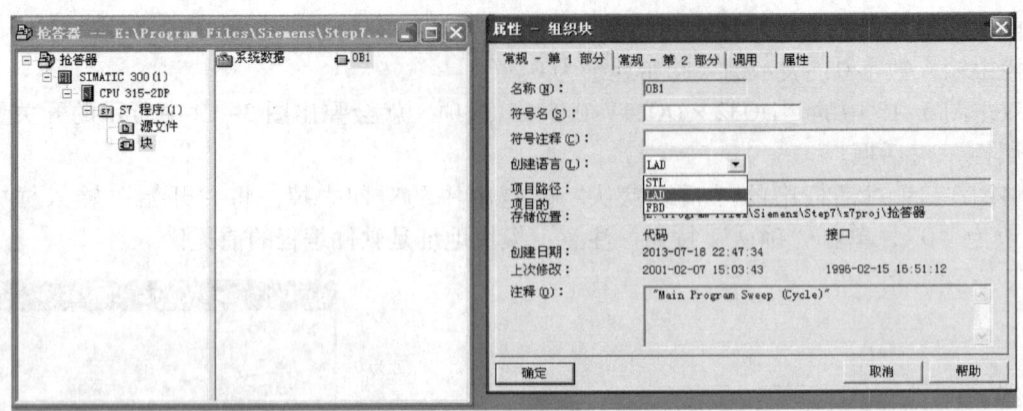

图 3-21 OB1 组织块及其属性设置

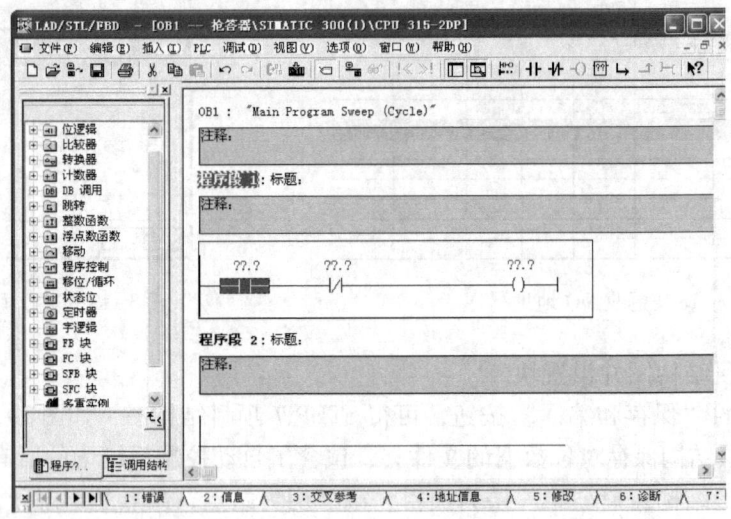

图 3-22 进入编程状态

5. 编写梯形图程序

4 组抢答器控制程序如图 3-23 所示。

6. 程序的下载与上传

程序的下载是将计算机中设计好的程序写入 PLC，程序的上传是将 PLC 中的程序读入编程计算机。不管是程序的下载还是上传，均需要将计算机与 PLC 间建立通信。下载方式有 MPI、DP 总线和以太网三种。MPI 方式适用于所有的 S7-300/400 PLC，所有的 PLC 都带有 MPI 接口；DP 方式适用于带有 DP 接口的 PLC，如 CPU315-2DP；以太网方式适用于带有以太网接口的 PLC，如 CPU315-2PN/DP，或者 PLC 上面带有以太网模块（如 CP341-1）也可以。

（1）计算机与 PLC 的通信

计算机与 PLC 通信有如下三种连接方式。

1）在计算机中安装通信卡（如 CP5611、CP5612、CP5613 等）。

CP5511：PCMOA TYPE Ⅱ 卡，用于笔记本电脑编程和通信，具有网络诊断功能，通信速

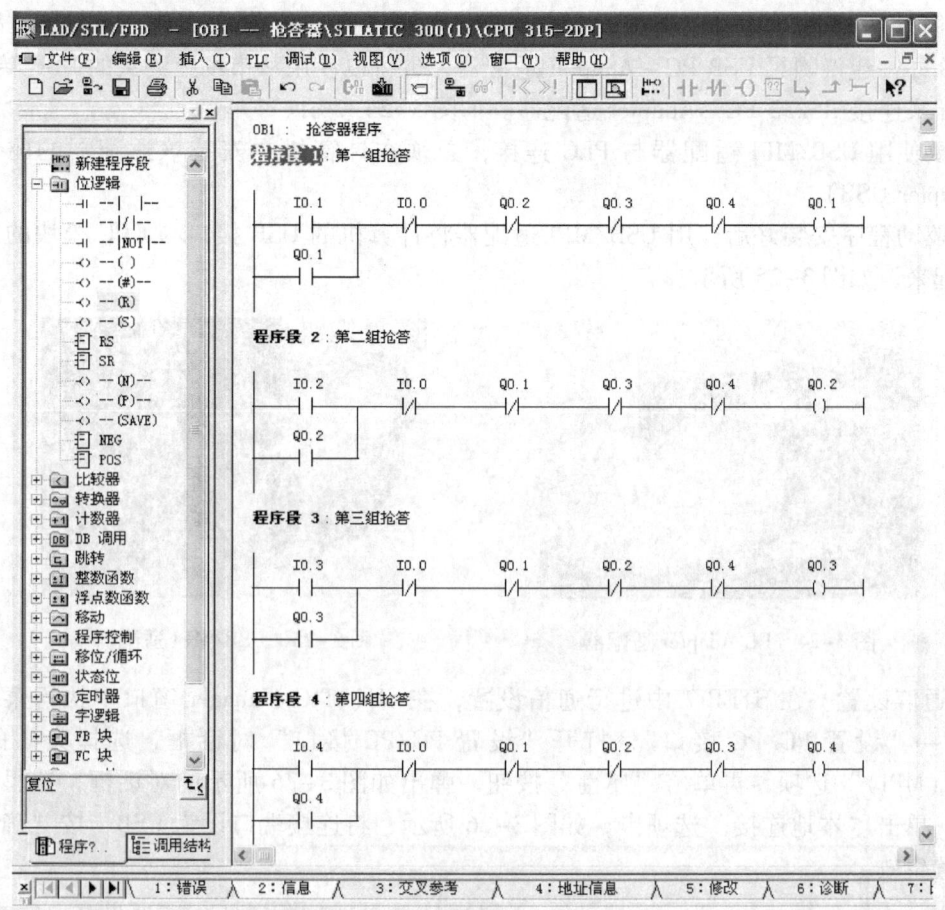

图 3-23 抢答器控制程序

率最高可达 12 Mbit/s。

CP5512：PCMOA TYPE II CardBus（32 位）卡，用于笔记本电脑编程和通信，具有网络诊断功能，通信速率最高可达 12 Mbit/s，上面两种通信卡价格相对较高。

CP5611：PCI 卡，用于台式计算机的编程和通信，具有网络诊断功能，通信速率最高可达 12Mbit/s，价格适中。

计算机通过通信卡与 PLC 通信，可对硬件和网络进行自动检测。该方式成本高，不推荐使用。

2）使用 PC/MPI 通信方式。

如计算机带有串口（RS232C 接口，或称为 COM 口），则可使用 PC/MPI 适配器与 PLC 通信。

3）使用 PC Adapter（PC 适配器）。

一端连接到计算机的 USB 接口，另一端连接到 CPU 的 MPI 接口，它没有网络诊断功能，通信速率最高为 1.5 Mbit/s，价格较低。

现在计算机大多不带 RS232C 接口，而用 USB 口作为基本接口，故目前常用该方式进行计算机与 PLC 通信。

目前很多的笔记本电脑不再提供串口，但是如果手里只有 RS232 PC–Adapter 适配器，应该怎么办？建议购买 USB PC–Adapter 适配器，也可以使用从市场上购买的 USB 转 RS232 的转换器来连接 RS232 PC–Adapter 适配器。如图 3-24 所示。

① 要使用 USB/MPI 适配器与 PLC 连接，必须在计算机中安装该适配器的驱动程序（PC Adapter USB）。

② 驱动程序安装好后，用 USB/MPI 适配器将计算机的 USB 接口与 CPU 模块的 MPI 接口连接起来，如图 3-25 所示。

图 3-24　PC Adapter 适配器

图 3-25　USB/MPI 适配器

③ 通信设置。在 STEP 7 中进行通信设置，在 SIMATIC Manager 窗口中执行菜单命令"选项"→"设置 PG/PC 接口"，打开"设置 PG/PC 接口"对话框，选择其中的"PC Adapter（MPI）"选项，再单击"属性"按钮，弹出如图 3-26 所示的对话框，这里保持默认设置，单击"本地连接"选项卡，如图 3-26 所示，将连接端口设为 USB，按"确定"按钮后设置生效。

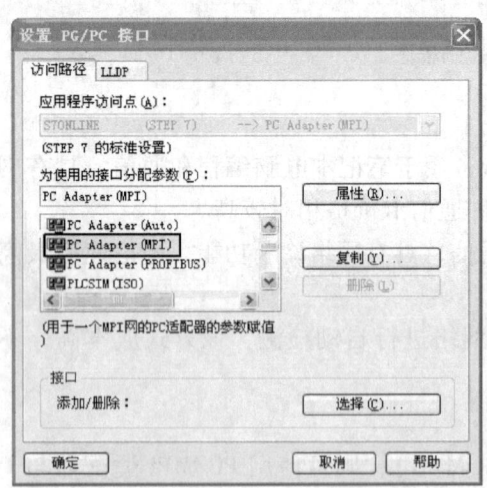

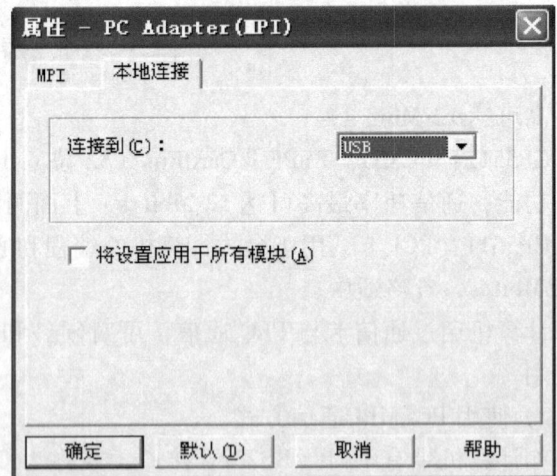

图 3-26　通信设置

注意：① 如果选择与 CPU 相连的是 PROFIBUS 接口，此时设置 S7ONLINE（STEP 7）指向"PC Adater（PROFIBUS）"，然后单击按钮设置 PROFIBUS 和串口的属性。

② 如果在使用 PC–Adapter 连接 CPU 的 MPI 接口或 DP 接口时不知道 CPU 接口的波特率，此时不能按照前面的介绍设置 MPI 接口或 DP 接口的波特率，可以在"设置 PG/PC 接

口"中选择 S7ONLINE（STEP 7）指向"PC Adapter（Auto）"，界面如图 3-27 所示。

（2）下载硬件组态与程序

下载方式有如下几种。

① 选择菜单命令"选项"→"设置 PG/PC 接口"，在对话框中选择"PC Adapter（MPI）/（Auto）"或"CP5611（MPI）/（Auto）"，因为 PLC 的 DP 接口没有初始化，而 MPI 接口默认地址 2，波特率 187.5 Kbit/s。

② 如果是通过 DP 接口，则选择"PC Adapter（Profibus）"，不过"PC Adapter（Auto）"也是通用的，同时是自动的，最保险。如果计算机上安装了 CP5611 等网卡的话就选择相对应的选项"CP5611（DP）"即可。

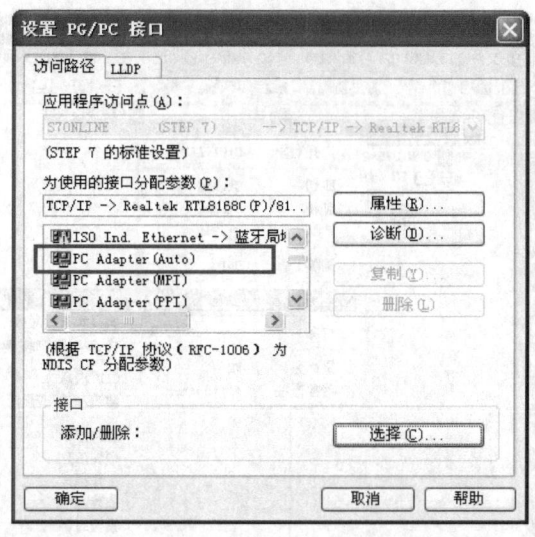

图 3-27 设置 PC-Adapter 自动连接 CPU 接口

③ 通过以太网或 PN 接口下载。直接通过 TCP/IP 或 ISO 的方式即可，具体做法是通过 STEP 7 的菜单命令"编辑"→"编辑以太网结点"→"搜索"来搜索 CP 或 CPU 的集成 PN 接口，在线分配 IP 地址后就可以直接以 TCP/IP 的方式进行下载。在 STEP 7 的"选项"→"设置 PG/PC 接口"中将 S7ONLINE（STEP 7）指向"ISO Ind. Ethernet→本机网卡"。

设置好 PC/PG 接口后就可以下载硬件组态和程序。

① 下载整个站点。如果要将整个 STEP 7 的某个 S7-300 PLC 站点内容（程序块 OB 和硬件组态信息等系统数据）下载到 CPU，应选中项目窗口中的某个站点，然后执行菜单命令"PLC"→"下载"，如图 3-28 所示；也可在某站点上单击鼠标右键，在弹出的快捷菜单中选择"PLC"→"下载"，如图 3-29 所示；还可以在选中某个站点后直接单击工具栏上的工具，同样也可将整个站点内容下载到 CPU 中，如图 3-30 所示。

图 3-28 执行菜单命令下载整个站点

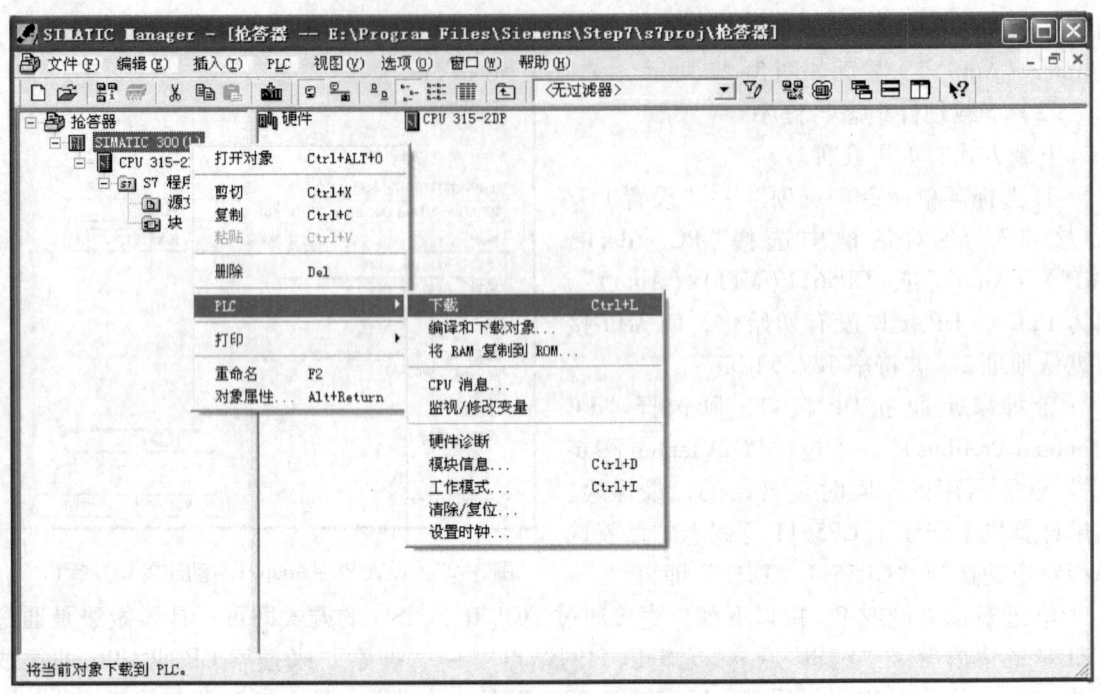

图 3-29　单击鼠标右键下载整个站点

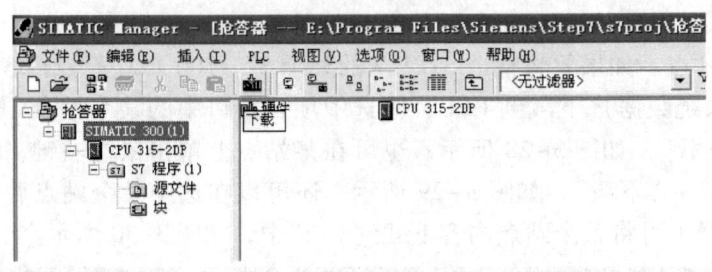

图 3-30　单击工具栏图标下载整个站点

② 下载程序块。如果仅下载项目中的某个（或某些）程序块，可选中该程序块，单击鼠标右键，在弹出的快捷菜单中选择"PLC"→"下载"，如图 3-31 所示，即可将选中的程序块下载到 CPU 中，下载程序块也可使用前面介绍的菜单命令或工具栏工具。

（3）程序的上传

如果要编辑某站点 CPU 中的程序，可以先将 CPU 中的程序读入 STEP 7 中，然后进行编辑，再重新下载到 CPU；将 CPU 模块中的程序读入 STEP 7 中的方法是：在 SIMATIC Manager 窗口执行菜单命令"PLC"→"将站点上传到 PG"，如图 3-32 所示，弹出"选择节点地址"对话框，选择目标站点为"本地"，单击"显示"按钮，选择 CPU 后再确定，就会将该 CPU 中的内容上传到 STEP 7 中，在 SIMATIC Manager 窗口会自动插入一个站点名称，并且包含硬件组态和程序目录，选择该站点的硬件或程序，即可更改硬件或程序。

7. 程序调试

程序下载到机架的 CPU 后，将 CPU 模块的工作模式开关切换到 RUN 模式，然后操作各个按钮，观察是否满足控制要求，如不满足，可对硬件系统和程序进行检查、修改。

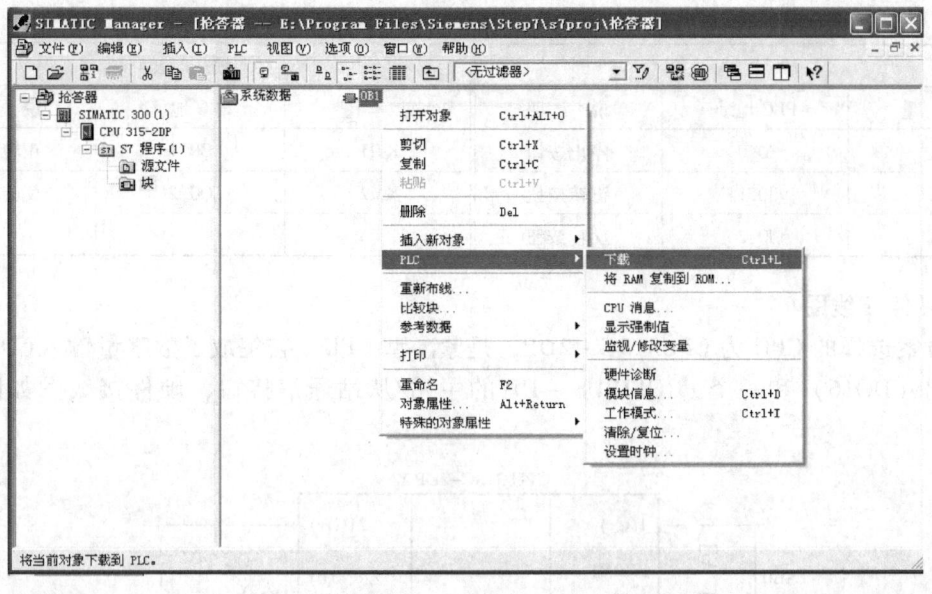

图 3-31 下载程序块

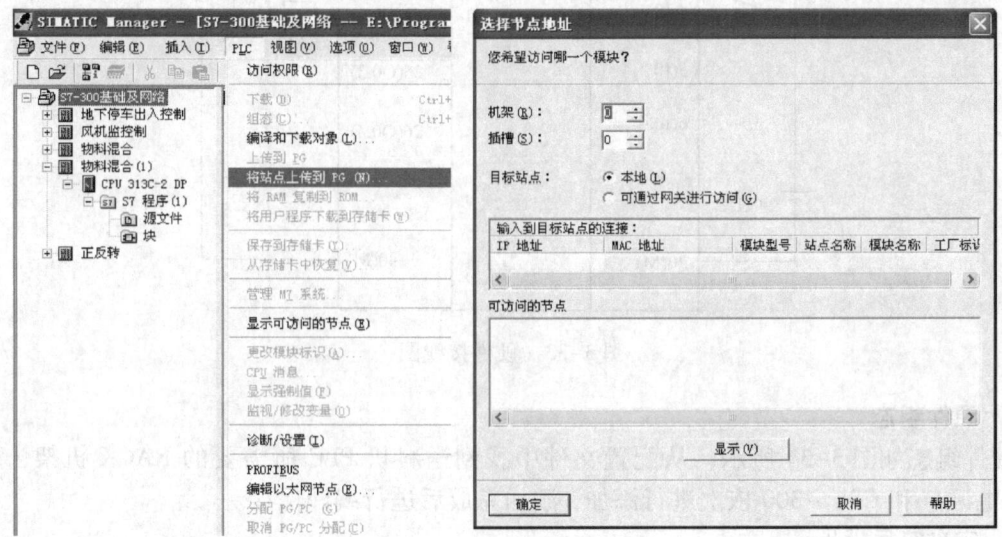

图 3-32 程序上传

子任务 2　电动机正反转 PLC 控制

1. 控制要求

某送料机的控制由一台电动机驱动，其往复运动采用电动机正转和反转来完成，正转完成送料，反转完成取料，由操作台控制。

电动机在正转运行时，按反转按钮，电动机不能反转；只有按停止按钮后，再按反转按钮，电动机才能反转运行。同理，在电动机反转时，也不能直接进入正转运行。

2. I/O 地址分配表

其 I/O 地址分配见表 3-5。

表 3-5　I/O 地址分配表

输入			输出		
变量	PLC 地址	说明	变量	PLC 地址	说明
SB0	I0.0	停止按钮	KM1	Q0.1	正转控制
SB1	I0.1	正转按钮	KM2	Q0.2	反转控制
SB2	I0.2	反转按钮			

3. 硬件接线图

本方案选择的 CPU 为 CPU313C-2DP，是紧凑型 CPU，它集成了数字量输入（DI16）/数字量输出（DO16）和一个 PROFIBUS-DP 的主站/从站通信接口，硬件接线图如图 3-33 所示。

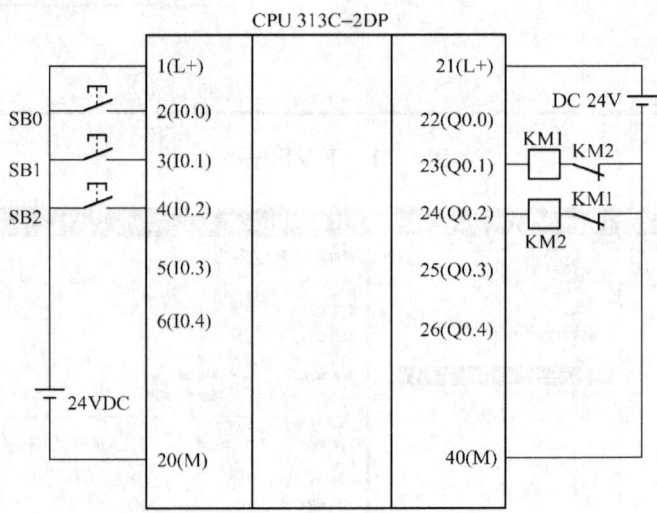

图 3-33　硬件接线图

4. 硬件组态

硬件组态如图 3-34 所示，从配置文件中找到送料机 PLC 所需要的 RACK 机架、PS-300（电源）和 CPU-300 依次进行添加，添加完成后进行编译保存。

5. 定义符号地址

在前面项目编写的梯形图中，元件的地址采用字母和数字表示，如 I0.0、Q0.1 等。这样不容易读懂程序，尤其是在工程比较复杂，程序比较多的情况下，如果采用中文符号定义元件地址更加直观方便，使程序的可读性、可维护性大大增强，符号表主要是针对 I、Q、PI、PQ、M 这几个存储区域，还包括 FC、FB、DB 块，这些块的符号可以在"插入"时，通过"对象属性"对话框输入符号。

STEP 7 的符号编辑器具有定义符号地址的功能。在 SIMATIC Manager 左侧窗口中单击"S7 程序"，在窗口右侧出现"符号"图标，如图 3-35 所示，双击该图标，打开符号编辑器，如图 3-36 所示。

在符号编辑器的表格第二行的符号列输入"停止按钮"，在地址列输入"I0.0"，在数据类型列会自动生成"BOOL"，同理输入其他符号及地址，如图 3-37 所示。

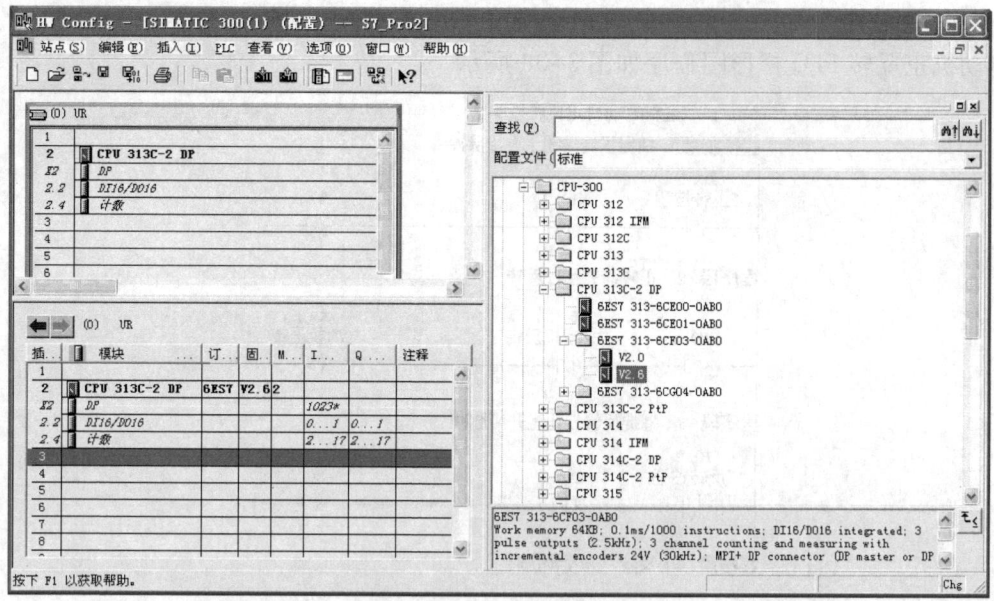

图 3-34　硬件组态

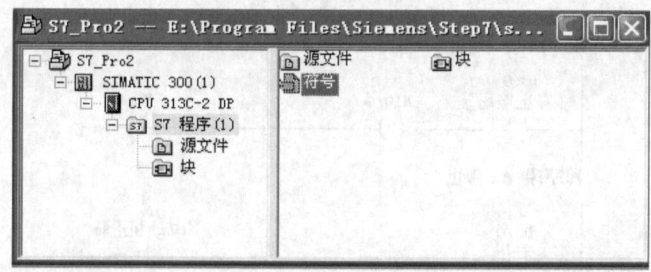

图 3-35　"符号"图标

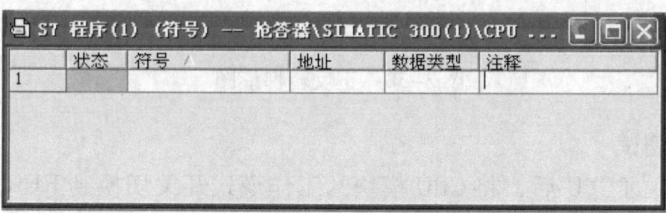

图 3-36　符号编辑器

图 3-37　编辑符号及地址

6. 梯形图程序

电动机正反转 PLC 梯形图程序如图 3-38 所示。

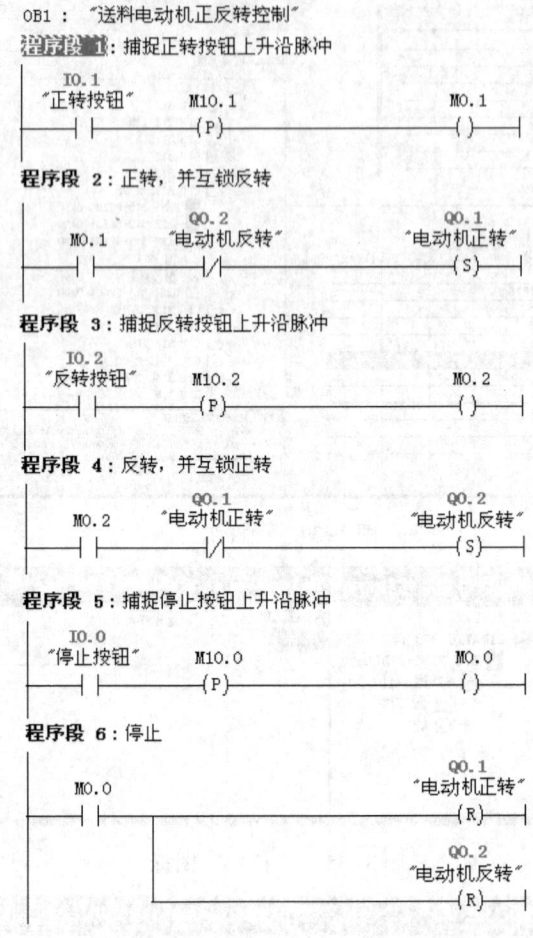

图 3-38 正反转梯形图

7. 下载程序并调试

程序下载到机架的 CPU 后，将 CPU 模块的工作模式开关切换到 RUN 模式，然后操作各个按钮，观察是否满足控制要求，如不满足，可对硬件系统和程序进行检查、修改。

子任务 3 风机运行状态 PLC 监控

1. 控制要求

在实际工作中，需要对设备的工作状态进行监控，某设备有三台风机散热降温，当设备处于运行状态时，三台风机正常转动，则指示灯常亮；如果风机至少有两台以上转动，则指示灯以 2Hz 的频率闪烁；如果仅有一台风机转动，则指示灯以 0.5Hz 的频率闪烁；如果没有任何风机转动，则指示灯不亮。

2. I/O 地址分配表

I/O 地址分配见表 3-6。

表 3-6 I/O 地址分配

输入		输出	
PLC 地址	说明	PLC 地址	说明
I0.0	1#风机反馈信号	M100.3	2 Hz 脉冲信号
I0.1	2#风机反馈信号	M100.7	0.5 Hz 脉冲信号
I0.2	3#风机反馈信号	Q0.0	风机工作状态指示灯

3. 硬件接线图

硬件接线图如图 3-39 所示。

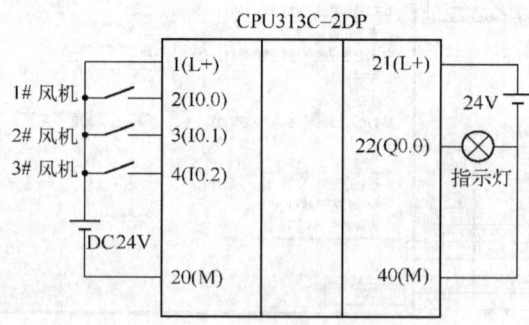

图 3-39 硬件接线图

4. 梯形图程序

PLC 梯形图程序如图 3-40 所示。

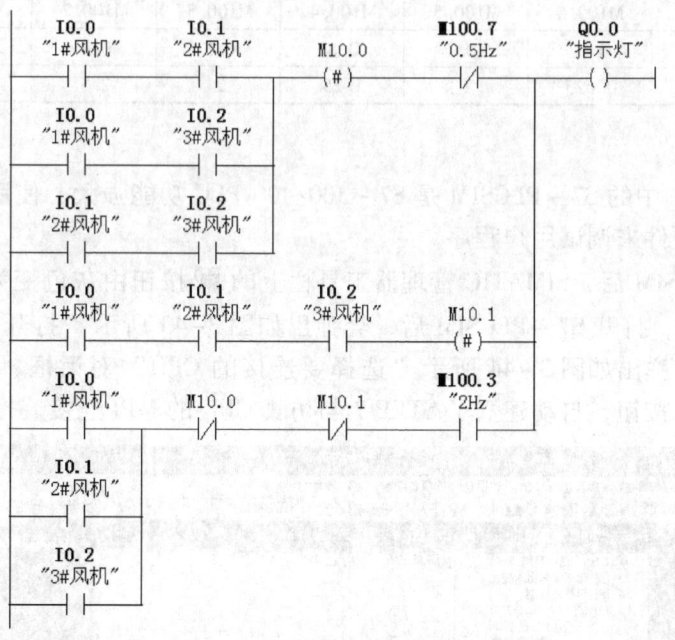

图 3-40 梯形图程序

输入位 I0.0、I0.1、I0.2 分别表示 1#风机、2#风机、3#风机，存储位 M100.3 为 2 Hz 的频率信号，M100.7 为 0.5 Hz 的信号，风机转动状态指示灯由 Q0.0 控制，存储位 M10.1 为

1 时用于表示有三台风机转动，M10.0 为 1 时表示有两台风机转动。

存储位 M100.3、M100.7 频率信号可在硬件列表中通过双击"CPU313C-2DP"，在"周期/时钟存储器"选项卡中设定，如图 3-41 所示。

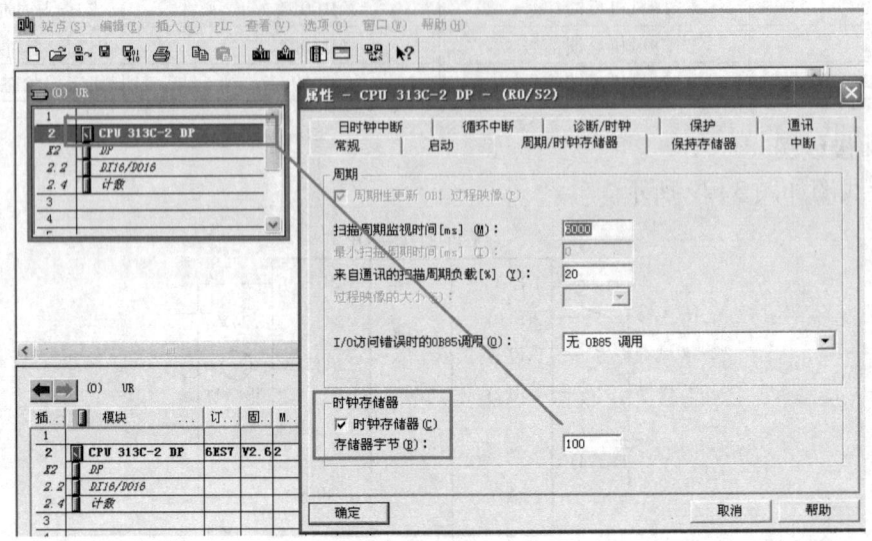

图 3-41 存储位设置

存储位与周期（频率）的关系见表 3-7。

表 3-7 存储位与周期（频率）的关系

位	M100.7	M100.6	M100.5	M100.4	M100.3	M100.2	M100.1	M100.0
周期（S）	2	1.6	1	0.8	0.5	0.4	0.2	0.1
频率（Hz）	0.5	0.625	1	1.25	2	2.5	5	10

5. 程序调试

集成在 STEP 7 中的 S7-PLCSIM 是 S7-300/400 PLC 功能强大、使用方便的仿真软件，它可以代替 PLC 硬件来调试用户程序。

安装 S7-PLCSIM 后，SIMATIC 管理器工具栏上的 按钮由灰色变为深色，如图 3-42 所示，单击该按钮，打开 S7-PLCSIM 后，会弹出如图 3-43 所示"打开项目"对话框，单击"确定"按钮，弹出如图 3-44 所示"选择要连接的 CPU"对话框，选择"MPI"站点后，单击"确定"按钮，自动建立了 STEP 7 与仿真 CPU 的 MPI 连接，打开仿真界面。

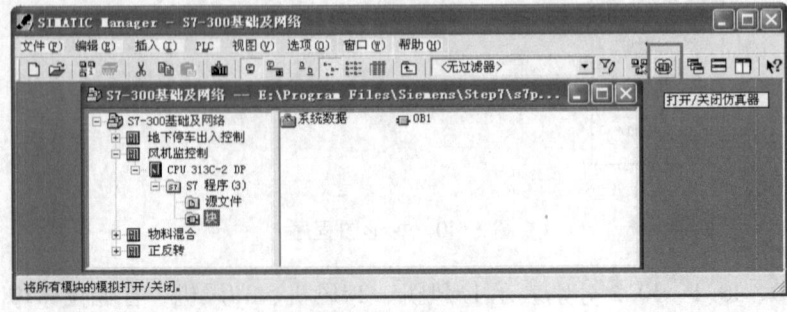

图 3-42 打开仿真器

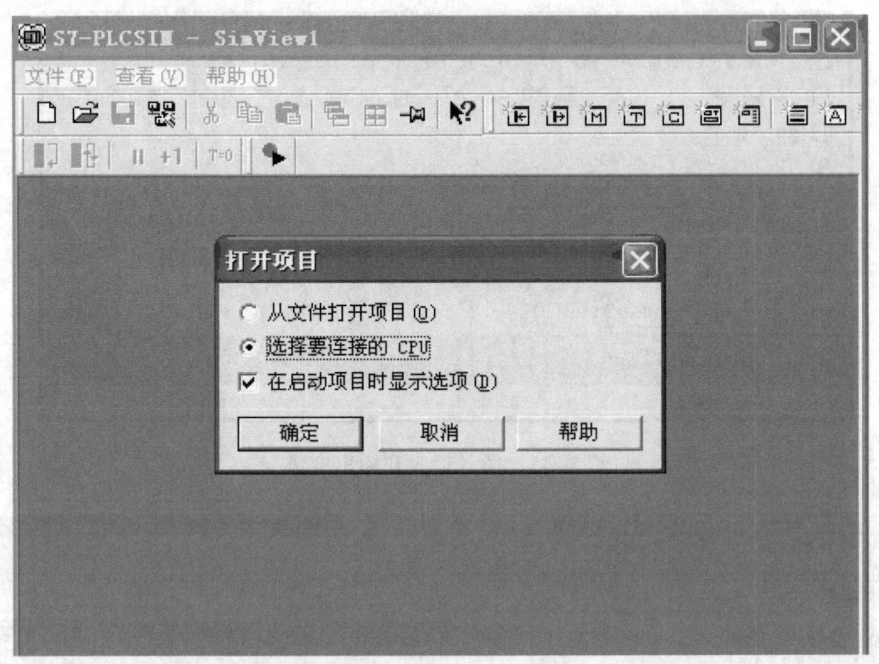

图 3-43 "打开项目"对话框

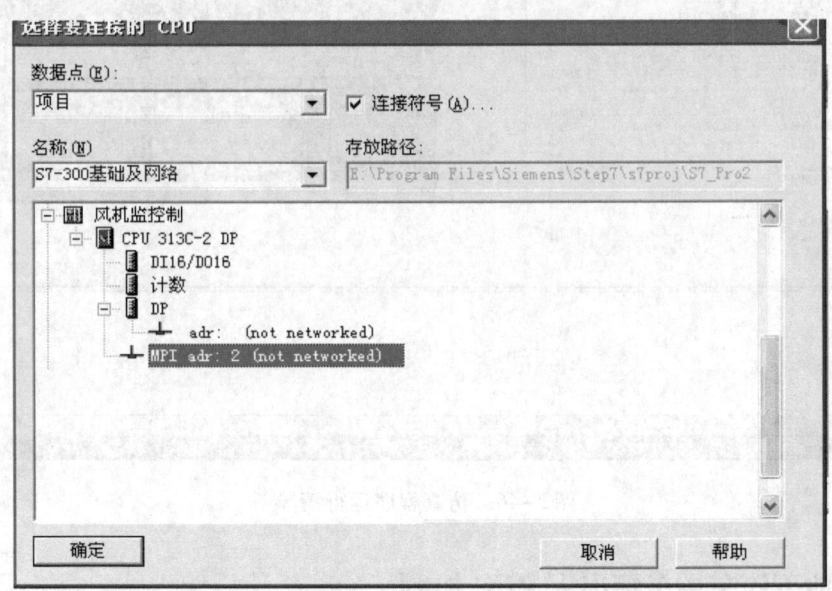

图 3-44 "选择要连接的 CPU"对话框

单击仿真界面中的 ▣ 和 ▣ 插入输入变量和输出变量,如图 3-45 所示。

打开仿真界面后,在 STOP 状态下,选中 SIMATIC 管理器中的 OB1 块,单击工具栏上的下载按钮 ▥,将 OB1 块和系统数据下载到仿真 PLC 中,而后单击 OB1 编辑界面上工具栏上的 ⚙ 图标,接着在仿真界面上的 CPU 窗口中,将工作模式转换为 RUN 运行状态,可观测到程序运行情况,如图 3-46 所示。

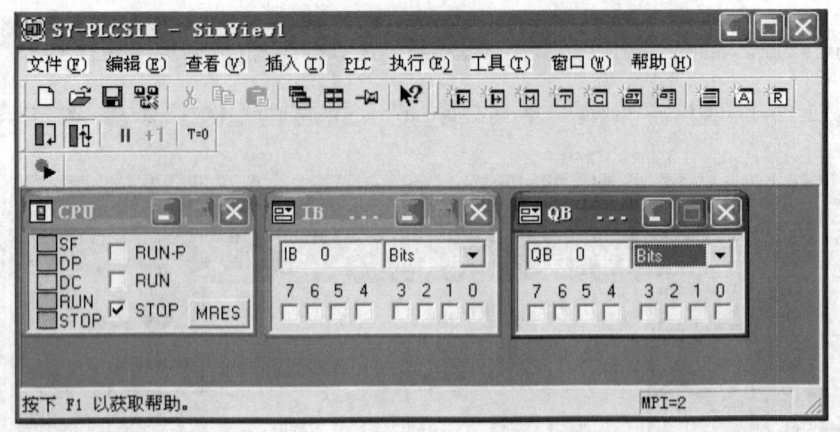

图 3-45　插入输入和输出变量

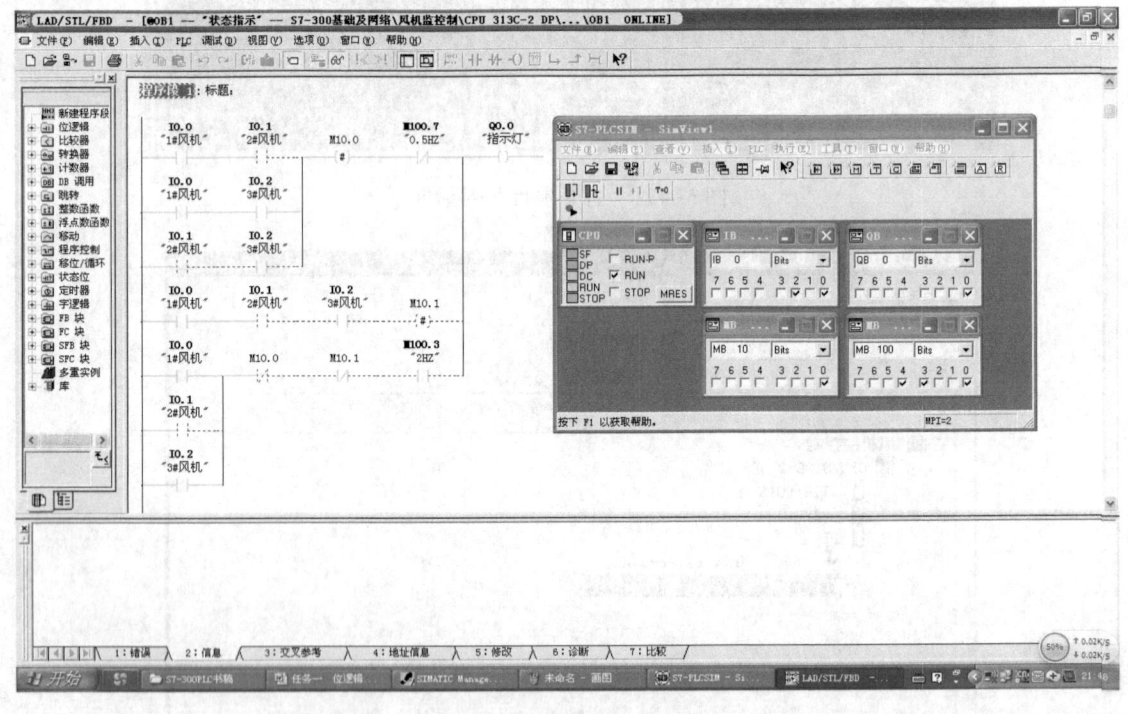

图 3-46　仿真程序运行情况

子任务 4　地下停车场车辆出入 PLC 控制

1. 控制要求

在地下停车场的出入口处，同时只允许一辆车进出，在进出通道的两端设置有红绿灯如图 3-47 所示。光电开关 I0.0 和 I0.1 用来检测是否有车经过，光线被车遮住时，I0.0 或 I0.1 为 1 状态。有车出入通道时（光电开关检测到车的前沿），两端的绿灯灭，红灯亮，以警示两方后来的车辆不能进入通道；车离开通道时，光电开关检测到车的后沿，两端的绿灯亮，红灯灭，其他车辆可以进入通道。

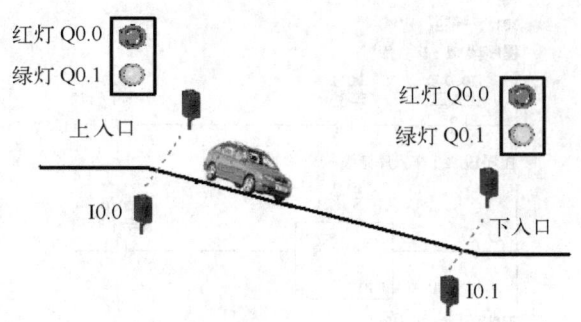

图 3-47　地下停车场的出入口示意图

2. I/O 地址分配表

其 I/O 地址分配见表 3-8。

表 3-8　I/O 地址分配表

输　入		输　出	
PLC 地址	说　明	PLC 地址	说　明
I0. 0	上入口检测	Q0. 0	红灯指示
I0. 1	下入口检测	Q0. 1	绿灯指示

3. 定义符号地址

符号地址如图 3-48 所示。

S7 程序(3) (符号) -- S7_Pro2\地下停车出入控制\CPU 313C-2 DP

	状态	符号	地址		数据类型		注释
1		地下停车场出入控制	OB	1	OB	1	
2		绿灯	Q	0.1	BOOL		
3		红灯	Q	0.0	BOOL		
4		车上行	M	0.1	BOOL		
5		车下行	M	0.0	BOOL		
6		下入口	I	0.1	BOOL		
7		上入口	I	0.0	BOOL		
8							

图 3-48　定义的符号地址表

4. 梯形图程序

PLC 梯形图程序如图 3-49 所示。

5. 使用变量表调试程序

(1) 新建变量表

在 SIMATIC 管理器界面右侧单击鼠标右键在弹出的快捷菜单中选择“插入新对象”→“变量表”，如图 3-50 所示。

(2) 设置变量属性表

在如图 3-51 所示的“属性 - 变量表”对话框中对变量表进行属性设置后，单击“确定”按钮，则在 SIMATIC 管理器界面右侧窗口中出现变量表的图标 VAT_1，如图 3-52 所示。

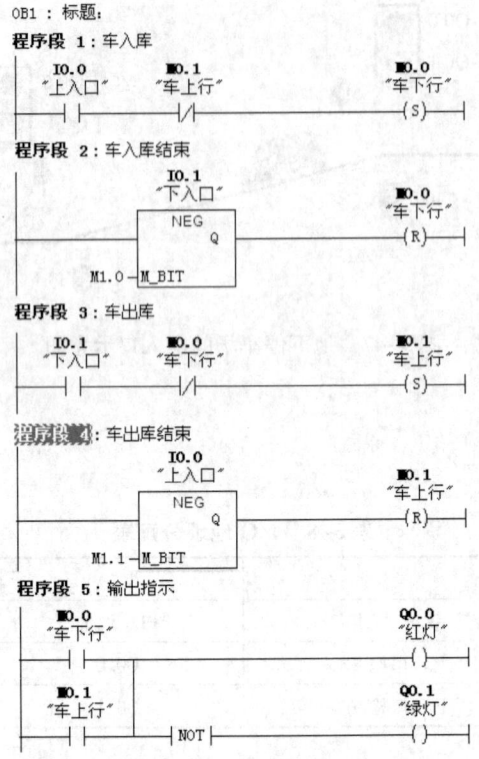

图 3-49　梯形图程序

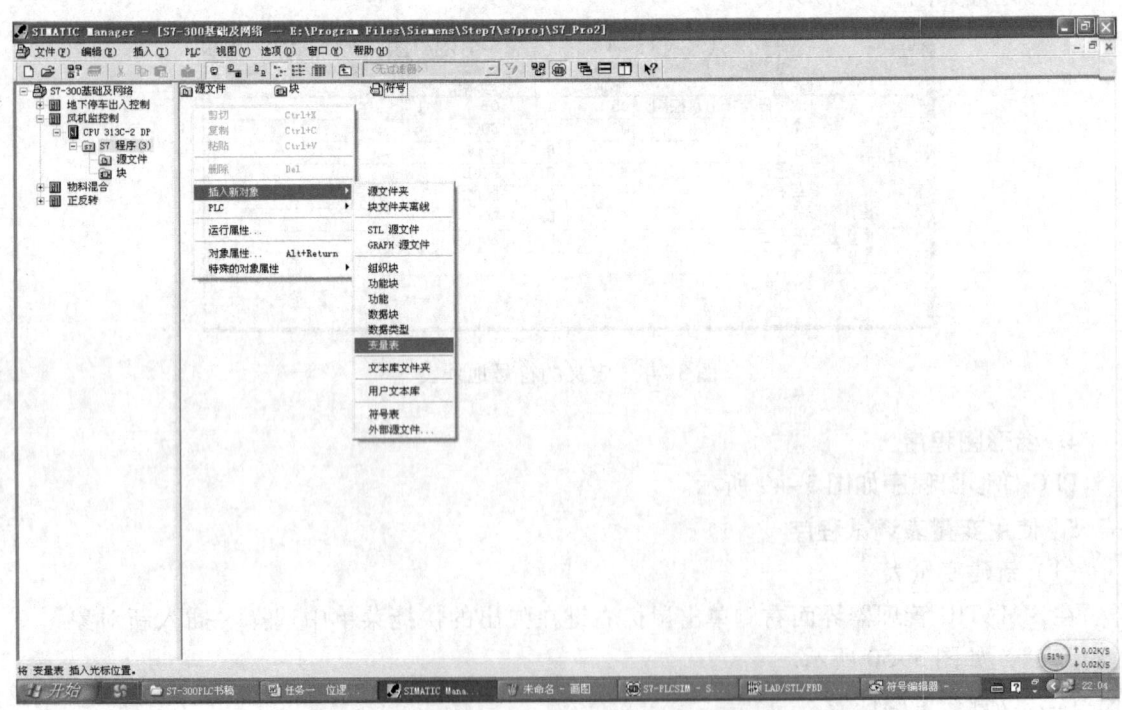

图 3-50　新建变量表

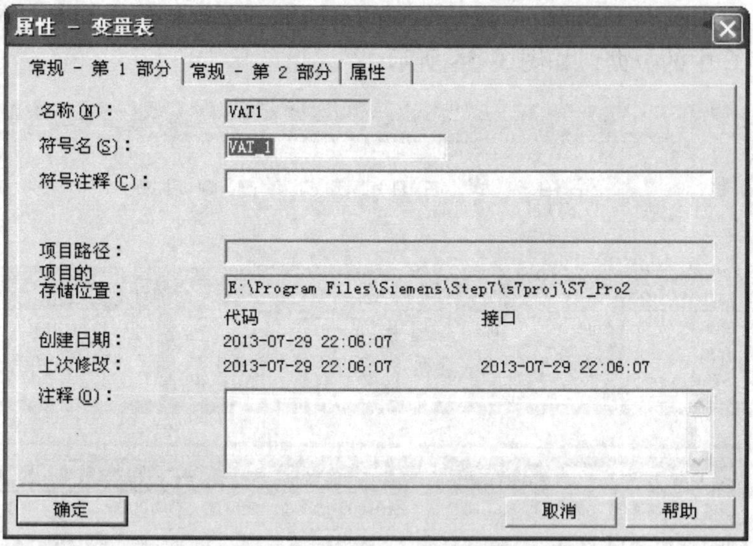

图 3-51 变量表属性设置

图 3-52 变量表图标

（3）编辑变量表

双击变量表图标打开变量表，将地址输入到变量表中，则变量表的符号会按照设置自动填入，如图 3-53 所示。

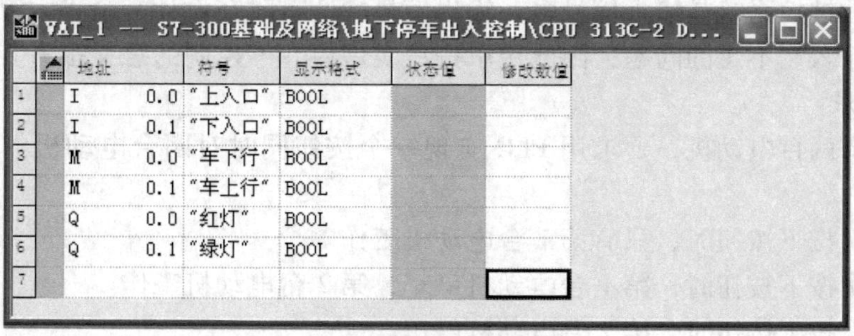

图 3-53 编辑变量表

（4）调试程序

如果仿真 PLC 运行在 RUN 模式下，将"修改数值"列的数值写入 PLC 时，将会出现

"(DOA1) 功能在当前保护级别中不被允许"的对话框,必须将仿真 PLC 切换到 RUN-P 模式,才能修改 PLC 中的数据,如图 3-54 所示。

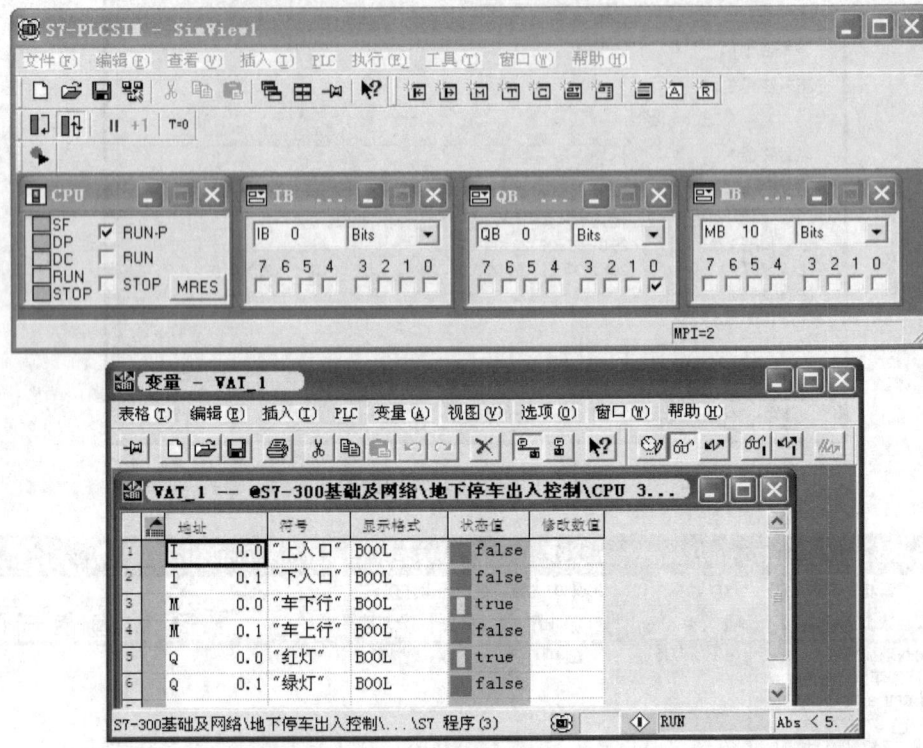

图 3-54 在 RUN-P 模式下修改数据

【技能训练】

多台电动机单个按钮 PLC 控制

通常一个电路的启动和停止控制是由两个按钮分别完成的。当一个 PLC 控制多个这种需要启/停操作的电路时,将占用很多的 I/O 资源。一般 PLC 的 I/O 点是按 3:2 的比例配置的。由于大多数被控系统是输入信号多,输出信号少,有时在设计一个不太复杂的控制系统时,也会面临输入点不足的问题,因此用单按钮实现启、停控制的意义很重要。

1. 控制要求

设某设备有两台电动机,要求用 PLC 实现一个按钮同时对两台电动机的控制。具体要求如下:

(1) 第 1 次按下按钮时,只有第 1 台电动机工作。
(2) 第 2 次按下按钮时,第 1 台电动机停车,第 2 台电动机工作。
(3) 第 3 次按下按钮时,第 2 台电动机停车。

分析思路:

要用逻辑指令实现两台电动机的单按钮起/停控制,必须为每次操作设置一个状态标志。在本次操作中该状态标志必须为 1,而其他状态标志必须为 0。

第 1 次按操作按钮之前,两台电动机都处于停机状态,对应接触器 KM1 和 KM2 的常开触点闭合，因此可用 KM1 和 KM2 的常闭触点设置状态标志 F1。

第 2 次按操作按钮之前，第 1 台电动机处于工作状态，第 2 台电动机处于停机状态，对应接触器 KM1 的常开触点闭合，KM2 的常闭触点闭合，因此可用 KM1 的常开触点和 KM2 的常闭触点设置状态标志 F2。

第 3 次按操作按钮之前，第 1 台电动机处于停机状态，第 2 台电动机处于工作状态。

2. 训练要求

（1）列出 I/O 分配表。

（2）画出 PLC 的 I/O 接线图。

（3）根据控制要求，设计梯形图。

（4）运行、调试程序。

（5）汇总整理文档。

3. 技能训练考核标准

技能训练评价表

序号	主要内容	考核要求	评分标准	配分	扣分	得分
1	方案设计	根据控制要求，画出 I/O 分配表，设计梯形图程序及接线图	1. 输入/输出地址遗漏或错误，每处扣 1 分； 2. 梯形图表达不正确或画法不规范，每处扣 2 分； 3. 接线图表达不正确或画法不规范，每处扣 2 分； 4. 指令有错误，每处扣 2 分	30		
2	安装与接线	按 I/O 接线图在板上正确安装，接线要正确、紧固、美观	1. 接线不紧固、不美观，每根扣 2 分； 2. 接点松动，每处扣 1 分； 3. 不按 I/O 接线图，每处扣 2 分	10		
3	程序输入与调试	熟练操作计算机，能正确将程序输入 PLC，按动作要求模拟调试，达到设计要求	1. 调试步骤不正确扣 5 分； 2. 不能实现（1）扣 10 分； 3. 不能实现（2）扣 15 分； 4. 不能实现（3）扣 15 分	50		
4	安全与文明生产	遵守国家相关专业安全文明生产规程，遵守学院纪律	1. 不遵守教学场所规章制度，扣 2 分； 2. 出现重大事故或人为损坏设备，扣完 10 分	10		
备注			合计	100		
	小组成员签名					
	教师签名					
	日期					

【巩固练习】

1. 使用置位指令和复位指令，编写两套程序，控制要求如下。

1）起动时，电动机 M1 先起动，电动机 M1 起动后，才能起动电动机 M2；停止时，电动机 M1、M2 同时停止。

2）起动时，电动机 M1、M2 同时起动；停止时，只有在电动机 M2 停止后，电动机 M1 才能停止。

2. 用 S、R 和跃变指令设计出如图 3-55 所示的波形图的梯形图。

3. 画出图 3-56 所示程序的 Q0.0 的波形图。

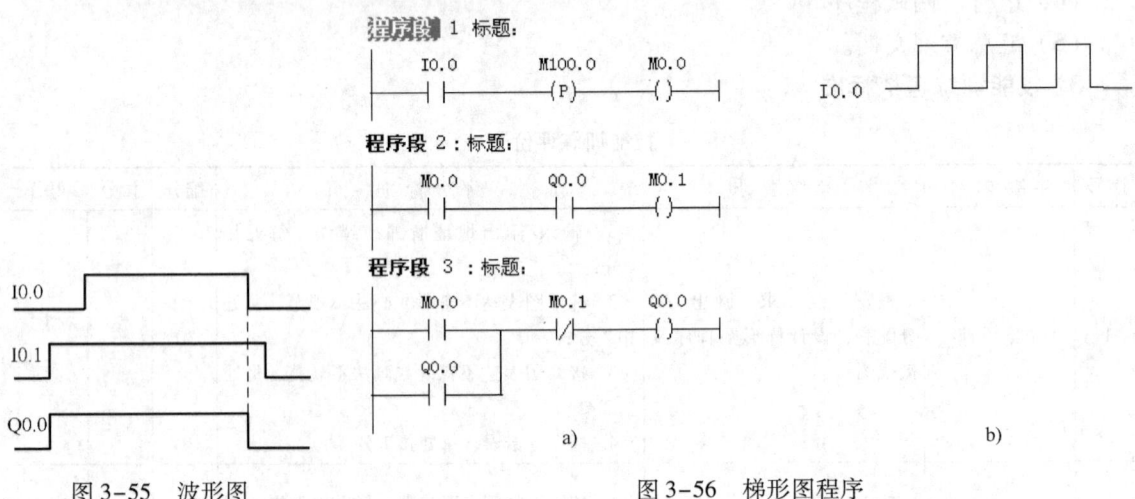

图 3-55 波形图　　　　　　　　　　　图 3-56 梯形图程序

4. 用 PLC 设计多重输入电路的梯形图，要求：

I0.0、I0.1 闭合，I0.0、I0.3 闭合，I0.2、I0.1 闭合，I0.2、I0.3 闭合皆可使 Q0.0 接通。

5. 用 PLC 设计保持电路梯形图，要求：

将输入信号加以保持记忆。当 I0.0 接通，辅助继电器 M0.0 接通并自保持，Q0.0 有输出，停电后再通电，Q0.0 仍然有输出。只有 I0.1 触点断开，才使 M0.0 自保持消失，使 Q0.0 无输出。

6. 用 PLC 设计优先电路的梯形图，要求：

若输入信号 I0.1 或输入信号 I0.2 中先到者取得优先权，Q0.0 有输出，后到者无效。

7. 用 PLC 设计比较电路的梯形图。该电路预先设定好输出的要求，然后对输入信号 I0.1 和输入信号 I0.2 作比较，接通某一输出。

I0.1、I0.2 同时接通，Q0.1 有输出。

I0.1、I0.2 皆不接通，Q0.2 有输出。

I0.1 不通、I0.2 接通，Q0.3 有输出。

I0.1 接通、I0.2 不接通，Q0.4 有输出。

任务3.2 定时器指令、计数器指令的应用

【任务目标】

- 掌握各种定时器的结构和定时原理。
- 掌握各种计数器的结构和计数原理。
- 会画定时器和计数器的时序图。
- 掌握定时器和计数器的综合应用。

【任务描述】

在工业生产的控制任务中,经常需要各种各样的定时器和计数器,如电动机的星形起动经延时后转换到三角形运行;锅炉引风机和鼓风机控制是首先起动引风机,延时后才能起动鼓风机;停车场车位的控制要用到计数器;送料小车的控制也经常需要用到定时器和计数器配合实现。

【知识准备】

1. 定时器

S7-300/400 PLC 有以下5种定时器:

1) S_PULSE(脉冲定时器);
2) S_PEXT(扩展脉冲定时器);
3) S_ODT(接通延时定时器);
4) S_ODTS(保持型接通延时定时器);
5) S_OFFDT(断电延时型定时器)。

定时器的指令有两种形式:块图指令和线圈指令(如S_ODT和(SD)),如图3-57所示。

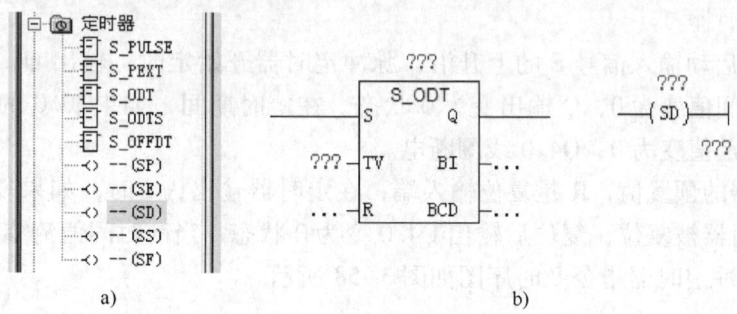

图 3-57 定时器指令的两种形式
a) 块图指令 b) 线圈指令

下面对定时器的输入/输出端作简单的介绍。

1) S端:启动端,当0到1的信号变化作用在启动输入端(S)时,定时器启动。

2) R端:复位端,作用在复位输入端(R)的信号(1有效)用于停止定时器。当前时间被置为0,定时器的触点输出端(Q)被复位。

3) Q端:触点输出端,定时器的触点输出端(Q)的信号状态(0或1),取决于定时

器的种类及当前的工作状态。

4) TV 端：设置定时时间，定时器的运行时间设定值由 TV 端输入。

5) 时间值输出端：定时器的当前时间值可分别从 BI 输出端和 BCD 输出端输出。BI 输出端输出的是不带时基的十六进制整数格式的定时器当前值，BCD 输出端输出的 BCD 码格式的定时器当前时间值和时基。

SIMATIC S7 系列 PLC 为用户提供了一定数量的具有不同功能的定时器。如 CPU314 提供了 128 个定时器，分别从 T0～T127。

时间值设定可以使用下列格式预装一个时间值。

1) 十六进制数：W#16#wxyz，其中的 w 是时间基准，xyz 是 BCD 码形式的时间值。w 与时基关系见表 3-9。

表 3-9　w 与时基关系

w	时基
0	10 ms
1	100 ms
2	1 s
3	10 s

如 W#16#3999，定时时间为：999×10 s = 9990 s。

如 W#16#1100，定时时间为：100×0.1 s = 10 s。

2) S5T#ah_bm_cs_dms：h 是小时，m 是分钟，s 是秒，ms 是毫秒；a、b、c、d 由用户定义，时基是 CPU 自动选择，时间值按其所取时基取整为下一个较小的数。可以输入的最大值是 9990 s，或 2h_46m_30s。如：S5T#100S、S5T#10MS、S5T#2MS、S5T#1H2M3S 等。

时基：定时器字的位 12 和位 13 包含二进制码的时基。时基可定义时间值递减的单位间隔。最小时基为 10 ms；最大时基为 10 s。

（1）脉冲定时器

I0.0 提供的启动输入信号 S 的上升沿，脉冲定时器开始定时，输出 Q4.0 变为 1。定时时间到，当前时间值变为 0，Q 输出变为 0 状态。在定时期间，如果 I0.0 的常开触点断开，则定时停止，当前值变为 0，Q4.0 线圈断电。

TV 是定时器的预置值，R 是复位输入端，在定时器输出为 1 时，如果复位输入 I0.1 由 0 变为 1，则定时器被复位，复位后输出 Q4.0 变为 0 状态，当前时间值清零。

S_PULSE 脉冲定时器指令及时序图如图 3-58 所示。

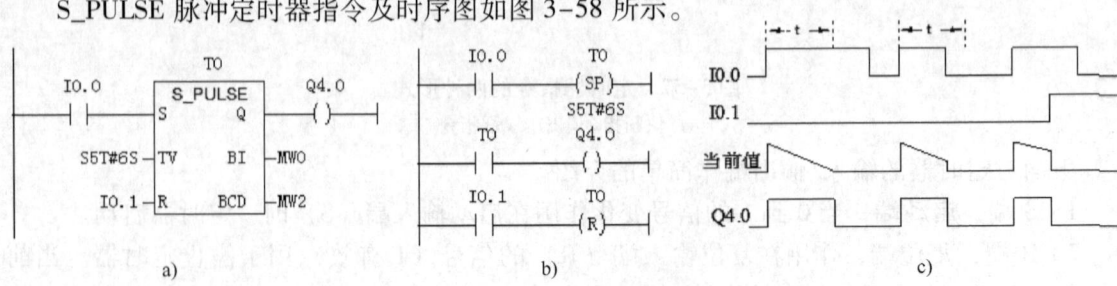

图 3-58　脉冲定时器指令及时序图

(2) 扩展脉冲定时器

启动输入信号 S 的上升沿,脉冲定时器开始定时,在定时期间,Q 输出端为 1 状态,直到定时结束。在定时期间即使 S 输入端变为 0 状态,仍继续定时,Q 输出端为 1 状态,直到定时结束。在定时期间,如果 S 输入又由 0 变为 1 状态,定时器重新启动,开始以预置的时间值定时。

R 输入端由 0 变为 1 状态时,定时器复位,停止定时。复位后 Q 输出端变为 0 状态,当前时间清零。

S_PEXT 扩展脉冲定时器指令及时序图如图 3-59 所示。

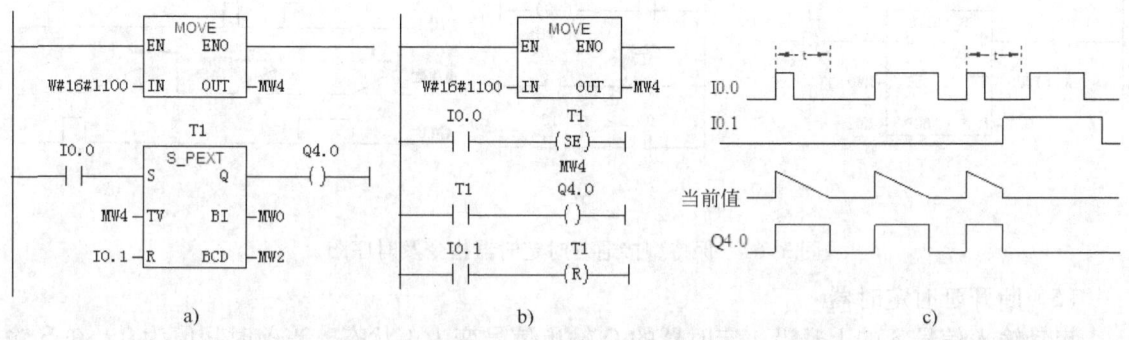

图 3-59 扩展脉冲定时器指令及时序图

扩展脉冲定时器(SE)线圈的功能和 S5 扩展脉冲定时器的功能相同,定时器位为 1 时,定时器的常开触点闭合,常闭触点断开。

(3) 接通延时定时器

接通延时定时器是使用最多的定时器之一,启动输入信号 S 的上升沿,定时器开始定时。如果定时期间 S 的状态一直为 1,定时时间到时,当前时间值变为 0,Q 输出端变为 1 状态,使 Q4.0 的线圈通电。此后如果 S 输入由 1 变为 0,Q 输出端的信号状态也变为 0。

在定时期间,如果 S 输入由 1 变为 0,则停止定时,当前时间值保持不变,S 又变为 1 时,又以预置值开始定时。

R 是复位输入信号,定时器的 S 输入为 1 时,不管定时时间是否已到,只要复位输出 R 由 0 变为 1,定时器都要被复位,复位后当前时间清零。如果定时时间已到,复位后输出 Q 将由 1 变为 0。

接通延时定时器(SD)线圈的功能和 S_ODT 接通延时定时器的功能相同,定时器位为 1 时,定时器的常开触点闭合,常闭触点断开。如图 3-60 所示是接通延时定时器指令及时序图。

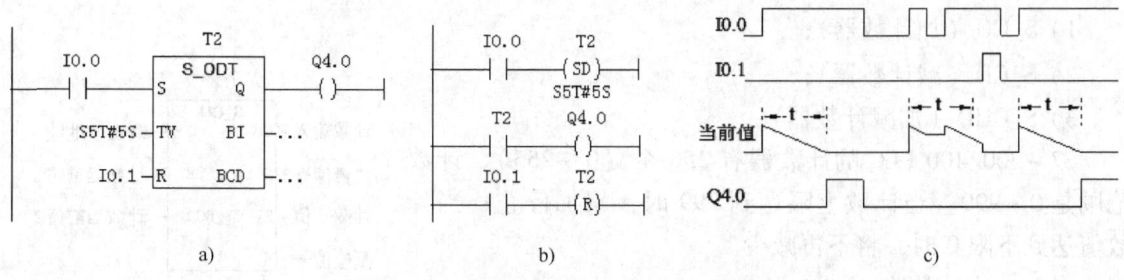

图 3-60 接通延时定时器指令及时序图

（4）保持型接通延时定时器

启动输入信号 S 的上升沿到来时，定时器开始定时，定时期间即使输入 S 变为 0，仍继续定时，定时时间到时，输出 Q 变为 1 并保持。在定时期间，如果输入 S 又由 0 变为 1，定时器重新启动，再从预置值开始定时。不管输入 S 是什么状态，只要复位输入 R 从 0 变为 1，定时器复位，输出 Q 变为 0；S_ODTS 保持型接通延时定时器指令及时序图如图 3-61 所示。

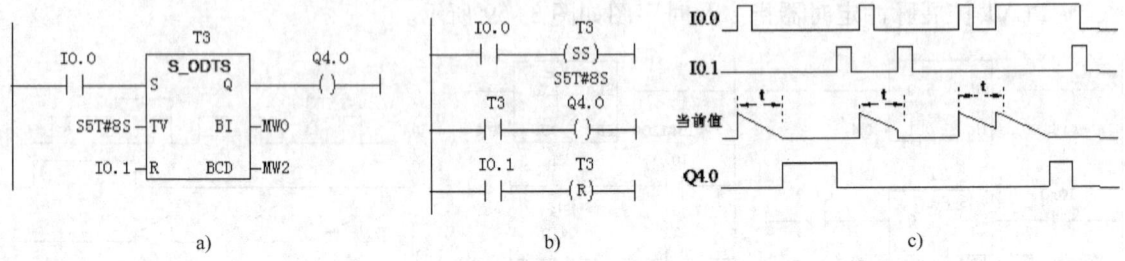

图 3-61　保持型接通延时定时器指令及时序图

（5）断开延时定时器

启动输入信号 S 的上升沿，定时器的 Q 输出信号变为 1 状态，当前时间值为 0。在 S 输入下降沿，定时器开始定时，定时时间到时，输出 Q 变为 0 状态。

定时过程中，如果 S 信号由 0 变为 1，定时器的时间值保持不变，停止定时。如果输入 S 重新变为 0，定时器将从预置值开始重新启动定时。

复位输入 I0.1 为 1 状态时，定时器复位，时间值清零，输出 Q 变为 0 状态；S_OFF DT 断开延时定时器指令及时序图如图 3-62 所示。

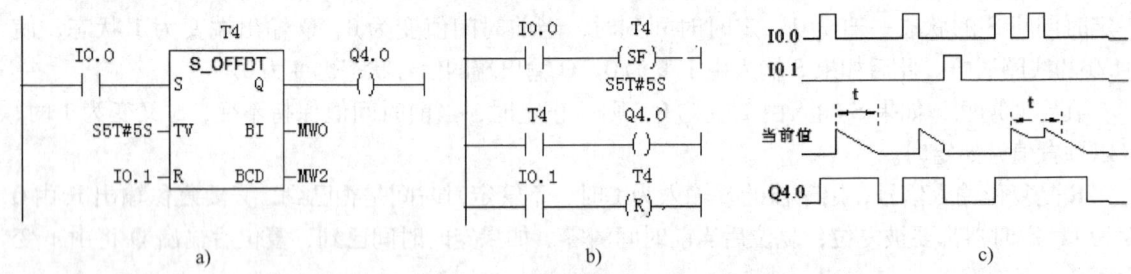

图 3-62　断开延时定时器指令及时序图

2. 计数器

S7-300/400 PLC 的计数器有以下 3 种类型：

1) S_CU（加计数器）；
2) S_CD（减计数器）；
3) S_CUD（加减计数器）。

S7-300/400 PLC 的计数器有 256 个（0~255），计数范围是 0~999。当计数上限达到 999 时，累加停止；当计数值达到下限 0 时，将不再减少。

（1）加法计数器

加法计数器指令格式如图 3-63 所示。

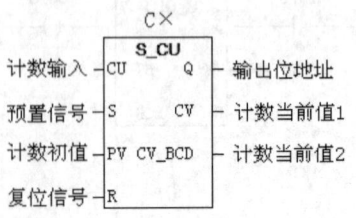

图 3-63　加法计数器指令格式

1) C×为计数器的编号。
2) CU为加计数器的输入端,该端每出现一个上升沿,计数器自动加1,当计数器的当前值为999时,计数值保持为999,加1操作无效。
3) S为预置信号输入端,该端出现上升沿时,将计数初值作为当前值。
4) PV为计数初值输入端,初值的范围为0~999。可通过字(如MW0等)为计数器提供初值,也可直接输入数值,如C#10、C#999。
5) R为计数器复位输入端,任何情况下,只要该端出现上升沿,计数器马上复位,复位后当前值为0,输出状态为0。
6) CV为以整数形式输出计数的当前值,如16#0012,该端可以接各种字存储器,如MW0、IW2、QW0,也可以悬空。
7) CV_BCD以BCD码形式输出计数器的当前值,如C#123,该端可以接各种字存储器,如MW0、IW2、QW0,也可以悬空。
8) Q为计数器状态输出端,只要计数器的当前值不为0,计数器的状态就为1,该端可以连接位存储器,如Q1.0、M1.2,也可以悬空。

如图3-64所示是加法计数器使用的例子。

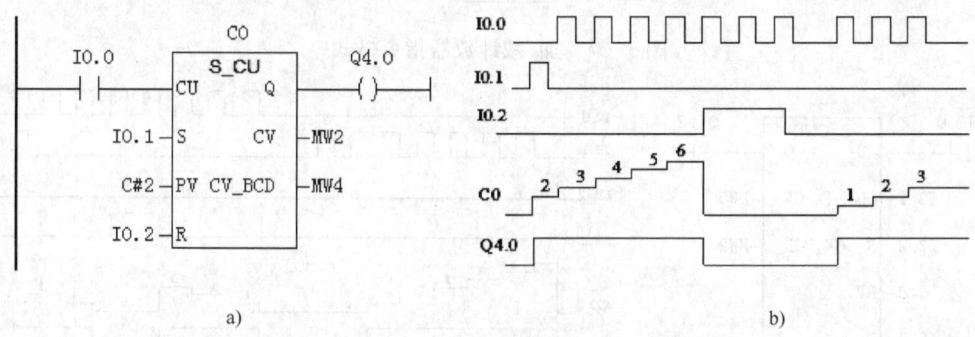

图3-64 加法计数器指令使用示例

(2) 减法计数器

指令格式如图3-65所示。

减法计数器的各引脚定义与加法计数器基本一致,只是计数脉冲的输入变为CD,S端出现上升沿时,将计数初值作为当前值,CD端上升沿时,如当前值大于0时做减1计数,如当前值不为0,输出状态为1;当减法计数值变为0时,输出状态为0。

如图3-66所示是减法计数使用的例子。

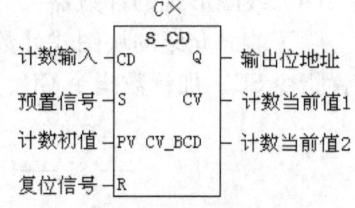

图3-65 减法计数器指令格式

(3) 加/减计数器

指令格式如图3-67所示。

加/减计数器的各个引脚与前面的加计数器和减计数器基本一致,计数初值在S端的上升沿装载到计数器字中,在CU的上升沿进行加法计数,在CD的上升沿进行减法计数,Q端的输出与加法计数和减法计数相同。

如图3-68所示是加/减计数器使用的例子。

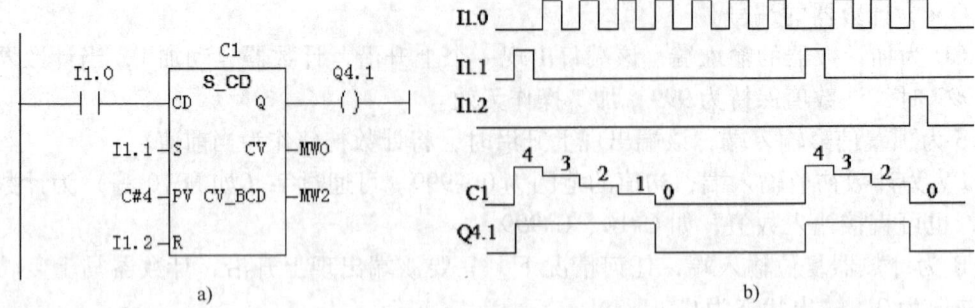

图 3-66 减法计数指令使用示例

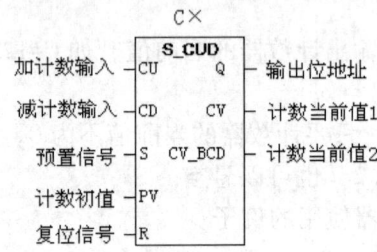

图 3-67 加/减计数器指令格式

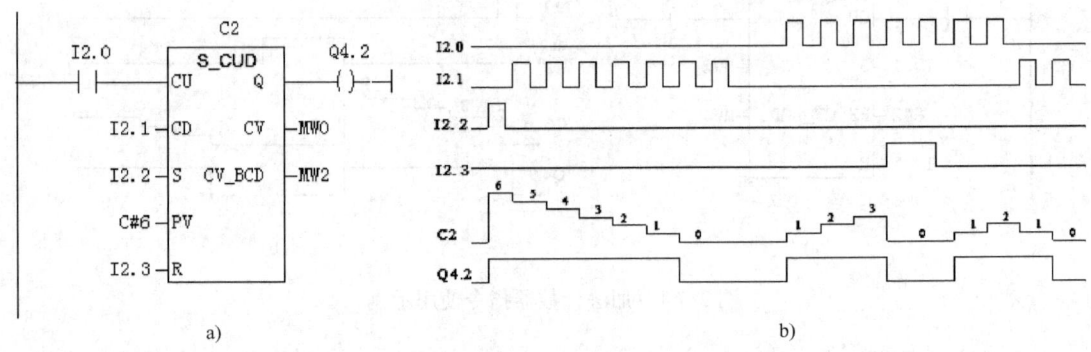

图 3-68 加/减计数器指令使用示例

（4）线圈形式的计数器

除了前面介绍的块图式计数器外，还有线圈形式表示的计数器，这些计数器有计数初值预置指令 SC、加计数指令 CU、减计数指令 CD，如图 3-69 所示。

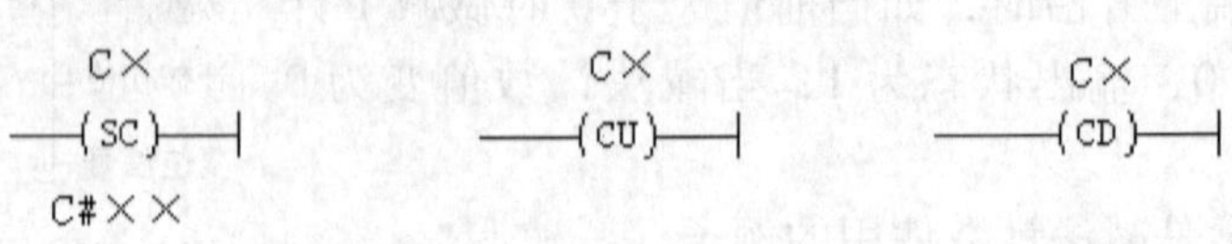

```
   C×              C×              C×
 ─( SC )─        ─( CU )─        ─( CD )─
   C#××
    a)              b)              c)
```

图 3-69 线圈形式的计数器
a）计数初值预置指令 b）加计数指令 c）减计数指令

计数初值预置指令 SC 若与加计数指令 CU 配合，可实现 S_CU 的功能；计数初值预置指令 SC 若与减计数指令 CD 配合，可实现 S_CD 的功能；计数初值预置指令 SC 若与加计数指令 CU 和减计数指令 CD 配合可实现 S_CUD 的功能，如图 3-70 所示。

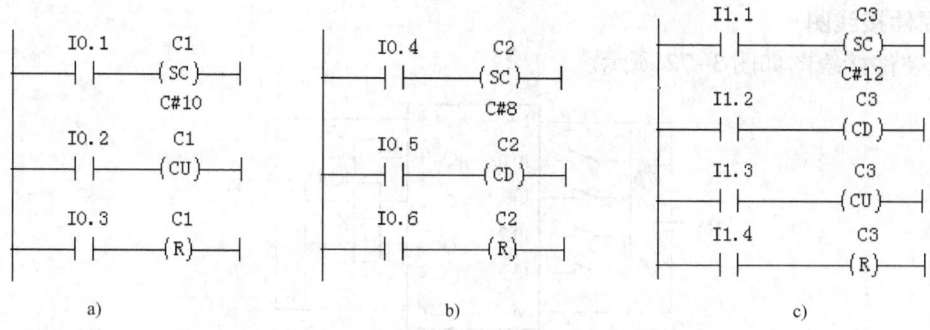

图 3-70 SC 指令与 CU 和 CD 指令配合梯形图

a) SC 指令与 CU 指令配合 b) SC 指令与 CD 指令配合 c) SC 指令与 CD 和 CU 指令配合

【任务实施】

子任务 1 多级传送带运输系统 PLC 控制

1. 控制要求

某传输线由三条传送带 A、B、C 组成，分别由电动机 M1、M2、M3 拖动，如图 3-71 所示为三条传送带的时序图，要求：

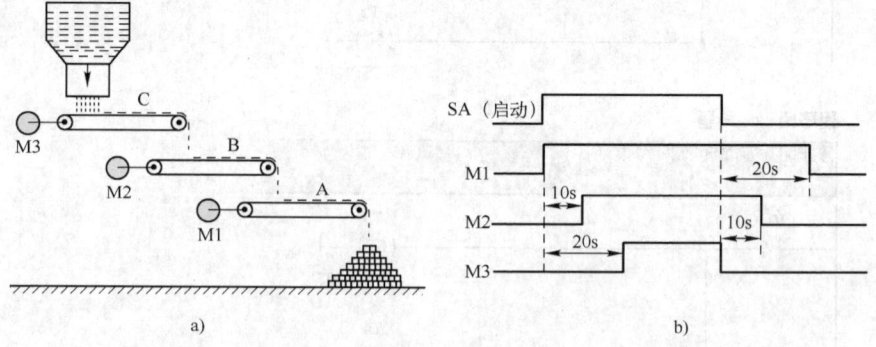

图 3-71 传送带的运输系统及时序图

（1）按 A→B→C 顺序起动。

（2）停止时按 C→B→A 逆序停止。

（3）若某传送带的电动机出现故障，则该传送带电动机前面的传送带电动机立即停止，后面的传送带电动机依次延时 5 s 后停止。

2. I/O 分配

I/O 分配表见表 3-10。

表 3-10 I/O 分配表

输入			输出		
变量	地址	说明	变量	地址	说明
SA	I0.0	起动开关	KM1	Q0.1	电动机 M1 输出
	I0.1	电动机 M1 故障检测	KM2	Q0.2	电动机 M2 输出
	I0.2	电动机 M2 故障检测	KM3	Q0.3	电动机 M3 输出
	I0.3	电动机 M3 故障检测			

3. 硬件接线图

PLC 硬件接线图如图 3-72 所示。

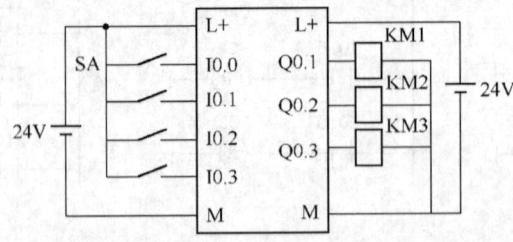

图 3-72　PLC 硬件接线图

4. 梯形图

PLC 梯形图如图 3-73 所示。

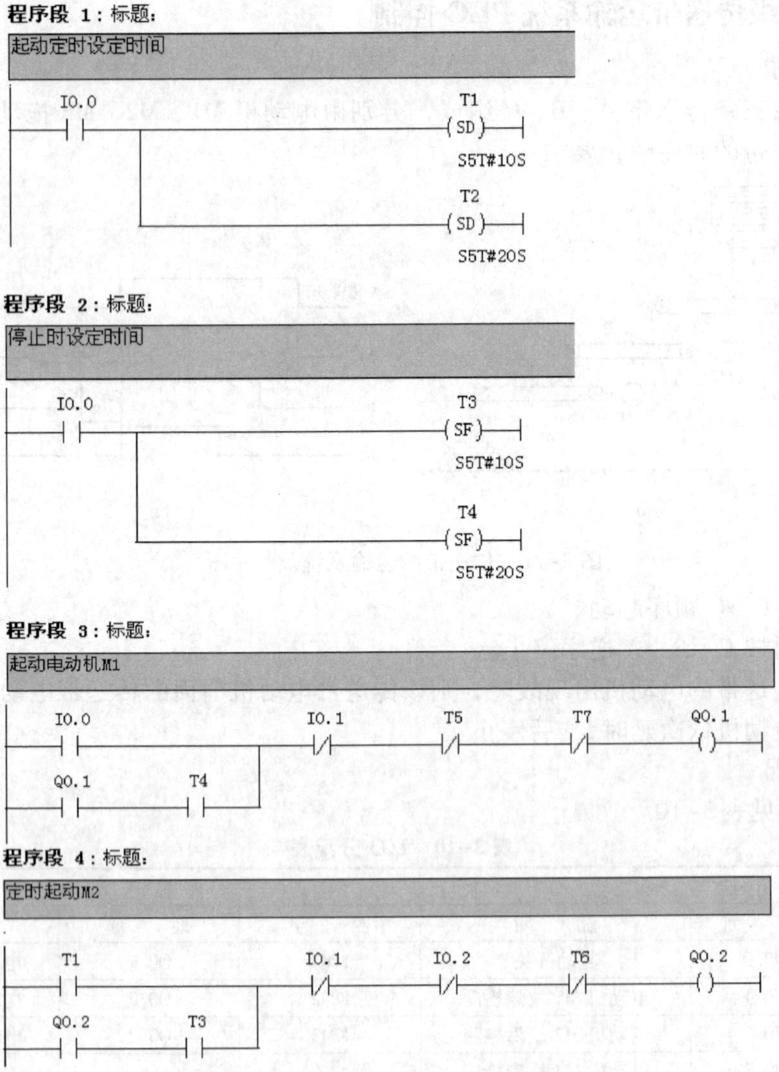

```
程序段 1：标题：
起动定时设定时间

    I0.0                               T1
    ─┤├──────────────────────────────(SD)─┤
     │                              S5T#10S
     │                                 T2
     └──────────────────────────────(SD)─┤
                                    S5T#20S

程序段 2：标题：
停止时设定时间

    I0.0                               T3
    ─┤├──────────────────────────────(SF)─┤
     │                              S5T#10S
     │                                 T4
     └──────────────────────────────(SF)─┤
                                    S5T#20S

程序段 3：标题：
起动电动机M1

    I0.0         I0.1      T5       T7      Q0.1
    ─┤├────┬────┤/├──────┤/├──────┤/├──────( )─┤
           │
    Q0.1   T4
    ─┤├────┤├──┘

程序段 4：标题：
定时起动M2

    T1           I0.1     I0.2      T6      Q0.2
    ─┤├────┬────┤/├──────┤/├──────┤/├──────( )─┤
           │
    Q0.2   T3
    ─┤├────┤├──┘
```

图 3-73　梯形图

程序段 5：标题：

起动M3

```
  T2      I0.1    I0.2    I0.3           Q0.3
──┤├──────┤/├────┤/├────┤/├──────────────(  )──
```

程序段 6：标题：

M2故障检测

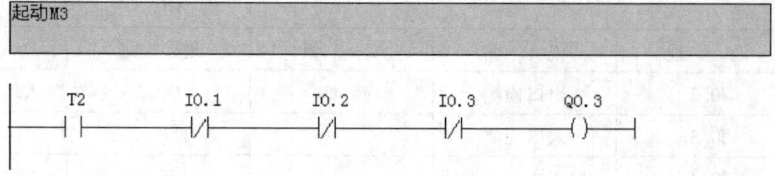

程序段 7：标题：

M3故障检测

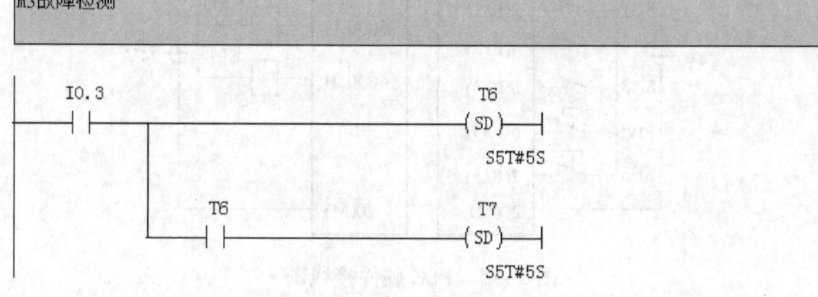

图 3-73 梯形图（续）

子任务2 停车场车位计数 PLC 控制

1. 控制要求

如图 3-74 所示，某地下停车场有 100 个车位，其入口处与出口处各有一个接近开关，以检测车辆的进入与驶出。当停车场尚有车位时，入口处的栏杆才可以将门打开，车辆可以进入停车场停放。若停车场车位未满，则使用指示灯表示尚有车位；若停车场车位已满，则有一个指示灯显示车位已满，并且入口处的栏杆不能将门打开让车辆进入。

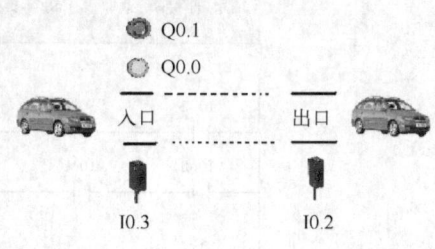

图 3-74 地下停车场示意图

2. I/O 分配

PLC 的 I/O 分配表见表 3-11。

表 3-11　I/O 分配表

输入			输出		
变量	地址	说明	变量	地址	说明
SA1	I0.0	系统启动开关	KM1	Q0.0	有停车位指示
SB1	I0.1	系统停止按钮	KM2	Q0.1	停车位已满指示

(续)

输入			输出		
变量	地址	说明	变量	地址	说明
SA2	I0.2	出口检测	KM3	Q0.2	入口闸栏控制信号
SA3	I0.3	入口检测			
SB2	I0.4	入口闸栏起动按钮			
SB3	I0.5	计数器复位按钮			

3. 硬件接线图

PLC 接线图如图 3-75 所示。

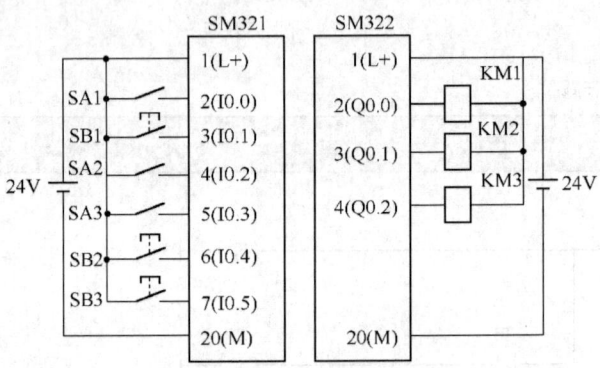

图 3-75 PLC 硬件接线图

4. 梯形图

PLC 梯形图如图 3-76 所示。

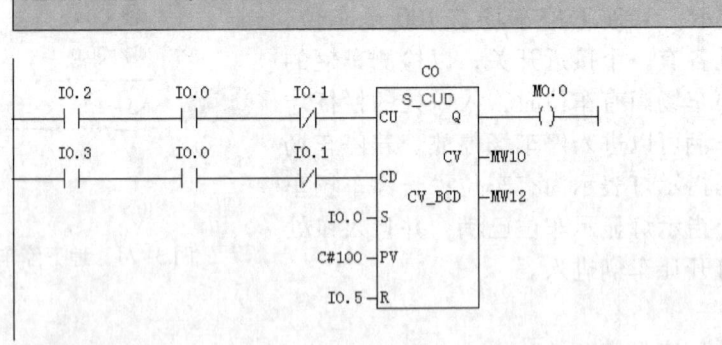

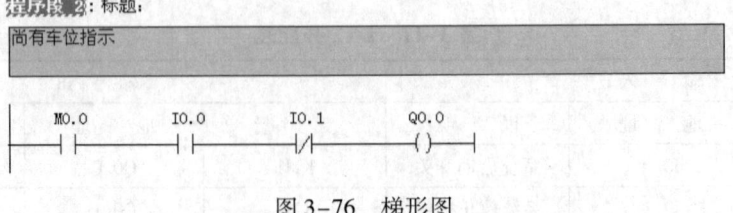

图 3-76 梯形图

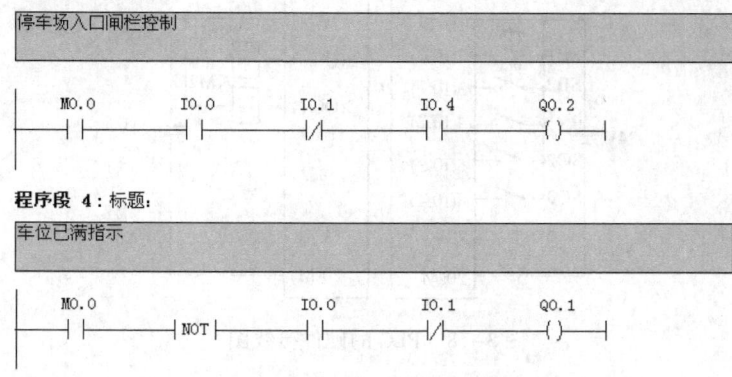

图 3-76 梯形图（续）

子任务 3 运货小车 PLC 控制

1. 控制要求

如图 3-77 是运货小车运动示意图。当按下起动按钮后，小车在 A 地等待 1 min 进行装货，然后向 B 地前进，到达 B 地停止，2 min 卸货，卸货后再返回 A 地停下，等待 1 min 又进行装货，然后向 C 地前进（途经 B 地不停，继续前进），到达 C 地停止，3 min 卸货，卸货后再返回 A 地停下（A、B、C 三地各设有一个接近开关）。

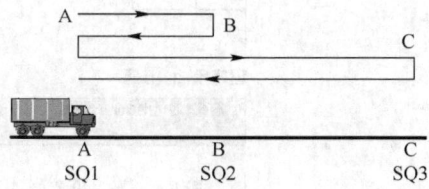

图 3-77 运货小车运动示意图

2. I/O 分配表

由控制要求分析可知，该设计需要 5 个输入和 2 个输出，其 I/O 分配表见表 3-12。

表 3-12 I/O 分配表

输入			输出		
变量	地址	说明	变量	地址	说明
SB1	I0.0	起动按钮	KM1	Q0.0	小车前进
SB2	I0.1	停止按钮	KM2	Q0.1	小车后退
SQ1	I0.2	A 地接近开关			
SQ2	I0.3	B 地接近开关			
SQ3	I0.4	C 地接近开关			

3. 硬件接线图

如图 3-78 所示是 PLC 的硬件接线图。

4. 梯形图

小车到达 A 地、B 地、C 地时分别用 SQ1、SQ2、SQ3 来定位，由于小车在第一次到达 B 地要改变运行方向，第二次、第三次到达 B 地时不需要改变运行方向，可利用计数器的计数功能来决定是否改变运行方向，设计的梯形图如图 3-79 所示。

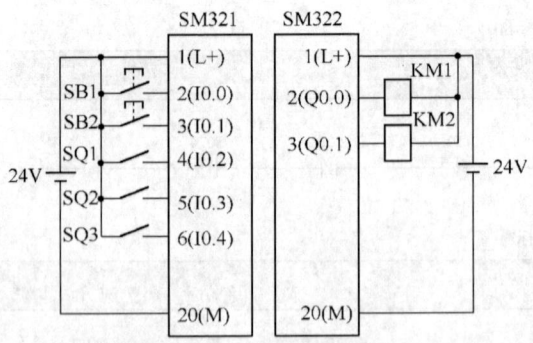

图 3-78 PLC 的硬件接线图

程序段 1：标题：
启、停控制

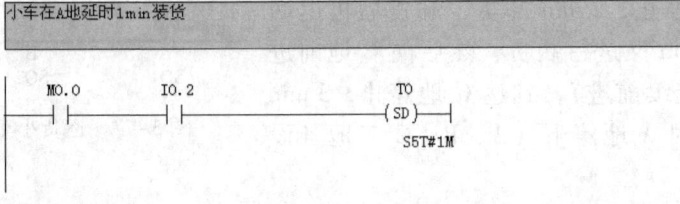

程序段 2：标题：
小车在A地延时1min装货

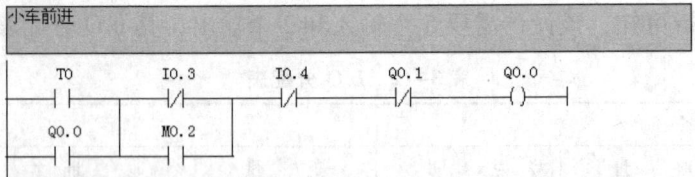

程序段 3：标题：
小车前进

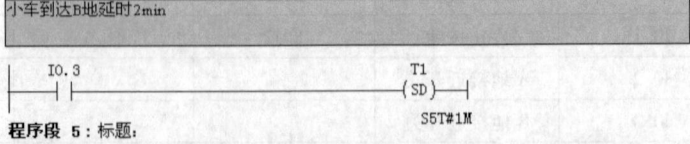

程序段 4：标题：
小车到达B地延时2min

程序段 5：标题：
小车后退

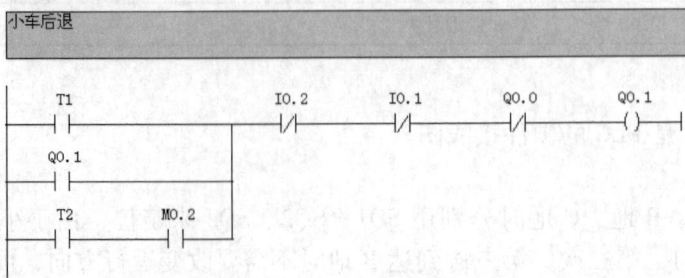

图 3-79 梯形图

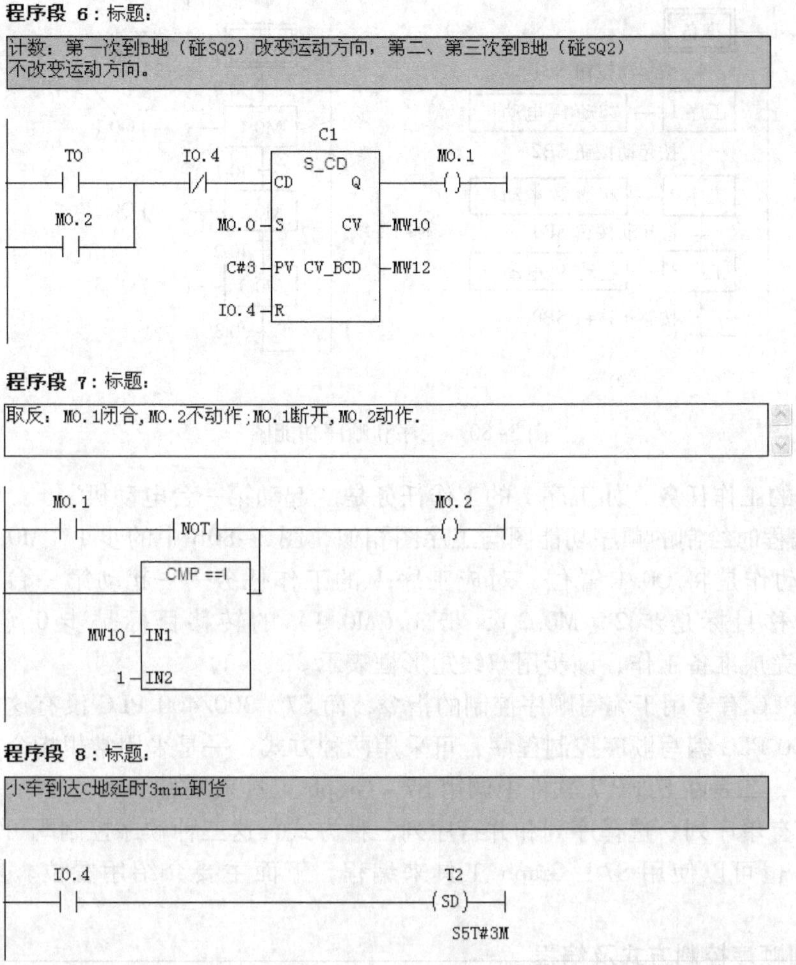

程序段 6：标题：

计数：第一次到B地（碰SQ2）改变运动方向，第二、第三次到B地（碰SQ2）不改变运动方向。

```
   T0      I0.4         C1
  ─┤├──┬───┤/├───┤CD  S_CD  Q├──( M0.1 )
       │              │
  M0.2 │         M0.0─┤S      CV├─MW10
  ─┤├──┘              │
                 C#3 ─┤PV  CV_BCD├─MW12
                      │
                 I0.4─┤R        │
```

程序段 7：标题：

取反：M0.1闭合，M0.2不动作；M0.1断开，M0.2动作.

```
   M0.1              M0.2
  ─┤├─────┤NOT├─────( )
   ┌──────────┐
   │ CMP ==I  │
   │          │
  MW10─┤IN1   │
   1  ─┤IN2   │
   └──────────┘
```

程序段 8：标题：

小车到达C地延时3min卸货

```
   I0.4               T2
  ─┤├───────────────(SD)
                   S5T#3M
```

图 3-79 梯形图（续）

【知识与技能拓展】

子任务 4 顺序控制 PLC 编程

一个复杂的任务往往要分成若干个小任务，当按一定的顺序完成这些小任务后，整个大任务也就完成了。在生产实践中，顺序控制是指按照一定的顺序逐步执行来完成各个工序的控制方式。在采用顺序控制时，为了直观表示出控制过程，可以绘制顺序控制图。

图 3-80 所示是一个三台电动机起停控制的顺序功能图，由于每一个步骤称作一个工艺，所以又称为工序图，如图 3-80a 所示。在 PLC 编程时，绘制的顺序控制图又称为顺序功能图，也称为状态转移图，图 3-80b 为 3-80a 对应的顺序功能图。

顺序控制有三个要素：转移条件、转移目标和工作任务。如图 3-80a 中，当上一个工序需要转到下一个工序时必须满足一定的转移条件（或称为转换条件），如工序 1 要转到下一个工序 2 时，须按下起动按钮 SB2，若不按下 SB2，就无法进行下一个工序 2，按下 SB2即为转移条件。当转移条件满足后，需要确定转移目标，如工序 1 转移目标是工序 2。每个

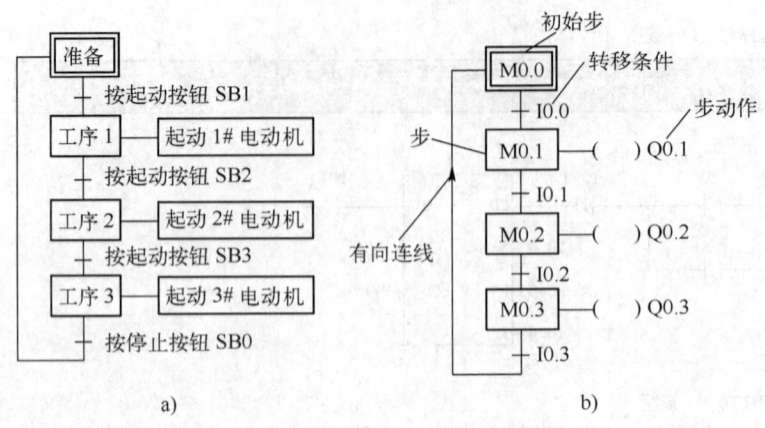

图 3-80 工序和顺序功能图

工序都有具体的工作任务，如工序 1 的工作任务是"起动第一台电动机"。

在 PLC 编程时绘制的顺序功能图与工序图相似，图 3-80b 中的步 1（M0.1）相当于工序 1，步 1 的动作是将 Q0.1 置位，对应工序 1 的工作任务——起动第一台电动机，步 1（M0.1）的转移目标是步 2（M0.2），步 3（M0.3）的转移目标是步 0（M0.0），步 0（M0.0）用来完成准备工作，该步用双线矩形框表示。

S7-200 PLC 有专用于编写顺序控制的指令，而 S7-300/400 PLC 没有这样的指令。要给 S7-300/400 PLC 编写顺序控制程序，可采用两种方式：一是采用常规指令（如置位、复位指令）编写，二是在 STEP 7 软件中调用 S7-Graph 工具来编写。

顺序控制有单序列、选择序列和并行序列三种方式，这三种顺序控制既可以用置位、复位指令编程，也可以使用 S7-Graph 工具来编程，下面主要介绍用置位、复位指令编程方法。

1. 单序列顺序控制方式及编程

单序列顺序功能图如图 3-81 所示。单序列顺序功能图的每个步后面只有一个转换，每个转换后面只有一个步。下面以编写图 3-81 单序列顺序功能图的具体程序为例来说明其常规编程方法，图 3-82 是 OB100（初始化）程序，图 3-83 是 OB1 梯形图程序。

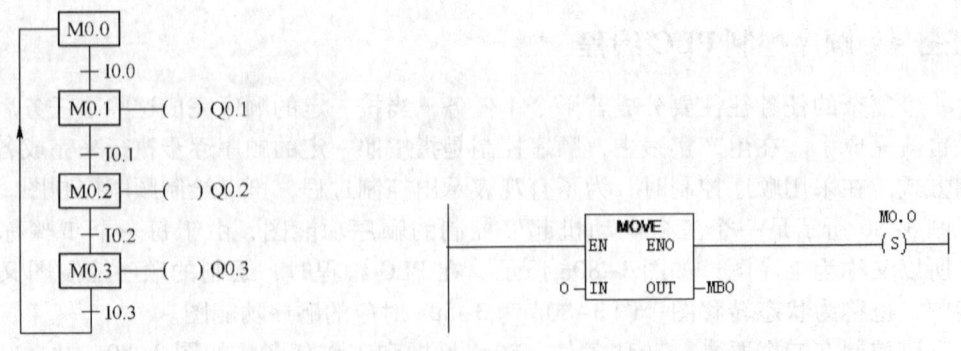

图 3-81 单序列顺序功能图　　　　图 3-82 OB100 程序

2. 选择序列顺序控制方式及编程

选择序列顺序功能图如图 3-84 所示。在 M0.0 步后面有两个可选择的分支，当 I0.0 触点闭合时，执行 M0.1 步所在分支，当 I0.3 触点闭合时，执行 M0.3 步所在分支，两个分支不能同时进行。下面以编写图 3-84 所示选择序列顺序功能图的具体程序为例来说明其常规编程方法，图 3-85 是 OB100（初始化）程序，图 3-86 是 OB1 梯形图程序。

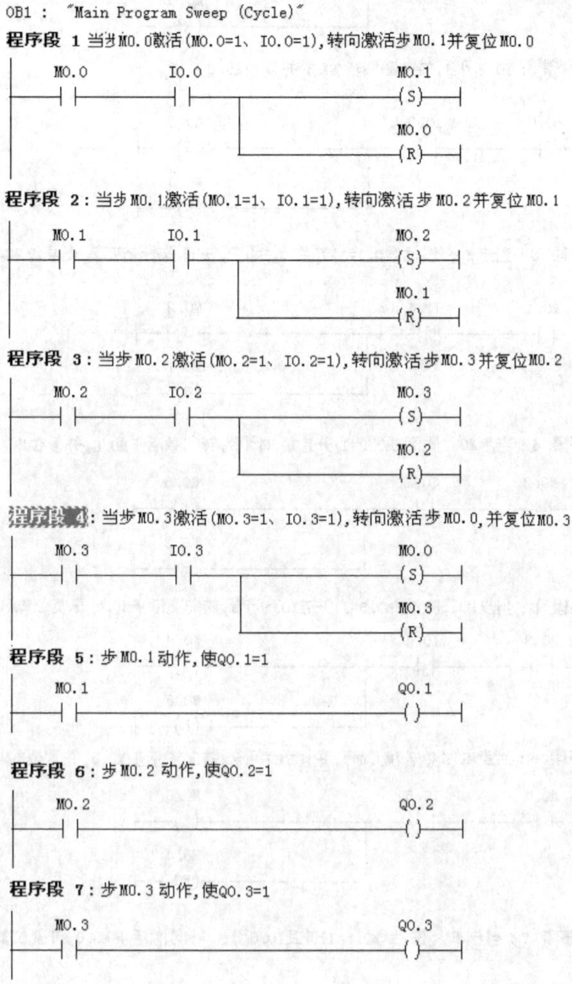

OB1 : "Main Program Sweep (Cycle)"
程序段 1 当步M0.0激活(M0.0=1、I0.0=1),转向激活步M0.1并复位M0.0
M0.0
I0.0
M0.1
S
M0.0
R
程序段 2：当步M0.1激活(M0.1=1、I0.1=1),转向激活步M0.2并复位M0.1
M0.1
I0.1
M0.2
S
M0.1
R
程序段 3：当步M0.2激活(M0.2=1、I0.2=1),转向激活步M0.3并复位M0.2
M0.2
I0.2
M0.3
S
M0.2
R
程序段 4：当步M0.3激活(M0.3=1、I0.3=1),转向激活步M0.0,并复位M0.3
M0.3
I0.3
M0.0
S
M0.3
R
程序段 5：步M0.1动作,使Q0.1=1
M0.1
Q0.1
程序段 6：步M0.2 动作,使Q0.2=1
M0.2
Q0.2
程序段 7：步M0.3 动作,使Q0.3=1
M0.3
Q0.3

图 3-83　OB1 程序

M0.0
I0.0
I0.3
M0.1
Q0.1
M0.3
Q0.3
I0.1
I0.4
M0.2
Q0.2
M0.4
Q0.4
I0.2
I0.5
M0.5
Q0.3
I0.6

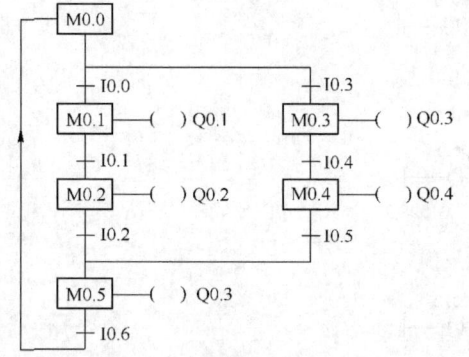

图 3-84　选择序列顺序功能图

OB100 : "Complete Restart"
程序段 1：将0同时传送给M0.0~M0.7,然后M0.0置位,为顺控作准备
MOVE
EN
ENO
0
IN
OUT
MB0
M0.0
S

图 3-85　OB100 程序

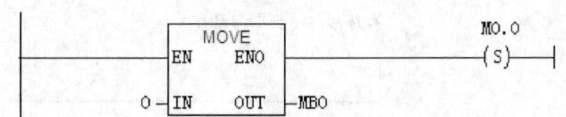

OB1 : "Main Program Sweep (Cycle)"

程序段 1：当步M0.0激活(M0.0=1)同时I0.0=1,激活步M0.1,并复位M0.0

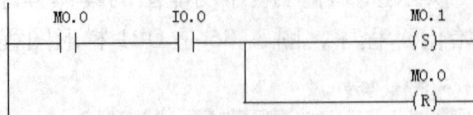

程序段 2：I0.3闭合,转向激活步M0.3,并复位M0.0

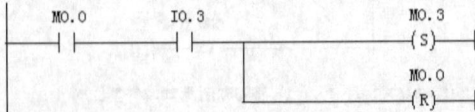

程序段 3：当步M0.1激活(M0.1=1)并且I0.1闭合,转向激活步M0.2,并复位M0.1

```
    M0.1      I0.1                M0.2
─────┤├────────┤├──────────────────( S )─────
                                   M0.1
                                  ─( R )─────
```

程序段 4：当步M0.2激活(M0.2=1)并且I0.2闭合,转向激活步M0.5,并复位M0.2

```
    M0.2      I0.2                M0.5
─────┤├────────┤├──────────────────( S )─────
                                   M0.2
                                  ─( R )─────
```

程序段 5：当步M0.3激活(M0.3=1)并且I0.4闭合,转向激活步M0.4,并复位M0.3

```
    M0.3      I0.4                M0.4
─────┤├────────┤├──────────────────( S )─────
                                   M0.3
                                  ─( R )─────
```

程序段 6：当步M0.4激活(M0.4=1)并且I0.5闭合,转向激活步M0.5,并复位M0.4

```
    M0.4      I0.5                M0.5
─────┤├────────┤├──────────────────( S )─────
                                   M0.4
                                  ─( R )─────
```

程序段 7：当步M0.5激活(M0.5=1)并且I0.6闭合,转向激活步M0.0,并复位M0.5

```
    M0.5      I0.6                M0.0
─────┤├────────┤├──────────────────( S )─────
                                   M0.5
                                  ─( R )─────
```

程序段 8：步M0.1动作

```
    M0.1                          Q0.1
─────┤├────────────────────────────( )──────
```

程序段 9：步M0.2动作

```
    M0.2                          Q0.2
─────┤├────────────────────────────( )──────
```

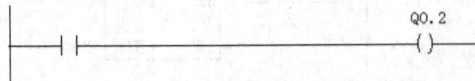

图 3-86　OB1 梯形图程序

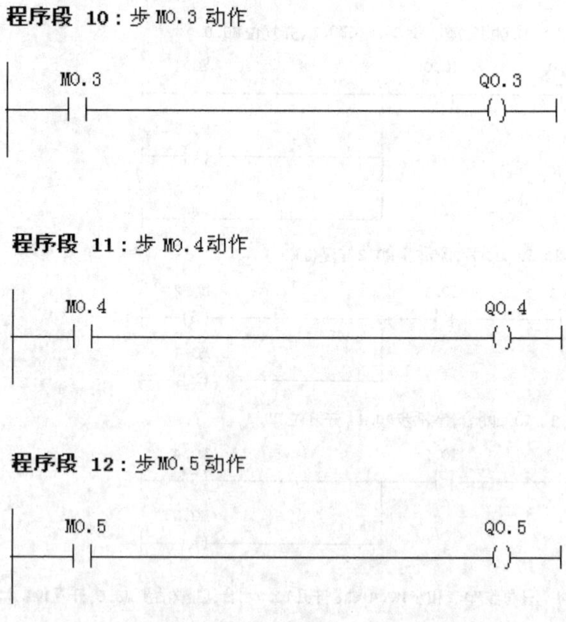

程序段 10：步 M0.3 动作

```
   M0.3                                    Q0.3
───┤ ├─────────────────────────────────────( )───
```

程序段 11：步 M0.4 动作

```
   M0.4                                    Q0.4
───┤ ├─────────────────────────────────────( )───
```

程序段 12：步 M0.5 动作

```
   M0.5                                    Q0.5
───┤ ├─────────────────────────────────────( )───
```

图 3-86 OB1 梯形图程序（续）

3. 并行序列顺序控制方式及编程

并行序列顺序功能图如图 3-87 所示。在 M0.0 步后面有两个分支，当 I0.0 触点闭合时，两个分支同时执行，两个分支执行完且 I0.3 触点闭合时，才能往下执行，任意一个分支未执行完，即使 I0.3 触点闭合，也不会执行后面的分支。下面以编写图 3-87 并行序列顺序功能图的具体程序为例来说明其常规编程方法，图 3-88 是 OB100（初始化）程序，图 3-89 是 OB1 梯形图程序。

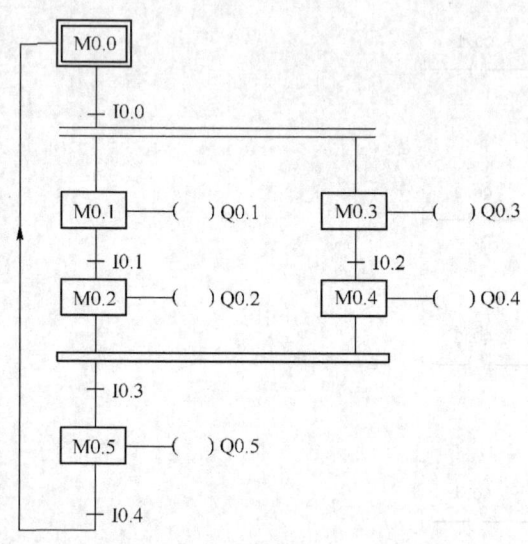

图 3-87 并行序列顺序功能图

OB100："Complete Restart"

程序段1：将0同时传送给M0.0~M0.7,然后M0.0置位,为顺控作准备

```
        MOVE                    M0.0
       EN  ENO                  (S)
    0──IN  OUT──MB0
```

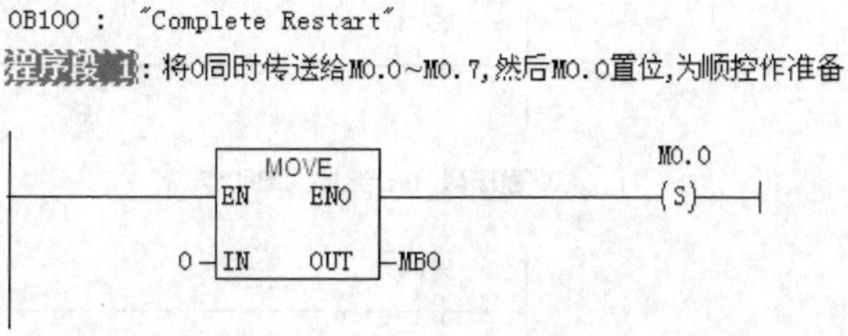

图 3-88 OB100 程序

OB1：标题：

程序段 1：I0.0闭合激活步M0.1和M0.3，并复位M0.0

```
   M0.0      I0.0                M0.1
───┤├────────┤├───────────────────(S)──
                │
                │                 M0.3
                ├────────────────(S)──
                │
                │                 M0.0
                └────────────────(R)──
```

程序段 2：I0.1闭合，激活步M0.2并复位M0.1

```
   M0.1      I0.1                M0.2
───┤├────────┤├───────────────────(S)──
                │
                │                 M0.1
                └────────────────(R)──
```

程序段 3：I0.2闭合，激活步M0.4，并复位M0.3

```
   M0.3      I0.2                M0.4
───┤├────────┤├───────────────────(S)──
                │
                │                 M0.3
                └────────────────(R)──
```

程序段 4：只有步M0.2和步M0.4激活并且I0.3闭合，则激活步M0.5，并复位M0.2和M0.4

```
   M0.2     M0.4     I0.3        M0.5
───┤├───────┤├───────┤├───────────(S)──
                          │
                          │       M0.2
                          ├──────(R)──
                          │
                          │       M0.4
                          └──────(R)──
```

程序段 5：I0.4闭合，激活步M0.0，并复位M0.5

```
   M0.5      I0.4                M0.0
───┤├────────┤├───────────────────(S)──
                │
                │                 M0.5
                └────────────────(R)──
```

程序段 6：步M0.1的动作

```
   M0.1                          Q0.1
───┤├──────────────────────────────( )──
```

程序段 7：步M0.2的动作

```
   M0.2                          Q0.2
───┤├──────────────────────────────( )──
```

程序段 8：步M0.3的动作

```
   M0.3                          Q0.3
───┤├──────────────────────────────( )──
```

程序段 9：步M0.4的动作

```
   M0.4                          Q0.4
───┤├──────────────────────────────( )──
```

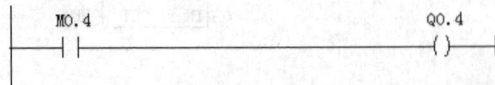

图3-89 OB1梯形图程序

程序段 10：步M0.5的动作

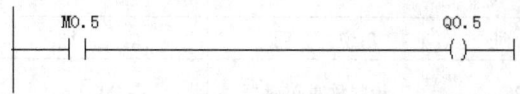

图3-89 OB1梯形图程序（续）

子任务5 物料混合装置PLC控制

1. 控制要求

如图3-90中的物料混合装置用来将粉末状的固体物料（粉料）和液体物料（液料）按一定的比例混合在一起，经过定时器的搅拌后便得到成品，粉料和液料都用电子称来计量。

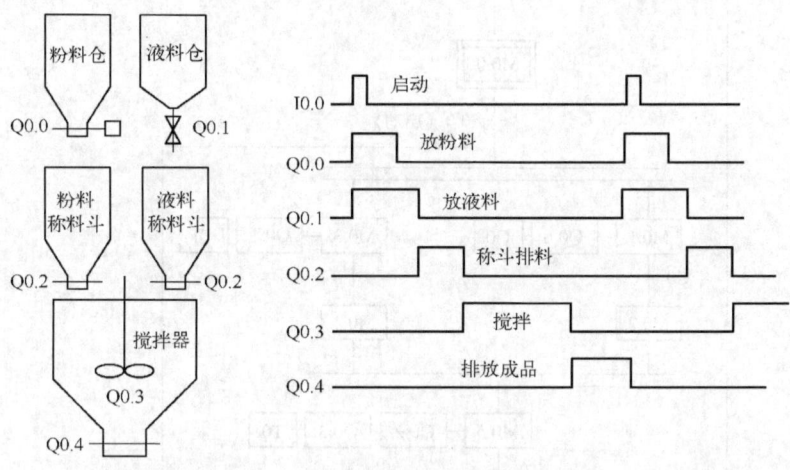

图3-90 物料混合装置示意图及时序图

初始状态时粉料称料斗、液料称料斗和搅拌器都是空的，它们底部的排料阀关闭；液料仓的放料阀关闭，粉料仓下部的螺旋输送机的电动机和搅拌机的电动机停转；Q0.0~Q0.4均为0状态。PLC开机后用OB100将初始步对应的M0.0置为1状态，将其余各步对应的存储器位复位为0状态，并将MW10和MW12中的计数预置值分别送给减计数器C0和C1。按下启动按钮I0.0，Q0.0、Q0.1变为1状态，开始进料，电子称的光电码盘输出与称斗内物料重量成正比的脉冲信号，减计数器C0和C1分别对粉料称和液料称产生的脉冲计数，脉冲计数值减至0时，其常闭触点闭合，称斗内的物料等于预置值，Q0.0，Q0.1变为0状态，停止进料，进入等待步后预置计数器。

2. I/O分配表

由控制要求分析可知，该设计需要4个输入和5个输出，其I/O分配见表3-13。

表3-13 I/O分配表

输入			输出		
变量	地址	说明	地址		说明
SB1	I0.0	启动按钮	Q0.0		粉料仓输送机
SB2	I0.1	停止按钮	Q0.1		液料仓的放料阀

（续）

输入			输出	
变量	地址	说明	地址	说明
K1	I0.2	粉料称重传感器	Q0.2	粉料称料斗排料阀，液料称料斗排料阀
K2	I0.3	液料称重传感器	Q0.3	搅拌器搅拌机
			Q0.4	搅拌器排料阀

3. 顺序控制图

顺序控制图如图 3-91 所示。

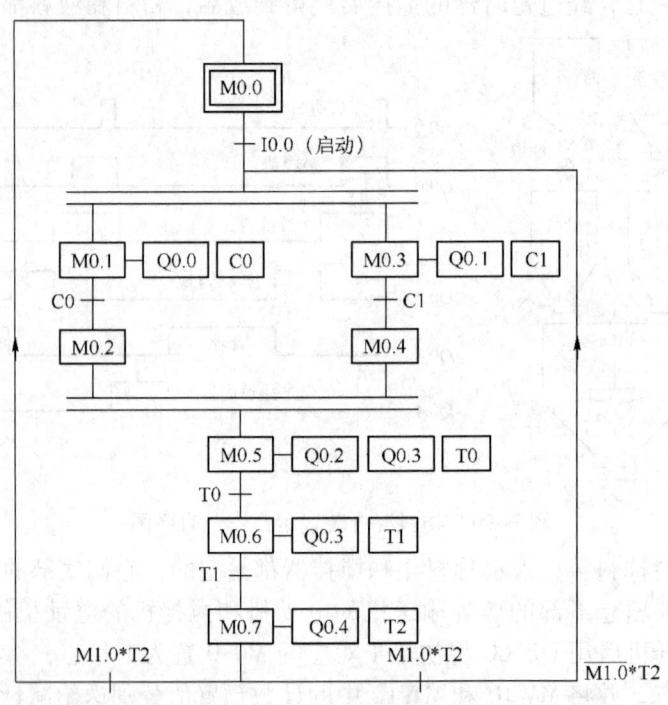

图 3-91 顺序控制图

4. 梯形图程序

（1）初始化程序 OB100

初始化程序 OB100 如图 3-92 所示。

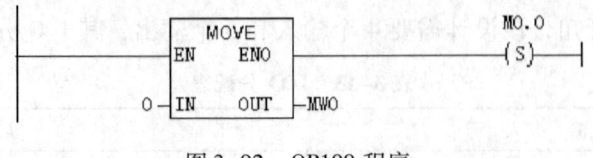

图 3-92 OB100 程序

（2）主程序

主程序 OB1 如图 3-93 所示。

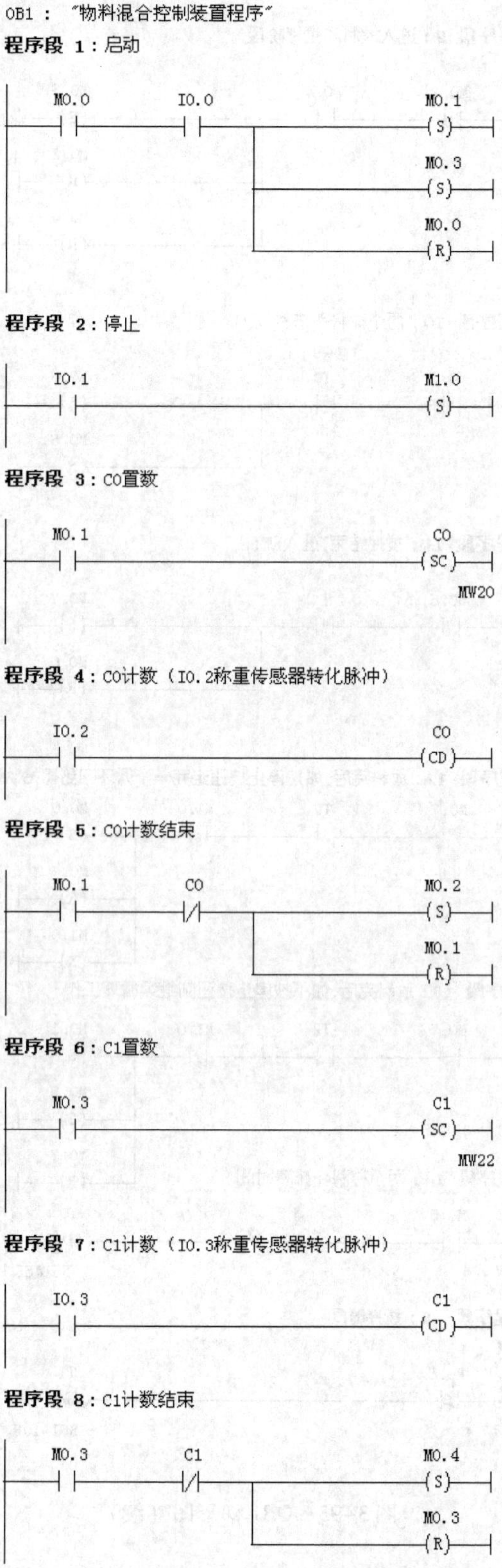

OB1："物料混合控制装置程序"

程序段 1：启动

```
    M0.0      I0.0               M0.1
    ─┤ ├──────┤ ├────────────────( S )──
                     │
                     │            M0.3
                     ├───────────( S )──
                     │
                     │            M0.0
                     └───────────( R )──
```

程序段 2：停止

```
    I0.1                          M1.0
    ─┤ ├─────────────────────────( S )──
```

程序段 3：C0置数

```
    M0.1                          C0
    ─┤ ├─────────────────────────(SC)──
                                  MW20
```

程序段 4：C0计数（I0.2称重传感器转化脉冲）

```
    I0.2                          C0
    ─┤ ├─────────────────────────(CD)──
```

程序段 5：C0计数结束

```
    M0.1      C0                  M0.2
    ─┤ ├──────┤/├────────────────( S )──
                     │
                     │            M0.1
                     └───────────( R )──
```

程序段 6：C1置数

```
    M0.3                          C1
    ─┤ ├─────────────────────────(SC)──
                                  MW22
```

程序段 7：C1计数（I0.3称重传感器转化脉冲）

```
    I0.3                          C1
    ─┤ ├─────────────────────────(CD)──
```

程序段 8：C1计数结束

```
    M0.3      C1                  M0.4
    ─┤ ├──────┤/├────────────────( S )──
                     │
                     │            M0.3
                     └───────────( R )──
```

图 3-93　OB1 梯形图

程序段 9：进入放料和搅拌阶段

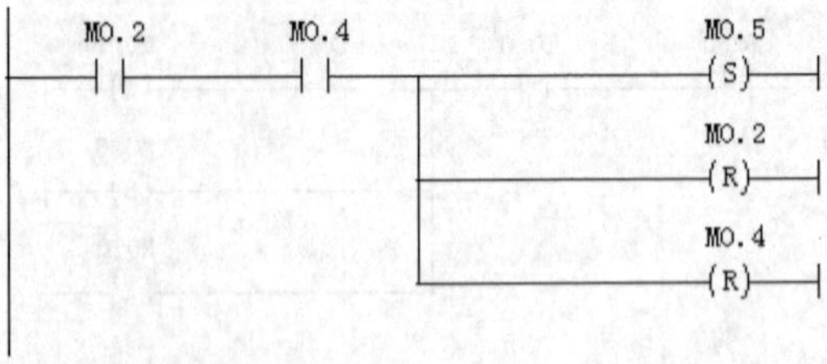

```
   M0.2      M0.4              M0.5
   ─┤├───────┤├──────┬─────────( S )
                     │          M0.2
                     ├─────────( R )
                     │          M0.4
                     └─────────( R )
```

程序段 10：两个称料斗排料完

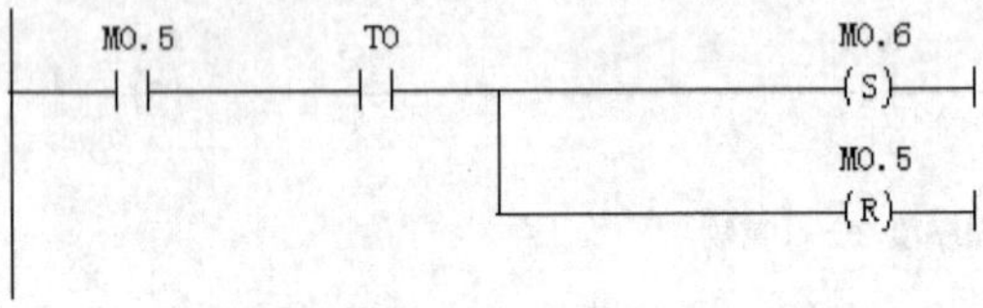

```
   M0.5      T0                M0.6
   ─┤├───────┤├──────┬─────────( S )
                     │          M0.5
                     └─────────( R )
```

程序段 11：搅拌结束,进入放料

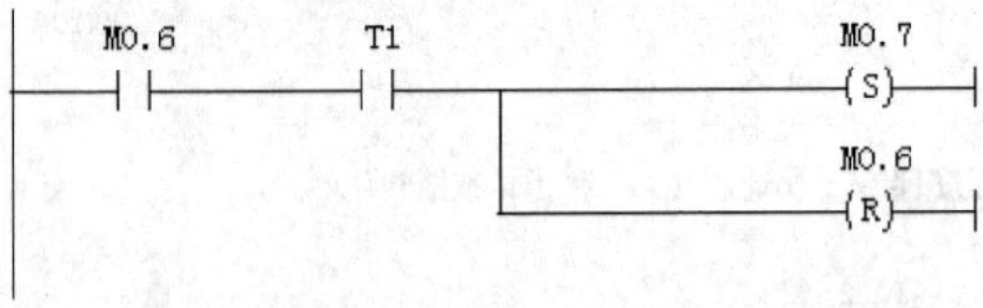

```
   M0.6      T1                M0.7
   ─┤├───────┤├──────┬─────────( S )
                     │          M0.6
                     └─────────( R )
```

程序段 12：放料完后,如按停止按钮走完一个循环回到初始状态

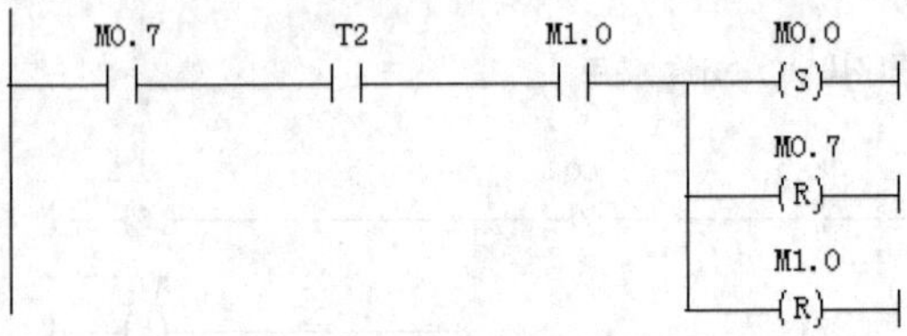

```
   M0.7      T2      M1.0       M0.0
   ─┤├───────┤├──────┤├───┬────( S )
                          │     M0.7
                          ├────( R )
                          │     M1.0
                          └────( R )
```

程序段 13：放料完后,如不按停止按钮则继续循环工作

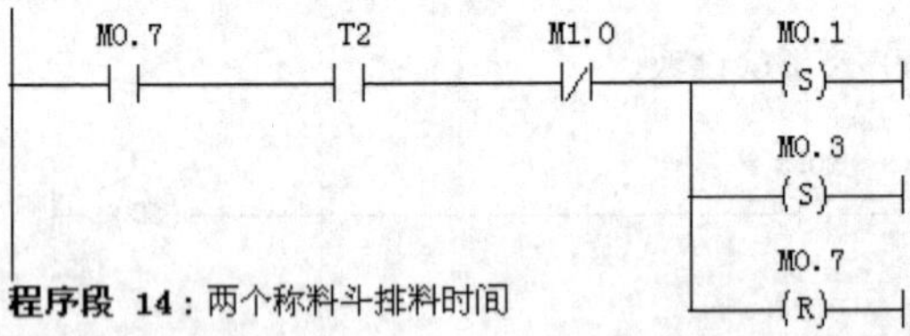

```
   M0.7      T2      M1.0       M0.1
   ─┤├───────┤├──────┤/├───┬───( S )
                           │    M0.3
                           ├───( S )
                           │    M0.7
                           └───( R )
```

程序段 14：两个称料斗排料时间

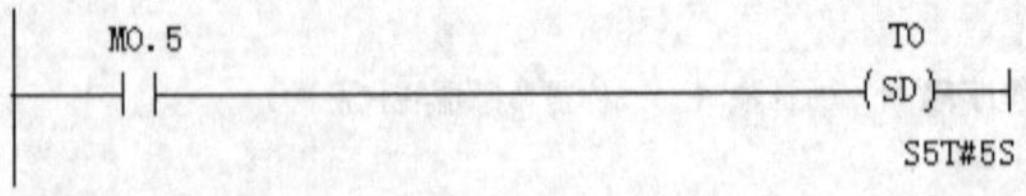

```
   M0.5                        T0
   ─┤├─────────────────────────( SD )
                                S5T#5S
```

程序段 15：搅拌时间

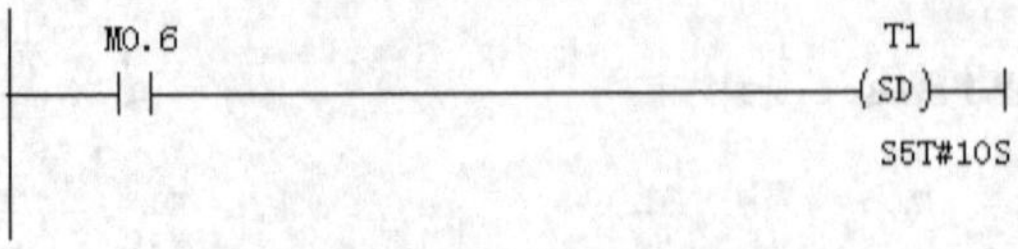

```
   M0.6                        T1
   ─┤├─────────────────────────( SD )
                                S5T#10S
```

图 3-93　OB1 梯形图（续）

程序段 16：成品排放时间

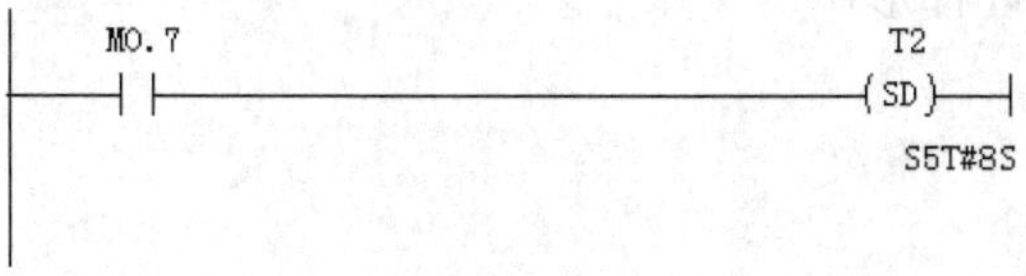

```
    M0.7                                    T2
----| |----------------------------------( SD )
                                         S5T#8S
```

程序段 17：固体物料放料

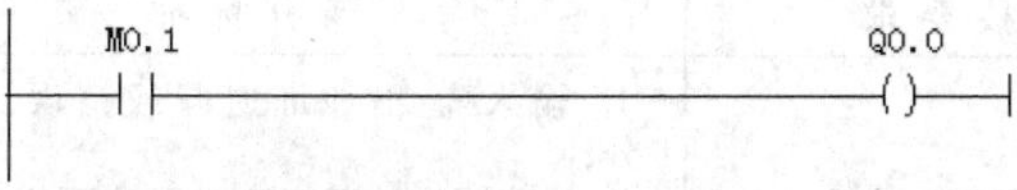

```
    M0.1                                   Q0.0
----| |----------------------------------( )
```

程序段 18：液体物料放料

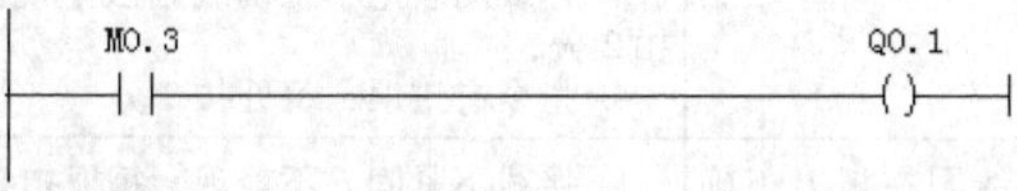

```
    M0.3                                   Q0.1
----| |----------------------------------( )
```

程序段 19：两个称料斗排料

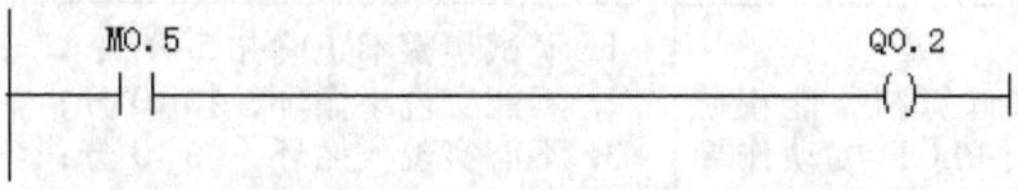

```
    M0.5                                   Q0.2
----| |----------------------------------( )
```

程序段 20：搅拌器搅拌

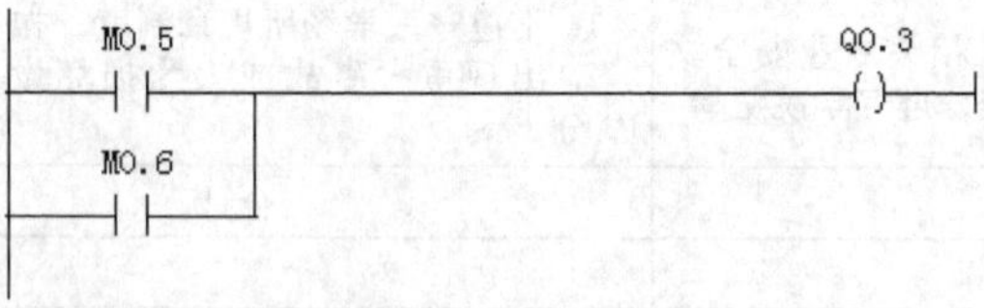

```
    M0.5                                   Q0.3
----| |----------------------------------( )
    M0.6
----| |----
```

程序段 21：排放成品

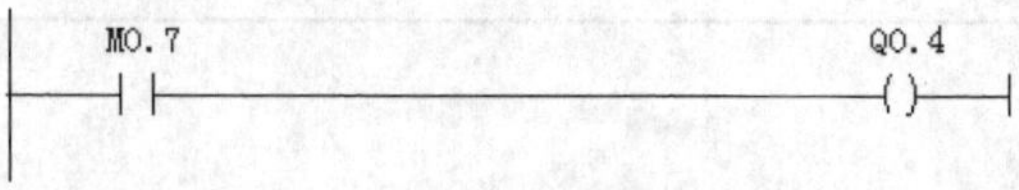

```
    M0.7                                   Q0.4
----| |----------------------------------( )
```

图 3-93　OB1 梯形图（续）

【技能训练】

自动搅拌装置的 PLC 控制

1. 控制要求

有一台自动搅拌装置，该装置有高液位、中液位和低液位 3 档（用三个开关分别表示液位检测开关）；系统有进液电磁阀和排液电磁阀。搅拌过程为：进液→液位到达高液位，停止进液→搅拌（此过程为搅拌电动机以 30 Hz 的频率正转 5 s，停 2 s，以 25 Hz 的频率反转 5 s，停 3 s。此为搅拌过程的一个工作周期，工作两个工作周期）→排液→到达低液位 4 s 后停止排液→停止 2 s 后又进液，如此循环 3 次结束。

2. 训练要求

1）列出 I/O 分配表。

2）画出 PLC 的 I/O 接线图。
3）根据控制要求，设计梯形图。
4）运行、调试程序。
5）汇总整理文档。

3. 技能训练考核标准

技能训练评价表

序号	主要内容	考核要求	评分标准	配分	扣分	得分
1	方案设计	根据控制要求，画出 I/O 分配表，设计梯形图程序及接线图	1. 输入/输出地址遗漏或错误，每处扣1分； 2. 梯形图表达不正确或画法不规范，每处扣2分； 3. 接线图表达不正确或画法不规范，每处扣2分； 4. 指令有错误，每处扣2分	30		
2	安装与接线	按 I/O 接线图在板上正确安装，接线要正确、紧固、美观	1. 接线不紧固、不美观，每根扣2分； 2. 接点松动，每处扣1分； 3. 不按 I/O 接线图，每处扣2分	10		
3	程序输入与调试	熟练操作计算机，能正确将程序输入 PLC，按动作要求模拟调试，达到设计要求	1. 调试步骤不正确扣5分； 2. 不能实现小循环，扣10分； 3. 不能实现大循环，扣10分； 4. 定时不对，扣10分； 5. 计数次数不对，扣10分	50		
4	安全与文明生产	遵守国家相关专业安全文明生产规程，遵守学院纪律	1. 不遵守教学场所规章制度，扣2分； 2. 出现重大事故或人为损坏设备，扣完10分	10		
备注			合计	100		

小组成员签名
教师签名
日期

【巩固练习】

1. 如图 3-94 所示为锅炉的控制工艺。锅炉燃料燃烧需要充分的氧气，引风机和鼓风机为锅炉的燃烧提供氧气。首先引风机起动，延时 8s 后鼓风机起动。停止时，按停止按钮 10s 后引风机才停止。

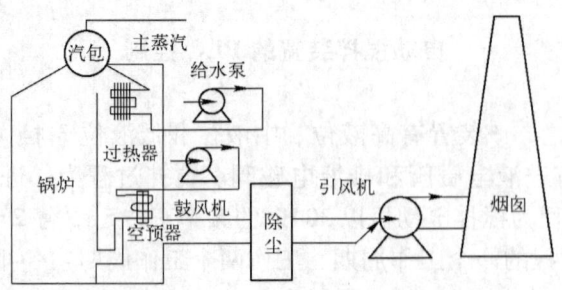

图 3-94 锅炉燃料燃烧控制工艺

2. 闪烁计数控制。按下启动按钮 I0.0，Q0.0 以灭 2s 亮 3s 的工作周期工作，10 次后自动停止，按下启动按钮 I0.1，Q0.0 停止工作。设计出梯形图。

3. 在按钮 I0.0 按下后 Q0.0 变为 ON 并自保持，图 3-95 所示，I0.1 输入 4 个脉冲后（加计数器 C1 计数），T37 开始定时，5s 后 Q0.0 变为 OFF，同时 C1 被复位，在 PLC 刚开始执行用户程序时，C1 也被复位，设计出梯形图。

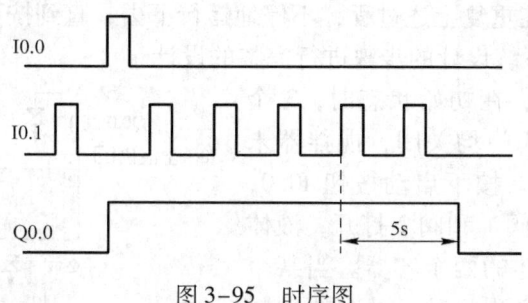

图 3-95 时序图

4. 物料运输控制系统

现有甲地装货运输到乙地卸货的物料运输控制系统，其工艺流程如图 3-96 所示。

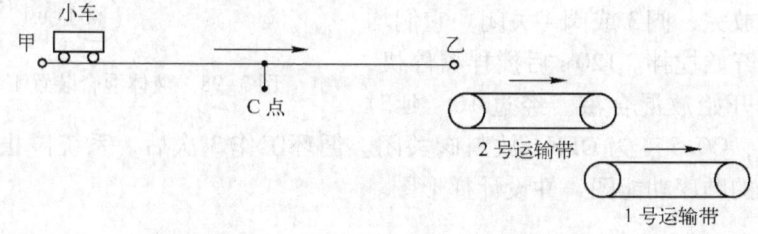

图 3-96 物料运输控制系统工艺流程图

（1）控制要求

① 当按下启动按钮，小车在甲地开始装料经 6s 后，小车从甲地向乙地运行，经过 C 点时，起动 1 号运输带，延时 6s 后自动起动 2 号运输带；当到达乙地后，开始卸货，经过 10s 完成卸货，小车自动返回甲地继续装料。为了避免物料在运输带上堆积，应尽量将余料清理干净，使下一次可以轻载起动，小车返回时经过 C 点自动停止运输带，停止顺序应与起动的顺序相反，即先停 2 号运输带，5s 后再停 1 号运输带。小车经过 10 次循环后自动停在甲地。

② 当系统出现故障时以 0.8Hz 频率闪烁显示。

（2）设计要求

按 PLC 控制系统设计的步骤进行完整的设计。

5. 某自动生产线上，使用有轨小车来运转工序之间的物件，小车的驱动采用电动机拖动，其行驶示意图如图 3-97 所示。

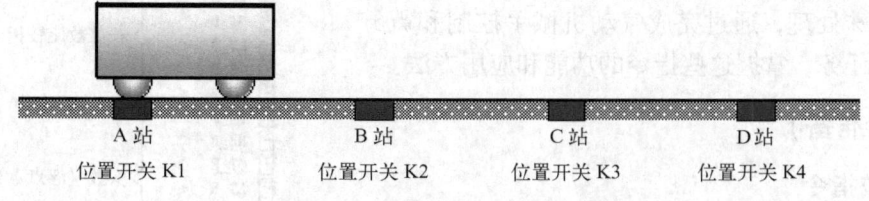

图 3-97 有轨小车运动示意图

控制过程：

① 小车从 A 站出发驶向 B 站，抵达后，立即返回 A 站；

② 接着一直向 C 站驶去，到达后立即返回 A 站；

③ 第三次出发一直驶向 D 站，到达后返回 A 站；

④ 必要时，小车按上述要求出发三次运行一个周期后能停下来；

⑤ 根据需要，小车能重复上述过程，不停地运行下去，直到按下停止按钮为止。

要求：按 PLC 控制系统设计的步骤进行完整的设计。

6. 某液体混合装置，在初始状态时，3 个容器都是空的，所有的阀门均关闭，搅拌器未运行（如图 3-98 所示）。按下启动按钮 I0.0，Q0.0 和 Q0.1 变为 ON，阀 1 和阀 2 打开，液体 A 和液体 B 分别流入上述的两个容器。当某个容器中的液体到达上液位开关时，对应的进料电磁阀关闭，放料电磁阀（阀 3 或阀 4）打开，液体放到下面的容器。分别经过定时器 T1、T2 的延时后，液体放完，阀 3 或阀 4 关闭。它们均关闭后，搅拌器开始搅拌。120 s 后搅拌器停机，Q0.5 变为 ON，开始放混合液。经过 10 s 延时后，混合液放完，Q0.5 变为 OFF，放料阀关闭。循环工作 3 次后，系统停止运行，返回初始步。画出系统的顺序功能图，并设计梯形图。

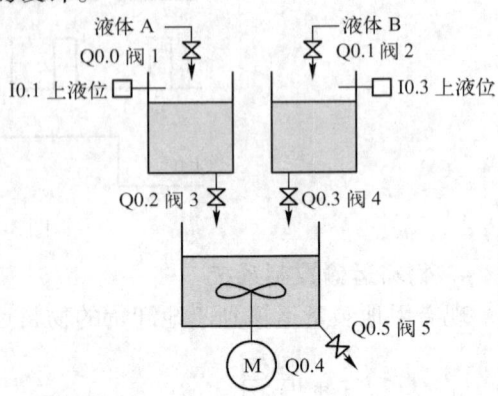

图 3-98　液体混合装置工作示意图

任务 3.3　功能指令应用

【任务目标】

- 理解加、减、乘、除指令，移位/循环指令，数据转换指令。
- 能用功能指令编写控制程序。
- 理解数据类型的含义。
- 掌握数值运算指令及使用方法。

【任务描述】

S7-300 PLC 除了位逻辑控制指令、定时器和计数器以外，还有比较指令、转换指令、移动指令、运算指令、移位/循环指令、逻辑指令等，主要是进行数据运算和特殊处理，通过完成气动机械手控制和霓虹灯广告两个任务，掌握这些指令的功能和应用方法。

【知识准备】

1. 比较指令

比较指令的功能是比较 IN1 和 IN2 的大小，比较结果为真时输出为"1"，否则为"0"，比较指令如图 3-99 所示。

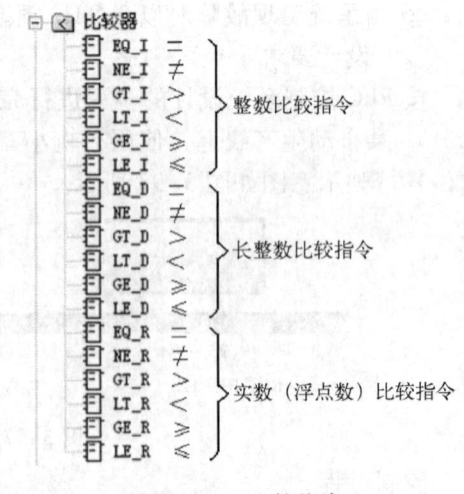

图 3-99　比较指令

(1) 整数比较指令

指令说明：整数比较指令用于比较两个 16 位整数 IN1、IN2 的大小，比较结果为真时输出为"1"，否则为"0"，其取值范围是 -32 768 ~ +32 768。

整数比较指令说明见表 3-14。

表 3-14 整数比较指令

指 令 标 识	梯形图符号	说　　明	数据类型及存储区
EQ_I	CMP ==I ??? - IN1 ??? - IN2 整数 IN1 = IN2 比较	当输入为 1 时，如 IN1 = IN2，则输出为 1，否则输出为 0	输入、输出：数据类型 BOOL；存储区 I、Q、M、L、D IN1、IN2：数据类型 INT；存储区 I、Q、M、L、D 或常数
NE_I	CMP <>I ??? - IN1 ??? - IN2 整数 IN1 ≠ IN2 比较	当输入为 1 时，如 IN1 ≠ IN2，则输出为 1，否则输出为 0	
GT_I	CMP >I ??? - IN1 ??? - IN2 整数 IN1 > IN2 比较	当输入为 1 时，如 IN1 > IN2，则输出为 1，否则输出为 0	
LT_D	CMP <I ??? - IN1 ??? - IN2 整数 IN1 < IN2 比较	当输入为 1 时，如 IN1 < IN2，则输出为 1，否则输出为 0	
GE_I	CMP >=I ??? - IN1 ??? - IN2 整数 IN1 ≥ IN2 比较	当输入为 1 时，如 IN1 ≥ IN2，则输出为 1，否则输出为 0	
LE_I	CMP <=I ??? - IN1 ??? - IN2 整数 IN1 ≤ IN2 比较	当输入为 1 时，如 IN1 ≤ IN2，则输出为 1，否则输出为 0	

指令使用举例：如图 3-100 所示，当 I0.0 闭合时，如 MW0 中的整数大于或等于 MW2 中的整数，Q0.0 置 1；否则 Q0.0 置 0。

(2) 长整数比较指令

指令说明：长整数又称为双整数，长整数比较指令用于比较两个 32 位整数 IN1、IN2 的大小，比较结果为真时输出为"1"，否则为"0"，其取值范围是 -2 147 483 648 ~ +2 147 483 648。

长整数比较指令说明见表 3-15。

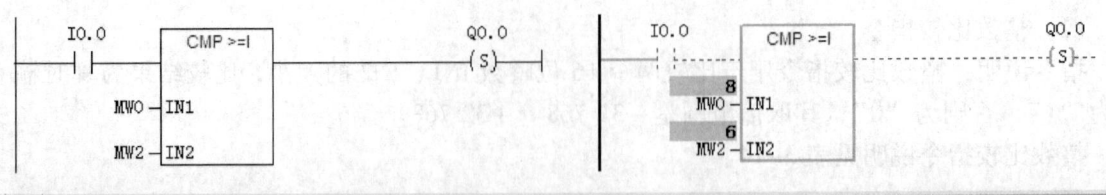

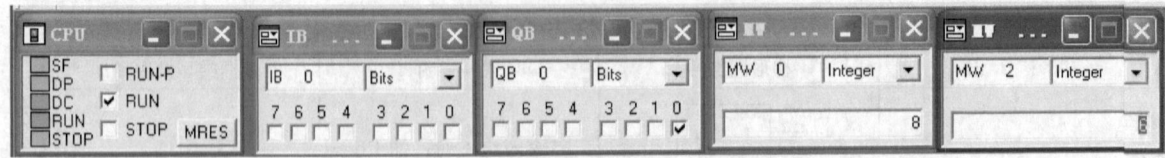

图 3-100 整数比较指令使用举例

表 3-15 长整数比较指令

指令标识	梯形图符号	说　明	数据类型及存储区
EQ_D	CMP ==D ???— IN1 ???— IN2 长整数 IN1 = IN2 比较	当输入为 1 时，如 IN1 = IN2，则输出为 1，否则输出为 0	输入、输出：数据类型 BOOL；存储区 I、Q、M、L、D IN1、IN2：数据类型 DINT；存储区 I、Q、M、L、D 或常数
NE_D	CMP <>D ???— IN1 ???— IN2 长整数 IN1 ≠ IN2 比较	当输入为 1 时，如 IN1 ≠ IN2，则输出为 1，否则输出为 0	
GT_D	CMP >D ???— IN1 ???— IN2 长整数 IN1 > IN2 比较	当输入为 1 时，如 IN1 > IN2，则输出为 1，否则输出为 0	
LT_D	CMP <D ???— IN1 ???— IN2 长整数 IN1 < IN2 比较	当输入为 1 时，如 IN1 < IN2，则输出为 1，否则输出为 0	
GE_D	CMP >=D ???— IN1 ???— IN2 长整数 IN1 ≥ IN2 比较	当输入为 1 时，如 IN1 ≥ IN2，则输出为 1，否则输出为 0	
LE_D	CMP <=D ???— IN1 ???— IN2 长整数 IN1 ≤ IN2 比较	当输入为 1 时，如 IN1 ≤ IN2，则输出为 1，否则输出为 0	

指令使用举例：如图 3-101 所示，当 I0.0 闭合时，如 MD0 中的整数不等于 MD4 中的整数，Q0.0 置 1；MD20 中的数值等于 MD30 中的数值时，Q0.1 置 1。

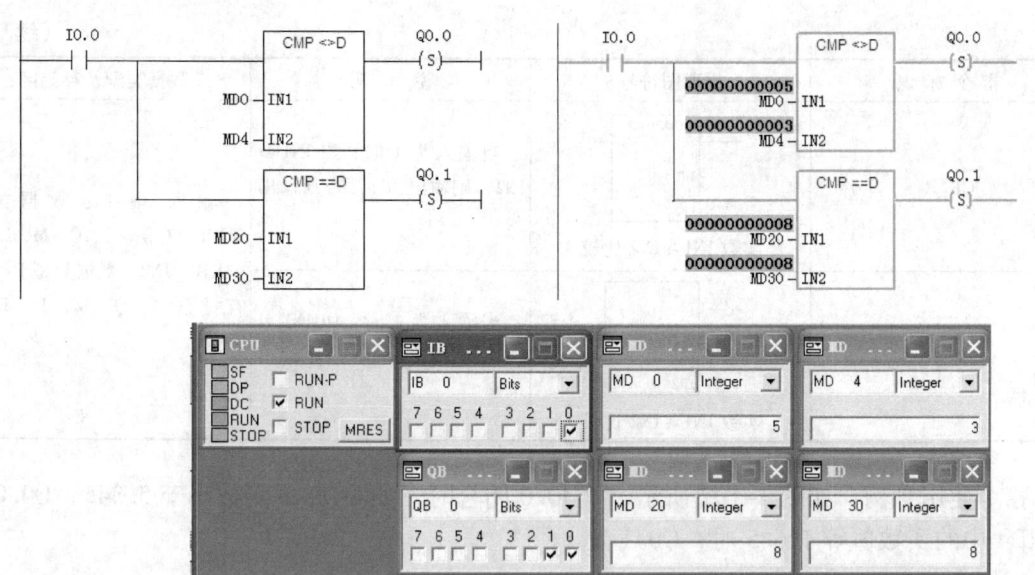

图 3-101 长整数比较指令使用举例

（3）实数比较指令

指令说明：实数又称为浮点数，实数比较指令用于比较两个 32 位实数 IN1、IN2 的大小，比较结果为真时输出为"1"，否则为"0"，其负实数取值范围是 -3.402823^{+38} ~ -1.175495^{-38}，正实数取值范围是 $+1.175495^{+38}$ ~ $+3.402823^{+38}$。

实数比较指令说明见表 3-16。

表 3-16 实数比较指令

指令标识	梯形图符号	说　　明	数据类型及存储区
EQ_R	CMP ==R ???—IN1 ???—IN2 实数 IN1 = IN2 比较	当输入为 1 时，如 IN1 = IN2，则输出为 1，否则输出为 0	输入、输出：数据类型 BOOL；存储区 I、Q、M、L、D IN1、IN2：数据类型 REAL；存储区 I、Q、M、L、D 或常数
NE_R	CMP <>R ???—IN1 ???—IN2 实数 IN1 ≠ IN2 比较	当输入为 1 时，如 IN1 ≠ IN2，则输出为 1，否则输出为 0	
GT_R	CMP >R ???—IN1 ???—IN2 实数 IN1 > IN2 比较	当输入为 1 时，如 IN1 > IN2，则输出为 1，否则输出为 0	
LT_R	CMP <R ???—IN1 ???—IN2 实数 IN1 < IN2 比较	当输入为 1 时，如 IN1 < IN2，则输出为 1，否则输出为 0	

(续)

指令标识	梯形图符号	说　　明	数据类型及存储区
GE_R	CMP >=R ??? — IN1 ??? — IN2 实数 IN1≥IN2 比较	当输入为 1 时，如 IN1≥IN2，则输出为 1，否则输出为 0	输入、输出：数据类型 BOOL；存储区 I、Q、M、L、D IN1、IN2：数据类型 REAL；存储区 I、Q、M、L、D 或常数
LE_R	CMP <=R ??? — IN1 ??? — IN2 实数 IN1≤IN2 比较	当输入为 1 时，如 IN1≤IN2，则输出为 1，否则输出为 0	

指令使用举例：如图 3-102 所示，当 I0.0 闭合时，如 MD0 中实数小于 5.345，Q0.0 置 1；MD4 中的实数值等于 6.5 时，Q0.1 置 1。

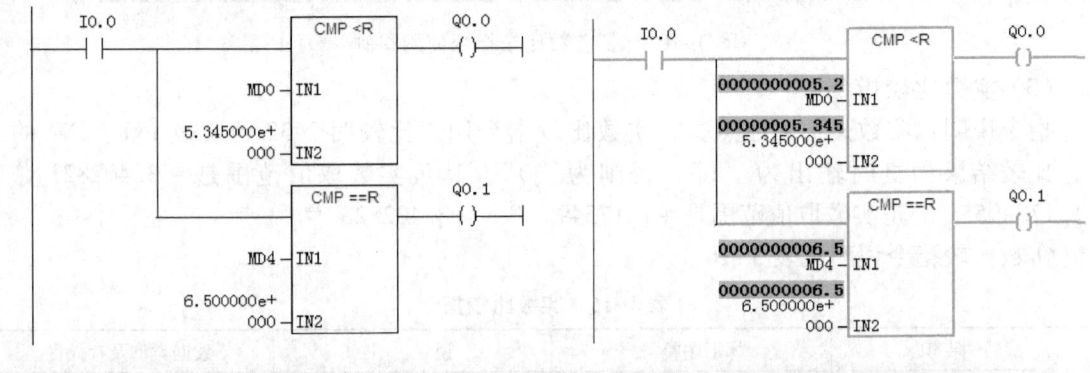

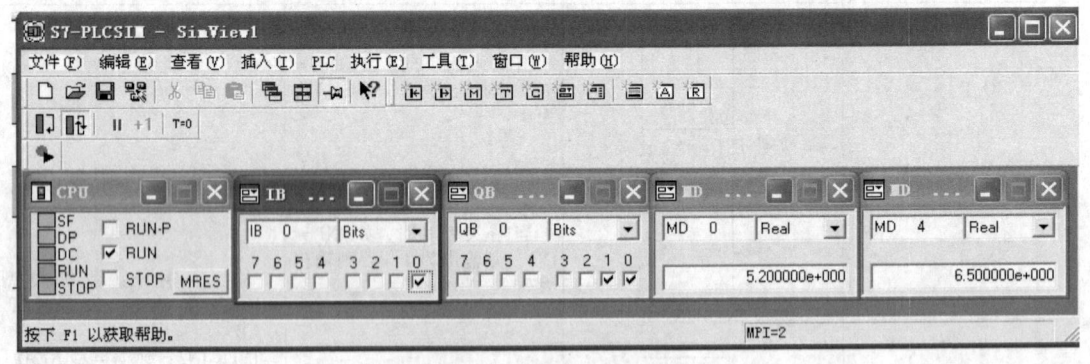

图 3-102　实数指令使用举例

2. 跳转指令

跳转指令又称为逻辑控制指令，在执行跳转指令时，会让程序从跳转指令处跳转到指定目标处，开始执行目标位置之后的程序，跳转指令与目标处之间的程序不会执行。跳转指令可以在所有的逻辑块（组织块 OB、功能块 FB 和功能 FC）中使用。跳转指如图 3-103 所示。

图 3-103　跳转指令

跳转指令说明见表 3-17。

表 3-17 跳转指令

指令标识	梯形图符号	说 明	举 例
JMP	??? —(JMP)— 条件跳转	??? 为跳转的目标名称 当输入为 1 时，指令执行，跳转到 ??? 目标位置，执行目标后的程序	程序段 1：标题： I0.0　CASI ——|——(JMP)— 程序段 2：标题： I0.1　Q0.0 ——|——(S)— 程序段 3：标题： [CASI] I0.2　Q0.1 ——|——(S)— 当 I0.0 闭合时，JMP 执行，程序跳转到目标 CASI 处，I0.2 闭合时，Q0.1 置 1；跳转指令到目标之间的程序不执行，即 I0.1 闭合，Q0.0 不置位。当 I0.0 断开时，程序从上往下执行
JMPN	??? —(JMPN)— 非条件跳转	??? 为跳转的目标名称 当输入为 0 时，指令执行，跳转到 ??? 目标位置，执行目标后的程序	程序段 1：标题： I0.0　CASI ——|——(JMPN)— 程序段 2：标题： I0.1　Q0.0 ——|——(S)— 程序段 3：标题： [CASI] I0.2　Q0.1 ——|——(S)— 当 I0.0 断开时，JMPN 执行，程序跳转到目标 CASI 处，I0.2 闭合时，Q0.1 置 1；非条件跳转指令到目标之间的程序不执行，即 I0.1 闭合，Q0.0 不置位。当 I0.0 闭合时，程序从上往下执行
LABEL	??? 跳转目标标号	??? 为跳转的目标名称 目标名称的第一个字符必须是字母，其他的字符可以是字母或数字 每一个 JMP 或 JMPN 指令都必须有与之对应的跳转目标标号	LABEL 标号的使用见上述两例

3. 转换指令

转换指令的功能是将 IN 端的数据进行转换，然后从 OUT 端输出，转换指令如图 3-104 所示。

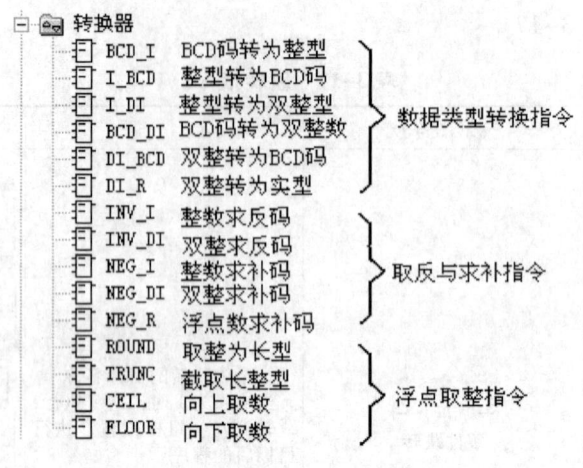

图 3-104 转换指令

根据功能区别，可分为数据类型转换指令、浮点数取整指令、取反求补指令。下面主要介绍常用的几种转换指令。

转换指令说明见表 3-18。

表 3-18 转换指令

指令标识	梯形图符号	说 明	举 例
BCD_I	BCD_I EN　ENO ???—IN　OUT—??? BCD 码转换成整数	当 EN = 1 时，把 IN 端内容 3 位 BCD 码转成 16 位整数，保存到 OUT 端	
I_BCD	I_BCD EN　ENO ???—IN　OUT—??? 整数转换成 BCD 码	当 EN = 1 时，把 IN 端内容 16 位整数转成 3 位 BCD 码，保存到 OUT 端	

(续)

指令标识	梯形图符号	说 明	举 例
I_DI	I_DI EN ENO ??? —IN OUT— ??? 整数转成双整数	当 EN = 1 时, 把 IN 端内容 16 位整数转成 32 位双整数, 保存到 OUT 端	压力计算程序中的数据转换: 压力变送器的量程为 0 ~ 10 MPa, 输出信号为 4 ~ 20 mA, 模拟量输入模块的量程为 4 ~ 20 mA, 转换后的数字量为 0 ~ 27 648, 设转换后的数字为 N, 以 kPa 为单位的压力值的转换公式为 $P = (10000 \times N)/27648 = 0.36169N(kPa)$ 来自 AI 模块的 PIW0 的原始数据为 16 位整数, 首先用 I_DI 指令将整数转换为双整数, 然后用 DI_R 指令转换为实数 (Real), 再用实数乘法指令 MUL_R 完成上式的运算。最后用四舍五入的 ROUND 指令, 将运算结果转换为以 kPa 为单位的整数
DI_R	DI_R EN ENO ??? —IN OUT— ??? 双整数转为实数	当 EN = 1 时, 把 IN 端内容 32 位双整数转成 32 位实数, 保存到 OUT 端	
ROUND	ROUND EN ENO ??? —IN OUT— ??? 取整为双整数	当 EN = 1 时, 把 IN 端内容浮点数转成双整数, 保存到 OUT 端	
TRUNC	TRUNC EN ENO ??? —IN OUT— ??? 截取双整数部分	当 EN = 1 时, 把 IN 端内容浮点数以截取整数部分方式转成双整数, 保存到 OUT 端	

表中举例的压力计算也可用整数数学运算进行。

改用整数数学运算指令实现上式的压力运算:

$$P = (1000 \times N)/27648(kPa)$$

在运算时一定要先乘后除, 否则会损失原始数据的精度。整数四则运算指令有 16 位和 32 位两种, 应根据指令的输入、输出数据可能的最大值选用适当的指令。

假设用于测量压力的 AI 模块的通道地址为 PIW0。模拟量满量程时 A - D 转换后的数字 N 的值为 27 648, 乘以 10000 以后乘积可能超过 16 位整数的允许范围, 因此应采用双整数的乘法指令 MUL_DI。上式中的被除数是双整数, 因此应采用双整数除法指令 DIV_DI。

首先应使用指令 I_DI 将 PIW0 中的原始数据 (16 位整数) 转换为双整数, 双字乘、除法指令常数应使用 "L#" 开始的 32 位双整数常数, 如图 3-105 所示。

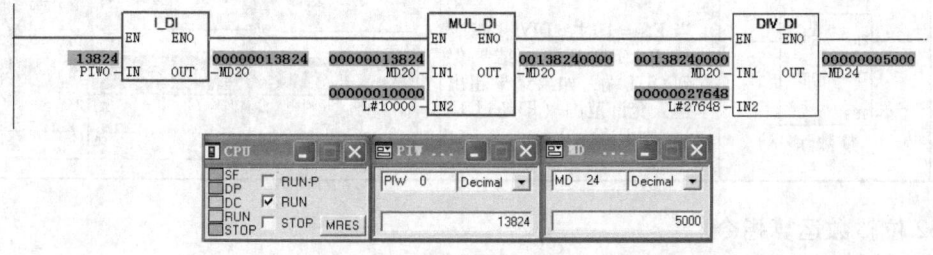

图 3-105　整数数学运算指令举例

4. 运算指令

（1）整数运算指令

整数运算指令又称为整数函数指令，其功能是对整数进行加、减、乘、除等运算。整数运算指令如图 3-106 所示，它可分为 16 位整数运算和 32 位整数运算两类指令。

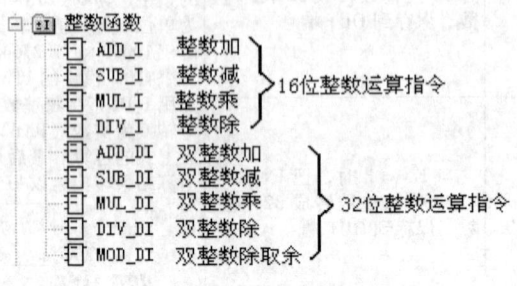

图 3-106 整数运算指令

1）16 位整数运算指令。

16 位整数运算指令说明见表 3-19。

表 3-19　16 位整数运算指令

指令标识	梯形图符号	说　明	举　例
ADD_I	ADD_I EN ENO ???—IN1 OUT—??? ???—IN2 整数加	当 EN = 1 时，ADD_I 指令执行 IN1 + IN2 运算，结果保存到 OUT 端，如果结果超出了整数允许范围（即超过 16 位），则 ENO = 0	（见图示）
SUB_I	SUB_I EN ENO ???—IN1 OUT—??? ???—IN2 整数减	当 EN = 1 时，SUB_I 指令执行 IN1 − IN2 运算，结果保存到 OUT 端，如果结果超出了整数允许范围（即超过 16 位），则 ENO = 0	
MUL_I	MUL_I EN ENO ???—IN1 OUT—??? ???—IN2 整数乘	当 EN = 1 时，MUL_I 指令执行 IN1 × IN2 运算，结果保存到 OUT 端，如果结果超出了整数允许范围（即超过 16 位），则 ENO = 0	
DIV_I	DIV_I EN ENO ???—IN1 OUT—??? ???—IN2 整数除	当 EN = 1 时，DIV_I 指令执行 IN1/IN2 运算，结果保存到 OUT 端，如果结果超出了整数允许范围（即超过 16 位），则 ENO = 0	

2）32 位整数运算指令。

32 位整数运算指令说明见表 3-20。

表 3-20 32 位整数运算指令

指令标识	梯形图符号	说　　明	举　　例
ADD_DI	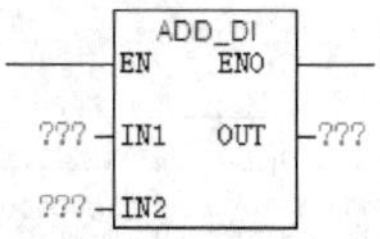 ADD_DI EN　ENO ???—IN1　OUT—??? ???—IN2 双整数加	当 EN=1 时，ADD_DI 指令执行 IN1+IN2 运算，结果保存到 OUT 端，如果结果超出了整数允许范围（即超过32位），则 ENO=0	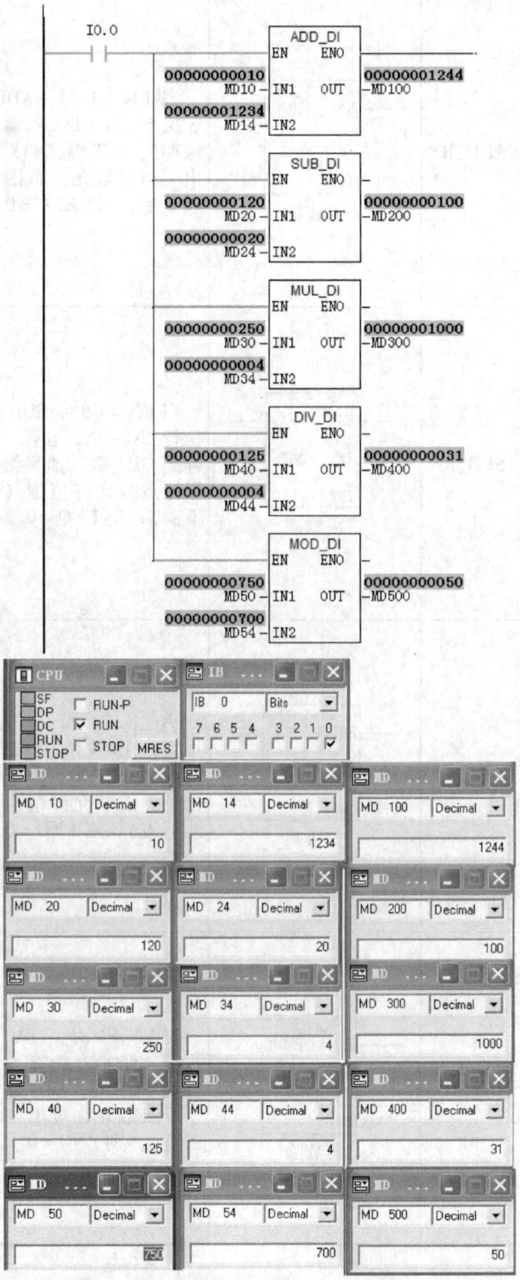
SUB_DI	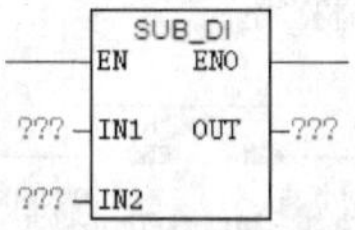 SUB_DI EN　ENO ???—IN1　OUT—??? ???—IN2 双整数减	当 EN=1 时，SUB_DI 指令执行 IN1-IN2 运算，结果保存到 OUT 端，如果结果超出了整数允许范围（即超过32位），则 ENO=0	
MUL_DI	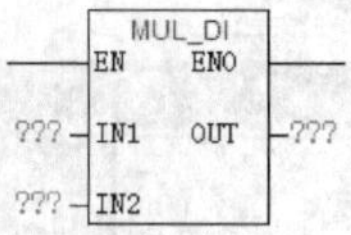 MUL_DI EN　ENO ???—IN1　OUT—??? ???—IN2 双整数乘	当 EN=1 时，MUL_DI 指令执行 IN1×IN2 运算，结果保存到 OUT 端，如果结果超出了整数允许范围（即超过32位），则 ENO=0	
DIV_DI	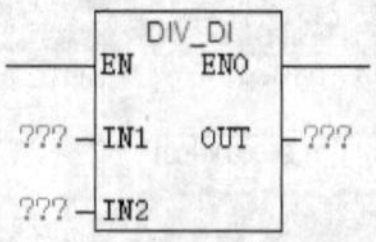 DIV_DI EN　ENO ???—IN1　OUT—??? ???—IN2 双整数除	当 EN=1 时，DIV_DI 指令执行 IN1/IN2 运算，结果保存到 OUT 端，如果结果超出了整数允许范围（即超过32位），则 ENO=0	
MOD_DI	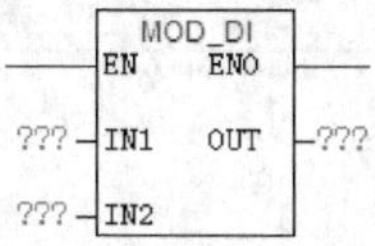 MOD_DI EN　ENO ???—IN1　OUT—??? ???—IN2 双整数除取余	当 EN=1 时，DOD_DI 指令执行 IN1/IN2 运算，余数保存到 OUT 端，如果结果超出了整数允许范围（即超过32位），则 ENO=0	

（2）实数（浮点数）运算指令

实数运算指令又称为浮点函数指令，浮点函数指令如图 3-107 所示。

浮点数运算指令说明见表 3-21。

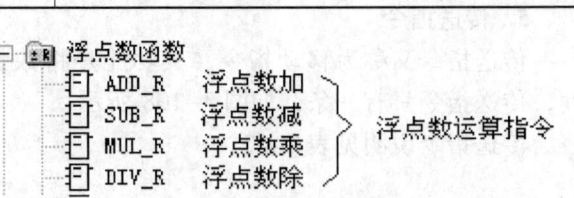

图 3-107 浮点函数指令

表 3-21 浮点数运算指令

指令标识	梯形图符号	说 明	举 例
ADD_R	ADD_R EN ENO ???—IN1 OUT—??? ???—IN2 实数加	当 EN = 1 时,ADD_R 指令执行 IN1 + IN2 运算,结果保存到 OUT 端,如果结果超出了浮点数允许范围(上溢或下溢),则 ENO = 0	
SUB_R	SUB_R EN ENO ???—IN1 OUT—??? ???—IN2 实数减	当 EN = 1 时,SUB_R 指令执行 IN1 - IN2 运算,结果保存到 OUT 端,如果结果超出了浮点数允许范围(上溢或下溢),则 ENO = 0	
MUL_R	MUL_R EN ENO ???—IN1 OUT—??? ???—IN2 实数乘	当 EN = 1 时,MUL_R 指令执行 IN1 × IN2 运算,结果保存到 OUT 端,如果结果超出了浮点数允许范围(上溢或下溢),则 ENO = 0	
DIV_R	DIV_R EN ENO ???—IN1 OUT—??? ???—IN2 实数除	当 EN = 1 时,DIV_R 指令执行 IN1/IN2 运算,结果保存到 OUT 端,如果结果超出了浮点数允许范围(上溢或下溢),则 ENO = 0	

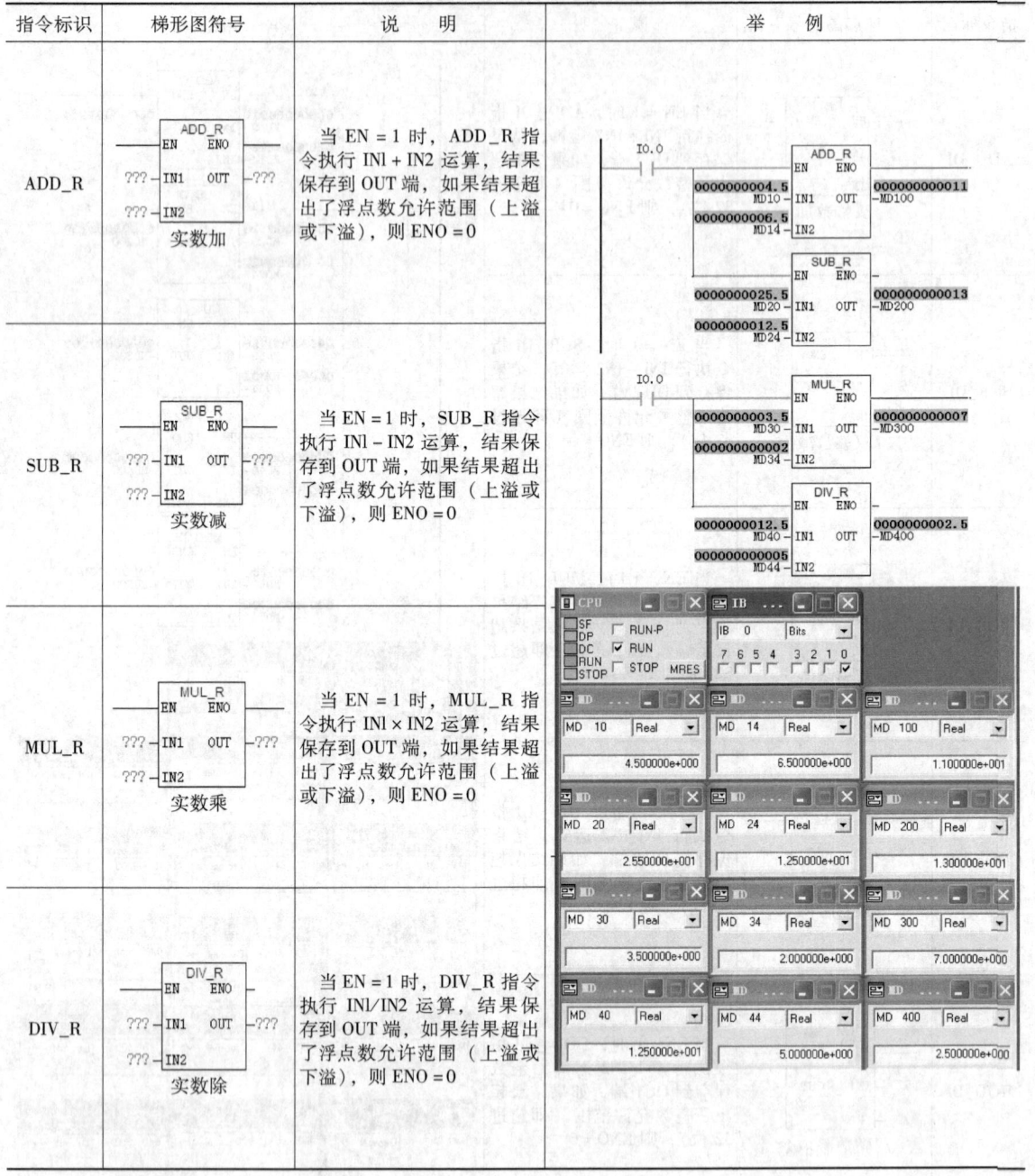

5. 传送指令

传送指令又称为移动指令,其功能是将数据从一处传送到另一处,传送指令只有一条,如图 3-108 所示。

传送指令说明见表 3-22。

图 3-108 移动指令

表 3-22 移动指令

指令标识	梯形图符号	说明	举例
MOVE	MOVE EN ENO ???—IN OUT—??? 传送	当 EN = 1 时，MOVE 指令执行传送，将 IN 端的 8 位、16 位、32 位数据传送到 OUT 端； MOVE 指令的 IN、OUT 的字长可以不一样，在传送时会根据需要截断或以零填充高位字； 当 IN 端为 32 位双字数据时，如果 OUT 端为 16 位单字，则只传送 32 位中的低 16 位，如果 OUT 端为 8 位字节单元，则只传送 32 位中的低 8 位，当 IN 端为 8 位字节数据时，不管 OUT 端是 16 位或是 32 位，8 位数据都传送到这些单元的低 8 位，高 8 或高 24 位均用 0 填允	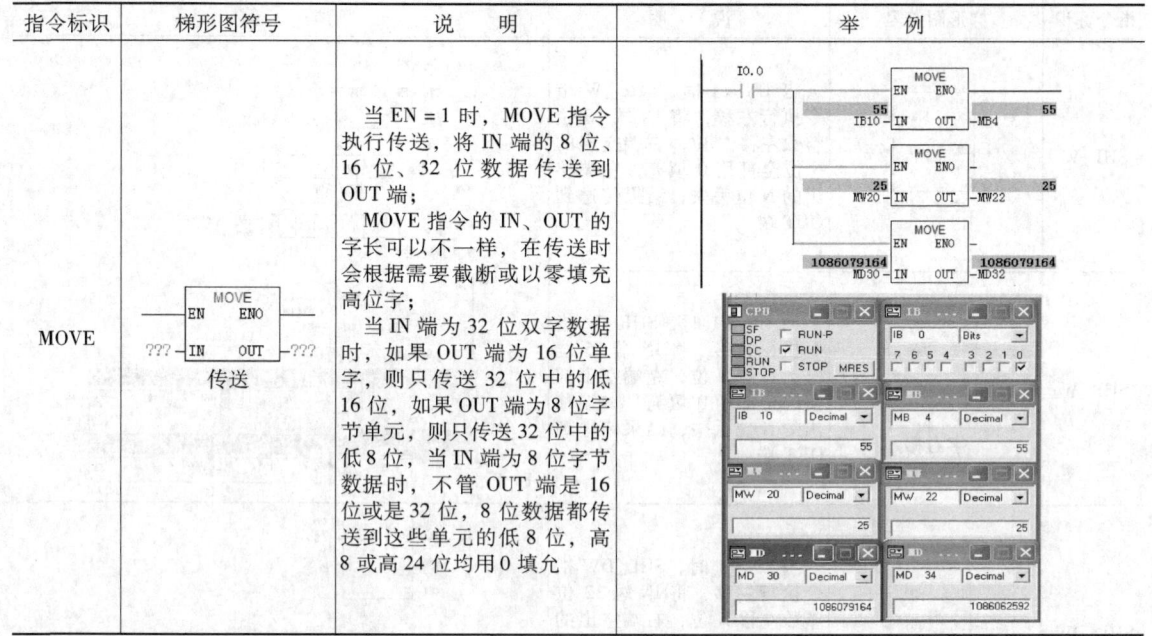

6. 移位和循环指令

移位指令的功能是将数据往左或往右移动，循环移位指令的功能是以环形方式将数据左移或右移，移位和循环指令如图 3-109 所示。

移位指令说明见表 3-23。

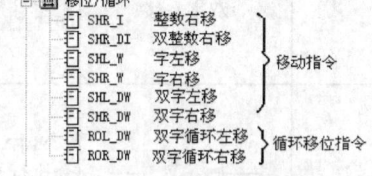

图 3-109 移位和循环指令

表 3-23 移位指令

指令标识	梯形图符号	说明	举例
SHR_I	SHR_DI EN ENO ???—IN OUT—??? ???—N 整数右移	当 EN = 1 时，SHR_I 指令执行右移，将 IN 端 16 位整数右移 N 位，左端空出的 N 位全部用符号位填充，右移出的 N 位丢失，结果传送到 OUT 端	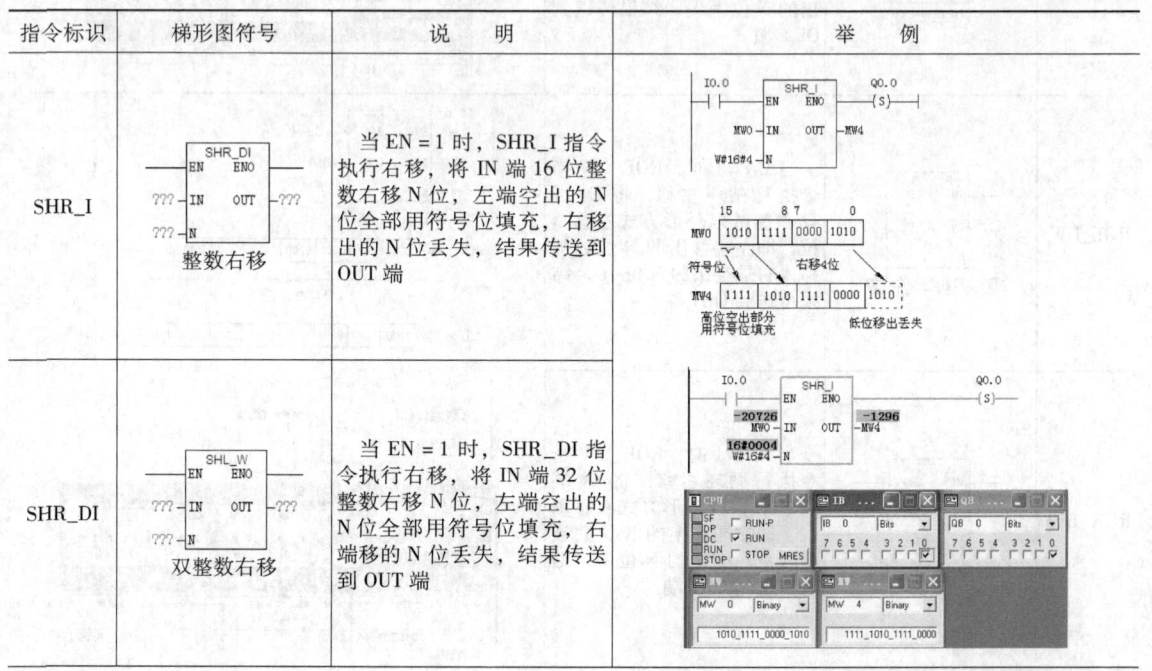
SHR_DI	SHL_W EN ENO ???—IN OUT—??? ???—N 双整数右移	当 EN = 1 时，SHR_DI 指令执行右移，将 IN 端 32 位整数右移 N 位，左端空出的 N 位全部用符号位填充，右端移的 N 位丢失，结果传送到 OUT 端	

(续)

指令标识	梯形图符号	说明	举例
SHL_W	字左移	当 EN = 1 时，SHL_W 指令执行左移，将 IN 端 16 位整数左移 N 位，右端空出的 N 位全部用 0 填充，左端移出的 N 位丢失，结果传送到 OUT 端	
SHR_W	字右移	当 EN = 1 时，SHR_W 指令执行右移，将 IN 端 16 位整数右移 N 位，左端空出的 N 位全部用 0 填充，右端移出的 N 位丢失，结果传送到 OUT 端	
SHL_DW	双字左移	当 EN = 1 时，SHL_DW 指令执行左移，将 IN 端 32 位整数左移 N 位，右端空出的 N 位全部用 0 填充，左端移出的 N 位丢失，结果传送到 OUT 端	
SHR_DW	双字右移	当 EN = 1 时，SHR_DW 指令执行右移，将 IN 端 32 位整数右移 N 位，左端空出的 N 位全部用 0 填充，右端移出的 N 位丢失，结果传送到 OUT 端	
ROL_DW	双字循环左移	当 EN = 1 时，ROL_DW 指令执行循环左移，将 IN 端 32 位整数以环形方式左移 N 位，即左端移出的 N 位被移入右端空出的 N 位中，结果传送到 OUT 端	
ROR_DW	双字循环右移	当 EN = 1 时，ROR_DW 指令执行循环右移，将 IN 端 32 位整数以环形方式右移 N 位，即右端移出的 N 位数被移入左端空出的 N 位中，结果传送到 OUT 端	

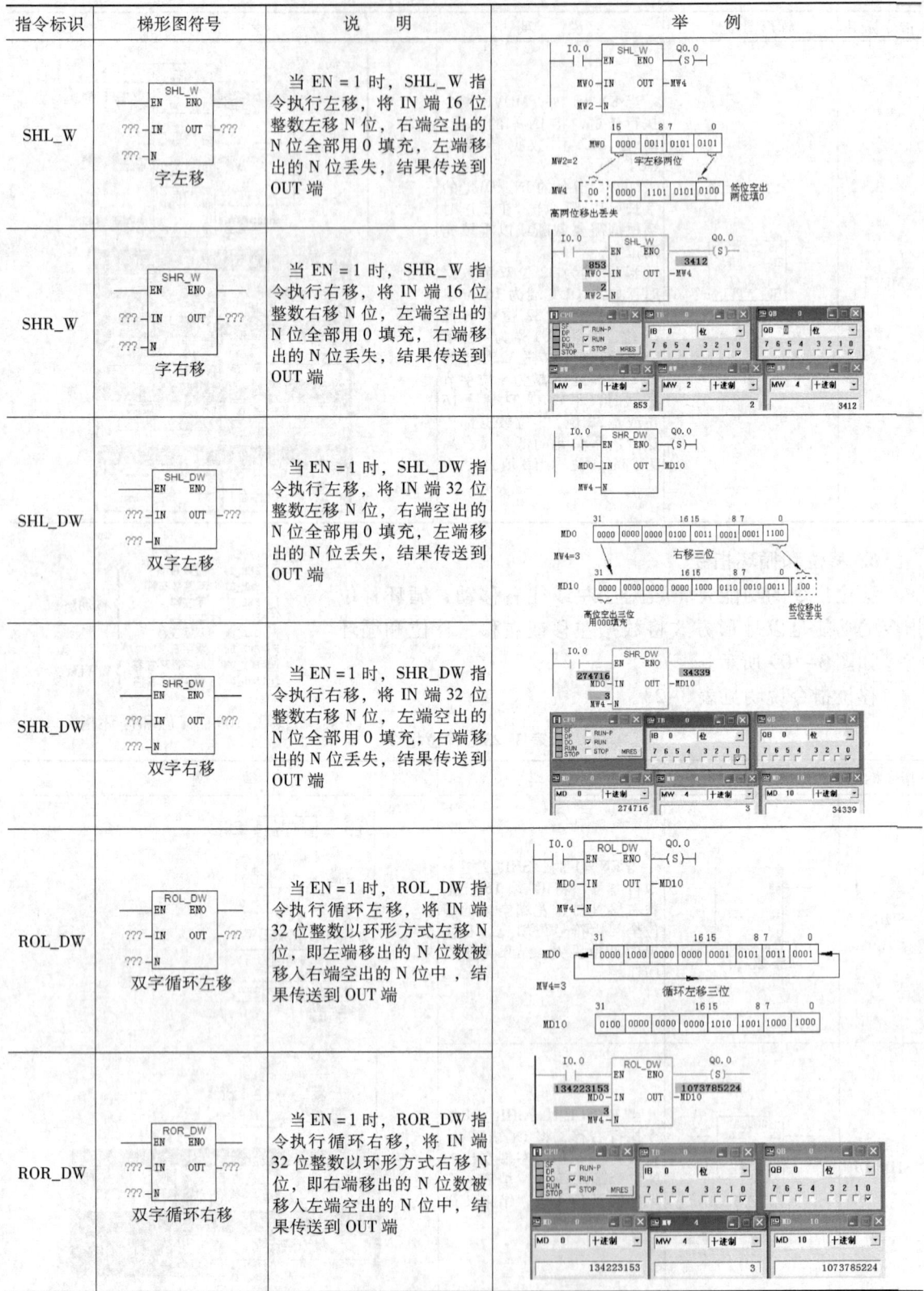

【任务实施】

子任务1　气动机械手PLC控制

1. 控制要求

在机电一体化控制系统中很多工作要用到机械手，机械手动作一般采用气动方式进行，工作台A、B上工件的传送动作顺序用PLC控制。如图3-110所示。

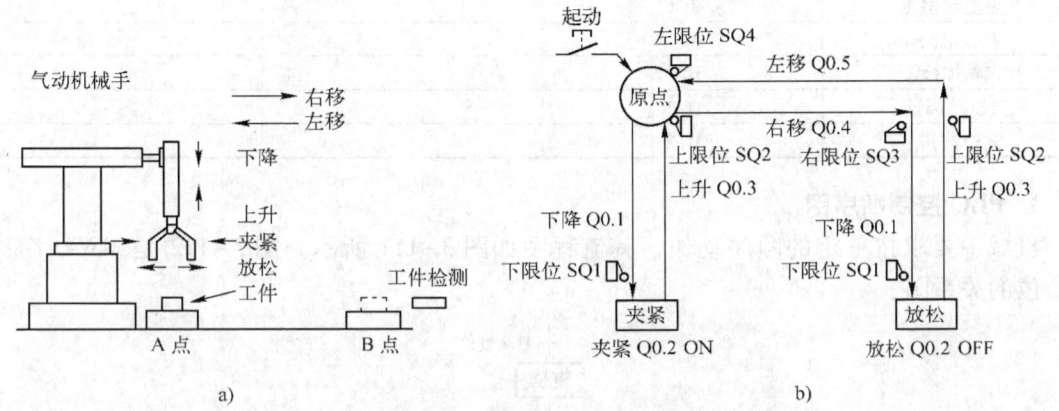

图3-110　机械手工作示意图
a）机械手传送工件工作过程　b）机械手传送工件示意图

（1）初始状态

机械手在原点位置，左限位开关SQ4＝1，上限位开关SQ2＝1，机械手松开。如机械手不在原点位置，按复位按钮，机械手应自动回到原点位置。

（2）起动运行

按下起动按钮，机械手按照下降→夹紧（延时1 s）→上升→右移→下降→松开（延时1 s）→上升→左移的顺序依次从左向右传送工件。下降/上升、左移/右移、夹紧/松开使用电磁阀控制。

（3）停止操作

按下停止按钮，机械手完成当前工作过程，停在原点位置。

（4）检测有无工件

为了保证安全，机械手右移到位后，必须在工作台B上无工件时才能下降。若上一次搬到右工作台上的工件尚未移走，机械手应自动暂停等待。为此设置了一只光电开关以检测"无工件"信号。

（5）为满足生产要求，机械手设置单周期工作方式和连续工作方式

单周期工作方式：按下起动按钮，从原点开始，机械手按工序自动完成一个周期的动作后自动停止在原位。

连续工作方式：机构在原位时，按下起动按钮，机构自动连续地执行周期动作。当按下停止按钮时，机械手保持当前状态。重新恢复后机械手按照停止前的动作继续运行。

2. I/O分配表

PLC的I/O分配表见表3-24。

表 3-24 I/O 分配表

输入量	PLC 端子	输出量	PLC 端子
停止按钮	I0.0	原点指示	Q0.0
起动按钮	I0.1	下降	Q0.1
下限检测	I0.2	夹紧与松开	Q0.2
上限检测	I0.3	上升	Q0.3
右行检测	I0.4	右移	Q0.4
B 点下限检测	I0.5	左移	Q0.5
B 点上限检测	I0.6		
左行检测	I0.7		
B 点物体检测	I1.0		
连续/单周期	I1.1		
复位按钮	I1.2		

3. PLC 控制顺序图

机械手要求按一定的顺序动作，其流程图如图 3-111 所示。图 3-112 是 MW4 字、字节、位的关系图。

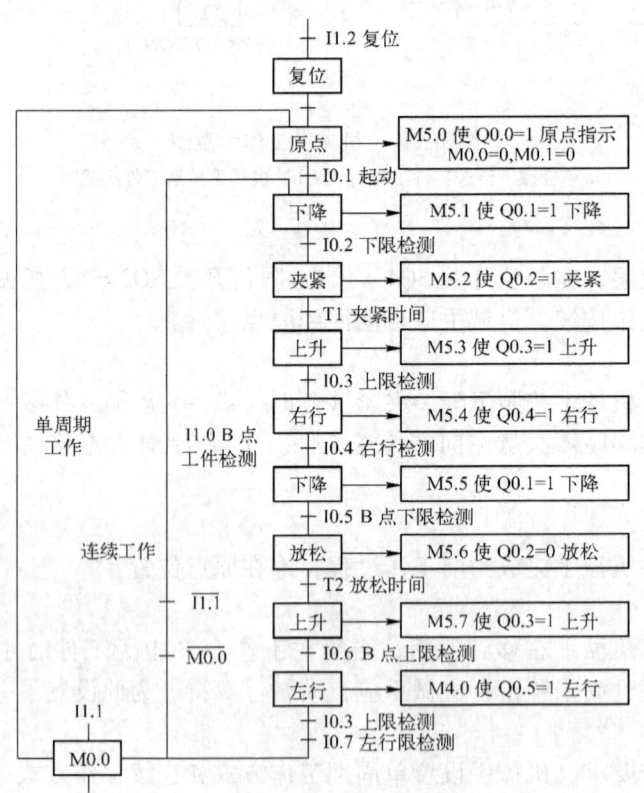

图 3-111 机械手工作流程图

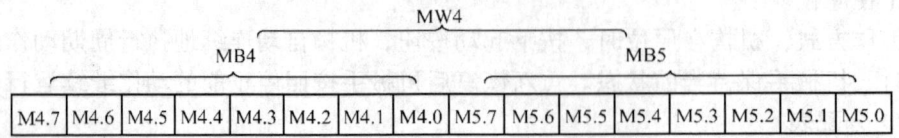

图 3-112 MW4 字、字节、位的关系图

起动时，机械手从原点开始按顺序动作。停止时，机械手停在现行工步上，重新起动时机械手接停止前的动作继续进行。

4. PLC 程序

（1）OB100 程序

初始程序 OB100 如图 3-113 所示。

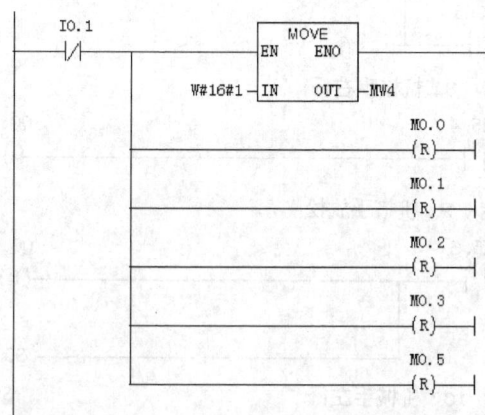

图 3-113　初始程序 OB100

（2）OB1 程序

主程序如图 3-114 所示。

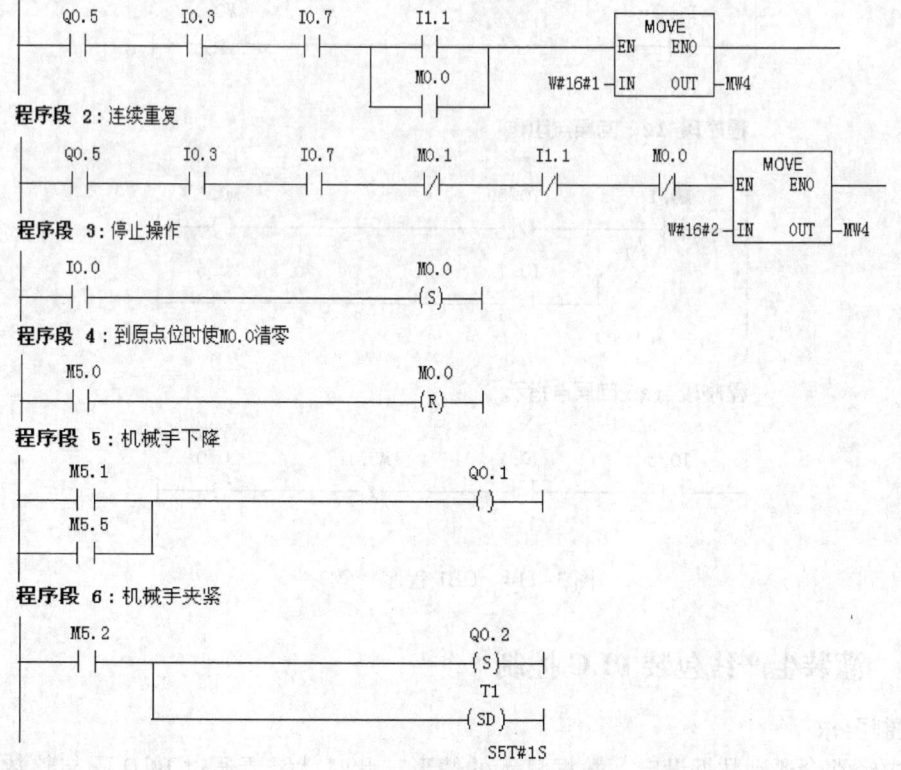

图 3-114　OB1 程序

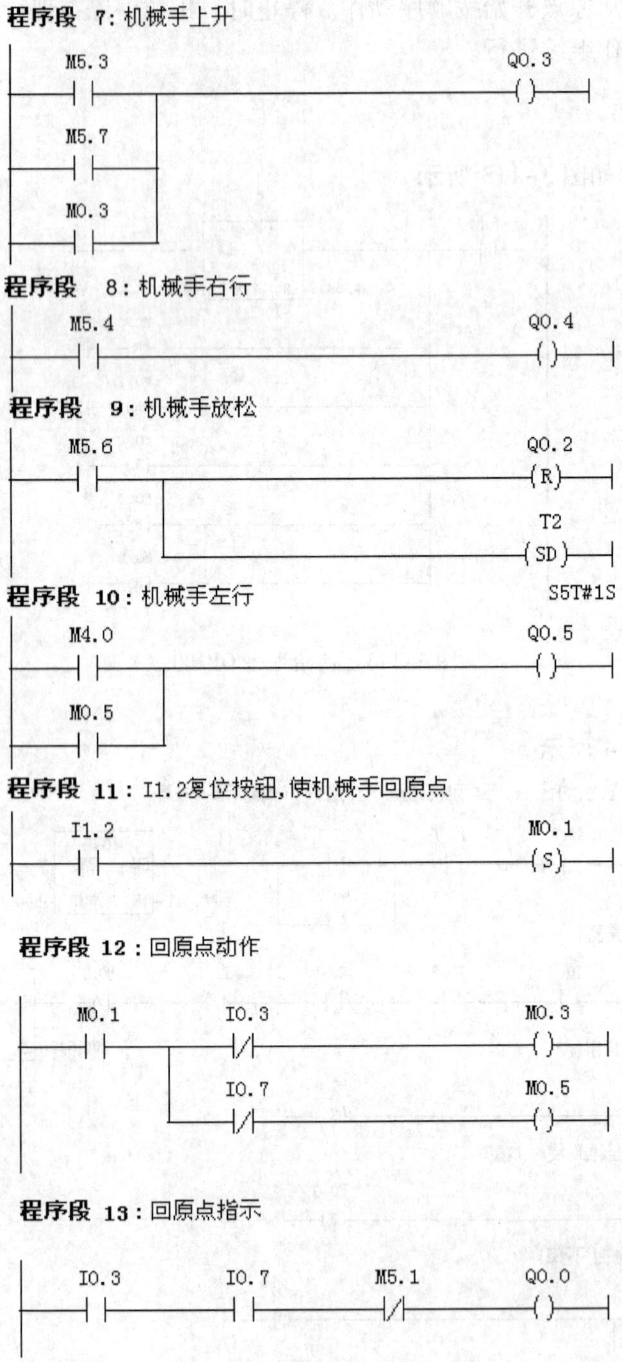

程序段 7：机械手上升

```
  M5.3                                Q0.3
──┤├──┬──────────────────────────────( )──
  M5.7 │
──┤├──┤
  M0.3 │
──┤├──┘
```

程序段 8：机械手右行

```
  M5.4                                Q0.4
──┤├────────────────────────────────( )──
```

程序段 9：机械手放松

```
  M5.6                                Q0.2
──┤├──┬─────────────────────────────( R )──
       │                              T2
       └─────────────────────────────(SD)──
                                    S5T#1S
```

程序段 10：机械手左行

```
  M4.0                                Q0.5
──┤├──┬─────────────────────────────( )──
  M0.5 │
──┤├──┘
```

程序段 11：I1.2复位按钮,使机械手回原点

```
  I1.2                                M0.1
──┤├────────────────────────────────( S )──
```

程序段 12：回原点动作

```
  M0.1   I0.3                         M0.3
──┤├────┤/├─────────────────────────( )──
         I0.7                         M0.5
        ─┤/├────────────────────────( )──
```

程序段 13：回原点指示

```
  I0.3    I0.7    M5.1                Q0.0
──┤├─────┤├─────┤/├─────────────────( )──
```

图 3-114　OB1 程序（续）

子任务 2　灌装生产线包装 PLC 控制

1. 控制要求

工程中经常会遇到数据设定、数据显示的情形，此时就需要通过 BCD 码与整数或长整数

转换指令来实现。如图 3-115 所示,用户程序利用拨轮按钮输入的值执行数学运算功能,并把结果显示在数据显示窗口中,数学运算功能不能用 BCD 格式执行,所以必须先转换格式。

在灌装生产线中,需要对瓶数作统计,瓶以 12 个为单位打一个包装,包装数需要计算并显示,空瓶数减去满瓶数得到废瓶数,废瓶数除以空瓶数乘以 100 得到百分数的废品率。当废品率超过 2% 时,传送带终端指示灯亮,工作示意图如图 3-116 所示。本任务就利用转换指令完成这个功能。

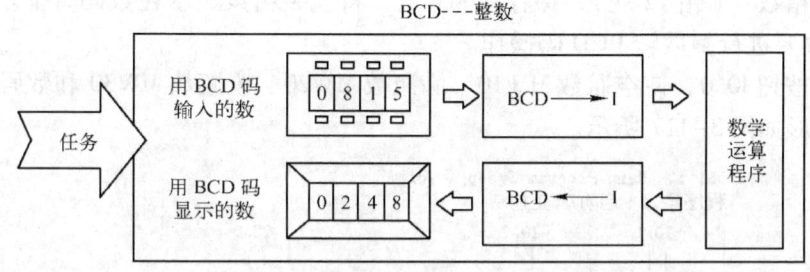

图 3-115 拨轮按钮输入的值和显示值

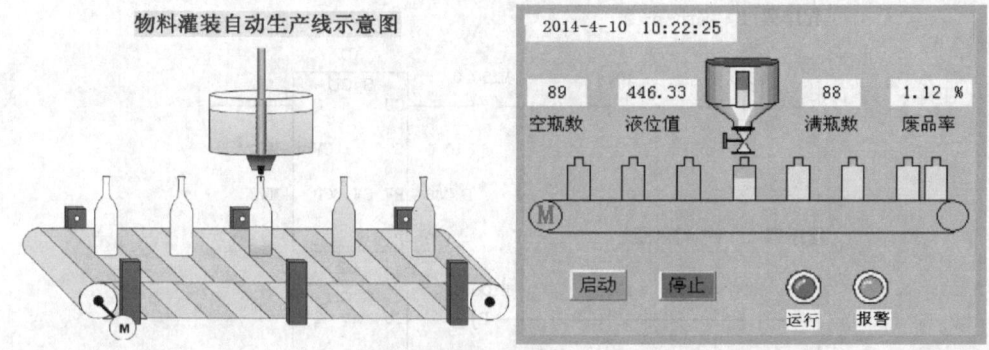

图 3-116 灌装生产线工作示意图

2. I/O 分配表

由控制要求分析可知,该设计需要 8 个输入和 3 个输出,其 I/O 分配表见表 3-25。

表 3-25 I/O 分配表

输入			输出		
变量	地址	说明	变量	地址	说明
SB0	I0.0	清零按钮	KM1	Q2.0	生产线运行指示器
SB1	I0.1	启动按钮	KM2	Q2.1	终端指示灯
SB2	I0.2	停止按钮		QW0	包装箱数显示
SQ1	I0.3	终端位置检测开关			
SQ2	I0.4	空瓶检测开关			
SQ3	I0.5	满瓶检测开关			
K1	I0.6	计数器 C1 清零开关			
K2	I0.7	计数器 C2 清零开关			

3. PLC 程序编写

数学运算功能不能用 BCD 格式执行，计数器统计的空瓶数 MW2（BCD 码）、满瓶数 MW6（BCD 码）要转换成整数的空瓶数 MW10、满瓶数 MW20；计算废品率为空瓶数减去满瓶数得到废瓶数（MD30），废瓶数除以空瓶数乘以 100 得到百分数的废品率。由于废品率是实数，因此，要先将废瓶数和空瓶数转换成实数，再作除法运算。废品率保存在 MD64 中。当废品率超过 2% 时，传送带终端指示灯亮。

计算包装箱数（1 箱 12 瓶），保存在 MW22，将包装箱数显示在数码管上。数据显示要用 BCD 码，故要进行整数转 BCD 码操作。

按下清零按钮 I0.0，使空瓶数 MW10、满瓶数 MW20、废瓶数 MW30 和数码显示值 QW0 清零。PLC 梯形如图 3-117 所示。

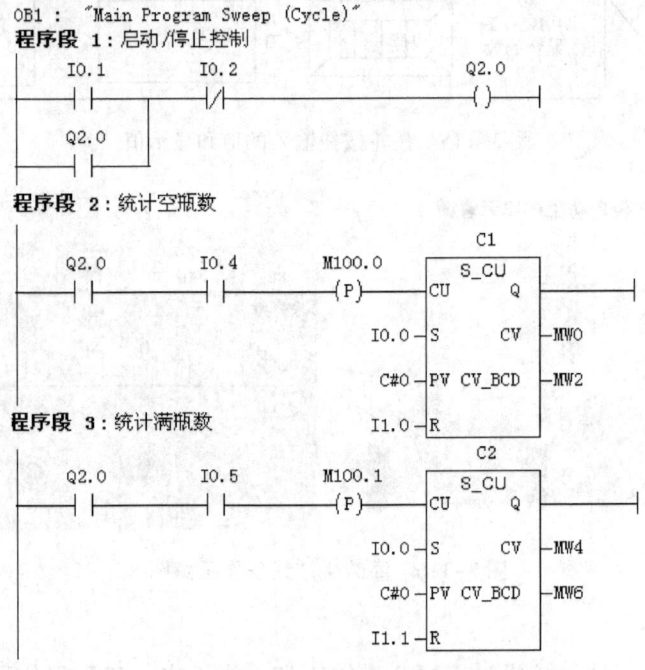

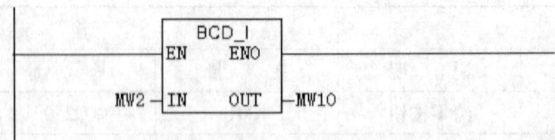

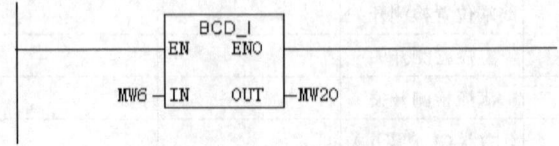

图 3-117 梯形图

程序段 6：计算废瓶数

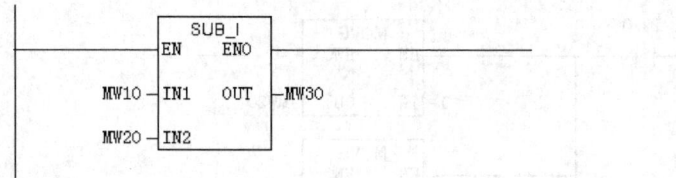

程序段 7：将废瓶数转换成实数

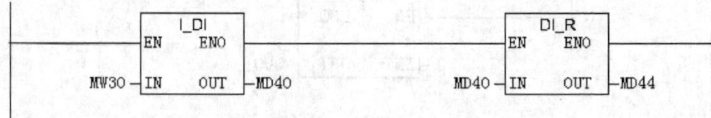

程序段 8：将空瓶数转换成实数

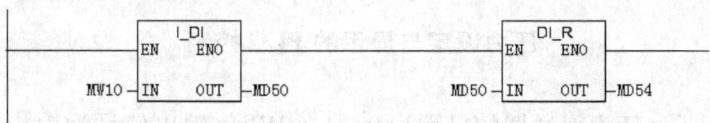

程序段 9：计算废品率

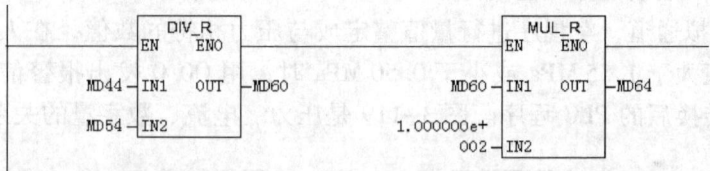

程序段 10：废品率超过2%时报警

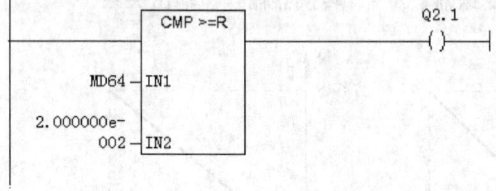

程序段 11：计算包装箱数，显示在数码管上（BCD码）

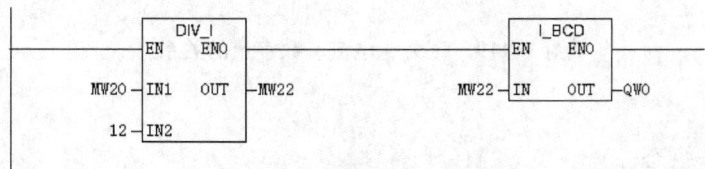

图 3-117　梯形图（续）

程序段 12：空瓶、满瓶数和废品率进行清零

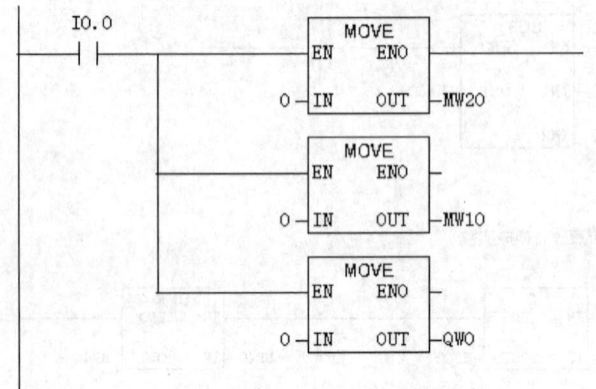

图 3-117　梯形图（续）

【技能训练】

压力设定与显示的 PLC 控制

1. 控制要求

如图 3-118 所示，压力变送器的量程为 0~1.6 MPa，输出信号为为 4~20 mA，模拟量输入模块的量程为 4~20 mA，转换后的数字量为 0~27 648；在触摸屏上设定压力（MD24）送 S7-300 PLC，现场管道上压力变送器（0~1.6MPa）传送的 4~20 mA 的压力信号进入 PLC 的 PIW256 模拟通道，经程序进行量值整定成与压力相符的数值，在人机界面上作为压力显示，当压力值大于 1.55 MPa 或小于 0.50 MPa 时，用 Q0.0 发出报警信号，列出压力值的转换，并编写转换后的 PLC 程序。图 3-119 是压力、电流、数字量的关系。

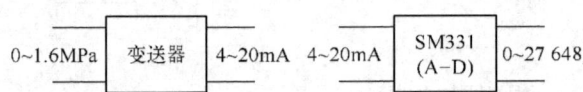

图 3-118　变送器、A-D 转换器输入、输出关系

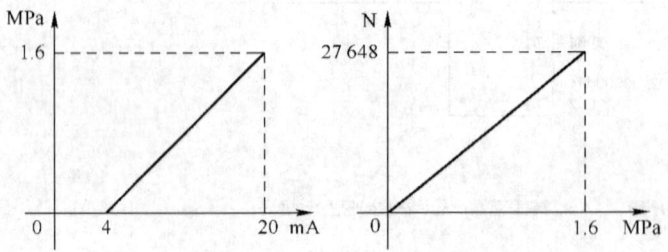

图 3-119　压力、电流、数字量的关系

2. 训练要求

（1）进行硬件组态。
（2）根据要求，列出压力、电流、数字量的对应关系式。
（3）根据控制要求，设计梯形图。

3. 技能训练考核标准

技能训练评价表

序号	主要内容	考核要求	评分标准	配分	扣分	得分
1	方案设计	根据控制要求,画出I/O分配表,设计梯形图程序及接线图	1. 输入/输出地址遗漏或错误,每处扣1分; 2. 梯形图表达不正确或画法不规范,每处扣2分; 3. 接线图表达不正确或画法不规范,每处扣2分; 4. 指令有错误,每处扣2分	10		
2	计算电流与压力、数字量与压力关系	电流与压力关系式、数字量与压力关系式要正确	1. 电流与压力关系式不正确扣15分; 2. 数字量与压力关系式不正确扣15分	30		
3	程序设计与调试	设计程序要正确,按动作要求模拟调试,达到设计要求	1. 调试步骤不正确扣5分; 2. 设定压力不正确扣15分; 3. 显示压力不正确扣15分; 4. 不能报警扣15分	50		
4	安全与文明生产	遵守国家相关专业安全文明生产规程,遵守学院纪律	1. 不遵守教学场所规章制度,扣2分; 2. 出现重大事故或人为损坏设备,扣完10分	10		
备注			合计	100		
	小组成员签名					
	教师签名					
	日期					

【巩固练习】

1. 用整数除法指令将 VW10 中的数据 72 除以 8 后存放到 VW20 中。
2. 作式子 $X = [(10.0 \times 2.0 + 50.0)/5] - 0.4$ 的运算,并将结果送入 VD100 中存储。
3. 压力变送器的量程为 $0 \sim 10\,MPa$,输出信号为 $0 \sim 20\,mA$,模拟量输入模块的量程 $0 \sim 20\,mA$,转换后的数字量为 $0 \sim 27\,648$,设转换后的数字为 N,计算以 kPa 为单位的压力值的转换值,并编写转换后的 PLC 程序。变送器、A–D 转换器输入、输出关系如图 3–120 所示。
4. 压力变送器的量程为 $0 \sim 10\,MPa$,输出信号为 $0 \sim 20\,mA$,模拟量输入模块的量程 $4 \sim 20\,mA$,转换后的数字量为 $0 \sim 27\,648$,设转换后的数字为 N,计算以 kPa 为单位的压力值的转换,并编写转换后的 PLC 程序,变送器、A–D 转换器输入、输出关系如图 3–121 所示。

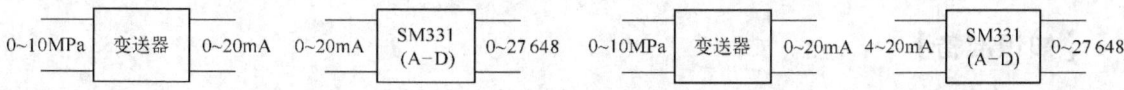

图 3–120 变送器、A–D 转换器输入、输出关系　　图 3–121 变送器、A–D 转换器输入、输出关系

5. 某温度变送器的量程为 $-100\,℃ \sim 500\,℃$,输出信号为 $4 \sim 20\,mA$,某模拟量输入模块将 $0 \sim 20\,mA$ 的电流信号转换为数字量 $0 \sim 27\,648$,设转换后得到的数字为 N,求以 $0.1\,℃$ 为单位的温度值,并编写转换后的 PLC 程序,变送器、A–D 转换器输入、输出关系如图 3–122 所示。

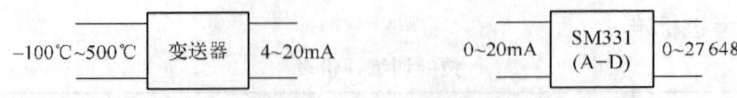

图 3-122 变送器、A-D 转换器输入、输出关系

6. 要求用循环移位指令实现 8 个彩灯的循环左移和右移。其中 I0.0 为启停控制开关，MD20 为设定的初始值，MW12 为移位位数，输出为 Q4.0~Q4.7。

7. 用 PLC 控制彩灯，要求如下：

按下启动按钮时，彩灯 L1、L2 同时亮；过 1 s 后，L1 熄灭，L2 保持亮；过 1 s 后，L1、L2 同时灭；过 1 s 后，L1 亮，L2 保持灭；再过 1 s 后，L1、L2 又同时亮，如此循环闪烁，直到按下停止按钮，彩灯工作终止。

8. PLC 控制加热炉，操作员按启动按钮开始加热，如图 3-123 所示的加热炉，操作员能够使用拨码开关设定加热时间，操作员设定的值用 BCD 格式以秒为单位显示。

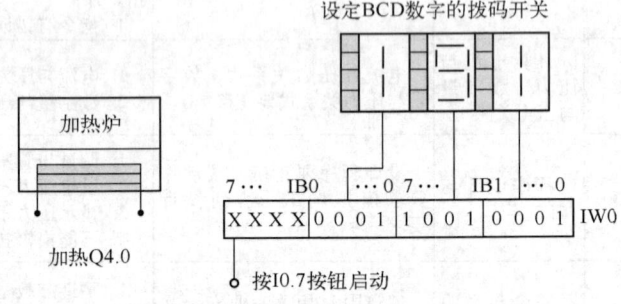

图 3-123 拨码开关加热炉

任务 3.4 用户程序结构指令应用

【任务目标】

- 会建立数据块、组织块、功能、功能块。
- 能建立子程序、会编程及调用。
- 掌握用户程序基本结构。
- 能编写数据块、组织块、功能、功能块综合应用程序。

【任务描述】

在工业生产的控制中，有时工艺流程复杂，控制的参数多，在一个程序中用线性化方法编程工作量较大，也容易出错；故应根据工艺控制要求把控制任务分成几个子任务，几个人同时完成一个项目编程任务，提高效率；本任务通过工厂中常用的星形-三角形降压起动的不同 PLC 控制方法，学习用户程序结构指令的组织块（OB）、功能（FC）、功能块（FB）、数据块（DB）编程。

【知识准备】

S7-300/400 PLC 的程序分为系统程序和用户程序。系统程序固化在 CPU 内，主要完成 PLC 的启动、刷新输入的过程映像表和输出的过程映像表、调用用户程序、检测并处理错误、检测中断并调用中断程序、管理存储区域和与其他设备通信等。用户程序是指由用户在 STEP 7 中编写并下载到 CPU 中的程序。

1. 三种编程方式

在 STEP 7 中，可采用三种方式来编写用户程序，分别是线性化编程方式、模块化编程方式和结构化编程方式，三种编程方式如图3-124所示。

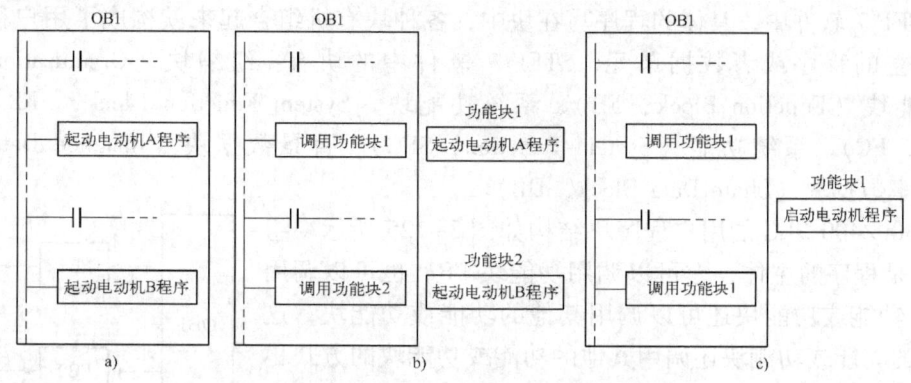

图3-124 三种编程方式
a）线性化编程 b）模块化编程 c）结构化编程

（1）线性化编程

线性化编程是指将所有的用户程序都写在组织块OB1中，程序从前到后按顺序循环运行。如图3-124a所示。线性化编程不使用功能块（FB）、功能（FC）和数据块（DB）等，比较容易掌握，特别适合初学者使用。

对于简单的程序，通常使用线性化编程，如果复杂程序也采用这种方式编程，不但程序可读性变差，调试查错也比较麻烦，另外，由于每个周期CPU都要从前往后扫描冗长的程序会降低CPU的工作效率。

（2）模块化编程

模块化编程是指将整个程序中具有一定功能的程序段独立出来，写在功能（FC）或功能块（FB）中，然后在主程序（写在组织块OB1中）的相应位置调用这些功能块。模块化编程如图3-124b所示，程序中起动电动机A和起动电动机B两个程序段被分离出来，分别写在功能块1和功能块2内，在主程序中执行该程序段的位置放置了调用功能块的指令。

在模块化编程时，程序被划分为若干块，很容易实现多个人同时对一个项目编程，程序易于阅读和调试，又因为只在需要时才调用有关的功能块，所以提高了CPU的工作效率。

（3）结构化编程

结构化编程是一种更高效的编程方式，虽然与模块化编程一样都用到功能块，但在结构化编程时，将功能类似而参数不同的多个程序段写成一个通用程序段，放在一个功能块中，在调用时，只需赋予该功能块不同的输入、输出参数，就能完成功能类似的不同任务。

结构化编程如图3-124c所示，起动电动机A与起动电动机B的过程相同，只是使用了不同的输入点（输入参数）或输出点（输出参数），故可为这两台电动机写一个通用起动程序，放在一个功能块中，当需要起动电动机A时，调用该功能块，同时将起动电动机A的输入参数和输出参数赋予该功能块，该功能块完成起动电动机A的任务；当需要起动电动机B时，也调用该功能块，同时将起动电动机B的输入参数和输出参数赋予该功能块，该功能块就能完成起动电动机B的任务。

结构化编程可简化设计过程，缩短程序代码长度，提高编程效率，阅读、调试和查错都比较方便，比较适合编写复杂的自动化控制任务程序。

2. 用户程序的块结构

在 STEP 7 软件中，具体的程序写在块中，各种块有机组合起来就构成了用户程序。块是一些独立的程序或者数据单元，STEP 7 软件中的块有：组织块（Organization Block，OB）、功能块（Function Block，FB）、系统功能块（System Function Block，SFB）、功能（Function，FC）、系统功能（System Function，SFC）、背景数据块（Instance Data Block，DI）和共享数据块（Share Data Block，DB）。

S7-300/400 PLC 的用户程序块结构如图 3-125 所示。组织块 OB1 是程序的主体，它可以调用功能块 FB，也可以调用功能 FC，功能或功能块还可以调用其他的功能或功能块，这种被调用的功能或功能块还调用其他的功能或功能块的方式称为嵌套，嵌套深度（允许调用的层数）可查 CPU 模块手册。功能与功能块的主要区别在于：功能没有数据块，而功能块有用做存储的数据块（DI 或 DB）。

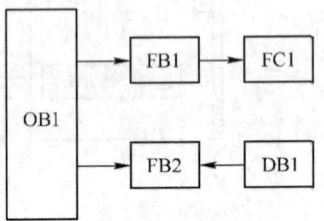

图 3-125　用户程序块结构

（1）组织块（OB）

组织块（OB）是 CPU 操作系统和用户程序的接口，操作系统可以调用，用于控制程序的循环扫描和中断程序的执行、PLC 的热启动和错误处理等。

STEP 7 提供了大量的组织块用于执行用户程序。OB 被嵌套在用户程序中，根据某个事件的发生，执行相应的中断，并自动调用相应的 OB。例如循环中断 OB10、硬件错误中断 OB40、机架故障 OB86 等。因此，用户的主程序必须写在组织块中。

在 PLC 处于 RUN 状态时，循环处理的主程序 OB1 在每个扫描周期都要执行一次，当 OB1 正在执行而需要调用其他组织块时，OB1 的执行被中断。由于 OB1 的优先级最低，因此任何其他的 OB 都可以中断主程序并执行自己的程序，执行完毕后，再从断点处开始恢复执行 OB1。当有比当前执行的程序优先级更高的 OB 被调用时，CPU 将中止当前正在运行的 OB，转而调用更高优先级的 OB。

1）组织块的组成。

组织块结构如图 3-126 所示，组织块只能由操作系统启动，它由变量声名表和用户编制的程序组成。

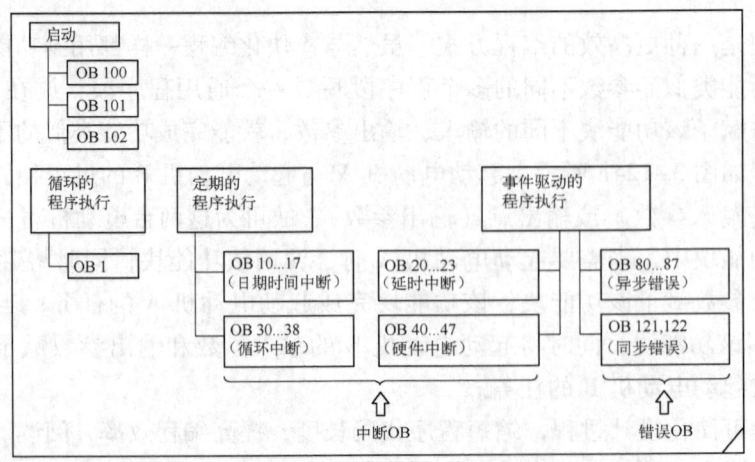

图 3-126　组织块的组成

组织块（OB）是操作系统调用的，OB没有背景数据块，也不能为OB声明输入、输出变量和静态变量。因此，OB的变量声明表中只有临时变量。OB的临时变量可以是基本数据类型、复合数据类型或数据类型ANY。

操作系统为所有的OB块声明了一个2KB的包含OB启动信息的变量声明表，声明表中变量的具体内容与组织块的类型有关。用户可以通过OB的变量声明表获得与启动OB有关的信息。

组织块的类型与优先级见表3-26。

表3-26 组织块的类型与优先级

类 型		组 织 块	优 先 级
启动组织块		OB100、OB101、OB102	27
循环执行的组织块		OB1	1
中断组织块	时间中断	OB10、OB35 等	2、12 等
	事件中断	OB20、OB40 等	3、16 等
	诊断中断	OB80 ~ OB122	26

2）组织块的分类。

组织块分为如下几类。

① 循环执行的组织块：需要连续执行的程序安排在OB1中，执行完后又开始新的循环。

② 启动组织块：用于系统的初始化，在CPU通电或操作模式改为RUN时，根据不同的启动方式来执行OB100 ~ OB102中的一个。

③ 定期执行的组织块：有日期时间中断组织块（OB10 ~ OB17）和循环中断组织块（OB30 ~ OB38），可以根据日期时间或时间间隔执行中断。

④ 事件驱动的组织块：有延时中断（OB20 ~ OB23）、硬件中断（OB40 ~ OB47）、异步错误中断（OB80 ~ OB87）和同步中断（OB121、OB122）。

⑤ 背景组织块：避免循环等待时间。

3）组织块的启动方式。

CPU有三种启动方式，可以在STEP 7中设置CPU的属性时选择其一：暖启动、热启动和冷启动。组织块OB100用于暖启动，OB101用于热启动，OB102用于冷启动，当PLC接通电源以后，首先处理启动OB后，才执行OB1。

对于OB100 ~ OB102，CPU只在启动运行时对其进行一次扫描，其他时间只对OB1进行循环扫描。

S7 - 300 CPU（不包含CPU318）只有暖启动，用STEP 7可以指定存储器位、定时器、计数器和数据块在电源断电后的保持范围。

① 暖启动。暖启动时，过程映像数据以及非保持的存储器位、定时器和计数器复位，具有保持功能的存储器位、定时瑞、计数器和所有数据块将保留原数值。程序将重新开始运行，执行启动OB1。一般S7 - 300 CPU都采用此种启动方式。

手动暖启动时，将模式开关扳到STOP位置，STOP LED亮，然后再扳到RUN或RUN - P位置。

② 热启动。启动时所有数据（无论是保持还是非保持型）都将保持原状态，在RUN状态时如果电源突然丢失，然后又重新通电，S7 - 400 CPU将执行一个初始化程序，自动地完成热启动。热启动从上次RUN模式结束时程序被中断之处继续执行，不对计数器等复位。

热启动只能在 STOP 状态时设有修改用户程序的条件下才能进行。

③ 冷启动。冷启动适用于 CPU417 和 CPU417H。冷启动时，过程数据区的所有数据均被清零，包括有保持功能的数据。用户程序将重新开始运行，执行 OB 和 OB1。手动冷启动时将模式开关选择扳到 STOP 位置，STOP LED 亮，再扳到 MRES 位置，STOP LED 灭 1s，亮 1s，再灭 1s 后保持亮，最后将它扳到 RUN 或 RUN–P 位置。

(2) 功能 (FC)

功能是不带"记忆"的逻辑块。所谓不带"记忆"表示没有背景数据块。当完成操作后，数据不能保持。这些数据为临时变量，对于那些需要保存的数据只能通过共享数据块 (Share Block) 来存储。调用功能时，需用实参来代替形参。

FC 有两个作用：一是作为子程序用，二是作为函数用，函数中程序的最大容量 S7–300 PLC 为 16 KB，S7–400 PLC 为 64 KB，FC 的形参通常称为接口区，参数类型分为输入参数、输出参数、输入/输出参数和临时数据区。

变量声明表：每个逻辑块前部都有一个变量声明表，在变量声明表中定义逻辑块用到的局部数据。

在变量声明表中，用户可以设置变量的各种参数，例如变量的名称、数据类型、地址和编译，FC 的变量声明表如图 3-127 所示，变量声明表不能用汉字作变量的名称。

FC 的变量类型有 IN（输入）、OUT（输出）、IN_OUT（输入/输出）、TEMP（临时变量）和 RETURN（返回值变量）。在 FC 结束调用时将输出 RETURN 变量（如果有定义），使用 OUT 类型的变量可以输出多个变量，比 RETURN 有更大的灵活性。TEMP 变量为临时局部数据存储区，在 CPU 内部，由 CPU 根据所执行的程序块的情况临时分配，一旦程序块执行完成，该区域将被收回，在下一个扫描周期，执行到该程序块时再重新分配 TEMP 存储区。

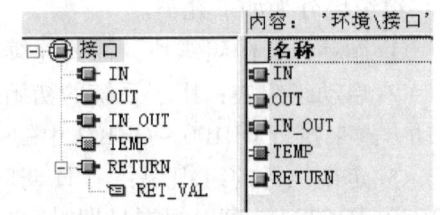

图 3-127 FC 的变量声明表

(3) 功能块 (FB)

功能块是用户所编写的有固定存储区的块。FB 为带"记忆"的逻辑块。它有一个数据结构与功能块参数表完全相同的数据块 (DB)。通常称该数据块为背景数据块 (Instance Data Block)。当功能块被执行时，数据块被调用，功能块结束，调用随之结束。存放在背景数据块中的数据在 FB 块结束以后，仍能继续保持，具有"记忆"功能。一个功能块可以有多个背景数据块，使功能块可以被不同的对象使用。

功能块 (FB) 在程序的体系结构中位于组织块之下。它包含程序的部分，在 OB1 中可以多次调用。FB 与 FC 相比，FB 每次调用都必须分配一个背景数据块，功能块的所有形参和静态数据都存储在一个单独的、被指定给该功能块的数据块 (DB) 中，用来存储接口数据区 (TEMP 类型除外) 和运算的中间数据。当调用 FB 时，该背景数据块会自动打开，实际参数的值被存储在背景数据块中；当块退出时，背景数据块中的数据仍然保持。FB 中程序的最大容量：S7–300 PLC 是 16 KB，S7–400 PLC 是 64 KB。

FB 的接口区比 FC 多了一个静态数据区 (STAT)，用来存储中间变量。程序调用 FB 时，形参不像 FC 那样必须赋值，可以通过背景数据块直接赋值。

FB 和 FC 一样，都是用户自己编写的程序块，块插入方式与 FC 操作相同。FB 块也是由变量声明表和程序指令组成。FB 的变量声明表如图 3-128 所示。

FB 和 FC 相同的变量类型有 IN（输入）、OUT（输出）、IN_OUT（输入/输出）和 TEMP（临时变量）。FB 没有返回值变量（RETURN），而有静态（STAT）变量类型，静态变量类型存储在 FB 的背景数据块中，当 FB 调用完以后，静态变量的数据仍然有效。

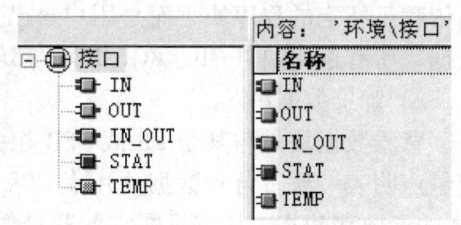

图 3-128 FB 的变量声明表

可以在 FB 的变量声明表中给形参赋初值，它们被自动写入相应的背景数据块中。

功能（FC）没有背景数据块，不能给变量分配初值，所以必须给 FC 分配实参。STEP 7 为 FC 提供了一个特殊的输出参数返回值（RET_VAL），调用 FC 时，可以指定一个地址作为实参来存储返回值。

功能和功能块的调用必须用实参代替形参，因为形参是在功能或功能块的变量声明表中定义的。为保证功能或功能块对同一类设备的通用性，在编程中不能使用实际对应的存储区地址参数，而是使用抽象参数，这就是形参。而块在调用时，必须将实际参数（实参）替代形参，从而可以通过功能或功能块实现对具体设备的控制。这里必须注意：实参的数据类型必须与形参一致。

（4）数据块（DB）

数据块（DB）用来分类存储用户程序运行所需的大量数据或变量值，也是用来实现各逻辑块之间的数据交换、数据传递和共享数据的重要途径。与逻辑块不同，数据块只有变量声明部分，没有程序指令部分。DB 的最大容量：S7-300 PLC 为 32 KB，S7-400 PLC 为 64 KB。

数据块定义在 S7 系列 PLC 的 CPU 的存储器中，用户可在存储器中建立一个或多个数据块，每个数据块可大可小，但 CPU 对数据块数量及数据总量有限制，如对于 CPU314，用做数据块的存储器最多为 8KB，用户定义的数据总量不能超出这个限制。在编写程序时，对数据块必须遵循先定义后使用的原则，否则，将造成系统错误。

根据访问方式的不同，这些数据可以在全局符号表或共享数据块（又称为全局数据块）中声明，称为全局变量；也可以在 OB、FC 和 FB 的变量声明表中声明，称为局部变量。

数据块分为共享数据块（DB）和背景数据块（DI）两种，如图 3-129 所示。

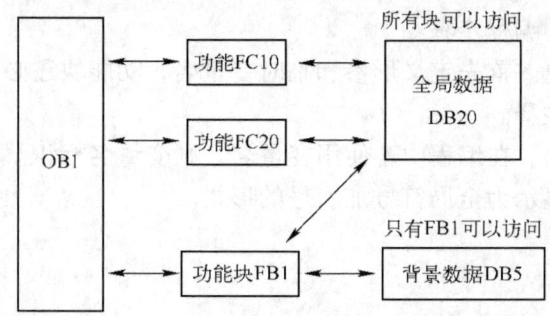

图 3-129 共享数据块（DB）和背景数据块（DI）

1）共享数据块。

共享数据块的主要目的是为用户程序提供一个可保存的数据区，它的数据结构和大小并不依赖于特定的程序块,而是用户自己定义。共享数据块又称为全局数据块,用于存储全局数据,所有逻辑块(OB、FC、FB)都可以访问共享数据块存储的信息。

2)背景数据块。

背景数据块是与某个 FB 或 SFB 相关联的,其内部数据的结构与其对应的 FB 或 SFB 的变量声明表一致。背景数据块用做"私有存储器区",即用做功能块(FB)的"存储器",FB 的参数和静态变量安排在它的背景数据块中。背景数据块不是由用户编辑的,而是由程序编辑器自动生成的。背景数据块只能被指定的功能块 FB 使用。

背景数据块与共享数据块的区别在于,在背景数据块中不可以增加或删除变量,在共享数据块中可增加或删除变量。

(5)块的结构

块由两部分组成:变量声明表和程序,如图 3-130 所示。

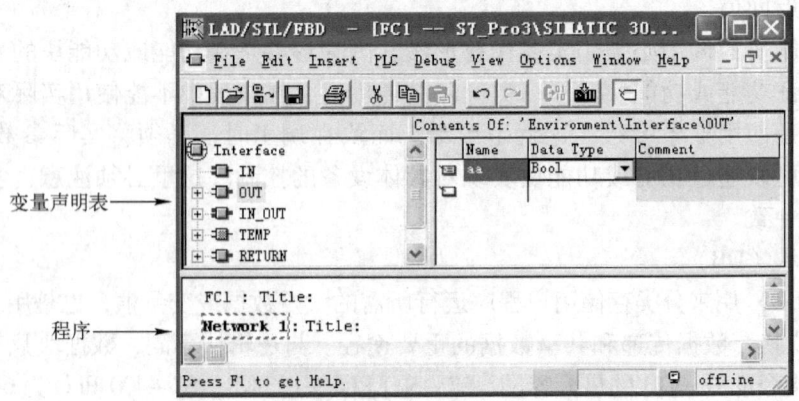

图 3-130 块的结构

变量类型

输入:IN 。

输出:OUT。

输入/输出:IN_OUT。

静态变量:STAT,只有 FB 有。

临时变量:TEMP。

(6)功能和功能块的编程步骤

第一步定义局部变量。首先定义形参和临时变量名,功能块还必须定义静态变量。之后确定变量的类型及变量注释。

第二步编写执行程序。在编程中若使用变量名,则变量名标识显示为前缀"#"加变量名。若使用全局符号则显示为全局符号加引号的形式。

【任务实施】

子任务 1　基于 FC(子程序)的星形-三角形降压起动的 PLC 控制

1. 控制要求

某一个车间,有一台设备的电动机要用星形-三角形降压起动,其控制线路如图 3-131

所示,要求用 PLC 控制,采用 FC 编程实现手动/自动控制。

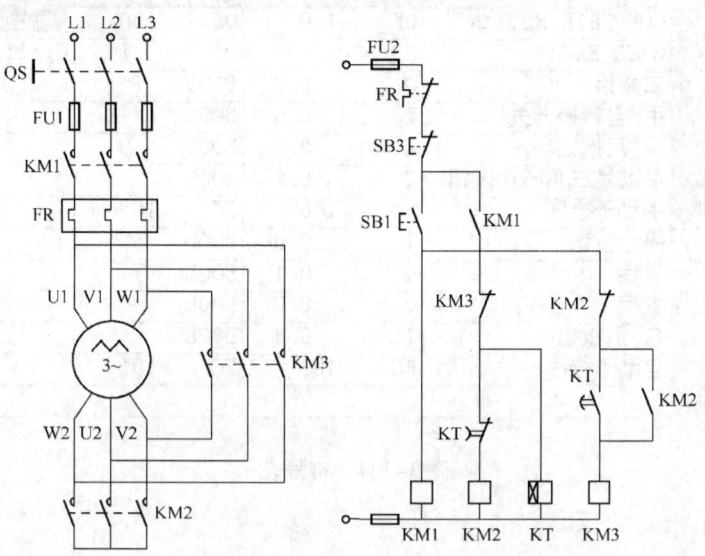

图 3-131 星形-三角形降压起动控制线路

2. 程序结构与组态图
程序结构如图 3-132 所示,硬件组态如图 3-133 所示。

3. I/O 分配表
PLC 的 I/O 分配表见表 3-27。

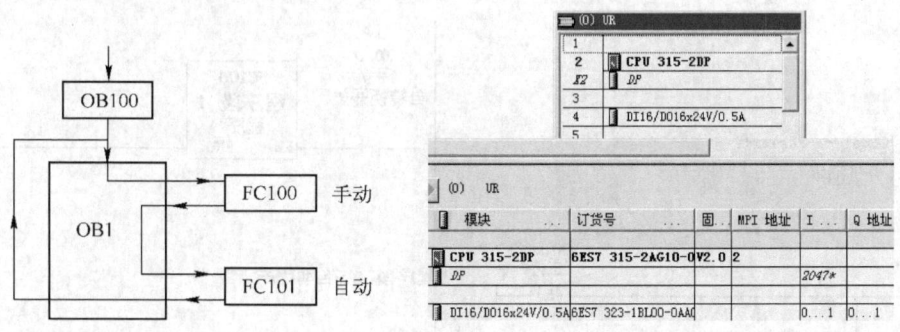

图 3-132 程序结构图　　　　图 3-133 硬件组态

表 3-27 I/O 分配表

输　入		输　出		
地　址	说　明	变　量	地　址	说　明
I0.0	手动/自动转换挡位开关	KM1	Q0.0	主接触器输出
I0.1	手动起动按钮	KM2	Q0.1	星形接触器输出
I0.2	手动星形-三角形转换按钮	KM3	Q0.2	三角形接触器输出
I0.3	停止按钮			
I0.4	自动起动按钮			

4. 符号表
PLC 程序的符号表如图 3-134 所示。

	状态	符号	地址		数据类型		注释
1		COMPLETE RESTART	OB	100	OB	100	Complete Restart
2		CYCL_EXC	OB	1	OB	1	Cycle Execution
3		三角接	Q	0.2	BOOL		
4		手/自转换开关	I	0.0	BOOL		
5		手_启按钮	I	0.1	BOOL		
6		手动星三角转换按钮	I	0.2	BOOL		
7		手动子程序	FC	100	FC	100	
8		停止按钮	I	0.3	BOOL		
9		星接	Q	0.1	BOOL		
10		主接	Q	0.0	BOOL		
11		自_启按钮	I	0.4	BOOL		
12		自动子程序	FC	101	FC	101	
13							

图 3-134　符号表

5. PLC 程序

（1）开机起动程序 OB100

起动程序如图 3-135 所示。

（2）主程序 OB1

主程序如图 3-136 所示。

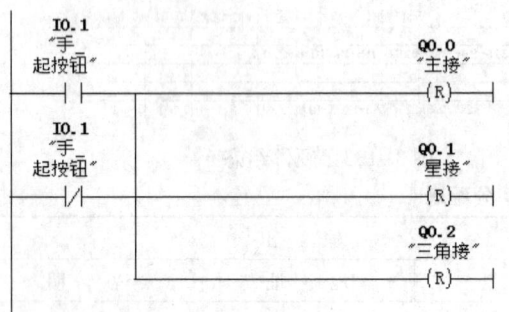

图 3-135　起动程序

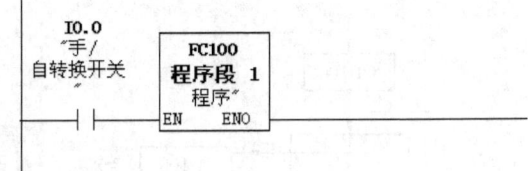

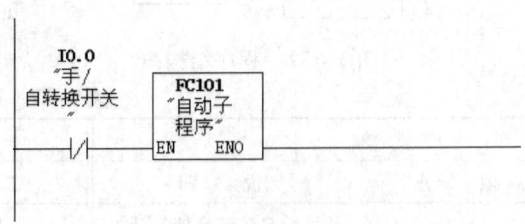

图 3-136　主程序 OB1

（3）FC100 程序

手动子程序 FC100 如图 3-137 所示。

（4）FC101 程序

自动子程序 FC101 如图 3-138 所示。

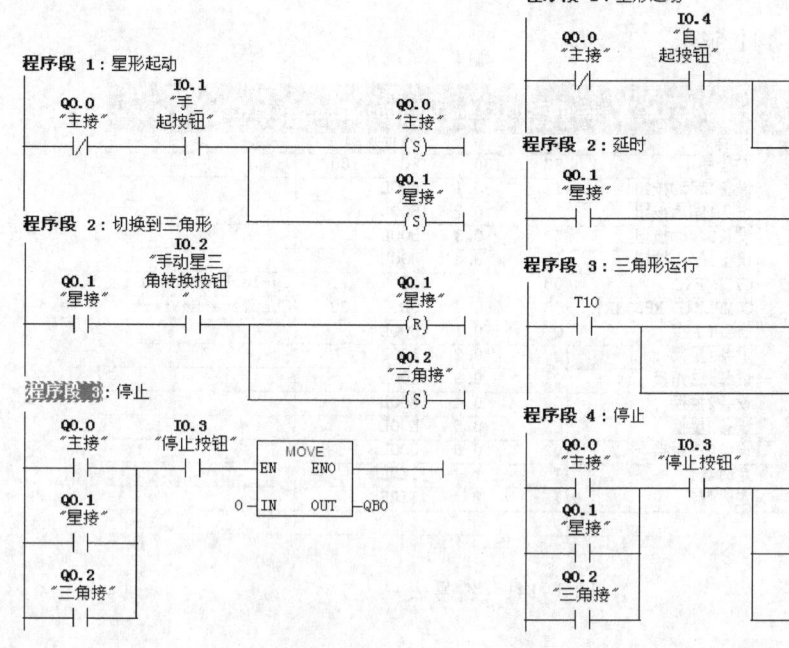

图 3-137 手动子程序 FC100　　　　图 3-138 自动子程序 FC101

子任务 2　基于 FC（带参数）的星形-三角形降压起动的 PLC 控制

1. 控制要求

某一车间，两台设备由两台电动机带动，两台电动机要实现星形-三角形降压起动，设备 1 星形转换到三角形的时间为 5 s，设备 2 星形转换到三角形的时间为 10 s，用 FC 带参数编程（只编自动），当多种设备实现同一功能时可用该方式编程。

2. 程序结构与硬件组态图

所谓带参功能的 FC，是指在编辑功能（FC）时，在局部变量声明表中定义形式参数，在 FC 程序中使用符号地址完成程序的编程，在 OB 块中重复调用 FC。

因为每台设备的电动机起动过程一样，所以设计一个 FC 功能来实现电动机的起动，然后在主程序 OB1 中多次调用 FC 就可实现对电动机的星形-三角形降压起动控制。其程序结构如图 3-139 所示，硬件组态图如图 3-140 所示。

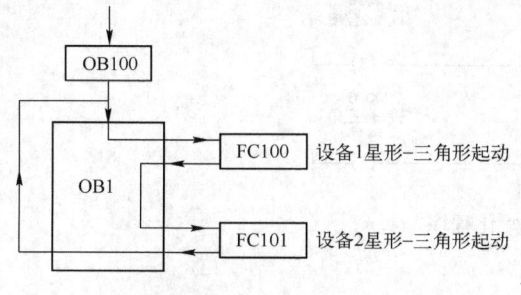

图 3-139　程序结构

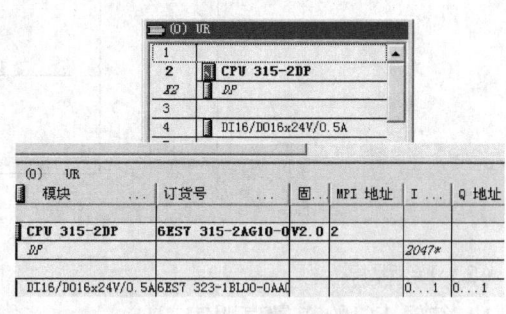

图 3-140　硬件组态图

3. 符号表

PLC 符号表如图 3-141 所示。

图 3-141 符号表

4. PLC 程序

（1）初始化程序 OB100

初始化程序如图 3-142 所示。

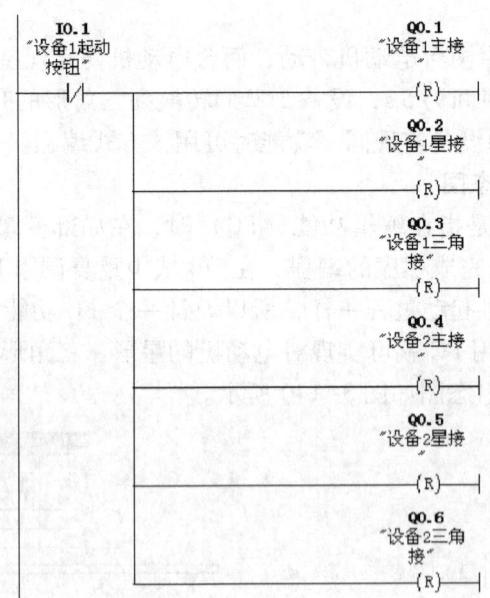

图 3-142 初始化程序

（2）FC 程序

1）编辑 FC 的变量声明表。

在 FC1 的接口 IN 定义了 4 个参数，在 FC1 的接口 OUT 定义了 3 个参数，注意名称不能用汉字，如图 3-143 所示。

2) FC 程序。

FC 程序如图 3-144 所示。

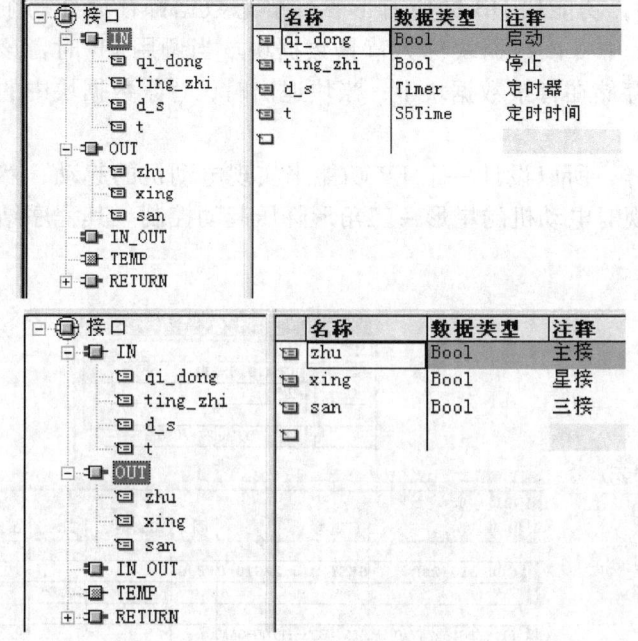

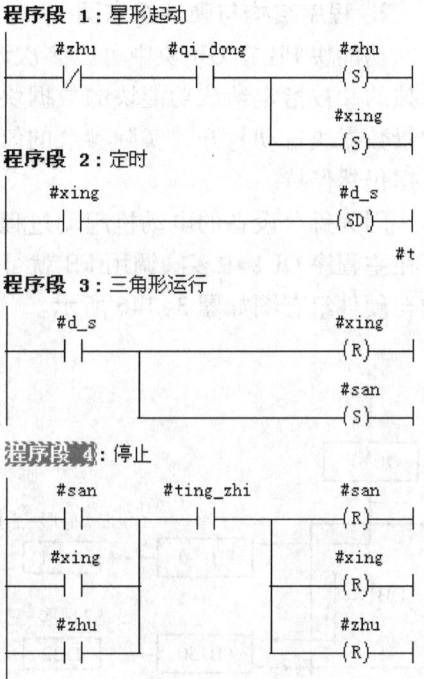

图 3-143 变量声明表　　　　　　　　图 3-144 FC 程序

(3) OB1 程序

主程序 OB1 如图 3-145 所示。

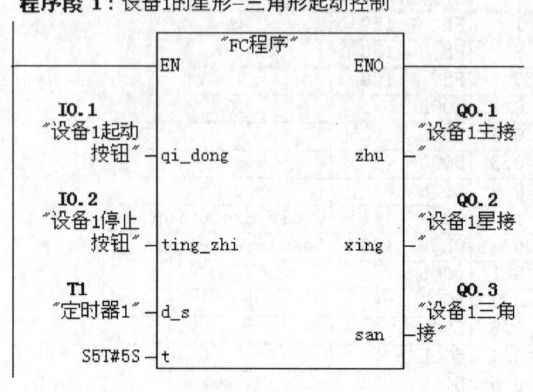

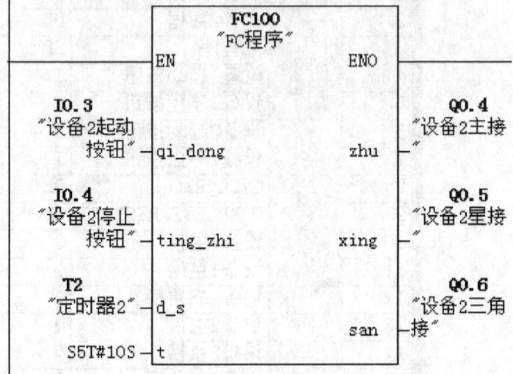

图 3-145 主程序

子任务 3　基于 FB 背景数据的星形-三角形降压起动的 PLC 控制

1. 控制要求

某一车间，两台设备由两台电动机带动，两台电动机要实现星形-三角形降压起动，设备1星形转换到三角形的时间为5s,设备2星形转换到三角形的时间为10s,用FB背景数据编程(只编自动)。

2. 程序结构与硬件组态图

功能块FB在OB块中可以多次调用,功能块OB的所有形参和静态数据都存储在一个单独的、被指定给该功能块的数据块DB中,该数据块称为背景数据块。当调用FB时,该背景数据块自动打开,实际参数的值被存储在背景数据块中;当块退出时,背景数据块中的数据仍然保持。

因为每台设备的电动机起动过程一样,所以设计一个FB功能来实现电动机的起动,然后在主程序OB1中多次调用FB就可实现对电动机的星形-三角形降压起动控制。其程序结构与硬件组态图如图3-146所示。

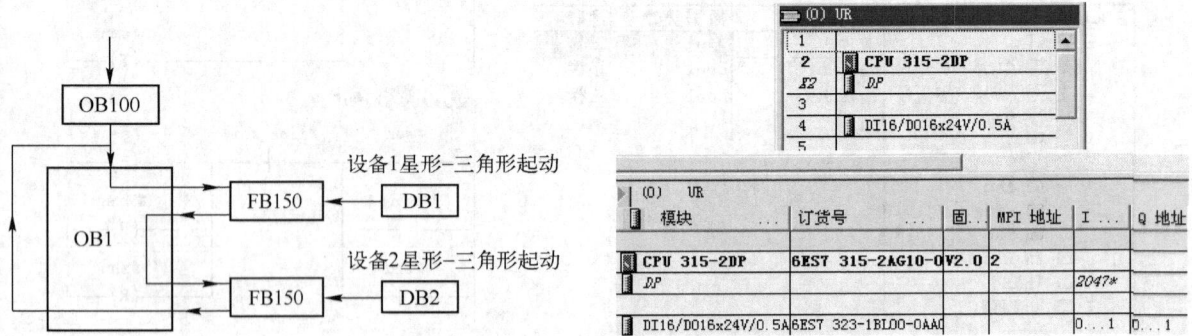

图3-146 程序结构与硬件组态图

3. 符号表

PLC符号表如图3-147所示。

	状态	符号	地址		数据类型		注释
1		设备1数据	DB	1	FB	150	
2		设备2数据	DB	2	FB	150	
3		FB程序	FB	150	FB	150	
4		设备1起动按钮	I	0.1	BOOL		
5		设备1停止按钮	I	0.2	BOOL		
6		设备2起动按钮	I	0.3	BOOL		
7		设备2停止按钮	I	0.4	BOOL		
8		CYCL_EXC	OB	1	OB	1	Cycle Execution
9		COMPLETE RESTART	OB	100	OB	100	Complete Restart
10		设备1主接	Q	0.1	BOOL		
11		设备1星接	Q	0.2	BOOL		
12		设备1三角接	Q	0.3	BOOL		
13		设备2主接	Q	0.4	BOOL		
14		设备2星接	Q	0.5	BOOL		
15		设备2三角接	Q	0.6	BOOL		
16		定时器1	T	1	TIMER		
17		定时器2	T	2	TIMER		
18							

图3-147 符号表

4. PLC 程序

（1）初始化程序 OB100

初始化程序如图 3-148 所示。

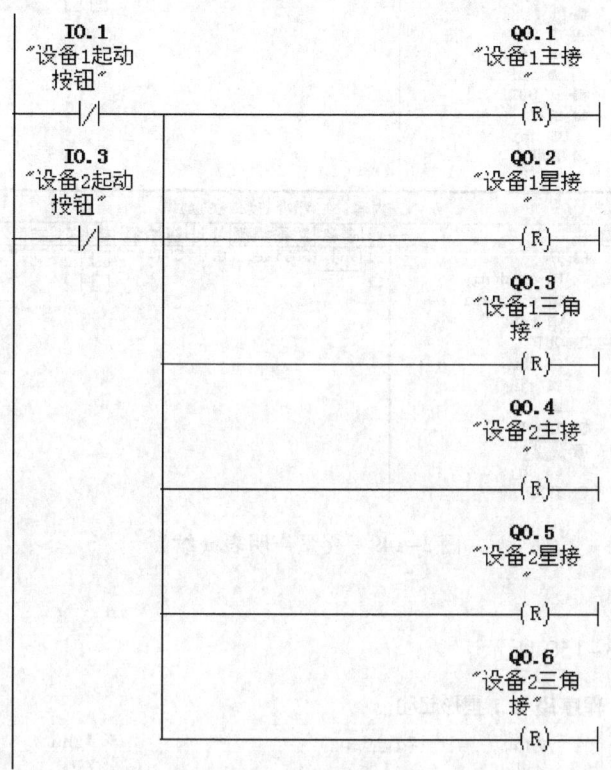

图 3-148　初始化程序

（2）FB 程序

1）编辑 FB 的变量声明表。

在 FB 的接口 IN 定义了 3 个参数，在 FB 的接口 OUT 定义了 3 个参数，临时变量 STAR 定义定时时间，注意名称不能用汉字。如图 3-149 所示。

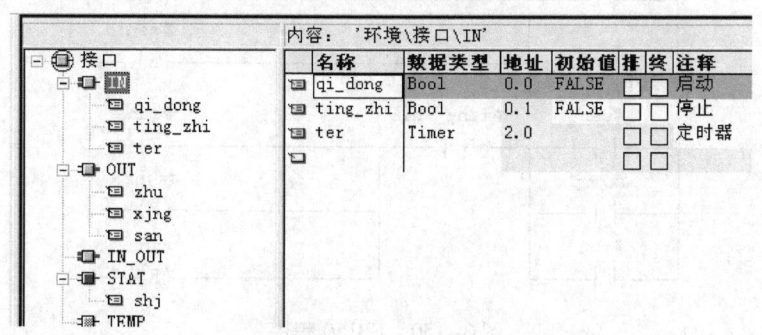

图 3-149　变量声明表

图 3-149 变量声明表（续）

2）FB150 程序。

FB150 程序如图 3-150 所示。

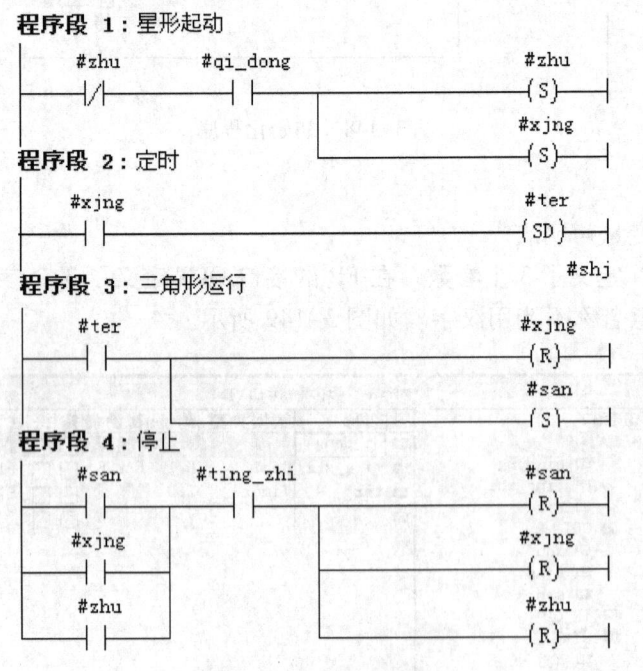

图 3-150 FB150 程序

（3）OB1 程序

OB1 程序如图 3-151 所示。

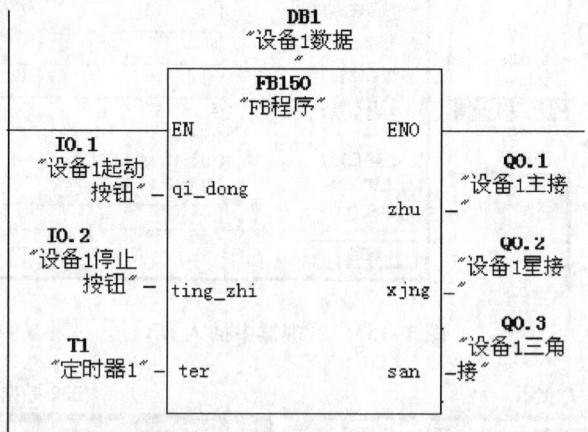

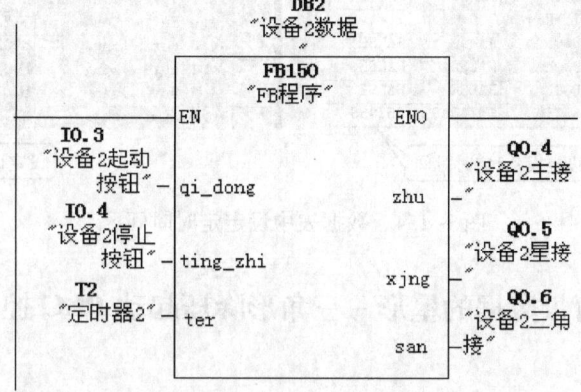

图 3-151　DB1 程序

（4）背景数据块 DB

背景数据块 DB 可以在编制 FB150 产生，如图 3-152 所示；也可在管理器中插入 DB，如图 3-153 所示。在调试程序时可在 DB1、DB2 中设定定时时间，如图 3-154 所示。

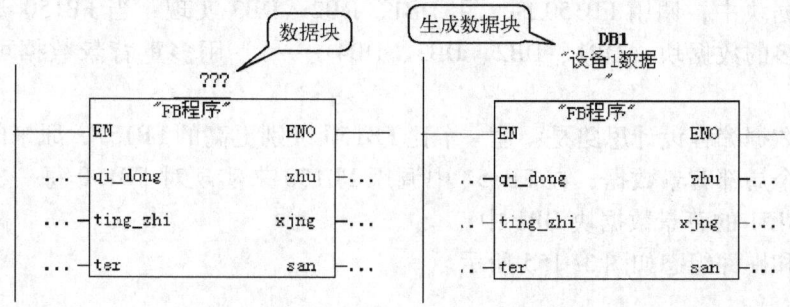

图 3-152　编制 FB 时产生 DB

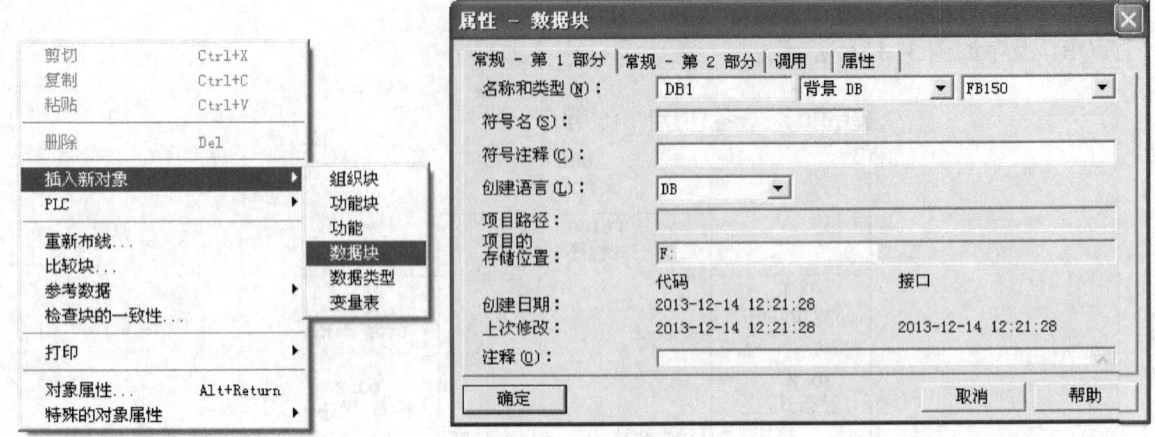

图 3-153 管理器中插入 DB

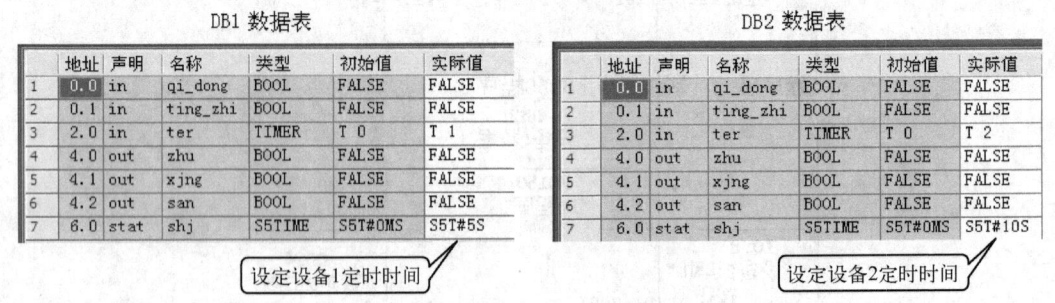

图 3-154 数据表中设定定时时间

子任务 4　FB 多重背景数据的星形－三角形降压起动 PLC 控制

1. 控制要求

某一车间，3 台设备由 3 台电动机带动，3 台电动机要实现星形－三角形降压起动，设备 1 星形联结转换到三角形连接的时间为 6 s，设备 2 星形联结转换到三角形连接的时间为 8 s，设备 3 星形联结转换到三角形连接的时间为 10 s，用 FB 多重背景数据编程。

2. 程序结构与硬件组态图

在背景数据块中，调用 FB150 时，用 DB1、DB2、DB3 实现；当 FB150 要调用很多次时，会占用更多的数据块（DB1、DB2、DB3、DB4……），用多重背景数据可减少数据块数量。

多重背景数据编程设计思路是：建一个比 FB150 级别更高的 FB151，原来的 FB150 不用修改，作为一个局部背景数据，在 FB151 中调用 FB150 来实现对 FB150 每一次的使用，将数据存放在 FB151 的背景数据块 DB1 中。

程序结构和硬件组态如图 3-155 所示。

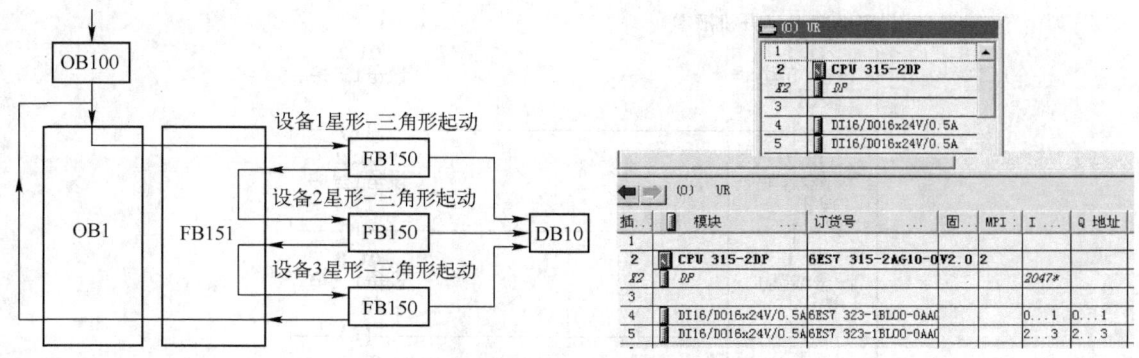

图 3-155　程序结构和硬件组态图

3. 符号表

符号表如图 3-156 所示。

	状态	符号	地址		数据类型		注释
1		数据	DB	10	FB	151	
2		FB150程序	FB	150	FB	150	
3		FB151程序	FB	151	FB	151	
4		设备1起动按钮	I	1.1	BOOL		
5		设备1停止按钮	I	1.2	BOOL		
6		设备2起动按钮	I	2.1	BOOL		
7		设备2停止按钮	I	2.2	BOOL		
8		设备3起动按钮	I	3.1	BOOL		
9		设备3停止按钮	I	3.2	BOOL		
10		CYCL_EXC	OB	1	OB	1	Cycle Execution
11		COMPLETE RESTART	OB	100	OB	100	Complete Restart
12		设备1主接	Q	1.1	BOOL		
13		设备1星接	Q	1.2	BOOL		
14		设备1三角接	Q	1.3	BOOL		
15		设备2主接	Q	2.1	BOOL		
16		设备2星接	Q	2.2	BOOL		
17		设备2三角接	Q	2.3	BOOL		
18		设备3主接	Q	3.1	BOOL		
19		设备3星接	Q	3.2	BOOL		
20		设备3三角接	Q	3.3	BOOL		
21		定时器1	T	1	TIMER		
22		定时器2	T	2	TIMER		
23		定时器3	T	3	TIMER		
24							

图 3-156　符号表

4. PLC 程序

(1) OB100 程序

初始化程序如图 3-157 所示。

(2) FB150 程序

1) FB150 程序接口参数表。

接口参数表如图 3-158 所示。

2) FB150 程序。

程序如图 3-159 所示。

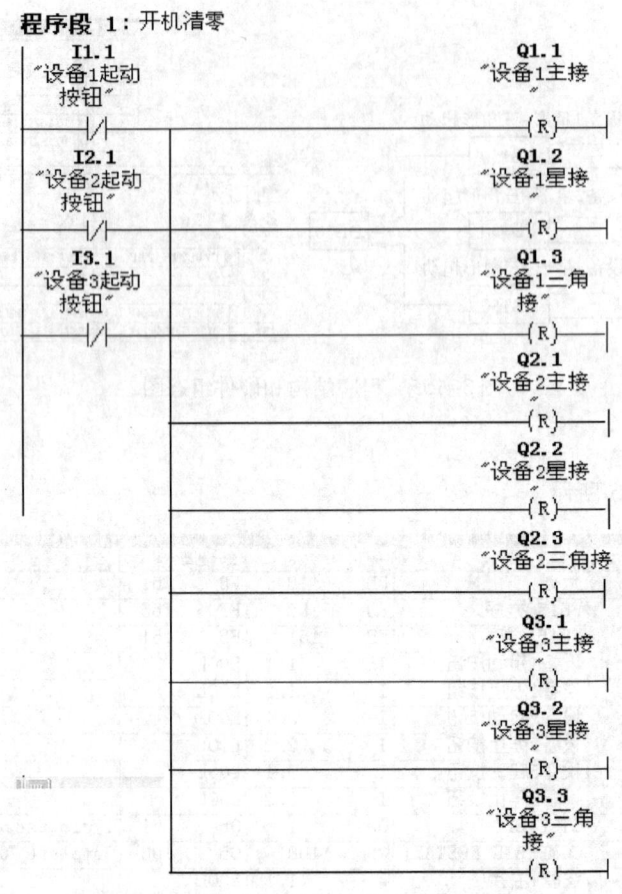

图 3-157 初始化程序

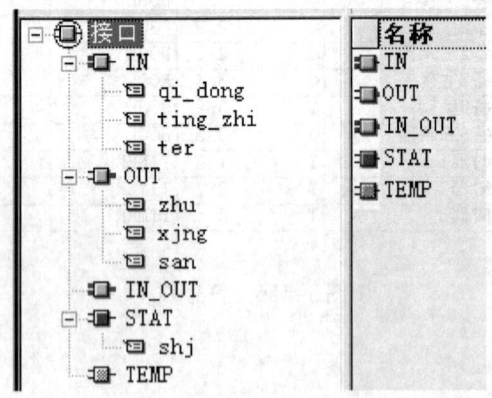

图 3-158 FB150 程序接口参数表

(3) FB151 程序

1) FB151 程序接口参数表。

接口参数表如图 3-160 所示。

FB150：标题：

程序段 1：星形起动

```
    #zhu      #qi_dong                    #zhu
────┤/├──────────┤ ├──────────────────────( S )
                                           #xjng
                                          ( S )
```

程序段 2：定时

```
    #xjng                                  #ter
────┤ ├────────────────────────────────( SD )
                                           #shj
```

程序段 3：三角形运行

```
    #ter                                   #xjng
────┤ ├────────────────────────────────( R )
                                           #san
                                          ( S )
```

程序段 4：停止

```
    #san      #ting_zhi                   #san
────┤ ├──────────┤ ├──────────────────( R )
    #xjng                                  #xjng
────┤ ├───────────────────────────────( R )
    #zhu                                   #zhu
────┤ ├───────────────────────────────( R )
```

图 3-159 FB150 程序

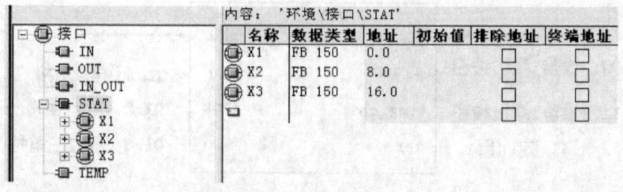

设备1（X1）的IN（设备2、设备3一样）

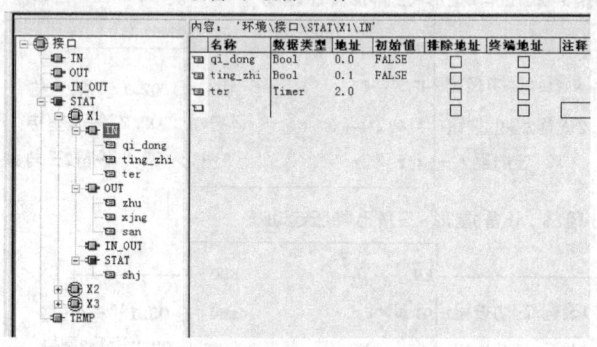

图 3-160 接口参数表

137

设备1（X1）的OUT（设备2、设备3一样）

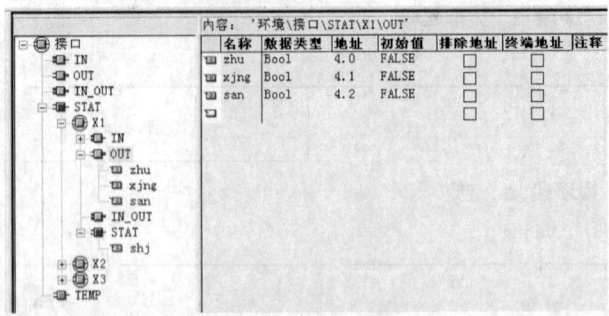

设备1（X1）的STAT（设备2、设备3一样）

图 3-160　接口参数表（续）

2）FB151 程序。

程序如图 3-161 所示。

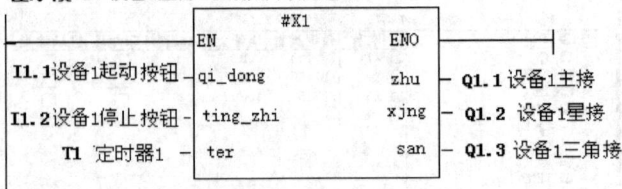

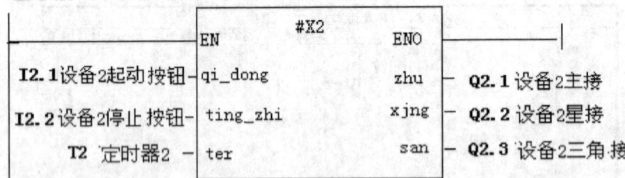

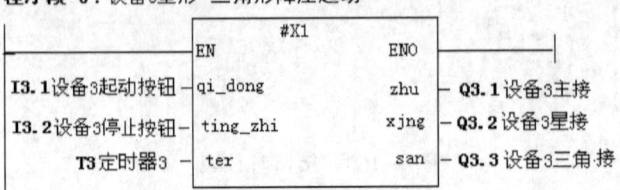

图 3-161　FB151 程序

（4）OB1 主程序

主程序如图 3-162 所示。

（5）DB10 数据表

数据表如图 3-163 所示。

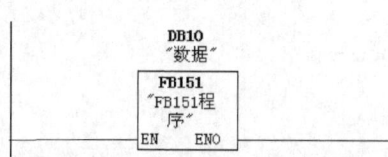

图 3-162　主程序

	地址	声明	名称	类型	初始值	实际值
1	0.0	stat:in	X1.qi_dong	BOOL	FALSE	FALSE
2	0.1	stat:in	X1.ting_zhi	BOOL	FALSE	FALSE
3	2.0	stat:in	X1.ter	TIMER	T 0	T 1
4	4.0	stat:out	X1.zhu	BOOL	FALSE	FALSE
5	4.1	stat:out	X1.xjng	BOOL	FALSE	FALSE
6	4.2	stat:out	X1.san	BOOL	FALSE	FALSE
7	6.0	stat	X1.shj	S5TIME	S5T#0MS	S5T#6S
8	8.0	stat:in	X2.qi_dong	BOOL	FALSE	FALSE
9	8.1	stat:in	X2.ting_zhi	BOOL	FALSE	FALSE
10	10.0	stat:in	X2.ter	TIMER	T 0	T 2
11	12.0	stat:out	X2.zhu	BOOL	FALSE	FALSE
12	12.1	stat:out	X2.xjng	BOOL	FALSE	FALSE
13	12.2	stat:out	X2.san	BOOL	FALSE	FALSE
14	14.0	stat	X2.shj	S5TIME	S5T#0MS	S5T#8S
15	16.0	stat:in	X3.qi_dong	BOOL	FALSE	FALSE
16	16.1	stat:in	X3.ting_zhi	BOOL	FALSE	FALSE
17	18.0	stat:in	X3.ter	TIMER	T 0	T 3
18	20.0	stat:out	X3.zhu	BOOL	FALSE	FALSE
19	20.1	stat:out	X3.xjng	BOOL	FALSE	FALSE
20	20.2	stat:out	X3.san	BOOL	FALSE	FALSE
21	22.0	stat	X3.shj	S5TIME	S5T#0MS	S5T#10S

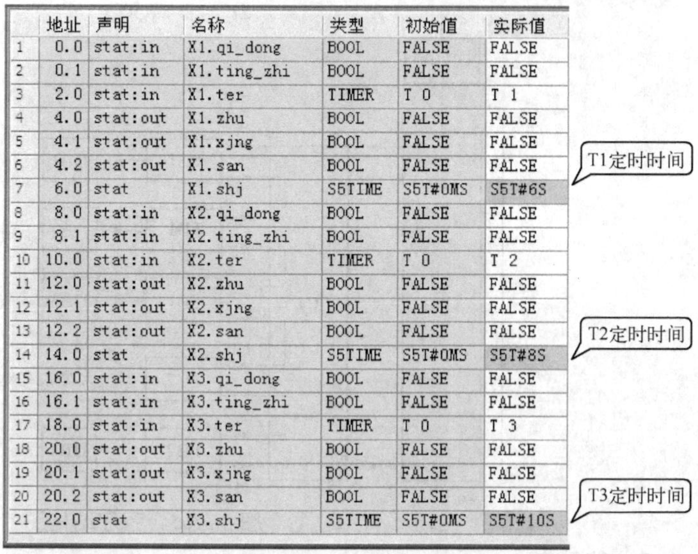

图 3-163　DB10 数据表

子任务 5　水泵、油泵、气泵星形 - 三角形降压起动控制与大型设备运行的 PLC 控制

1. 控制要求

在工业生产中都存在一些大型电气设备，这些大型设备的起动均需要水泵、油泵和气泵起动准备为前提，而水泵、油泵和气泵又需要星形 - 三角形降压起动控制。下面讨论水泵、油泵、气泵星形 - 三角形降压起动的 PLC 控制、大型设备运行控制及其故障报警的编程实现。

星形 - 三角形起动控制的时序图如图 3-164 所示。

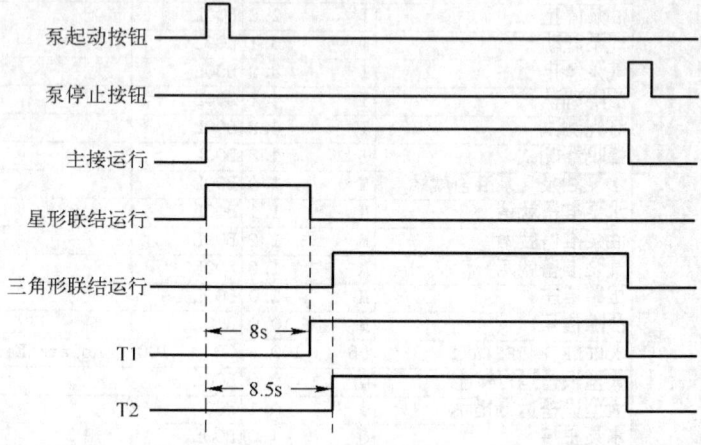

图 3-164　星形 - 三角形起动控制的时序图

2. 程序结构图

本例调用 FB1 三次完成水泵、油泵、气泵星形 - 三角形起动控制，每次调用不同的背

景数据块 DB1、DB2、DB3，FC2 是大型设备起停控制的子程序，FB2 是报警子程序，DB4 是其背景数据块；程序结构图如图 3-165 所示。

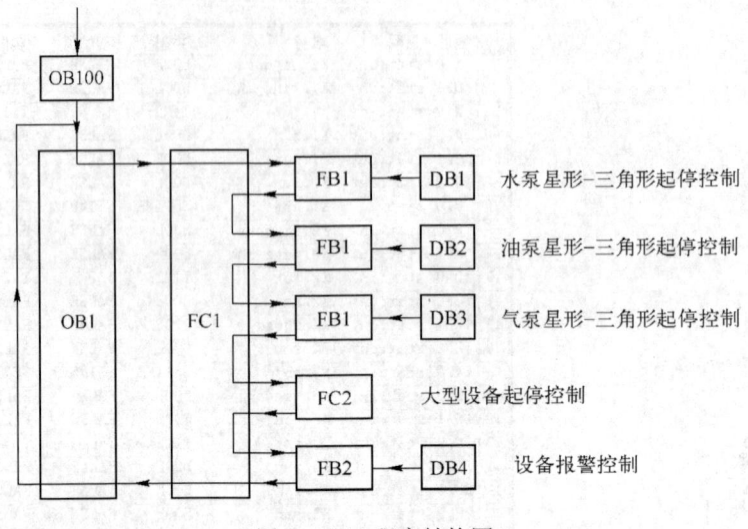

图 3-165　程序结构图

3. 符号表

符号表如图 3-166 所示。

	状态	符号	地址		数据类型		注释
1		星三角起停子程序	FB	1	FB	1	
2		报警子程序	FB	2	FB	2	
3		FB参数传递子程序	FC	1	FC	1	
4		大型设备起停控制子程序	FC	2	FC	2	
5		大型设备起动	I	0.1	BOOL		
6		大型设备停止	I	0.2	BOOL		
7		水泵起动	I	1.1	BOOL		
8		水泵停止	I	1.2	BOOL		
9		油泵起动	I	2.1	BOOL		
10		油泵停止	I	2.2	BOOL		
11		气泵起动	I	3.1	BOOL		
12		气泵停止	I	3.2	BOOL		
13		故障确认	I	4.1	BOOL		
14		灯光测试	I	4.2	BOOL		
15		蜂鸣器测试	I	4.3	BOOL		
16		水泵油泵气泵准备就绪	M	1.0	BOOL		
17		水泵准备就绪	M	1.1	BOOL		
18		油泵准备就绪	M	1.2	BOOL		
19		气泵准备就绪	M	1.3	BOOL		
20		报警标志	M	2.0	BOOL		
21		故障信号	M	10.0	BOOL		
22		COMPLETE RESTART	OB	100	OB	100	Complete Restart
23		大型设备运行输出	Q	0.0	BOOL		
24		大型设备运行指示	Q	0.1	BOOL		
25		水泵主接	Q	1.0	BOOL		
26		水泵星接	Q	1.1	BOOL		

图 3-166　符号表

27	水泵三角接	Q	1.2	BOOL
28	水泵运行输出	Q	1.3	BOOL
29	水泵报警输出	Q	1.4	BOOL
30	油泵主接	Q	2.0	BOOL
31	油泵星接	Q	2.1	BOOL
32	油泵三角接	Q	2.2	BOOL
33	油泵运行输出	Q	2.3	BOOL
34	油泵报警输出	Q	2.4	BOOL
35	气泵主接	Q	3.0	BOOL
36	气泵星接	Q	3.1	BOOL
37	气泵三角接	Q	3.2	BOOL
38	气泵运行输出	Q	3.3	BOOL
39	气泵报警输出	Q	3.4	BOOL
40	水泵未起动指示	Q	4.1	BOOL
41	油泵未起动指示	Q	4.2	BOOL
42	气泵未起动指示	Q	4.3	BOOL
43	报警灯光指示	Q	4.4	BOOL
44	报警蜂鸣器	Q	4.5	BOOL
45				

图 3-166 符号表（续）

4. PLC 程序

（1）OB100 程序

初始化程序如图 3-167 所示。

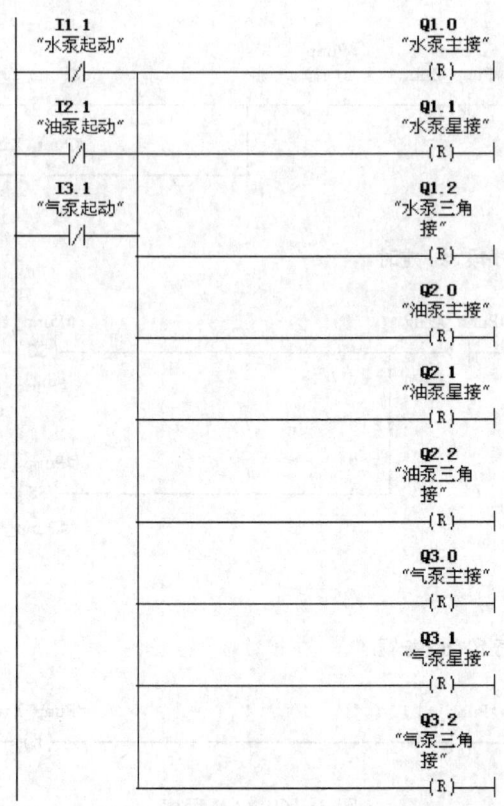

图 3-167 初始化程序

（2）FB1 程序

1）接口参数。

FB1 接口参数如图 3-168 所示。

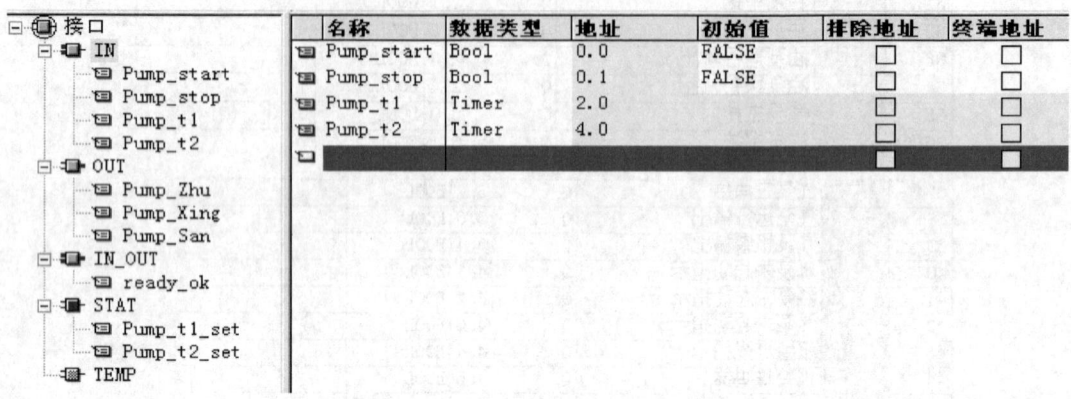

图 3-168　接口参数表

2）程序。

FB1 程序如图 3-169 所示。

图 3-169　FB 程序

程序段 4：标题：

```
   #Pump_t2                                    #Pump_San
────┤ ├──────────────────────────────────────────( S )────
```

程序段 5：停止

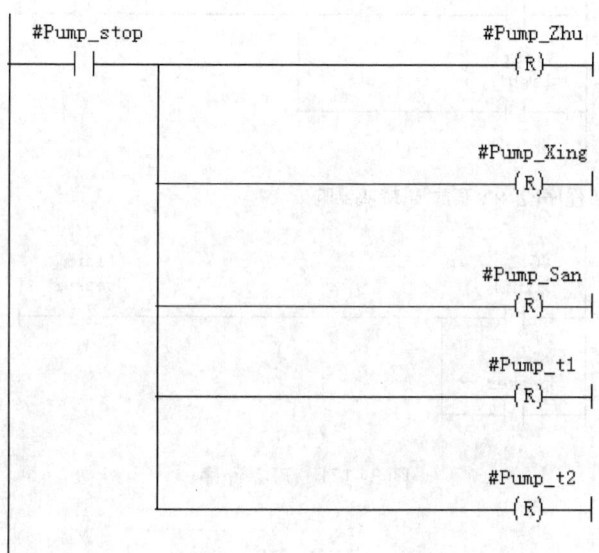

程序段 6：星形-三角形起动完毕

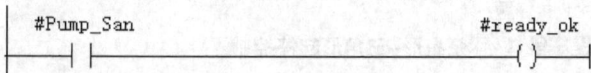

图 3-169　FB 程序（续）

（3）FB2 程序
1）接口参数。
FB2 程序接口参数如图 3-170 所示。

图 3-170　接口参数表

2) 程序。

FB2 程序如图 3-171 所示。

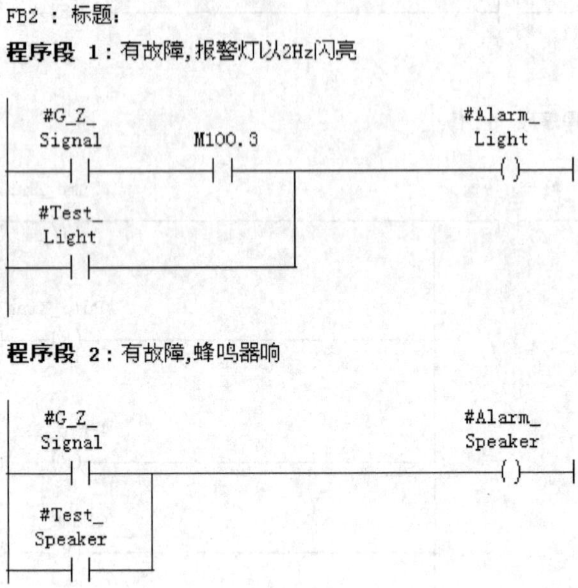

FB2：标题：

程序段 1：有故障，报警灯以2Hz闪亮

```
#G_Z_
Signal       M100.3              #Alarm_Light
──┤├────────┤├──────────────────────( )──
#Test_
Light
──┤├──
```

程序段 2：有故障，蜂鸣器响

```
#G_Z_
Signal                           #Alarm_Speaker
──┤├──────────────────────────────( )──
#Test_
Speaker
──┤├──
```

图 3-171　FB2 程序

(4) FC1 程序

程序如图 3-172 所示。

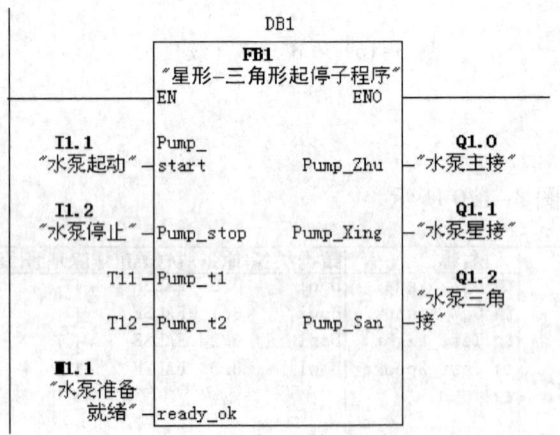

图 3-172　FC1 程序

程序段 2：油泵星形-三角形起停控制

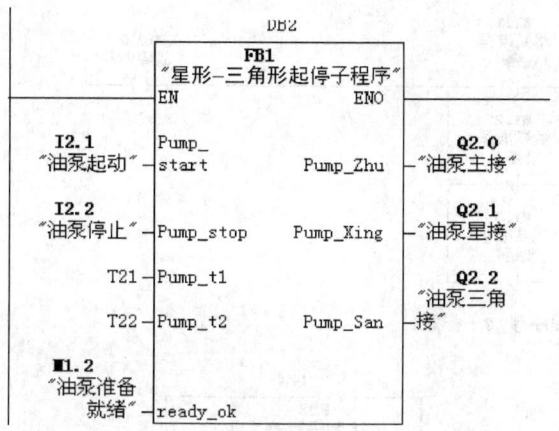

程序段 3：气泵星形-三角形起停控制

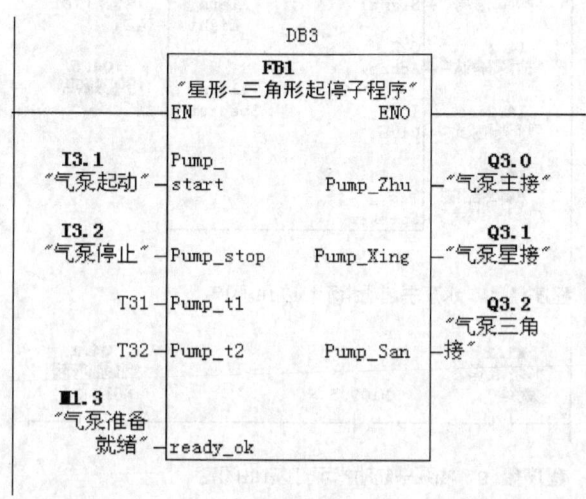

程序段 4：水泵、油泵、气泵起动运行完毕

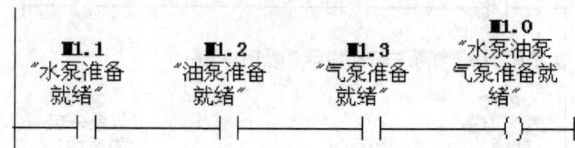

程序段 5：标题：

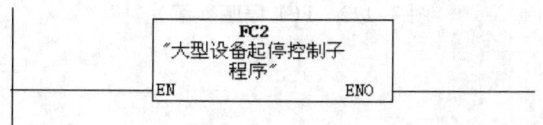

图 3-172　FC1 程序（续）

程序段 6：报警处理

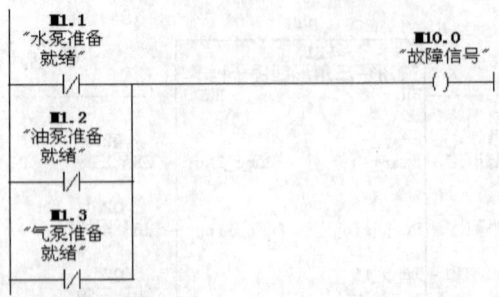

程序段 7：标题：

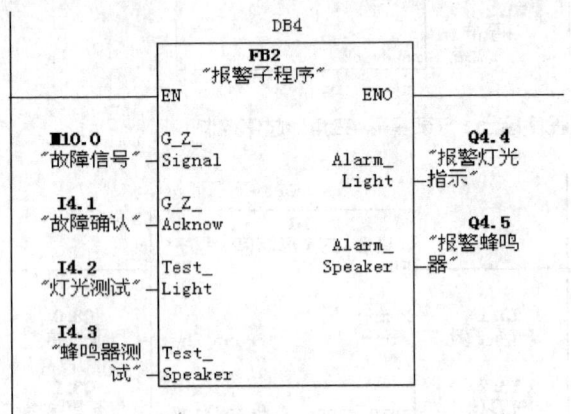

程序段 8：水泵未起动指示灯以1Hz闪亮

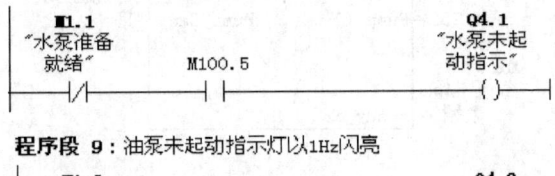

程序段 9：油泵未起动指示灯以1Hz闪亮

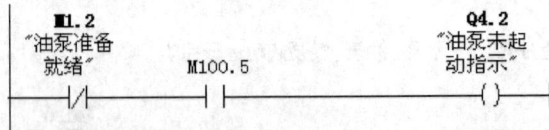

程序段 10：气泵未起动指示灯以1Hz闪亮

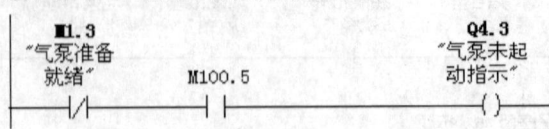

图 3-172　FC1 程序（续）

(5) FC2 程序

程序如图 3-173 所示。

(6) 数据块 DB1

数据块 DB1 如图 3-174 所示。

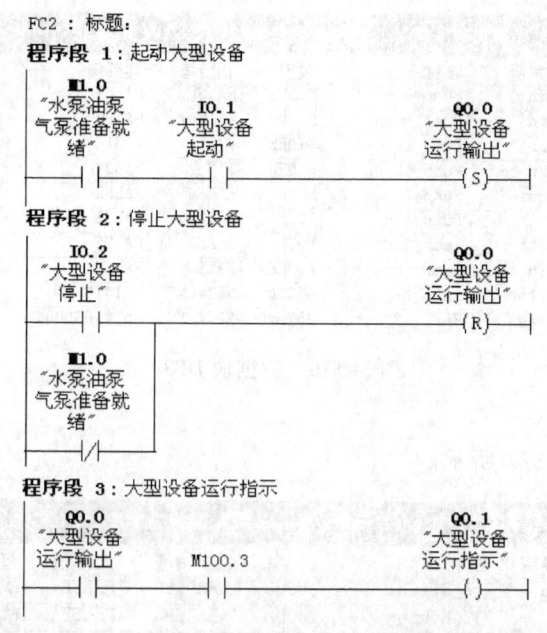

图 3-173　FC2 程序

图 3-174　数据块 DB1

（7）数据块 DB2

数据块 DB2 如图 3-175 所示。

图 3-175　数据块 DB2

（8）数据块 DB3

数据块 DB3 如图 3-176 所示。

147

DB3 -- 结构化程序（星-三角）\星三角大型设备\CPU 313C-2 DP

	地址	声明	名称	类型	初始值	实际值	备注
1	0.0	in	Pump_start	BOOL	FALSE	FALSE	
2	0.1	in	Pump_stop	BOOL	FALSE	FALSE	
3	2.0	in	Pump_t1	TIMER	T 0	T 31	
4	4.0	in	Pump_t2	TIMER	T 0	T 32	
5	6.0	out	Pump_Zhu	BOOL	FALSE	FALSE	
6	6.1	out	Pump_Xing	BOOL	FALSE	FALSE	
7	6.2	out	Pump_San	BOOL	FALSE	FALSE	
8	8.0	in_out	ready_ok	BOOL	FALSE	FALSE	起动完毕
9	10.0	stat	Pump_t1_set	S5TIME	S5T#0MS	S5T#10S	
10	12.0	stat	Pump_t2_set	S5TIME	S5T#0MS	S5T#10S500MS	

图 3-176　数据块 DB3

(9) 数据块 DB4

数据块 DB4 如图 3-177 所示。

DB4 -- 结构化程序（星-三角）\星三角大型设备\CPU 313C-2 DP

	地址	声明	名称	类型	初始值	实际值	备注
1	0.0	in	G_Z_Signal	BOOL	FALSE	FALSE	故障信号
2	0.1	in	G_Z_Acknow	BOOL	FALSE	FALSE	故障确认
3	0.2	in	Test_Light	BOOL	FALSE	FALSE	测试灯光
4	0.3	in	Test_Speaker	BOOL	FALSE	FALSE	测试蜂鸣器
5	2.0	out	Alarm_Light	BOOL	FALSE	FALSE	报警灯光指示
6	2.1	out	Alarm_Speaker	BOOL	FALSE	FALSE	报警蜂鸣器

图 3-177　数据块 DB4

【技能训练】

基于 FC 和 FB 的化工反应过程 PLC 控制

1. 控制要求

如图 3-178 所示化工混合液反应过程。A 料先进反应灌到达 50%，然后 B 料加入达到 100%，搅拌电动机起动开始搅拌，到一定时间后，打开放料阀放 C 料，1 min 后放料完毕关闭，直到下一批次反应。

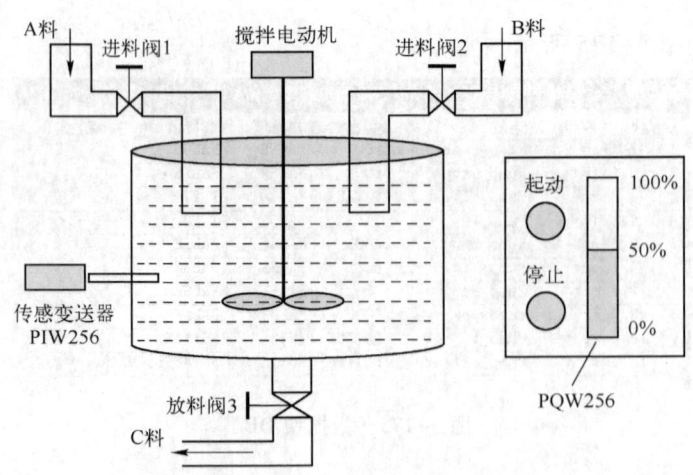

图 3-178　化工混合液反应过程

2. 训练要求

1）画出程序结构图。
2）列出符号表。
3）根据控制要求，设计梯形图。
4）运行、调试程序。
5）汇总整理文档。

【巩固练习】

1. 用 FC 编程实现数学公式：$Y = (X + 100) \times 2 \div 5$，使得能在 OB1 主程序中对该 FC 多次调用。

2. 用子程序 FC 实现 S7 – 300 PLC 的多机组控制。

电动机组控制要求如下：

（1）该机组总共有 4 台电动机，每台电动机都要求Y – △降压起动。

（2）起动时，接下起动按钮，M1 电动机起动，然后每隔 10 s 起动一台，最后 M1 ~ M4 四台电动机全部起动。

（3）停止时实现逆序停止。即按下停止按钮，M4 先停止，过 10 s 后 M3 也停止，再过 10 s 后 M2 也停止，再过 10 s 后 M1 电动机也停止。这样电动机全部停止。

（4）任一台电动机起动时，控制电源的接触器和Y联结的接触器接通电源 6 s 后，Y 接触器断开，0.5 s 后△联结接触器动作接通。

3. 编程实现 $Y = (A + X) \times 3 \div 4$ 的算法。其中 A 为常数，它的值在应用时可根据需要改变，设初始值分别为 3、4、5。该算法能在程序中多次调用。

（编程思路：$Y = (A + X) \times 3 \div 4$ 算法能在程序中多次调用，可用功能块 FB1 来实现，然后在主程序中实现对 FB1 的多次调用，可把常数 A 设置成静态变量，赋初始值分别为 3、4、5）

任务 3.5　模拟量指令及 PID 指令的应用

【任务目标】

- 熟悉常用的模拟量模块。
- 掌握常用模拟量模块的使用、接线编程。
- 掌握液位控制的 PID 控制编程方法。
- 了解串级控制基本原理及编程方法。

【任务描述】

在工业过程控制中，某些输入量（如温度、压力、流量、液位、PH 值等）是模拟量，某些执行机构如电动阀、变频器等要求 PLC 输出模拟信号，最终实现对物理量的调节与控制。如污水处理厂循环池液位的 PID 控制和化工厂聚合温度和流量的串级 PID 控制两个子任务要用到模拟量指令及 PID 功能进行处理。

【知识准备】

1. 模拟量控制基本框图

如生产过程要实现对温度、压力、流量、液位等物理量的控制，需先经测量传感器将物理量变换为电信号（如电压、电流、电阻、电荷等），再经测量变送器将测量结果（电信号）转换成标准的模拟量电信号（如 ±500 mV、±10 V、±20 mA、4～20 mA 等），然后再送入模拟量输入模块（AI）进行 A-D 转换成 CPU 能接受的二进制电平信号并送入 CPU 进行存储和数据处理。经 PLC 运算程序处理后，二进制电平信号再送入模拟量输出模块（AO）进行 D-A 转换，将二进制电平信号转换为模拟量电信号，然后用模拟量电信号驱动相应的执行器（如加热器、电磁调节阀等），最终实现对物理量的调节与控制。如图 3-179 所示为模拟量处理的框图。

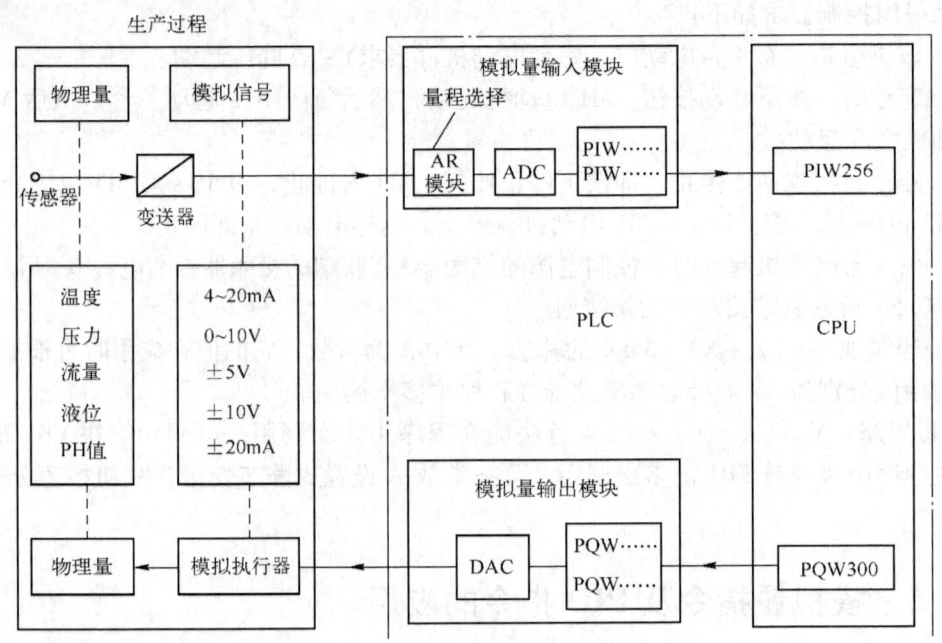

图 3-179 模拟量处理框图

2. 模拟量输入通道的量程调节

每个模拟量输入模块（AI）都有 2～8 个模拟量输入通道，在使用之前必须对所使用的模拟量输入模块进行相关设置：通过模拟量输入模块内部的跳线，同一个模拟量输入模块每个通道组间可以连接不同类型的传感器；通过使用 STEP 7 软件或量程卡可以设置模拟量模块的测量方法和测量范围。

配有量程卡的模拟量输入模块在安装之前，应先检查量程卡的测量方法和量程，并根据需要进行调整。模拟量输入模块的标签上提供了各种测量方法及量程的设置方法，量程卡可设置为 "A"、"B"、"C"、"D" 4 个位型，其中：

"A" 为热电阻、热电偶测量，测量值通常为毫伏信号，测量范围为 -1000～1000 mV；

"B" 为电压测量，测量范围为 -10～10 V；

"C"为四线制变送器测量,传感器电源线与信号线分开,测量范围为4~20 mA;

"D"为二线制变送器测量,传感器电源线与信号线共用,传感器的电源通过模拟量输入模块供给,测量范围为4~20 mA。

量程卡的调节方法如下

1)用螺钉旋具将量程卡从模拟量输入模块中卸下来,如图3-180所示。

2)对量程卡进行正确设置,如在4号通道组,当C的箭头指向通道号时,说明CH6、CH7的输入信号为四线制变送器测量(4DUM),然后选择测量范围如4~20 mA,并按标记方向将量程卡插入模拟量输入模块中。

在STEP 7中,对模拟量模块进行参数化

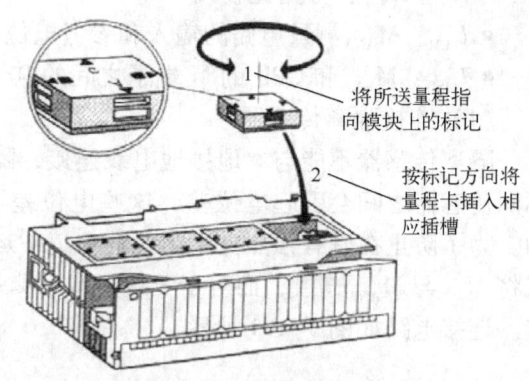

图3-180 设置模拟量量程卡

设置时,所选测量传感器类型必须与模块上量程卡设定的类型相匹配。否则,模块上的SF指示灯将指示模块故障。

3. 模拟量输入模块的接线

在使用模拟量输入模块时,根据测量方法的不同,可以将电压、电流传感器或电阻器等不同类型的传感器连接到模拟量输入模块。为了减少电子干扰,对于模拟信号应使用屏蔽双绞电缆。模拟信号电缆的屏蔽层应该两端接地。如果电缆两端存在电位差,将会在屏蔽层中产生等电势耦合电流,造成对模拟信号的干扰,在这种情况下,应该让电缆的屏蔽层一点接地。

对于带隔离的模拟量输入模块,在CPU的M端和测量电路的参考点电压M_{ANA}之间没有电气连接。如果测量电路参考点电压M_{ANA}和CPU的M端存在一个电位差U_{ISO},则必须选用隔离模拟量输入模块。通过在M_{ANA}端子和CPU的M端子之间使用一根等电位连接导线,可以确保U_{ISO}不会超过允许值。

对于不带隔离的模拟量输入模块,在CPU的M端和测量电路的参考点M_{ANA}之间必须建立电气连接。为此,应将M_{ANA}端子与CPU或IM153的M端子连接起来。M_{ANA}和CPU或IM153的M端子之间的电位差会造成模拟信号的中断。

各种参考连接如图3-181~3-186所示,图中所涉及端子的含义如下所述。

- M:接地端子。
- M+:测量导线(正)。
- M-:测量导线(负)。
- M_{ANA}:模拟测量电路的参考电压。
- L+:24 V直流电源端子。
- S+:检测端子(正)。
- S-:检测端子(负)。
- Ic+,恒定电流导线(正)。
- Ic-:恒定电流导线(负)。
- COMP+:补偿端子(正)。

- COMP−：补偿端子（负）。
- P5V：模块逻辑电源。
- K_{V+}/K_{V-}：分路比较端子。
- U_{CM}：M_{ANA} 测量电路的输入和参考电位之间的电位差。
- U_{ISO}：M_{ANA} 和 CPU 的 M 端子之间的电位差。

(1) 连接隔离传感器

隔离传感器不能与本地接地电线连接，隔离传感器应无电势运行。对于隔离传感器，在不同传感器之间会引起电位差，这些电位差可能是由于干扰或传感器的本地布置情况造成的。为了防止在具有强烈电磁干扰的环境中运行时隔离传感器的电压超过 U_{CM} 的允许值，建议将 M− 与 M_{ANA} 连接，而对于 2 线电流型测量传感器和电阻型传感器，切勿将 M 和 M_{ANA} 互连。连接电路如图 3-181 所示。

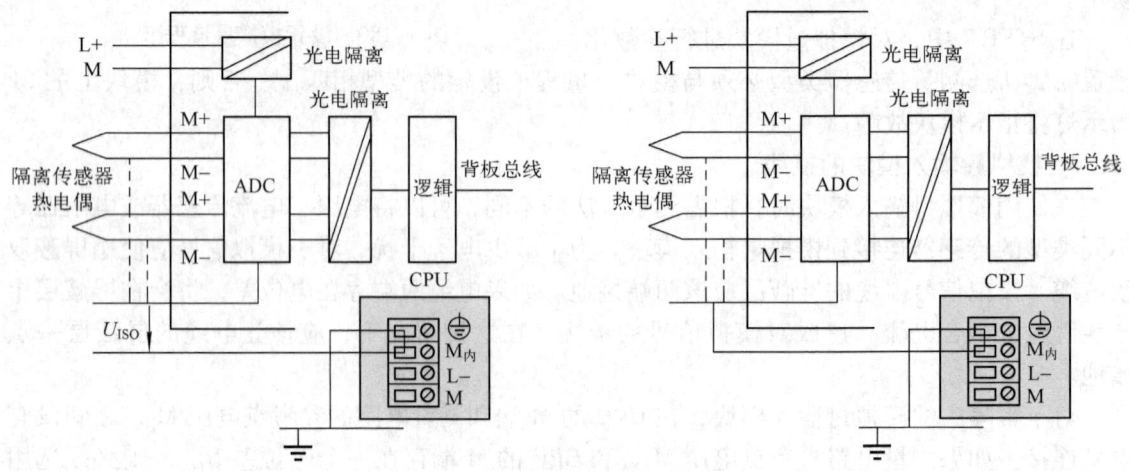

图 3-181 连接隔离传感器

(2) 连接电压传感器

电压传感器与模拟量输入模块的连接参考电路如图 3-182 所示。

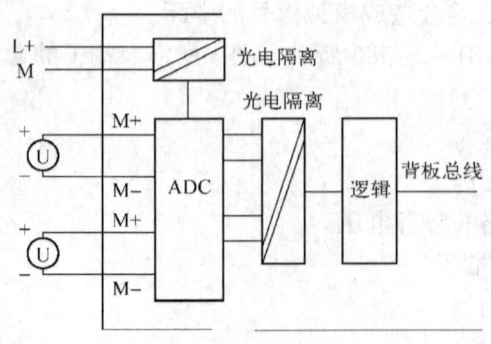

图 3-182 连接电压传感器

(3) 连接 2 线变送器

2 线变送器可通过模拟量输入模块的端子进行短路保护供电，并将测得的变量转换为电流，2线变送器必须是个带隔离的传感器，连接参考电路如图3-183所示。

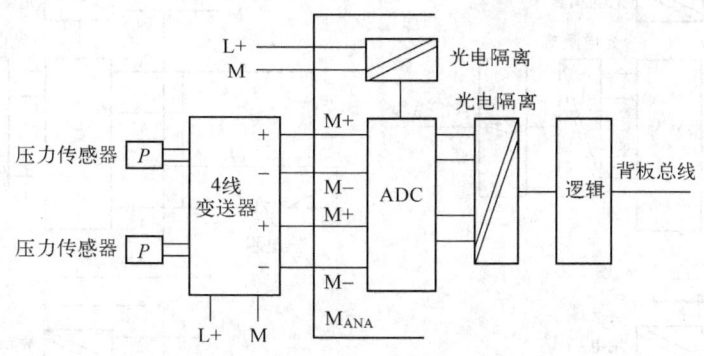

图3-183　连接2线变送器

（4）连接4线变送器

4线变送器与模拟量输入模块的连接参考电路如图3-184所示。

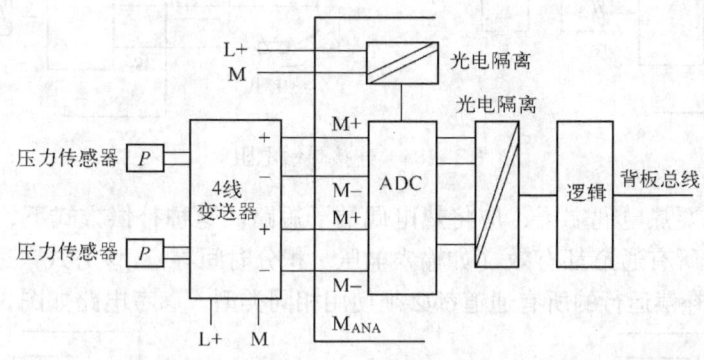

图3-184　连接4线变送器

（5）连接热敏电阻

热敏电阻和普通电阻可以使用2线制、3线制或4线制端子进行接线。对于4线端子和3线端子，模块可以通过端子Ic+和Ic-提供恒定电流，以补偿测量电缆中产生的电压降。如果使用4位或3位端子进行测量，由于可以补偿2位端子的测量，测量结果将更精确。在带有4个端子模块上连接2线电缆时，需在热敏电阻上将Ic+和M+短接，Ic-和M-短接。在带有4个端子的模块上连接3线电缆时，通常应短接M-和Ic-，并确保连接电缆Ic+和M+都直接连接到了热敏电阻，如图3-185所示。

（6）连接热电偶

热电偶与模拟量输入模块之间的连接有多种方式，可以直接连接，也可以使用补偿导线连接，且每一个通道组都可以使用一个模拟量模块支持的热电偶，与其他通道组无关。

使用内部补偿连接热电偶时，则利用内部补偿在模拟量输入模块的端子上建立参考点，在这种情况下，需要将补偿线路直接连接到模拟量模块上，内部温度传感器会测量模块的温度并返回补偿电压，但内部补偿不如外部补偿精确。使用内部补偿的参考连接如图3-186a所示。

通过补偿盒连接热电偶时，补偿盒应连接到模块的COMP端子，可以将补偿盒放置在热电偶的参考结处。补偿盒必须单独供电，且电源必须精确滤波（如通过接地屏蔽线圈）。

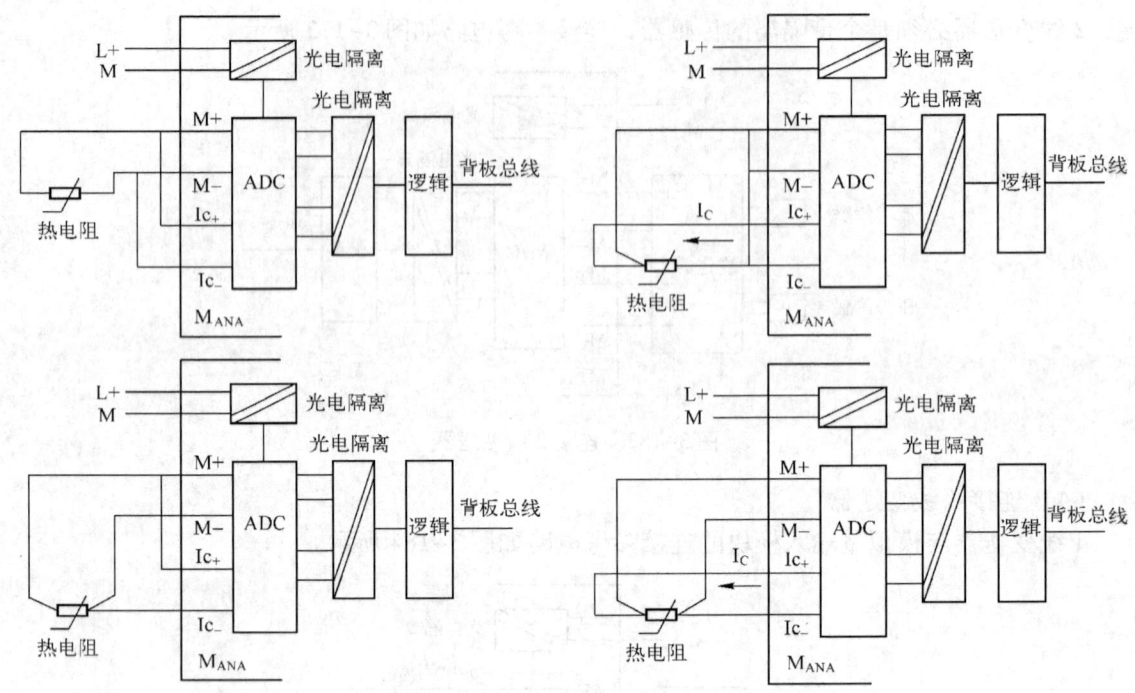

图 3-185 连接热敏电阻

补偿盒上不需要热电偶端子，应将热电偶端子短路。这种补偿方式下，一个通道组的参数一般对通道组的所有通道都有效（如输入电压、积分时间等），该方式只适用于一种热电偶类型，即使用外部补偿运行的所有通道都必须使用相同类型。参考电路如图 3-186b 所示。

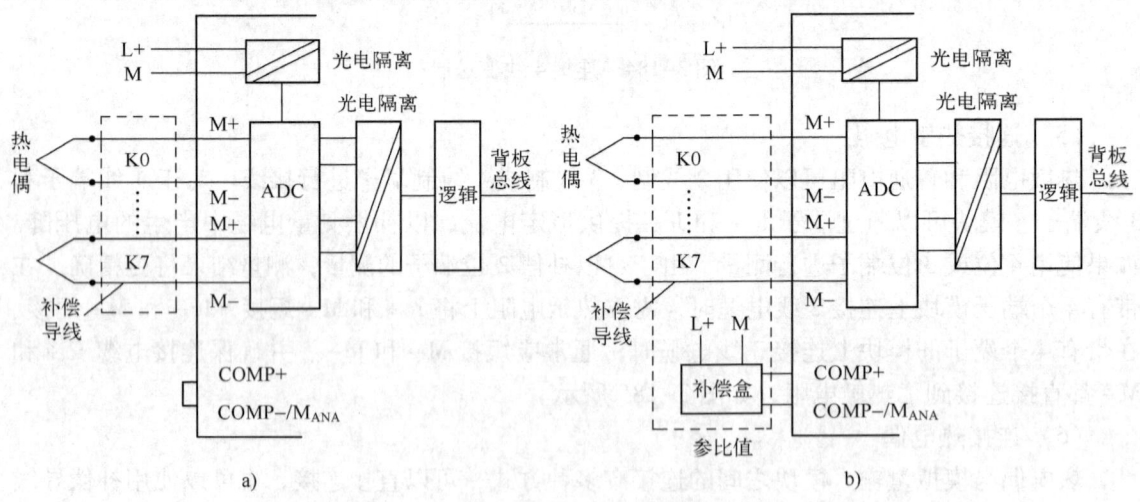

图 3-186 连接热电偶
a) 使用内部补偿将热电偶连到 AI b) 通过补偿盒将热电偶连到 AI

4. 模拟量输出模块的接线

模拟量输出模块可用于驱动负载或执行器，其输出有电流和电压两种形式。对于电压型模拟量输出模块，与负载的连接可以采用 2 线制或 4 线制电路；对于电流型模拟量输出模块，与负载的连接只能采用 2 线制电路。各种参考连接如图 3-187、3-188 所示，图中各符号的含义如下。
- M：接地端子。
- L+：24 V 直流电源端子。
- S+：检测端子（正）。
- S−：检测端子（负）。
- Q_V：电压输出端。
- Q_I：电流输出端。
- R_L：负载阻抗。
- M_{ANA}：模拟测量电路的参考电压。
- U_{ISO}：M_{ANA} 和 CPU 的 M 端子之间的电位差。

1）对于带隔离的电压输出型模拟量输出模块，采用 4 线制连接电路可实现高精度输出，连接时需要在输出检测接线端子（S+和 S−）之间连接负载，以便检测负载电压并进行修正，参考连接如图 3-187a 所示。

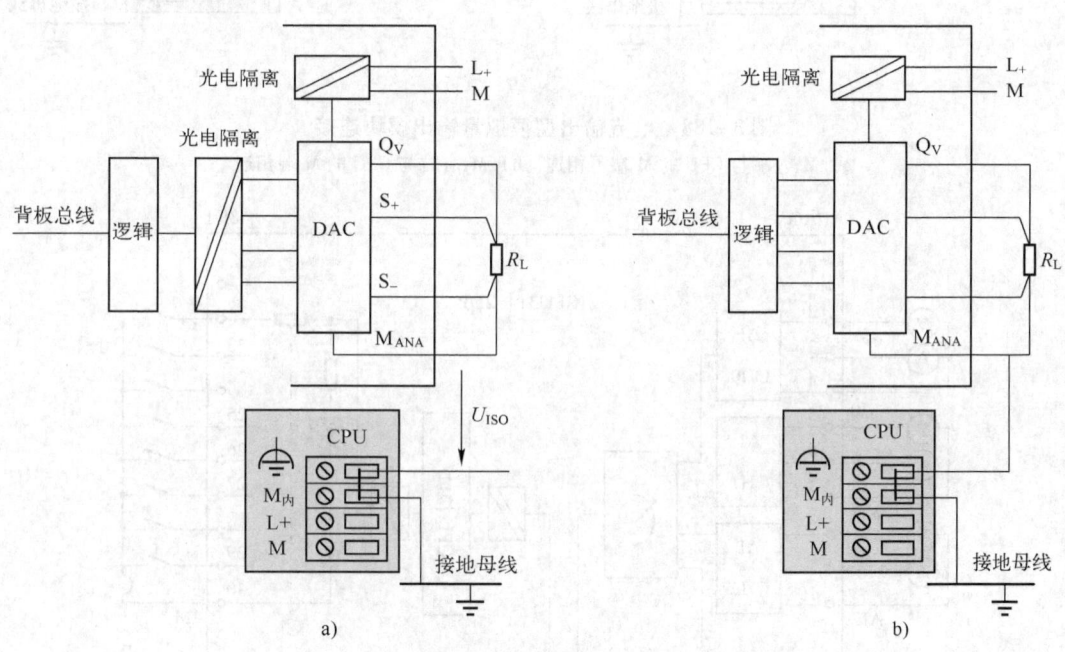

图 3-187　电压输出型模拟量输出模块连接
a）采用 4 线制电路　b）采用 2 线制电路

2）对于不带隔离的电压输出型模拟量输出模块，若采用 2 线制电路，则只需将 Q_V 和 M_{ANA} 端子与负载相连即可，但输出精度一般。参考连接如图 3-187b 所示。

3）对于带隔离的电流型模拟量输出模块，必须将负载连接到该模块的 Q_I 和 M_{ANA} 端，而 M_{ANA} 端与 CPU 的 M 端不能相连。参考连接如图 3-188a 所示。

4）对于不带隔离的电流型模拟量输出模块，必须将负载连接到该模块的 Q_I 和 M_{ANA} 端，而 M_{ANA} 端与 CPU 的 M 端相连。参考连接如图 3-188b 所示。

图 3-189 是 CPU314C-2DP（订货号是 6ES7314-6CH04-0AB0）模拟量和开关量的接线图。

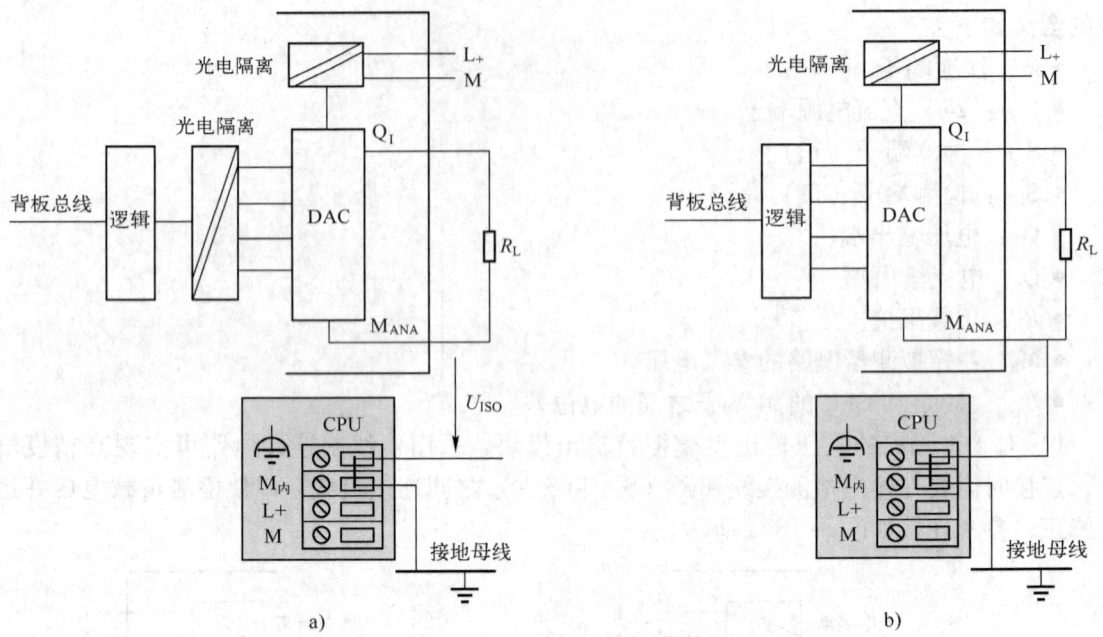

图 3-188 电流输出型模拟量输出模块连接
a) M_{ANA} 端与 CPU 的 M 端不相连 b) M_{ANA} 端与 CPU 的 M 端相连

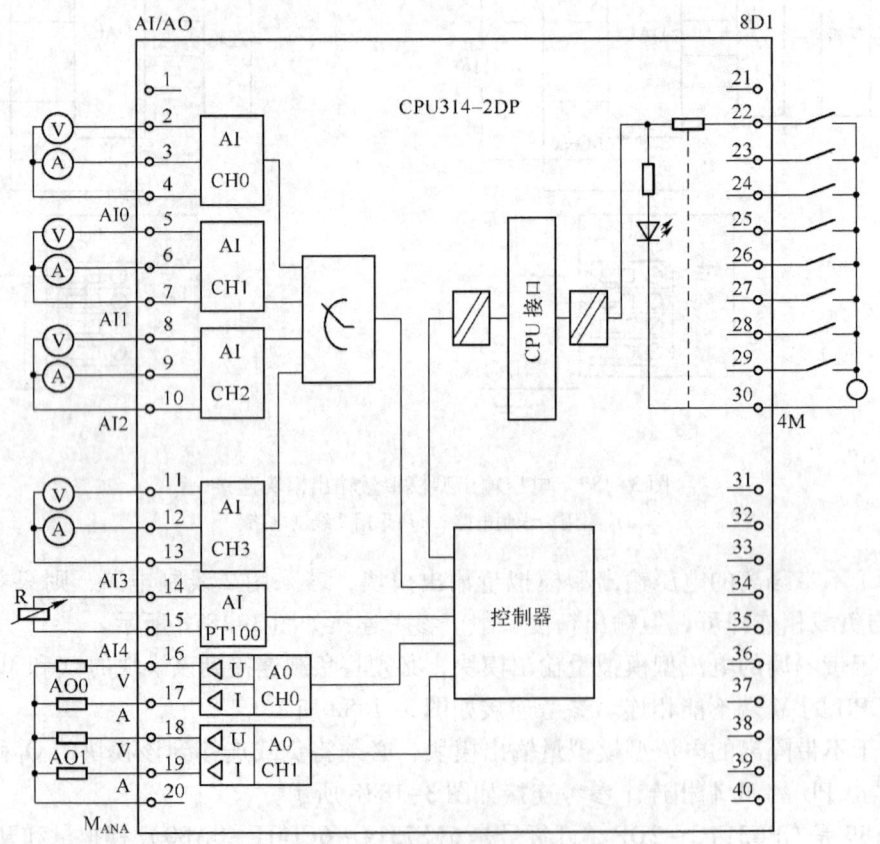

图 3-189 CPU314C-2DP 模拟量和开关量的接线图

图 3-190 是 CPU313C-2DP（订货号是 6ES7313-6CF03-0AB0）模拟量的接线图。

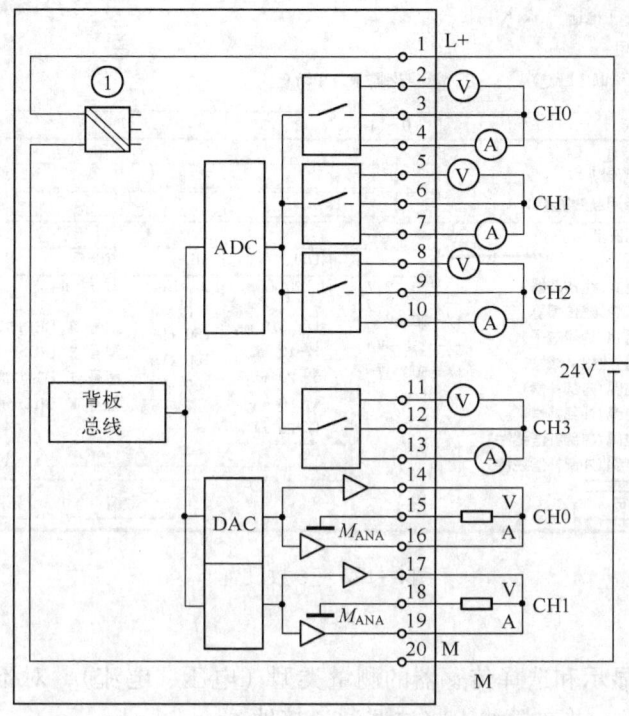

图 3-190 CPU313C-2DP 模拟量的接线图

5. 组态模拟量输入模块

在硬件组态窗口，双击模拟量输入模块，打开属性设置窗口，如图 3-191 所示。

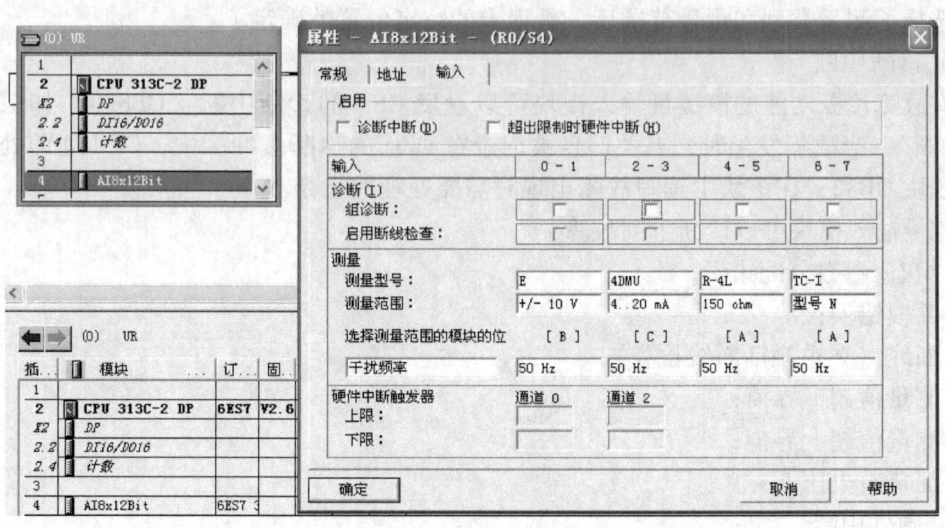

图 3-191 模拟量输入模块属性设置窗口

（1）设置参数

模拟量输入模块的参数设置如图 3-192 所示。

157

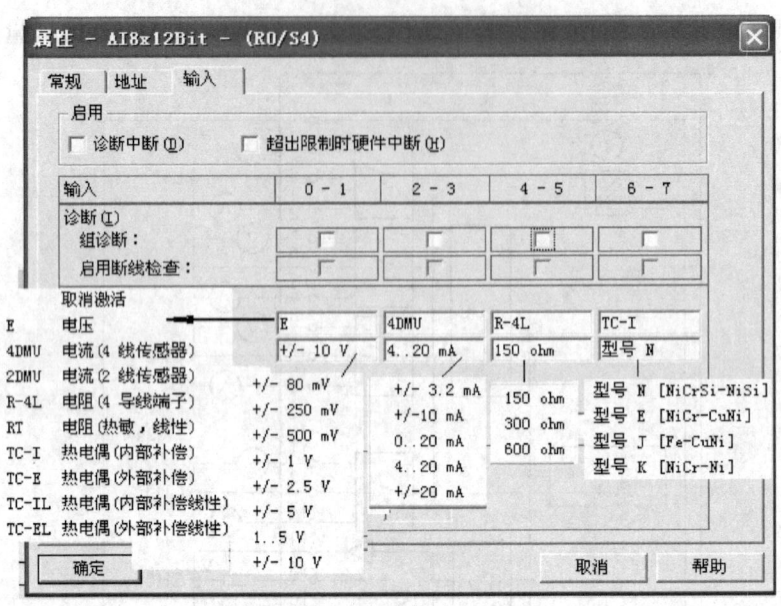

图 3-192 参数设置

1）测量类型。

单击该选项可以显示和选择传感器的测量类型（电压、电流），对不使用的通道或通道组，选择"取消激活"，并在模块上将这些通道接地。

2）测量范围。

单击该选项可以显示和选择传感器输出信号的测量范围。

3）量程卡的位置。

当选择了测量类型和测量范围后，量程卡的特定位置就确定了。

（2）诊断中断

具有故障诊断功能的模拟量输入模块可以触发 CPU 的诊断中断（OB82）。如果激活了"诊断中断"，当故障发生时，有关信息被记录在 CPU 的诊断缓冲区中，CPU 立即处理诊断中断组织块 OB82，在该块中编写故障出现时需要处理的指令。

模拟量输入模块可以诊断下列故障：

1）组态/参数分配错误；

2）共模错误；

3）断线（要求激活断线检查）；

4）测量值超下界值；

5）测量值超上界值；

6）无负载电压 L+。

（3）硬件中断

具有检测功能的模拟量输入模块可以触发硬件中断（OB40~OB47）。如果激活了"超出限制时硬件中断"，可以设置被测量触发硬件中断的上、下限，如图 3-193 所示。当测量值（例如：温度）超出或低于这一测量范围时，该模块触发硬件中断。CPU 立即处理用户编写的 OB40~OB47 的一个中断程序，以决定对该事件的反应。

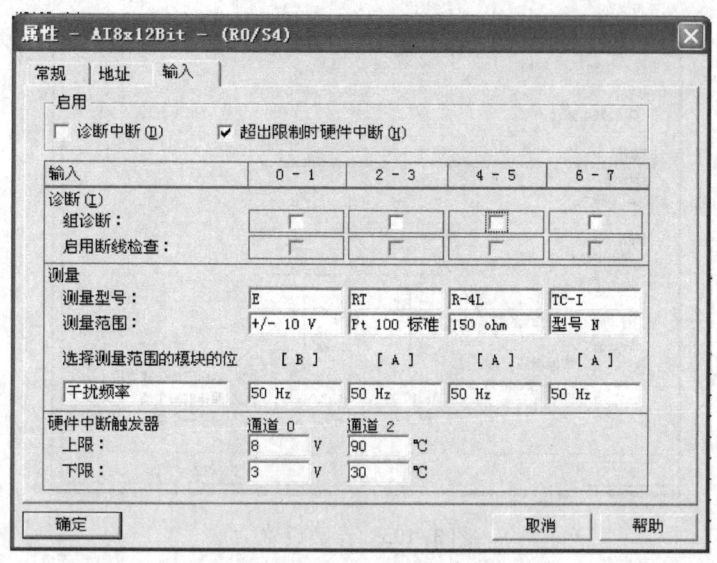

图 3-193　设置硬件中断

6. 组态模拟量输出模块

在硬件组态窗口，双击模拟量输出模块，打开属性设置窗口，如图 3-194 所示。

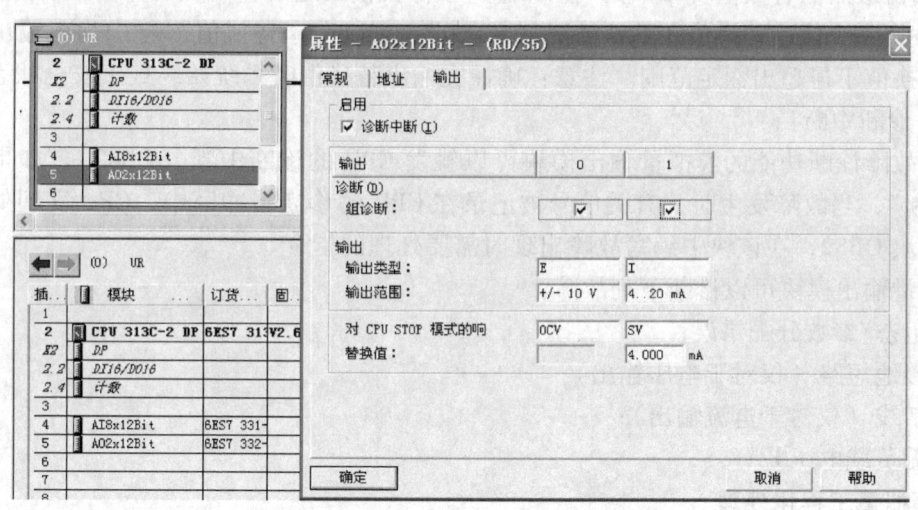

图 3-194　模拟量输出模块属性设置

（1）设置参数

模拟量输出模块的参数设置如图 3-195 所示。

1）输出类型。

单击改选项可以显示和选择模块输出通道的类型（电压、电流等）。对不使用的通道或通道组选择"取消激活"，并在模块上使这些通道开路。

2）输出范围。

单击该选项可以显示和选择模块输出通道的数值范围。

159

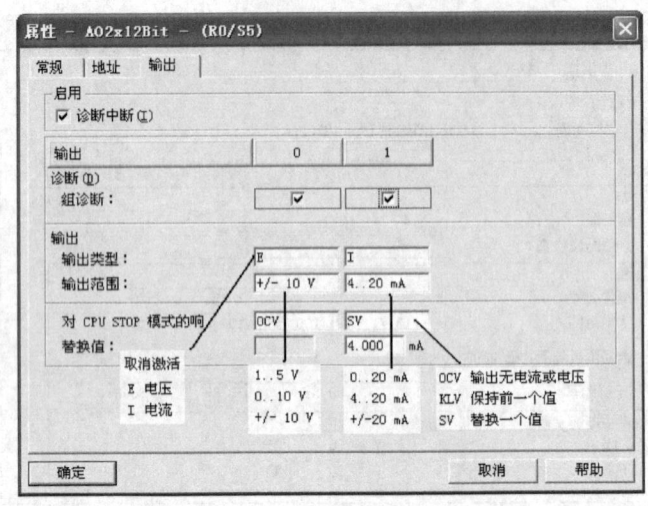

图 3-195 参数设置

3) CPU 停机时的响应。

单击该选项可以显示和选择在 CPU 停机模式下输出通道如何反应。

① 没有电压或电流输出（OCV）：在 CPU 停机模式下切断输出（V/I = 0V/mA）。

② 保留最后的有效值（KLV）：在 CPU 进入停机模式之前，模块要保留最后的值输出。

③ 替换一个值：替换值在默认情况下为"0"，可以在"替换值"行中为各输出设置替换值，替换值不得超出额定范围。注意：确保在输出替换值时系统始终处于安全状态。

（2）诊断中断

具有故障诊断功能的模拟量输出模块可以触发 CPU 的诊断中断（OB82）。如果激活了"诊断中断"，当故障发生时，有关信号被记录在 CPU 的诊断缓冲区中，CPU 立即处理诊断中断组织块 OB82，在该块中编写故障出现时需要处理的指令。

模拟量输出模块可以诊断下列故障：

1) 组态/参数分配错误；

2) 接地短路（仅对于电压输出）；

3) 断线（仅对于电流输出）；

4) 无负载电压 L+。

7. 模拟量工程化处理

（1）模拟量的规范化

现场的过程信号（如温度、压力、流量、湿度等）是具有物理单位的工程量值，模-数转换输入通道得到的是 -27 648 ~ +27 648 的数字量，该数字量不具有工程量值的单位，在程序处理时带来不方便。希望将数字量 -27 648 ~ +27 648 转化为实际工程量值，这一过程称为模拟量的"规范化"。

例如：液位传感器的电压值与液位的关系如图 3-196 所示。当液位为 0L 时，传感器输出电压为 0V，对应的模拟量输入通道转换值为 0；当液位为 500L 时，传感器输出电压为 10V，对应的模拟量输入通道转换值为 27 648。当程序中读入的模拟量输入通道的值为 12 345 时，希望知道当前的实际液位值是多少？

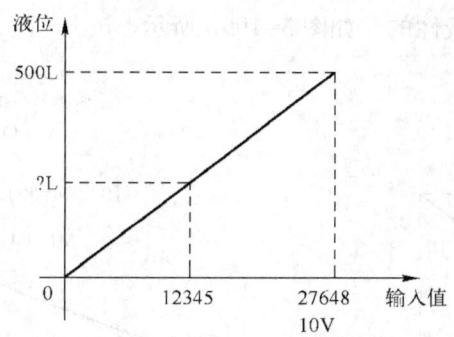

图 3-196 液位传感器的电压值、数字量与液位的关系

为解决工程量值"规范化"问题，STEP 7 软件的标准程序库中集成了模拟量输入值"规范化"的子程序 FC105 和模拟量输出值"规范化"的子程序 FC106。"规范化"子程序在 STEP 7 程序库的路径为"Stand ard Library"→"TI - S7 Converting Blocks"→FC105、FC106，如图 3-197 所示。

（2）模拟量输入值的规范化 FC105

FC105 是带形参的程序块，如图 3-198 所示。FC105 形参的定义如下：

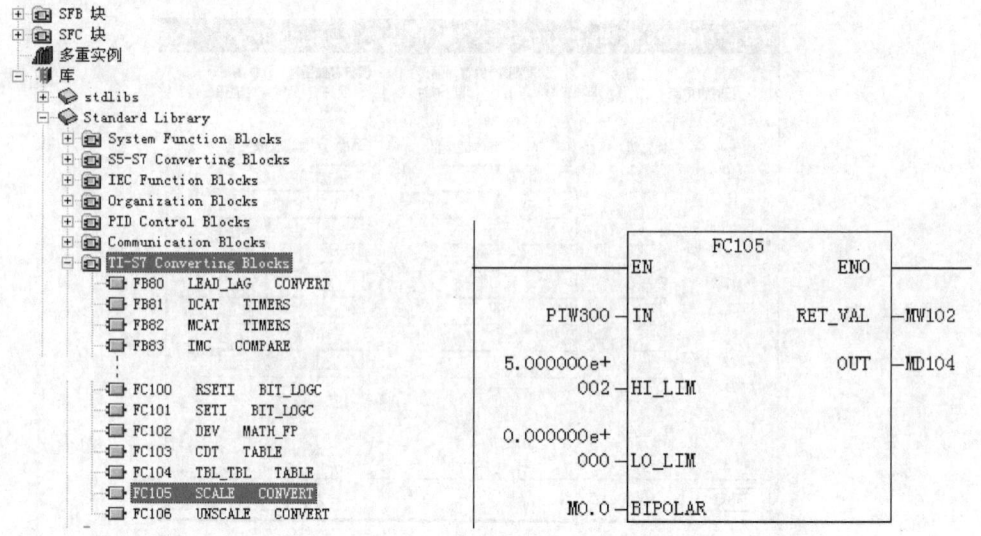

图 3-197 "规范化"子程序在 STEP 7 程序库中的路径

图 3-198 带形参的程序块 FC105

IN：模 - 数转换得到的数字量输入端，可以直接从模拟量模块输入通道上读取或从一个 INT 格式的数据存储器中读取。

HI_LIM，LO_LIM：对应传感器的测量范围，现场过程信号工程量的上下限值。本例中，工程量液位的上限值为 500L，下限值为 0L。

OUT："规范化"后的工程量值（实际物理量），以实数格式从 OUT 端输出。

BIPOLAR：根据传感器输入信号的特性，极性输入端选择单极性正数还是双极性正负数均转换。标志位 M0.0 为 "0" 表示输入信号是单极性的，如图 3-199a 所示。标志位 M0.0

为"1"表示输入信号是双极性的，如图 3-199b 所示。

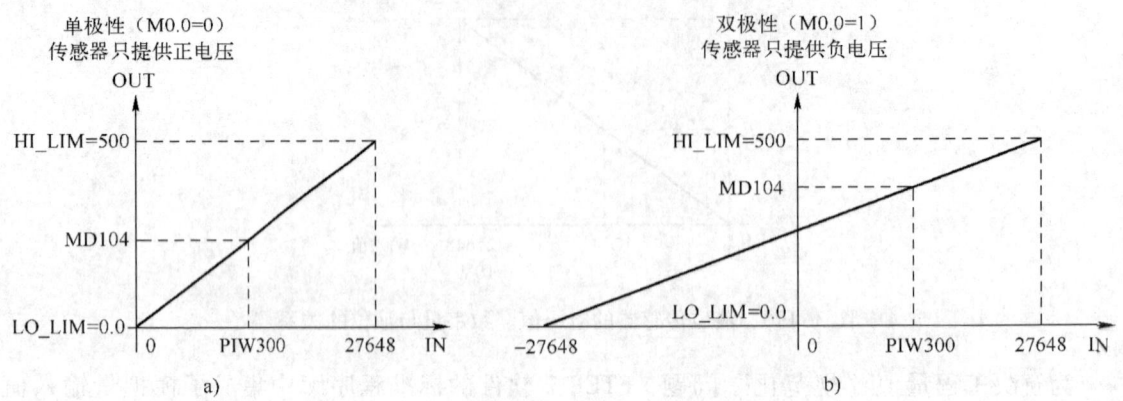

图 3-199 输出单、双极性的液位与数字量转换
a) 单极性 b) 双极性

RET_VAL：调用 FC105 返回的信息，如果程序块执行无误，则 RET_VAL 端输出为 0。

一般情况下，调用 FC105 功能可以在 OB35 等周期性中断中进行编程，这样就能确保模拟量输入信号被定时转换，如图 3-200 是 OB35 的属性设置对话框。

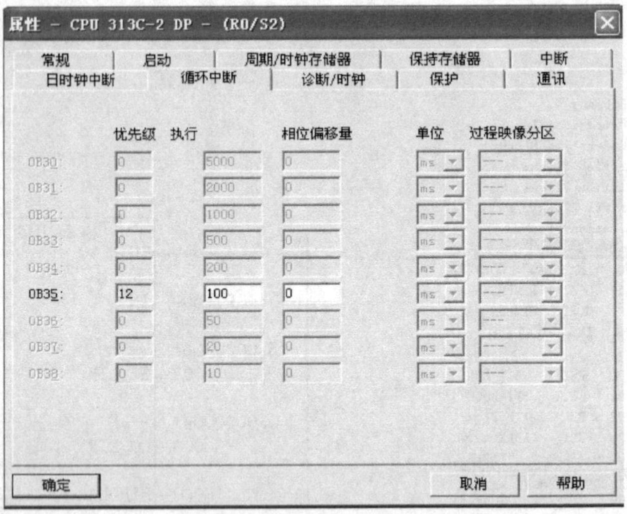

图 3-200 OB35 的属性设置对话框

以液位传感器为例，如果输入 20 mA 信号表示 500 mm 液位，4 mA 信号表示 0 液位，则执行 FC105 功能后的程序如图 3-201 所示。如果 FC105 功能的执行没有错误，ENO 的信号状态将设置为 1，RET_VAL 等于 W#16#0000，OUT 输出为实际液位值，这也能回答了假如程序中读取到的数值为 10000 时，那么实际液位到底是多少的问题，即 180.845 mm。图 3-202 所示电流、液位与数字量的关系图。

（3）模拟量输出值的规范化 FC106

FC106 的用途是将模拟量输出操作规范化，即将实际物理量转化为模拟量输出模块所需要的 0~27 648 之间的 16 位整数。

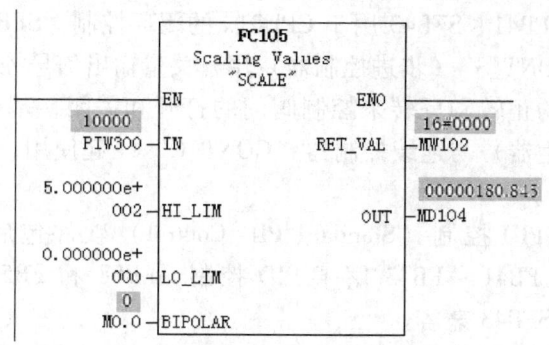

图 3-201　执行 FC105 功能仿真结果

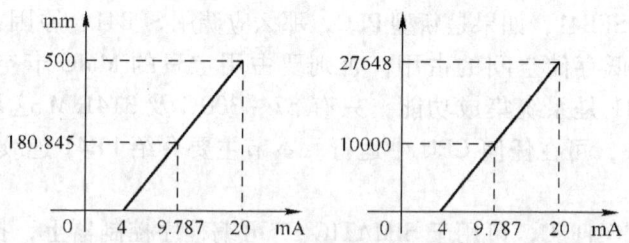

图 3-202　液位、数字量与电流的关系图

FC106 是带形参的程序块，如图 3-203 所示。FC106 形参的定义如下。

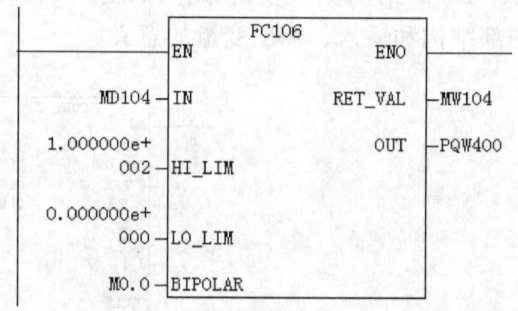

图 3-203　带形参的程序块 FC106

IN：需要送到模拟量输出模块的实际物理量值，必须以 REAL 格式传送。

LO_LIM，HI_LIM：以工程单位表示的上限和下限，用于定义程序值的范围。本例中，阀门打开的范围 0.0~100%。

OUT：OUT 端输出的规范值为 16 位整数，可以直接传送到模拟量输出模块上。

BIPOLAR：用来决定是否负数也被转换。标志位 M0.0 为"0"表示 0~27 648 范围的规范化；标志位 M0.0 为"1"表示从 -27 648~+27 648 范围的规范化。

RET_VAL：如果该程序块执行无误，则 RET_VAL 端输出为 0。

8. S7-300 PLC 的 PID 闭环控制

(1) STEP 7 PID 控制包

1) PID 控制包。

S7-300/400 PLC 为用户提供了功能强大、使用方便的模拟量闭环控制功能，来实现

PID 控制。系统功能块 SFB41~SFB43 用于 CPU31x 的闭环控制，SFB41 "CONT_C" 用于连续 PID 控制，SFB42 "CONT_S"（步进控制器）用开关量输出信号控制积分型执行机构，电动调节阀用伺服电动机的正转和反转来控制阀门的打开和关闭，基于 PI 控制算法。SFB43 "PULSEGEN"（脉冲发生器）与连续控制器 "CONT_C" 一起使用，构建脉冲宽度调节 PID 控制器。

另外，安装了标准 PID 控制（Standard PID Control）软件包后，文件夹 "Libraries \ Standard Libraries" 中的 FB41~FB43 用于 PID 控制，FB58 和 FB59 用于 PID 温度控制，FB41~FB43 与 SFB41~SFB43 兼容。

FB41~FB43 适合于所有的 CPU（S7-300，S7-400）；SFB41~SFB43 适合于 CPU313C/314C 和 C7 系列的 PLC。区别在于一些早期的 PLC 并不包含 SFB41，所以西门子推出了 FB41，新型的 PLC 都固化有 SFB41，如果是新型 PLC，那么应调用 SFB41，原因在于调用固化程序可获得更高的效率以及低存储空间的占用，否则要占用宝贵的 MMC 卡空间，FB41 和 SFB41 功能完全一样。SFB41 是系统集成功能，只有 S7-300C 及 314IFM 这几种 CPU 中集成了，FB41 则是通用功能块，可在任何 CPU 中运行。本节主要介绍 FB41 连续控制功能块。

2）FB41 功能块。

FB41 功能块即 CONT_C，可用于 SIMATIC S7 可编程序控制器上，控制带有连续输入和输出变量的工艺过程。在参数分配期间，用户可以激活或取消激活 PID 控制器的子功能，以使控制器适合实际的工艺过程。

FB41 模块可以按照图 3-204a 所示路径进行调用。如图 3-204b 是 FB41 CONT_C 的指令框图，下面介绍 FB41 的内部结构和输入、输出变量的意义。

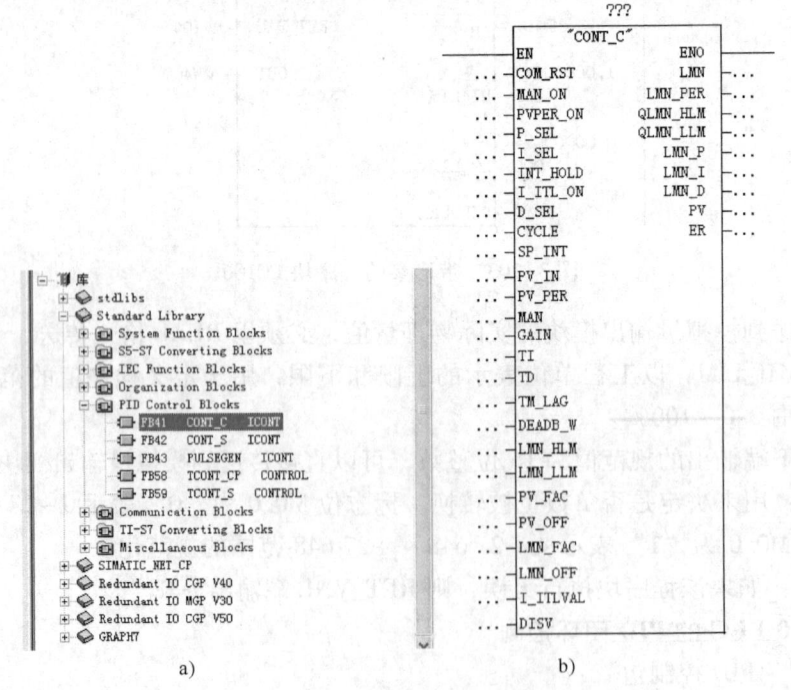

图 3-204　FB41 路径及指令框图
a) FB41 路径　b) FB41 指令框图

3）FB41 CONT_C 的 PID 指令结构框图。

图 3-205 所示是 PID 指令结构框图。

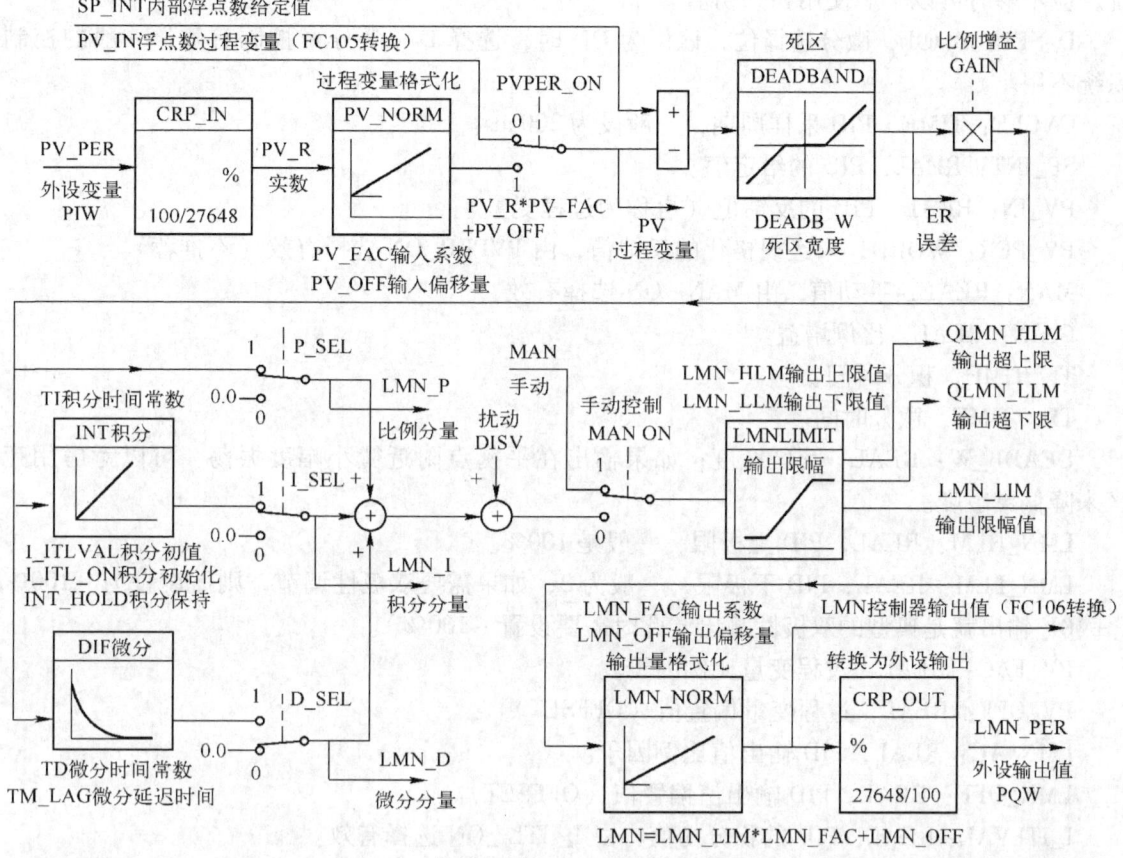

图 3-205　PID 指令结构框图

4）FB41 的参数。

① 常用输入参数。

COM_RST：BOOL，重新启动 PID，当该位为 TURE 时，PID 执行重启动功能，复位 PID 内部参数到默认值；通常在系统重启动时执行一个扫描周期，或在 PID 进入饱和状态需要退出时用这个位。

MAN_ON：BOOL，手动值 ON，当该位为 TURE 时，PID 功能块直接将 MAN 的值输出到 IMN，这个位是 PID 的手动/自动切换位。

PVPER_ON：BOOL，过程变量外围值 ON，过程变量即反馈量，此 PID 可直接使用过程变量 PIW（不推荐），也可使用 PIW 规格化（FC105 转换）后的值（常用），因此，这个位为 FALSE。

P_SEL：BOOL，比例选择位，该位为 ON 时，选择 P（比例）控制有效；一般选择有效。

I_SEL：BOOL，积分选择位，该位为 ON 时，选择 I（积分）控制有效；一般选择有效。

INT_HOLD：BOOL，积分保持，一般不去设置它。

I_ITL_ON：BOOL，积分初值有效，I_ITLVAL（积分初值）变量和这个位对应，当此位为 ON 时，则使用 I_ITLVAL 变量积分初值，一般当发现 PID 功能的积分值增长比较慢或系统反应不够时可以考虑使用积分初值。

D_SEL：BOOL，微分选择位，该位为 ON 时，选择 D（微分）控制有效；一般的控制系统不用。

CYCLE：TIME，PID 采样周期，一般设为 200 ms。

SP_INT：REAL，PID 的给定值。

PV_IN：REAL，PID 的反馈值（也称为过程变量）。

PV_PER：WORD，未经规格化的反馈值，由 PVPER_ON 选择有效（不推荐）。

MAN：REAL，手动值，由 MAN_ON 选择有效。

GAIN：REAL，比例增益。

TI：TIME，积分时间。

TD：TIMF，微分时间。

DEADB_W：REAL，死区宽度；如果输出在平衡点附近微小幅度振荡，可以考虑用死区来降低灵敏度。

LMN_HLM：REAL，PID 上极限，一般是 100%。

LMN_LLM：REAL，PID 下极限，一般为 0，如果需要双极性调节，则需设置为 -100%（±10V 输出就是典型的双极性输出，此时需要设置 -100%）。

PV_FAC：REAL，过程变量比例因子。

PV_OFF：REAL，过程变量偏置值（OFFSET）。

LMN_AC：REAL，PID 输出值比例因子。

LMN_OFF：REAL，PID 输出值偏置值（OFFSET）。

I_ITLVAL：REAL，PID 的积分初值，由 I_ITL_ON 选择有效。

DISV：REAL，允许的扰动量，前馈控制加入，一般不设置。

② 常用输出参数。

LMN：REAL，PID 输出。

LMN_P：REAL，PID 输出中 P 的分量（可用于在调试过程中观察效果）。

LMN_I：REAL，PID 输出中 I 的分量（可用于在调试过程中观察效果）。

LMN_D：REAL，PID 输出中 D 的分量（可用于在调试过程中观察效果）。

（2）设定值与过程变量的处理

1）设定值的输入。

设定值的输入如图 3-205 所示，浮点数格式的设定值用变量 SP_INT（内部设定值）输入。

2）过程变量的输入。

可以用以下两种方式输入过程变量（即反馈值）：

① 用 PV_IN（过程输入变量）输入浮点格式的过程变量（经过 FC105 处理），此时开关量 PVPFR_ON（外围设备过程变量）应用 0 状态；

② PVPER_ON（外围设备过程变量）输入外围设备（I/O）格式的过程变量，即用模拟量输入模块产生的数字值（PIW×××）作为 PID 控制的过程变量，此时开关量 PVPER_ON 应为 1 状态。

3) 外部设备过程变量转换为浮点数。

外部设备（即模拟量输入模块）正常范围的最大输出值（100%）为 27 648，功能 CRP_IN 将外围设备输入值转换为 -100% ~ 100% 之间的浮点数格式的数值，CRP_IN 的输出（以%为单位）用下式计算：

$$PV\_R = PV\_PER \times 100/27\,648$$

4) 外部设备过程变量的标准化。

PV_NORM 功能用下面的公式将 CRP_IN 的输出 PV_R 格式化：

$$PV\_NORM \text{ 的输出} = PV\_R \times PV\_FAC + PV\_OFF$$

式中，PV_FAC 为过程变量的系数，默认值为 1.0；PV_OFF 为过程变量的偏移量，默认值为 0.0。它们用来调节过程输入的范围。

如果设定值有物理意义，则实际值（即反馈值）也可以转换为物理值。

(3) 控制器输出值的处理

控制器输出值处理包括手动/自动模式的选择、输出限幅、输出量的格式化处理以及输出量转换为外设设备 I/O) 格式。

1) 手动模式。

参数 MAN_ON（手动值 ON）为 1 时是手动模式，为 0 时是自动模式。在手动模式中，控制变量（即控制器的输出值）被手动选择的值 MAN（手动值）代替。

在手动模式时如果令微分项为 0，将积分部分（INT）设置为 LMN_ LMN_P_ DISV，可以保证手动到自动的无扰切换，即切换时控制器的输出值不会突变，DISV 为扰动输入变量。

2) 输出限幅。

LMNLIMIT（输出量限幅）功能用于将控制器输出值限幅。LMNLIMIT 功能的输入量超出控制器输出值的上极限 LMN_HLM 时，信号位 QLMN_HLM（输出超出上限）变为 1 状态；小于下极限位 LMN_LLM 时，信号位 QLMN_LLM（输出超出下限）变为 1 状态。

3) 输出量的格式化处理。

LMN_NORM（输出量格式化）功能用下述公式来将功能 LMNLIMIT 的输出量 QLMN_LIM 格式化：

$$LMN = LMN\_LIM \times LMN\_FAC + LMN\_OFF$$

式中，LMN 为格式化后浮点数格式的控制输出值；LMN_FAC 为输出量的系数，默认值为 1.0；LMN_OFF 为输出量的偏移量，默认值为 0.0。它们用来调节控制器输出量的范围。

4) 输出量转换为外围设备（I/O）格式。

控制器输出值如果要送给模拟量输出模块中的 D-A 转换器，需要用功能"CRP_OUT"转换为外围设备（I/O）格式的变量 LMN_PER。转换公式为：

$$LMN\_PER = LMN \times 27\,648/100$$

【任务实施】

子任务 1　循环池液位的 PID 控制

1. 控制要求

如图 3-206 所示，现在要对某公司污水处理工段的循环池进行液位控制，用液位传感器来检测池中的液位,用电动调节阀来调节液体的流量,其中循环池高度范围是0~8m,传感器信号输出为4~20mA,调节阀能接收0~10V信号来进行阀门开度调节(即对应0~100%开度)。由于池中液体的排放具有不确定性,因此,液位传感器检测的信号始终处于变化中。现在要求能保证无论是怎样的扰动,循环池的液位始终能保持一个恒定位置,设计相应的PLC控制回路并编程。

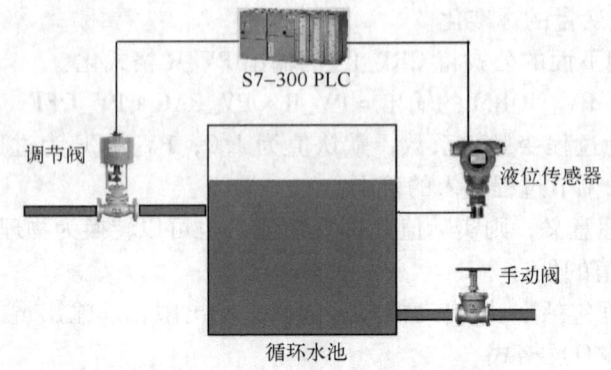

图3-206 循环池的液位控制示意图

2. 电路连接

液位传感器、调节阀与模拟量输入/输出模块的连接如图3-207所示。

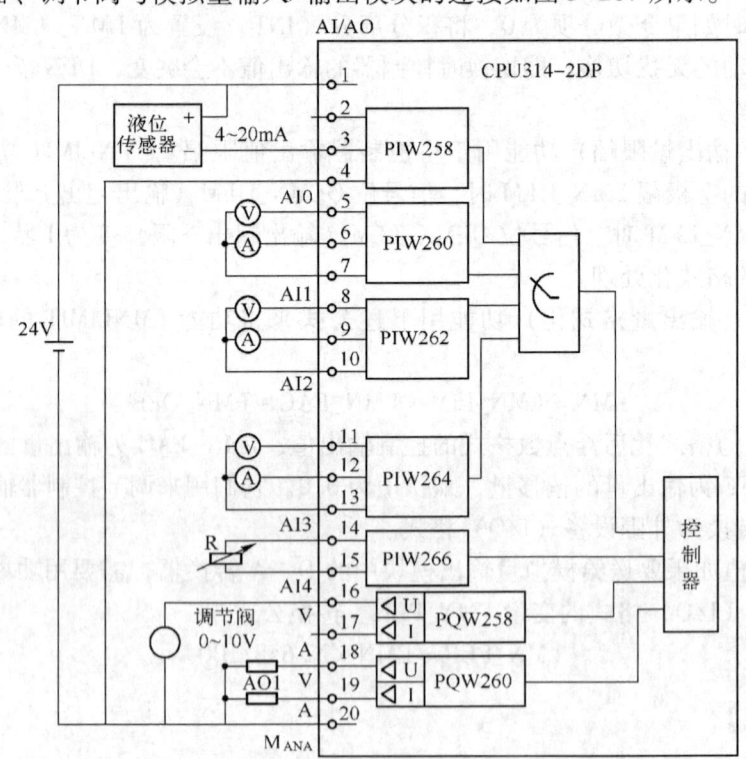

图3-207 液位传感器、调节阀与模拟量输入/输出模块的连接图

3. 硬件组态

硬件组态如图3-208所示。

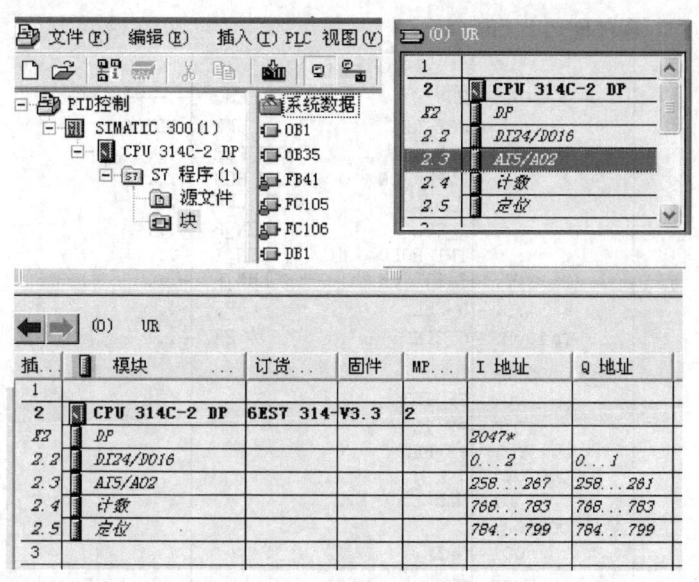

图 3-208 硬件组态图

4. PLC 程序

(1) PLC 的软元件分配

PIW258：液位模拟量输入（4~20 mA）。

PQW258：模拟量输出（0~10 V）。

MD10：实际液位值。

M0.3：PID 手动/自动切换值。

SP-INT=6.0：液位设定值。

MD100：PID 输出值。

(2) 在 OB35 中编写 PLC 程序

PLC 程序如图 3-209 所示。

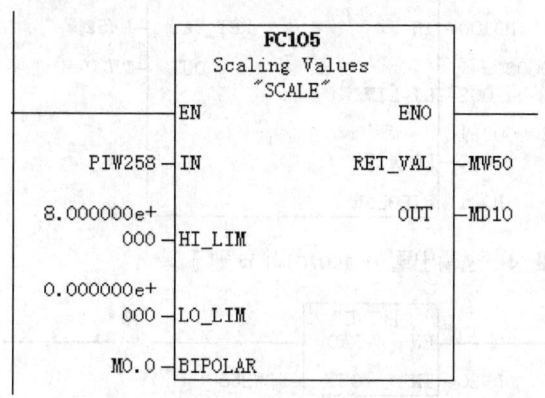

图 3-209 PLC 程序

程序段 2：PID运算

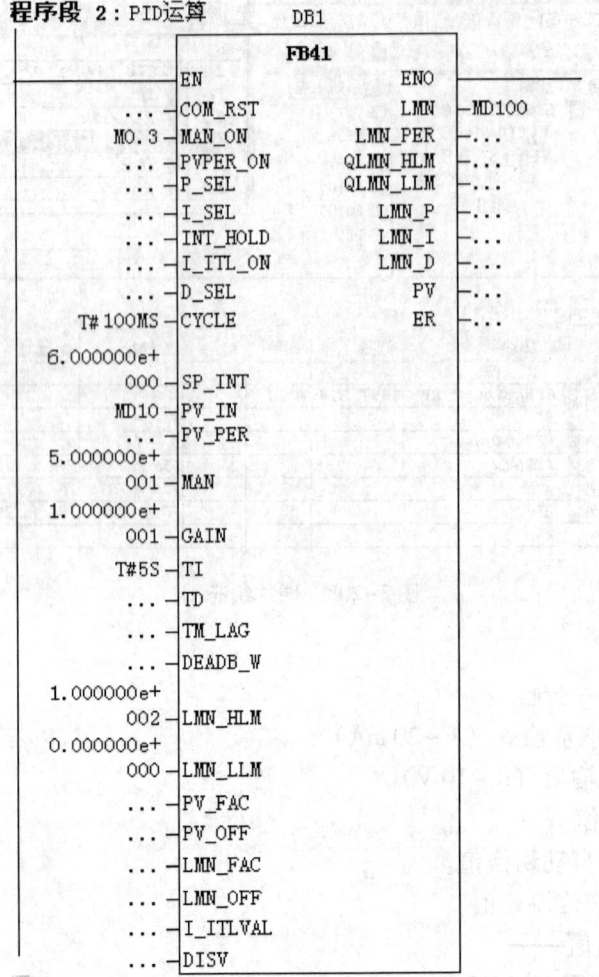

程序段 3：PID输出转换成模拟量输出

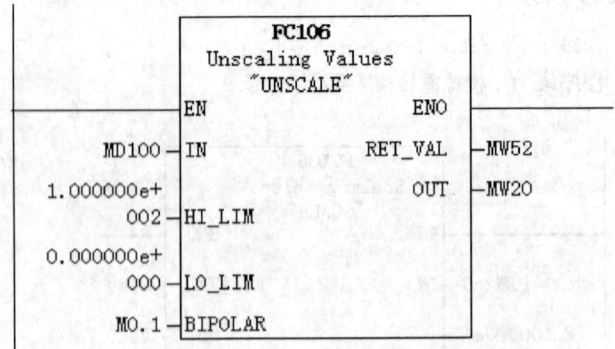

程序段 4：送输出量(0-100.0)调节阀门

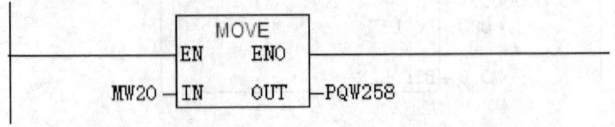

图 3-209　PLC 程序（续）

程序在线检测如图 3-210 所示。

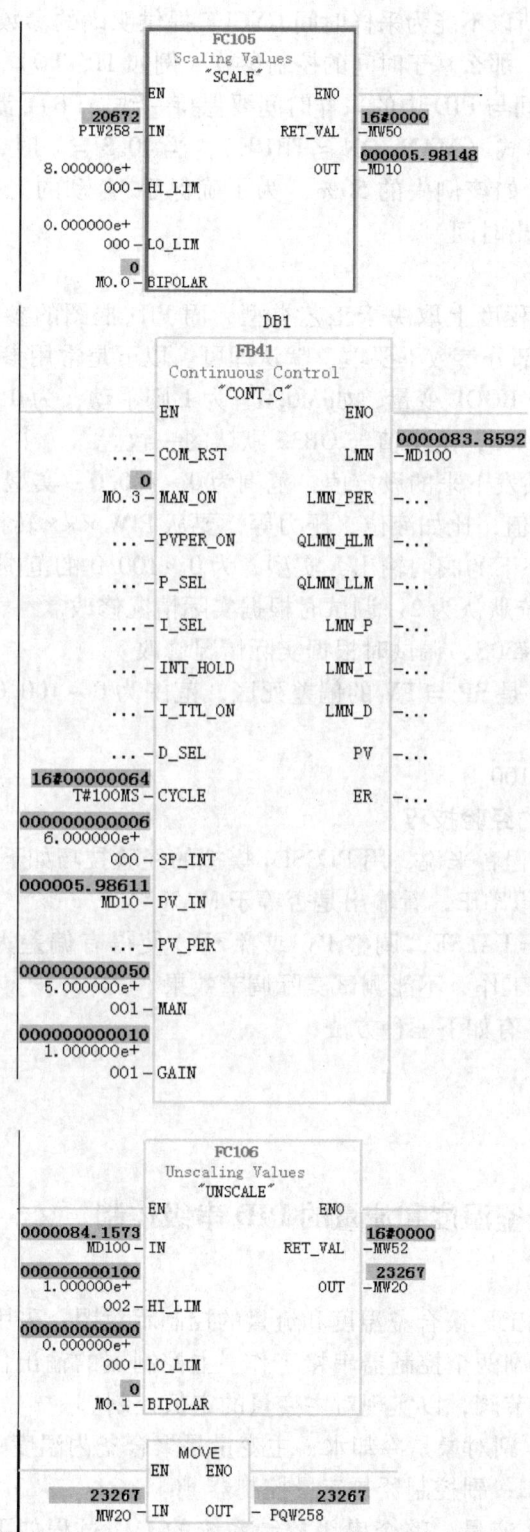

图 3-210 程序仿真

为了保证程序执行频率一致，块应当在循环中断 OB（例如 OB35）中调用。由于 OB1 不能保证不变的循环时间，所以不能为采样时间 CYCLE 提供明确的参数。一旦"CYCLE"参数不能和扫描时间保持一致，那么基于时间的控制参数（例如 TI、TD）会看起来很快或者很慢。在 OB35 中的扫描时间与 PID 中的采样时间要保持一致。FB41 需要背景块 DB。

默认状态下为手动模式（MAN_ON = TRUE），当 I0.3 = 1 时，自动回路被中断，在 MAN 参数下输出控制值，如该例中的 50%。为了确保手/自动的无扰切换，在手动模式下至少保证两次块调用的输出时间。

5. PID 编程经验技巧

由于 PID 控制在很大程度上取决于工艺类型，而 PID 框图的参数又多，这里所提到的 PID 编程经验技巧，即大部分参数不要填，默认即可。以下是常用参数，用变量连接。

① MAN_ON：用一个 BOOL 变量，如 M0.0，为 1 则手动，为 0 则自动。
② CYCLE，如 T#100 MS，这个值与 OB35 默认的一致。
③ SP_INT：是操作站发下来的设定值，范围为 0 ~ 100.0，实型。
④ PV_IN：实际测量值，比如液位、压力等，要从 PIW ××× 转换为 0 ~ 100.0 的范围。
⑤ MAN：是手动状态下的阀门输出，实型，为 0 ~ 100.0 的范围。
⑥ GAIN：比例，系统默认为 2，调试时根据实际情况修改。
⑦ TI：系统默认是 T#30S，调试时根据实际情况修改。
⑧ DEAD_W：死区，是 SP 与 PV 的偏差死区，范围为 0 ~ 100.0，系统默认为 0，调试时根据实际情况修改。
⑨ LMN：范围为 0 ~ 100.0。

6. 用 PLCSIM 模拟的经验技巧

对于没有控制器的编程者来说，用 PLCSIM 模拟的经验技巧如下。

① 手动。MAN_ON = TRUE，看输出是否等于 MAN。
② 自动。MAN_ON = FALSE，调整 PV 或者 SP，使得有偏差大于死区，看输出变化，这里的模拟只能说明 PID 工作，不能测试实际调节效果。
③ 如果需要反作用，有如下三种方法：
a. PV 和 SP 颠倒输入；
b. P 值用负的；
c. 输出用 100 减。

子任务 2　化工厂聚合釜温度和流量的 PID 串级控制

1. 控制要求

如图 3-211 所示，化工厂聚合釜温度和流量的控制示意图，采用 PID 串级控制。

串级控制系统：主、副两个控制器串接工作。主控制器的输出作为副调节器的给定值，副控制器的输出去操纵调节阀，以实现对主变量的定值控制。

① 主对象是聚合釜；副对象是冷却水；主变量是聚合釜内温度；副变量是冷却水流量；主控制器是温度控制器 TC；副控制器是流量控制器 FC。

② 主要干扰是冷却水流量。整个串级控制系统的工作过程如下：设冷却水流量增加，则使 FC 的输出增加，调节阀减小使冷却水流量减小，因而减少以致消除冷却水流量波动对

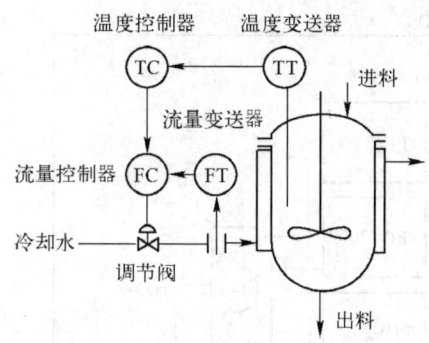

图 3-211 聚合釜温度和流量的串级控制示意图

聚合釜内温度的影响,提高了控制质量(FC 为反作用)。

如聚合釜内温度由于某些次要干扰(例如进料流量、温度的波动)的影响而波动,系统也能加以克服。设釜内温度升高偏离设定值,则温度调节器 TC 输出增大,因而使流量调节器 FC 的给定值增大,FC 输出减少,使调节阀开大,冷却水流量增加,使釜内温度降低,起到负反馈的作用(TC、FC 为反作用)。图 3-212 是温度和流量 PID 串级控制系统框图。

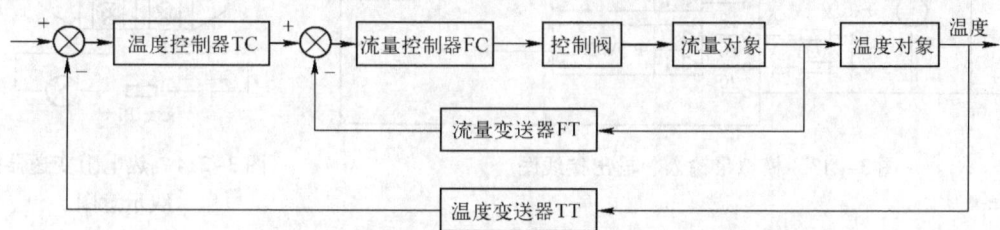

图 3-212 温度和流量 PID 串级控制系统框图

2. 电路连接

模拟量输入有流量传感和温度传感两个变量,模拟量输出主要控制调节阀的开度,其模拟量输入、输出接线如图 3-213 所示。图 3-214 是热电阻温度变送器的接线示意图。

3. 硬件组态

硬件组态如图 3-215 所示。

4. PLC 程序

(1) PLC 的软元件分配

PIW258:流量模拟量输入(4~20 mA)。

PIW260:温度模拟量输入(4~20 mA)。

PQW258:模拟量输出(0~10 V)。

MD100:实际流量值(反馈)。

MD200:实际温度值(反馈)。

MD300:主 PID 输出。

MD500:副 PID 输出。

MD50:温度设定值。

MD30:主 PID 比例系数。

MD34:主 PID 积分系数。

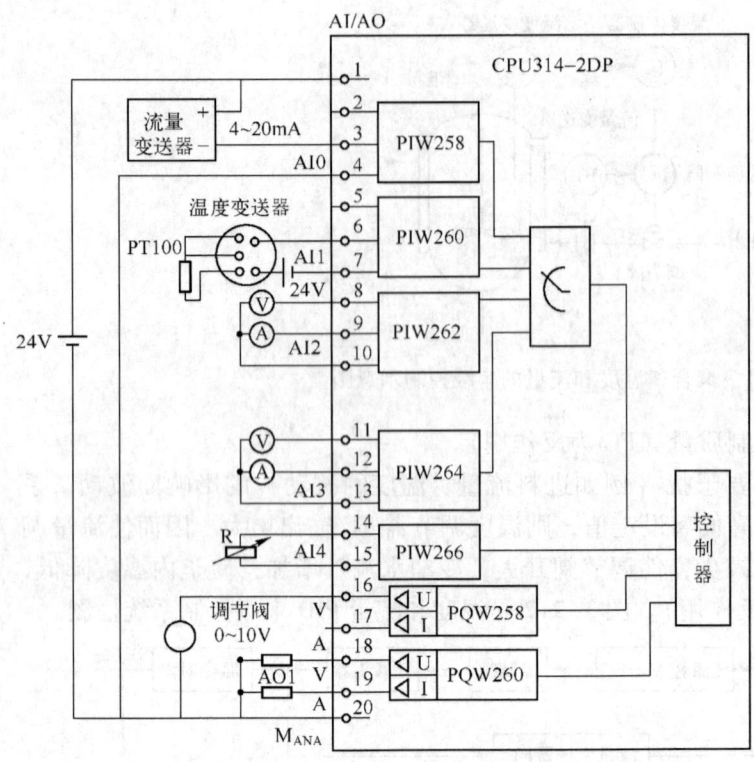
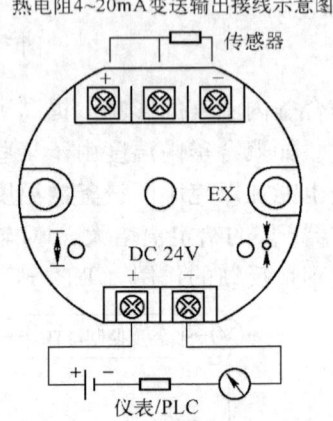

图 3-213 模拟量输入、输出接线图　　　图 3-214 热电阻变送器接线示意图

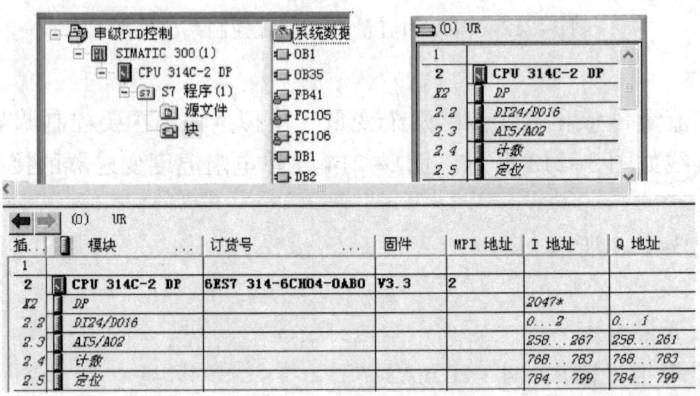

图 3-215 硬件组态图

MD40：副 PID 比例系数。
MD44：副 PID 积分系数。
MW400：最后模拟量输出。
M1.1：主 PID 手动/自动切换值。
M1.2：副 PID 手动/自动切换值。
（2）在 OB35 中编写 PLC 程序
PLC 程序如图 3-216 所示。

程序段 1：模拟量转换成实际流量

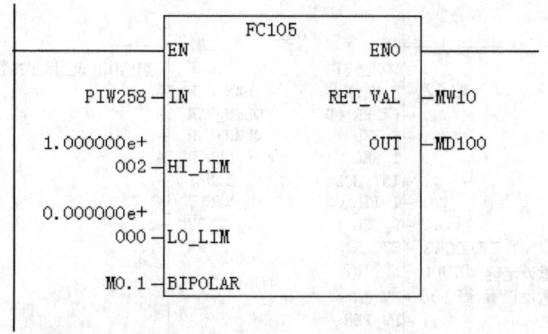

程序段 2：模拟量转换成实际温度值

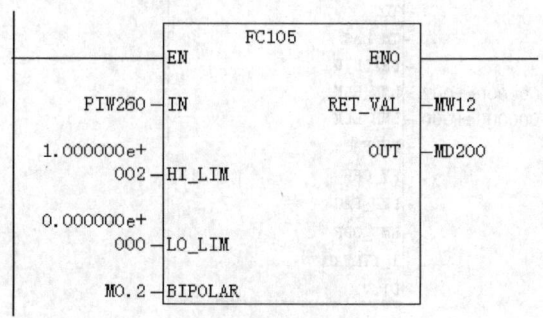

程序段3　温度PID控制（主回路）

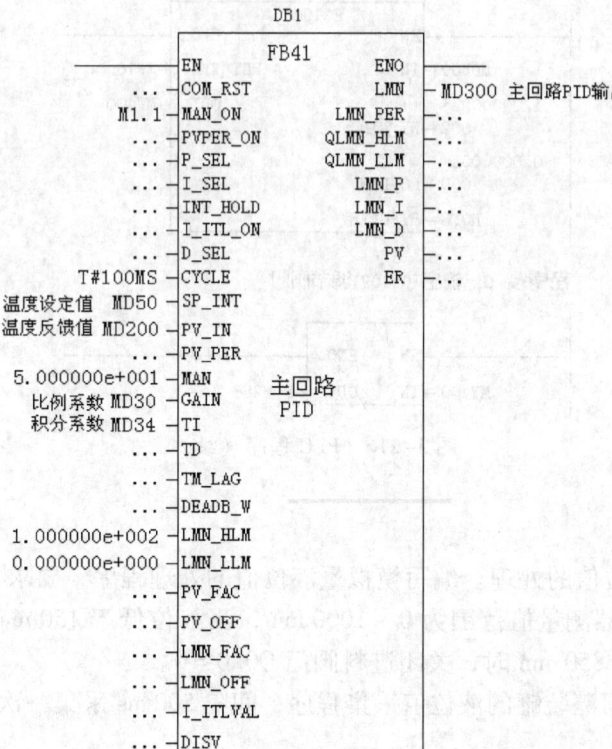

图 3-216　PLC 程序

程序4 流量PID控制（副回路）

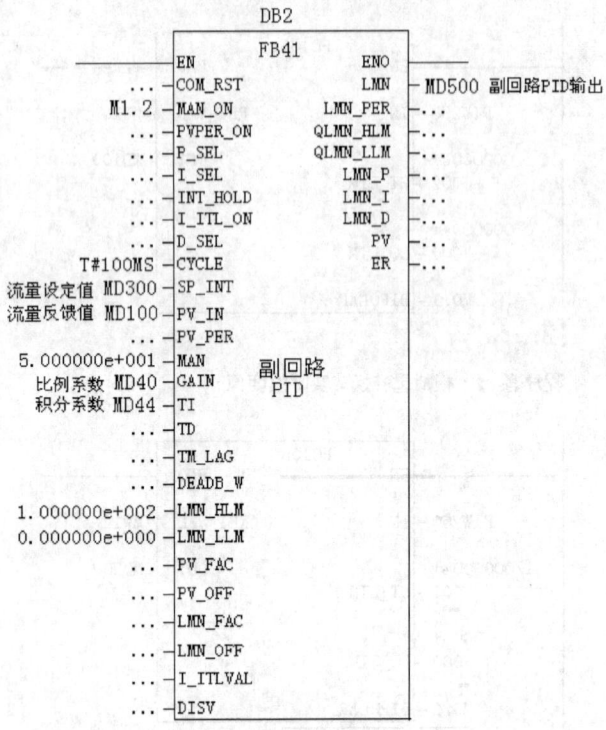

程序段 5：串级PID输出转换成模拟量输出

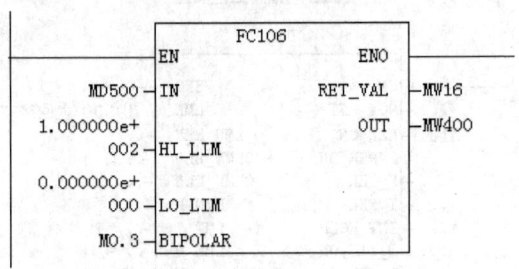

程序段 6：输出（0~10V）调节阀门

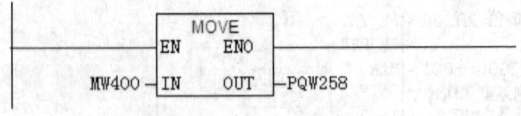

图3-216 PLC程序（续）

【技能训练】

灌装罐模拟量液位值的处理。编写模拟量液位值的处理程序，要求：

① 液位高度传感器测量值范围为0～1000 mm，当液位低于150 mm时，打开进料阀门Q0.0=1，当液位高于850 mm时，关闭进料阀门Q0.0=0。

② 在OB35中编写灌装罐的液位值采集程序，间隔500 ms采集一次。

项目4 S7-300 PLC 的 MPI 通信

【任务目标】

- 了解网络的基本知识,了解西门子工业网络结构。
- 掌握 MPI 网络物理介质、通信特点。
- 会建立 S7-300 PLC 之间的 MPI 全局数据通信构架及测试。

【任务描述】

某车间有两台设备距离大约 30 m,通信要求速率不高,设备 1 由 CPU314-2DP PLC 控制,设备 2 由 CPU313-2DP PLC 控制,从设备 1 上的 CPU314-2DP 发出起动命令,设备 1 起动,经延时 6 s 后,设备 2 进行起动;停止时,按设备 1 停止按钮,设备 2 先停止,延时 8 s 后,设备 1 停止。由于两台设备距离不超过 50 m,通信要求速率不高,可选择 MPI 通信(多点接口)。

【知识准备】

1. 网络通信概论

(1) 网络的基本概念

网络,简单来说就是用物理线路将各个孤立的工作站或主机连在一起,组成数据链路,从而达到资源共享和通信的目的。通信主机、通信协议、连接主机的物理通信链路是网络必不可少的三大组成部分。

国际标准化组织 ISO 提出了一个 OSI 七层网络参考模型,如图 4-1 所示。

物理层:即物理通信设备,包括计算机、控制器、通信电缆、变换机等设备,在该层通信信道上传输的是原始比特流。

数据链路层:主要任务是加强物理层传输原始比特的功能,使之对网络层显现为一条无错线路;数据链路层以帧为单位传输数据。

网络层:关系到子网的运行控制,其中一个关键问题是确定分组从数据源端到目的端如何选择路由。

传输层:基本功能是从会话层接收数据,并且在必要时把它分成较小的单元传输给网络层,并且确保到达对方的各段信息正确无误,并且这些任务都必须高效率完成。

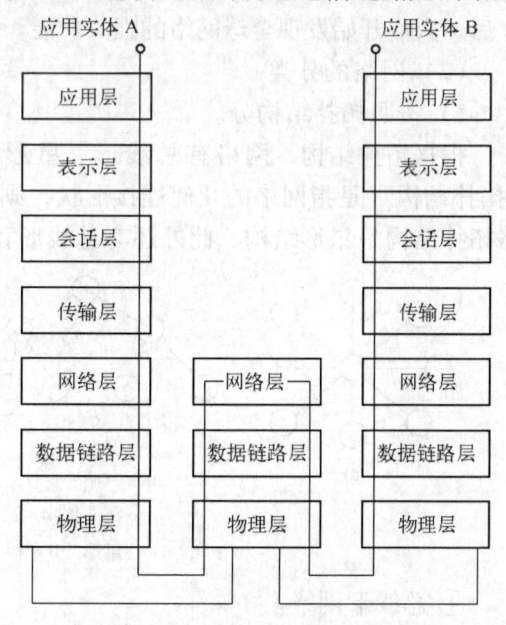

图 4-1 OSI 七层网络参考模型

会话层：允许不同机器上的用户建立会话关系。

表示层：完成某些特定的功能，由于这些功能常被请求，因此人们希望找到通用的解决办法，而不是让每个用户来实现。

应用层：包含大量人们普遍需要的协议。

对于OSI模型的理解有个比较恰当的比喻，比如A公司和B公司有业务联系，A公司的老板想要与B公司的老板进行沟通，A公司的老板（应用层）可能会先写个意向性文档之类的东西，说明一下他的想法、目的，然后交给秘书或助理（表示层），助理把这份文档变成公文形式，这样显得较为正式，也体现出大公司的管理水准，然后他把这份公文转交到下一层部门事务部（会话层），事务部在处理各种公司事务的同时，按照优先级规定，停下手中的工作，优先把这份公文装订或者装入信封，然后通过可靠的人员（传输层）送到邮局或快递公司（网络层），邮局或快递公司的工作人员（数据链路层）通过分拣工作，把公文按地址要求装箱（物理层），最后送到目的地，这个目的地也是一个邮局或快递公司，然后再通过分拣→送达→整理→上交→阅读，把A公司的工作按相反的顺序执行一遍，B公司老板就收到了A公司老板的信函。

ISO/OSI七层网络结构仅仅是一种参考模型。这个模型首先是一个计算机系统互连的规范，是引导生产厂家和用户共同遵守的中立的规范；其次这个规范是开放的，任何人均可以免费使用；再次这个规范是为开放系统设计的，使用这个规范的系统必须向其他使用这个规范的系统开放；还有，这个规范仅供参考，可在一定的范围内根据需要进行适当调整。目前许多网络包括互联网使用的都是基于TCP/IP的网络结构。

TCP/IP（Transmission Control Protocol/Internet Protocol）叫做传输控制/网际协议，又叫做网络通信协议，它是一种面向可靠连接的网络，即便遭到核攻击而破坏了大部分网络，TCP/IP仍然能够维持有效的通信；这个协议也是国际互联网络的基础。

TCP/IP同时具备了可扩展性和可靠性的需求，但是牺牲了速度和效率；Internet公用化以后，人们开始发现全球网络的强大功能。Internet的普遍性是TCP/IP至今仍然使用的原因。

(2) 网络的分类

1) 按照拓扑结构分。

根据拓扑结构，网络有总线形、星形、环形、树形等类型，如图4-2所示；网络的"拓扑结构"是指网络的几何连接形状，画成图就叫做网络"拓扑图"。目前应用最多的网络拓扑结构是星形结构，此外还有总线形和环形等网络结构。

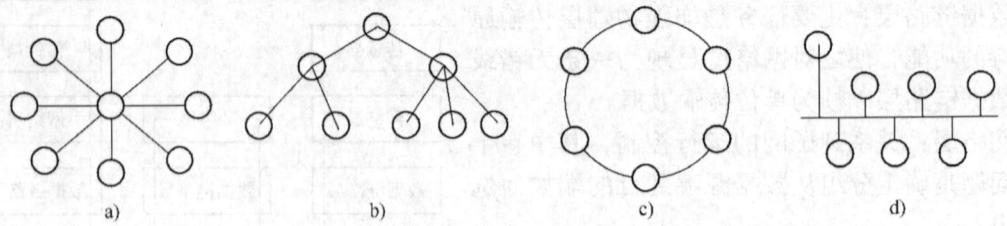

图4-2 网络拓扑结构

a) 星形 b) 树形 c) 环形 d) 总线形

① 总线形网络。

将所有站点通过同轴电缆连接，就像一条线上拴着的几只蚂蚱；这种结构适用于网络节点不多的局域网上,因为如果电缆中的一段出了问题,其他站点也将无法接通,会导致整个网络瘫痪。网络物理线路主要由 BNC 接口网卡、BNC – T 型接头、终结器和同轴电缆等硬件构成。

② 星形网络。

使用双绞线连接,结构上以集线器或交换机为中心,呈放射状连接各个节点(如计算机等)。由于集线器或交换机上有许多指示灯,遇到故障时很容易发现出故障的节点。而且一台计算机或线路出现问题不会影响其他计算机,这样网络系统的可靠性大大增强。另外,如果集线器或交换机留有足够的接口,要增加一个计算机,只需将计算机连接到集线器或交换机上就可以,很方便扩充网络;所以星形结构的网络现在非常流行。

③ 环形结构。

各节点通过通信线路组成闭合回路,环路中数据只能单向传输。这种结构的优点是:结构简单,适合使用光纤,传输距离远,传输延迟确定。缺点:环网中的每个节点均成为网络可靠性的瓶颈,任意节点出现故障都会造成网络瘫痪;另外故障诊断也较困难。最著名的环形拓扑结构网络是令牌环网 (Token Ring)。

④ 树形结构。

这是一种层次结构,节点按层次连接,信息交换主要在上下节点之间进行,相邻节点或同层节点之间一般不进行数据交换。优点:连接简单,维护方便,适用于汇集信息的应用要求。缺点:资源共享能力较低,可靠性不高,任何一个工作站或链路的故障都会影响整个网络的运行。

2) 按照地域分。

网络大致可分为城域网、广域网、局域网等。

所谓局域网,就是在局部地区范围内的网络,局域网是最常见、应用最广的一种网络,通常大家在工作中组建的几乎都是局域网。局域网随着整个计算机网络技术的发展和提高得到了充分的应用和普及,几乎每个单位都有自己的局域网,有的家庭甚至都有自己的小型局域网。局域网在计算机数量配置上没有太多的限制,少的可以只有两台,多的可有几百台。一般来说在企业局域网中,工作站的数量在几十到两百台之间。

网络的地理范围一般来说可以在几米至十千米之间。局域网一般位于一个建筑物或一个单位内,不存在寻址问题,不包括网络层的应用。

2. 西门子 PLC 工业网络

(1) 工厂自动化系统典型网络结构

一个典型的工厂自动化系统一般由以下三层网络结构:现场设备层、车间控制层和工厂管理层,如图 4-3 所示。

1) 现场设备层。

主要功能是连接现场设备,例如,分布式 I/O、传感器、驱动器、执行机构和开关设备等,完成现场设备控制及设备间联锁控制。主站(PLC、PC 或其他控制器)负责总线通信管理及与从站的通信。总线上所有设备生产工艺控制程序存储在主站中,并由主站执行。

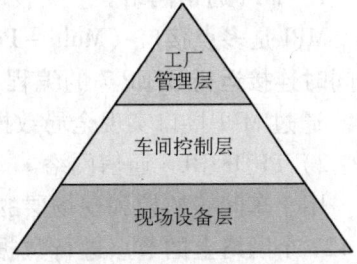

图 4-3 工厂自动化系统

2) 车间控制层。

车间控制层又称为单元层,用来完成车间主要生产设备之间的连接,包括生产设备状态的在线监控、设备故障报警及维护等,此外还有生产统计、生产调度等功能。传输速度不是最重要的,但是应能传送大容量的信息。

3) 工厂管理层。

车间操作员工作站通过集线器与车间办公管理网连接,将车间生产数据送到车间管理层。车间管理网作为工厂主网的一个子网,连接到厂区骨干网,将车间数据集成到工厂管理层。

S7-300/400 PLC 有很强的通信功能,CPU 模块集成有 MPI 和 DP 通信接口,有 PROFI-BUS-DP 和工业以太网的通信模块,以及点对点通信模块。通过 PROFIBUS-DP 或 AS-i 现场总线,CPU 与分布式 I/O 模块之间可以周期性地自动交换数据。在自动化系统之间,PLC 与计算机和 HMI 站之间,均可交换数据。

(2) 西门子 PLC 网络

西门子 PLC 网络结构图如图 4-4 所示。西门子 PLC 网络有:MPI 网络、工业以太网(Industrial Ethernet)、工业现场总线(Profibus)、点到点连接(PtP)和 AS-i 网络。

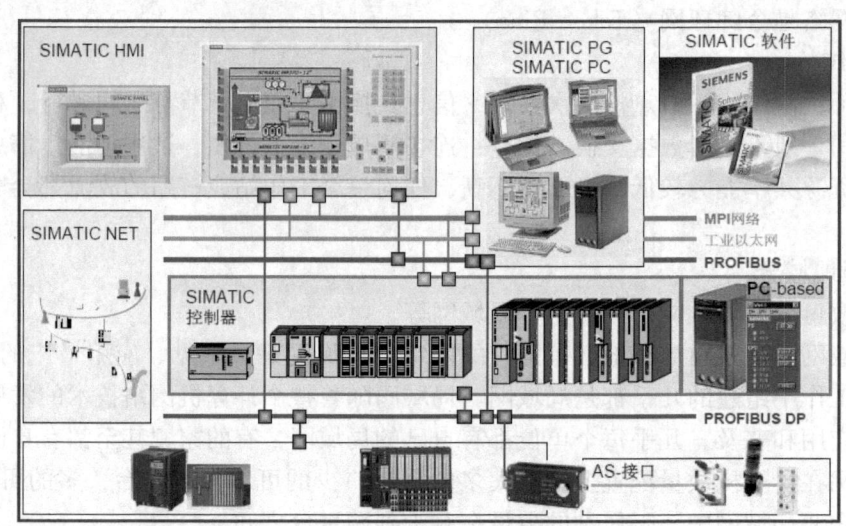

图 4-4 西门子 PLC 网络结构图

1) MPI 通信网络。

MPI 是多点接口(Multi-Point Interface)的简称,MPI 的物理层是 RS-485,通过 MPI 能同时连接运行 STEP 7 的编程器、计算机、人机界面(HMI)及其他 SIMATIC S7、M7 和 C7。通过 MPI 接口实现全局数据(GD)服务,周期性地进行数据交换。

2) PROFIBUS 通信网络。

用于车间级监控和现场层的通信系统,开放性 PROFIBUS-DP 与分布式 I/O。最多可以与 127 个网络上的节点进行数据交换。网络中最多可以串接 10 个中继器来延长通信距离。使用光纤作为通信介质,通信距离可达 90 km。

3) 工业以太网通信网络。

西门子的工业以太网符合 IEEE 802.3 国际标准,通过网关来连接远程网络,通信速率为 10M/100 Mbit/s,最多 1024 个网络节点,网络的最大范围为 150 km。

采用交换式局域网，每个网段都能达到网络的整体性能和数据传输速率，电气交换模块与光纤交换模块将网络划分为若干个网段，在多个网段中可以同时传输多个报文。本地数据通信在本网段进行，只有指定的数据包可以超出本地网段的范围。

全双工模式使一个站能同时发送和接收数据，不会发生冲突。传输速率到20 Mbit/s 和 200 Mbit/s。可以构建环形冗余工业以太网。最大的网络重构时间为0.3 s。

4) 点对点连接通信网络。

点对点连接（Point - to - Point Connections）可以连接S7 PLC 和其他串口设备。使用 CP340、CP341、CP440、CP441 通信处理模块，或 CPU31xC - 2PtP 集成的通信接口。

5) 通过AS - i 网络的过程通信。

AS - i 是执行器 - 传感器接口（Actuator Sensor Interface）的简称，位于最底层。AS - i 每个网段只能有一个主站。AS - i 所有分支电路的最大总长度为100 m，可以用中继器延长。可以用屏蔽的或非屏蔽的两芯电缆，支持总线供电。

DP/AS - i 网关（Gateway）用来连接PROFIBUS - DP 和AS - i 网络。CP342 - 2 最多可以连接62个数字量或31个模拟量AS - i 从站；最多可以访问248个DI 和186个DO。可以处理模拟量值。

西门子的"LOGO!"微型控制器可以接入AS - i 网络，西门子提供多种AS - i 产品。

3. MPI 网络与全局数据通信

MPI 物理接口符合 PROFIBUS RS - 485 接口标准。MPI 网络的通信速率19.2 Kbit/s ~ 12 Mbit/s，S7 - 200 PLC 只能选择19.2 Kbit/s 的通信速率，S7 - 300 PLC 通常默认设置为187.5 Kbit/s，只有能够设置为PROFIBUS 接口的MPI 网络才支持12 Mbit/s 的通信速率。

在SIMATIC S7/M7/C7 PLC 上都集成有MPI 接口，MPI 的基本功能是S7 的编程接口，还可以进行S7 - 300/400 PLC 之间，S7 - 300/400 PLC 与S7 - 200 PLC 之间的小数据量的通信，是一种应用广泛、经济、不用做连接组态的通信方式。

接入到位MPI 网的设备称为一个节点，不分段的MPI 网（无RS - 485 中继器的MPI 网）最多可以有32个网络结点。仅用MPI 构成的网络，称为MPI 网。MPI 网上的每个节点都有一个网络地址，称为MPI 地址。节点地址号不能大于给出的最高MPI 地址。S7 设备在出厂时对一些装置给出了默认的MPI 地址，见表4-1。

表4-1 S7 设备默认的 MPI 地址

节点（MPI 设备）	默认 MPI 地址	最高 MPI 地址
计算机（PG/PC）	0	15
触摸屏（OP/TP）	1	15
PLC	2	15

【任务实施】

1. 控制要求

有两台设备，设备1由CPU314C - 2DP PLC 控制，设备2由CPU313C - 2DP PLC 控制，从设备1上的CPU314C - 2DP 发出起动命令，设备1起动，经延时6 s后，设备2进行起动；

停止时，设备 1 按停止按钮，设备 2 先停止，延时 8 s 后，设备 1 停止。其控制网络如图 4-5 所示，接线图如图 4-6 所示。

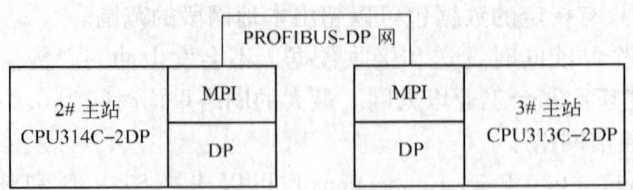

图 4-5 控制网络图

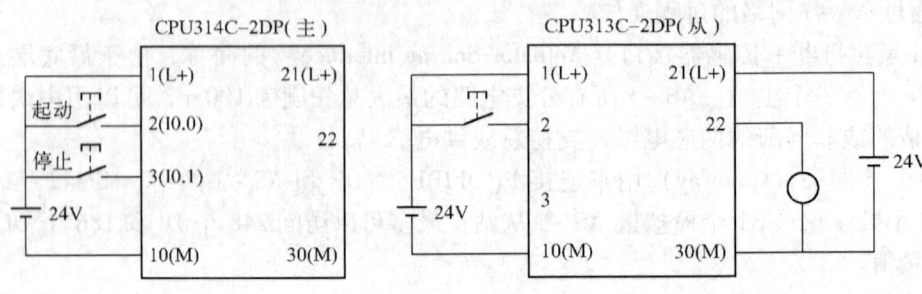

图 4-6 接线图

2. 硬件组态

1）分别插入两个工程：CPU314C-2DP（主）、CPU313C-2DP（从），如图 4-7 所示。

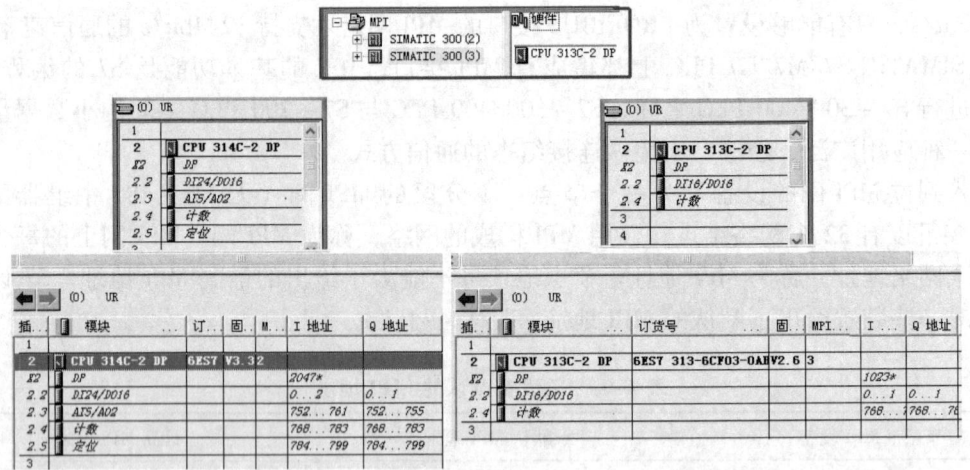

图 4-7 硬件组态

2）打开 CPU314C-2DP 属性，双击槽位 2 的 CPU314C-2DP，如图 4-8 所示，设置站 2 的 MPI 通信参数，MPI 地址为 2，MPI 的波特率是 187.5 kbit/s。

3）同理，打开 CPU313C-2DP 属性，设置站 3 的 MPI 通信参数，MPI 地址为 3，MPI 的波特率是 187.5 kbit/s。

4）打开 MPI 网络，双击如图 4-9 所示处的 MPI，弹出 MPI 网络。

5）定义 2#、3#的 MPI 全局变量数据。如图 4-10 所示，右键单击 MPI 网络，在弹出的快捷菜单中选中"定义全局数据"，可得全局数据图，如图 4-11 所示。

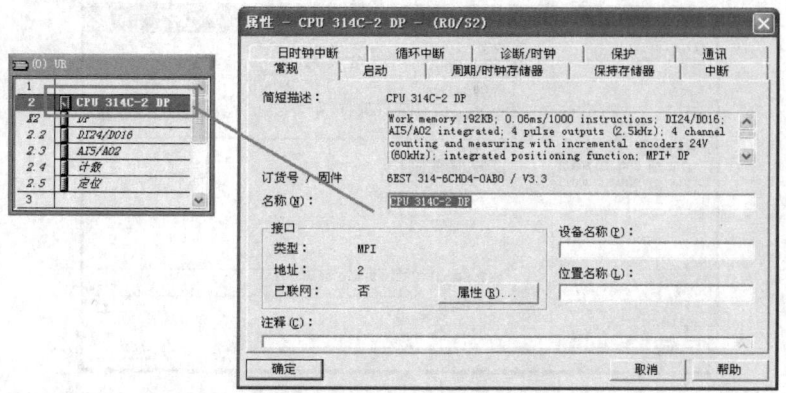

图4-8 设置CPU314C-2DP属性

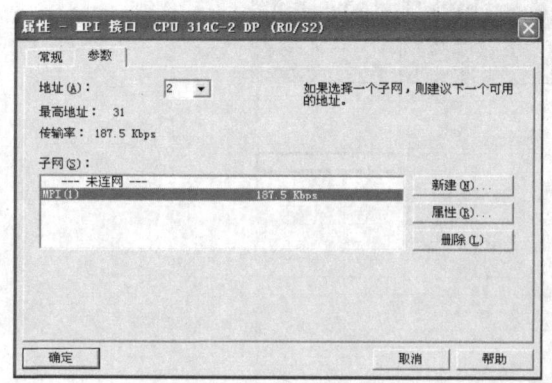

图4-9 打开MPI网络

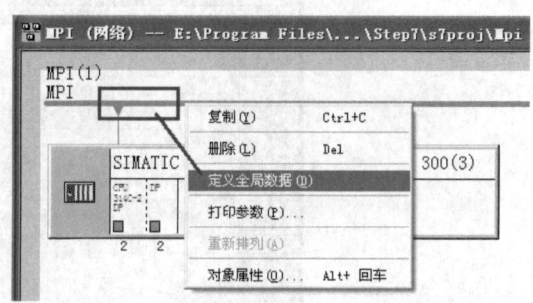

图4-10 选择"定义全局数据"

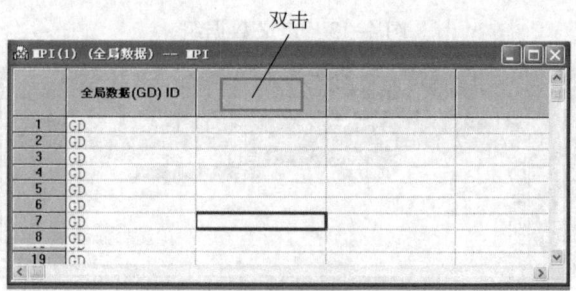

图4-11 全局数据图

6)双击图4-11所示位置,出现图4-12所示"选择CPU"对话框,选定"SIMATIC 300(2)",再选定"CPU314C-2DP",单击"确定"按钮,如图4-13所示。

7)定义发送区的数据组。输入MB10:3,其含义是将站点SIMATIC 300(2)中从MB10开始的3个字节发送出去。

8)发送区的数据组组态。选定"MB10:3"栏,选择"编辑"菜单,单击"发送器",变成">MB10:3";其他发送区和接收区的数据组的组态方法类似,如图4-14所示,含义是:将站点SIMATIC 300(2)的从MB10开始的3个字节发送到SIMATIC 300(3)的从MB100开始的3个字节;将站点SIMATIC 300(3)的从MB200开始的3个字节发送到SIMATIC 300(2)的从MB20开始的3个字节。具体数据流向见表4-2。

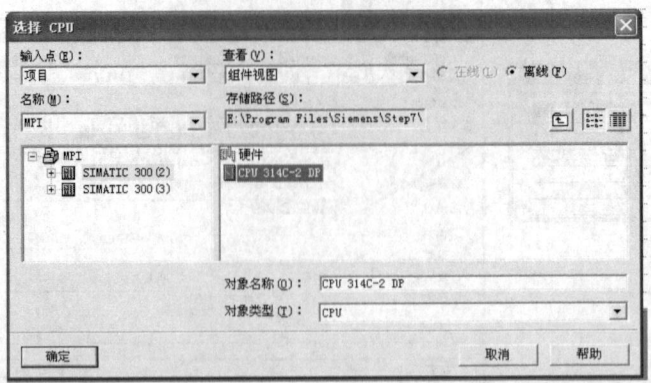

图 4-12　选择 CPU

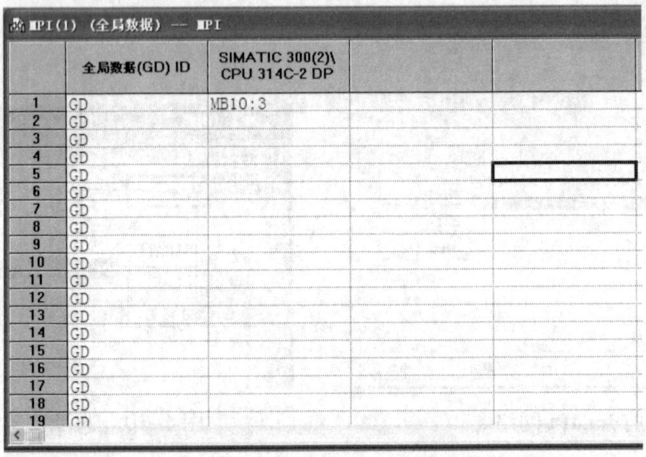

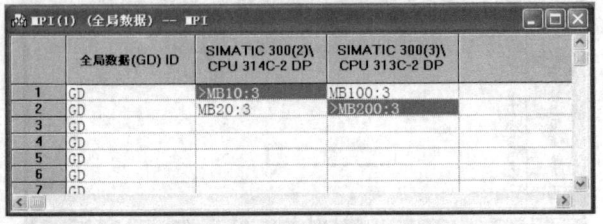

图 4-13　定义数据组

图 4-14　定义发送区和接收区的数据

表 4-2　数据交换流向表

CPU314C-2DP（主站 2#）	CPU313C-2DP（从站 3#）
MB10 - MB12 ⟶ MB100 - MB102	
MB20 - MB202 ⟶ MB200 - MB202	

3. 程序

（1）设备 1 程序

设备 1 程序如图 4-15 所示。

（2）设备 2 程序

设备 2 程序如图 4-16 所示。

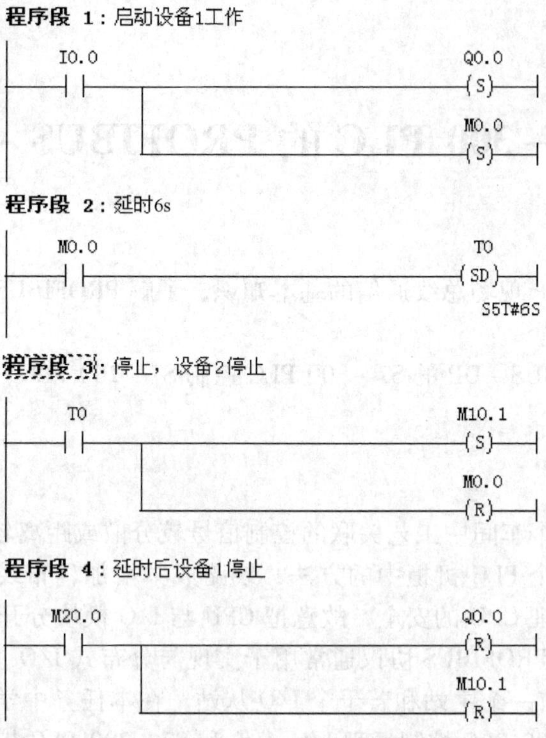

程序段 1：启动设备1工作

```
   I0.0                                    Q0.0
───┤ ├──────────────────────────────────────( S )───
                │
                │                           M0.0
                └───────────────────────────( S )───
```

程序段 2：延时6s

```
   M0.0                                     T0
───┤ ├──────────────────────────────────────(SD)───
                                            S5T#6S
```

程序段 3：停止，设备2停止

```
    T0                                     M10.1
───┤ ├──────────────────────────────────────( S )───
                │
                │                           M0.0
                └───────────────────────────( R )───
```

程序段 4：延时后设备1停止

```
   M20.0                                    Q0.0
───┤ ├──────────────────────────────────────( R )───
                │
                │                           M10.1
                └───────────────────────────( R )───
```

图 4-15 设备 1 程序

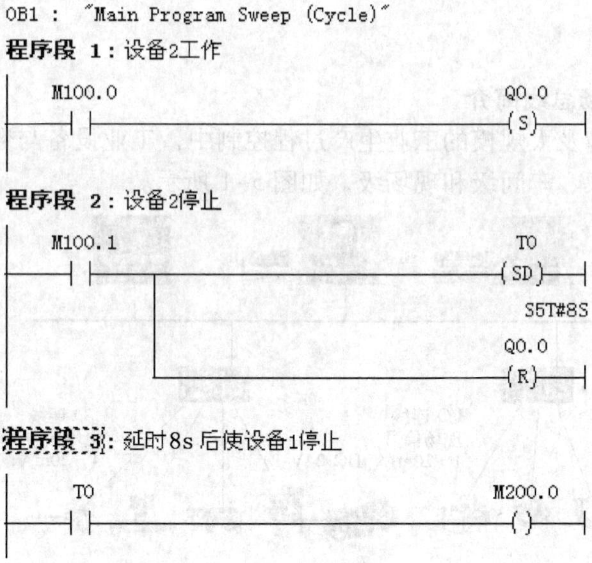

OB1： "Main Program Sweep (Cycle)"

程序段 1：设备2工作

```
   M100.0                                   Q0.0
───┤ ├──────────────────────────────────────( S )───
```

程序段 2：设备2停止

```
   M100.1                                   T0
───┤ ├──────────────────────────────────────(SD)───
                │                           S5T#8S
                │
                │                           Q0.0
                └───────────────────────────( R )───
```

程序段 3：延时8s后使设备1停止

```
    T0                                     M200.0
───┤ ├──────────────────────────────────────(  )───
```

图 4-16 设备 2 程序

项目 5　S7–300 PLC 的 PROFIBUS–DP 通信

【任务目标】

- 学习 PROFIBUS–DP 现场总线通信的基本知识，了解 PROFIBUS–DP 技术规范。
- 会制作 DP 总线电缆头。
- 能构建基于 PROFIBUS–DP 的 S7–300 PLC 控制 S7–200 PLC、远程 I/O 模块和变频器的通信。

【任务描述】

当一个大型设备或一个车间中工艺关联的控制信号较分散或距离较远时，如仍采用把信号线和控制线都连接到一个 PLC 机柜中的方法，线路成本增加，布线也不方便；有时也是因为现场较危险，为了保证 CPU 的安全，故意把 CPU 与 I/O 模块分开，此时可采用 PROFIBUS–DP 现场总线通信，PROFIBUS 协议通常用于实现与分布式 I/O（远程 I/O）的高速通信。PROFIBUS 网络通常有一个主站和若干个 I/O 从站。在本任务中学习 S7–300 PLC 控制 S7–200 PLC 通信，S7–300 PLC 控制远程 I/O 模块和 S7–300 PLC 控制变频器的任务，掌握构建 PROFIBUS–DP 现场总线与其他智能设备的通信。

【知识准备】

1. PROFIBUS 现场总线简介

在现代化工厂环境及大规模的工业生产过程控制中，工业设备与数据结构被简单地划分为三个层次，即工厂级、车间级和现场级，如图 5-1 所示。

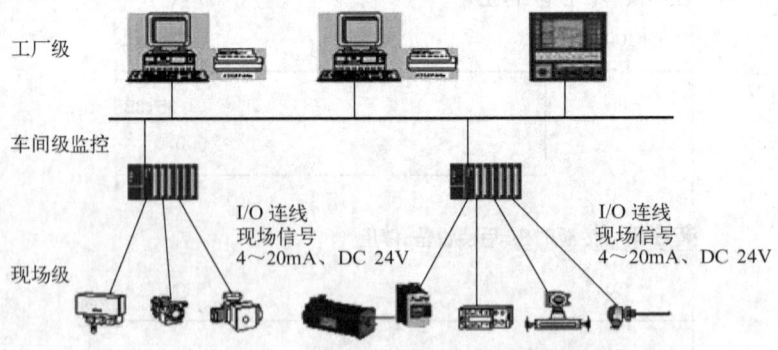

图 5-1　工业设备与数据的层次结构

传统的现场级与车间级控制系统主要特点之一是，现场级设备与控制器之间的连接是一对一的（一个 I/O 点对应设备的一个测控点）。所谓 I/O 接线方式，即传递 4~20 mA（传送模拟量信息）或 DC 24V（传送开关量信息）信号。该系统主要有以下缺点。

（1）信息集成能力不强

控制器与现场设备之间靠 I/O 连线连接，传送 4~20 mA 模拟量信号或 DC 24V 等开关量信号并以此监控现场设备。这样，控制器获取信息量有限，大量的数据如设备参数、故障及故障记录等数据很难得到。底层数据不全、信息集成能力不强，不能完全满足 CIMS 系统对底层数据的要求。

（2）系统不开放、可集成性差、专业性不强

除现场设备均靠标准 4~20 mA/DC 24V 连接，系统其他软、硬件通常只能使用一家产品。不同厂家产品之间缺乏互操作性、互换性，因此可集成性差。这种系统很少留出接口，允许其他厂商将自己专长的控制技术，如控制算法、工艺流程、配方等集成到通用系统中去，因此，面向行业的监控系统很少。

（3）可靠性不易保证

对于大范围的分布式系统，大量的 I/O 电缆及敷设施工，不仅增加成本，也增加了系统的不可靠性。

（4）可维护性不高

由于现场级设备信息不全，现场级设备的在线故障诊断、报警、记录功能不强。另一方面也很难完成现场设备的远程参数设定、修改等参数化功能，影响了系统的可维护性。

随着通信技术的发展，结构简单、成本低廉、可远程传输的串行通信方式在工业控制领域得到了广泛的应用。具有串行通信接口的设备如果采用统一的通信协议，便可以通过一对双绞线来实现现场信号的传输。基于此，如图 5-2 所示，现场总线的概念在 1984 年正式提出并被逐渐广泛应用。

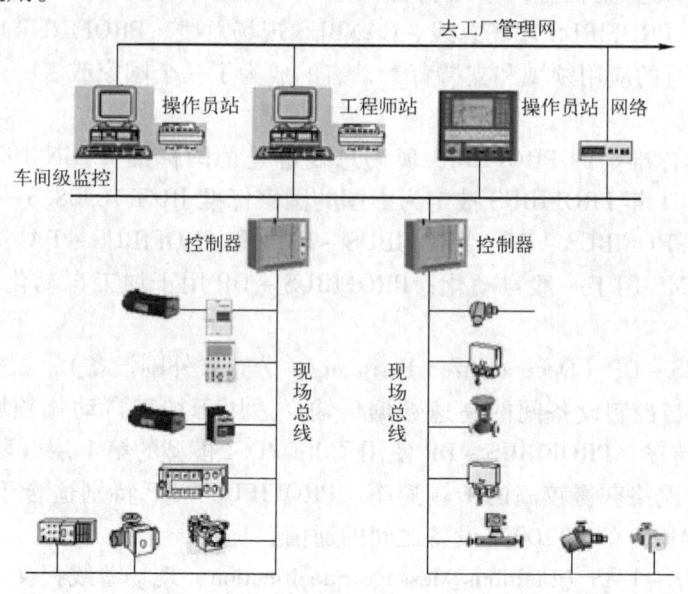

图 5-2 现场总线连接方式

基于现场总线的控制系统使用一根通信电缆，将所有具有统一的通信协议通信接口的现场设备（智能化、带有通信接口）连接，这样，在设备层传递的不再是 I/O（4~20 mA/DC 24V）信号，而是基于现场总线的数字化通信，由数字化通信网络构成现场级与车间级自动化监控及信息集成系统。其具有以下优点。

（1）增强了现场级信息集成能力

现场总线可从现场设备获取大量丰富信息，能够更好地满足工厂自动化及 CIMS 系统的

信息集成要求。现场总线是数字化通信网络，它不单纯取代 4～20mA 信号，还可实现设备状态、故障、参数信息传送。系统除完成远程控制，还可完成远程参数化工作。

（2）开放式、互操作性、互换性、可集成性

不同厂家产品只要使用同一总线标准，就具有互操作性、互换性，因此设备具有很好的可集成性。系统为开放式，允许其他厂商将自己专长的控制技术，如控制算法、工艺流程、配方等集成到通用系统中去，因此，市场上将有许多面向行业特点的监控系统。

（3）系统可靠性高、可维护性好

基于现场总线的自动化监控系统采用总线连接方式替代一对一的 I/O 连线，对于大规模 I/O 系统来说，减少了由接线点造成的不可靠因素。同时，系统具有现场级设备的在线故障诊断、报警、记录功能，可完成现场设备的远程参数设定、修改等参数化工作，也增强了系统的可维护性。

（4）降低了系统及工程成本

对大范围、大规模 I/O 的分布式系统来说，省去了大量的电缆、I/O 模块及电缆敷设工程费用，降低了系统及工程成本。

现场总线使自控设备与系统步入了信息网络的行列，为其应用开拓了更为广阔的领域，克服了传统自控系统中的"信息孤岛"效应。

目前，国际上著名的自动化产品及现场设备生产厂家，已经意识到现场总线技术是未来发展方向，纷纷结成企业联盟，推出自己的总线标准及产品。如有 FF 现场总线、LON-WORKS 现场总线、PROFIBUS 现场总线、CANBUS 现场总线、PROFINET 现场总线等。每种总线协议都有其特有的应用领域和支持背景，有的成为了一个国家或者一个地区的标准，目前谁也无法取代谁。

IEC61158 国际标准中的 PROFIBUS 现场总线也是德国标准（DIN 19245）和欧洲标准（EN50170）。在 2001 年 PROFIBUS 被定为中国的国家标准 JB/T 10308.3—2005。

PROFIBUS 由 PROFIBUS-DP、PROFIBUS-FMS 和 PROFIBUS-PA 三个部分组成。其中，PROFIBUS-FMS 用于一般自动化；PROFIBUS-DP 用于加工自动化；PROFIBUS-PA 用于过程自动化。

（1）PROFIBUS-DP（Decentralized Periphery，分布式外围设备）

用于分散外设与控制设备间的高速数据传输，适用于加工自动化领域，可以取代 4～20mA 的模拟信号传输。PROFIBUS-DP 使用了 ISO/OSI 模型的第 1 层（物理层）和第 2 层（数据链路层），使网络获得较高的传输速率。PROFIBUS-DP 特别适合于 PLC 与现场级分布式 I/O（如 SIEMENS 的 ET200）设备之间的通信。

（2）PROFIBUS-FMS（Fieldbus Message Specification，现场总线报文规范）

适用于纺织、楼宇自动化、PLC 和低压开关等。除了 OSI 的第 1 层和第 2 层，PROFIBUS-FMS 还使用了第 7 层，即应用层，因此该协议向用户提供了功能很强的通信服务。主要用于车间级的不同供应商的自动化设备之间传输数据。

（3）PROFIBUS-PA（Process Automation，过程自动化）

专为过程自动化设计的总线类型，使用的是扩展的 PROFIBUS-DP 协议，此外还描述了现场设备行为的 PA 行规。其传输技术使用的是 IEC 1158-2，确保了本质和系统的稳定性，并通过总线对现场设备供电。PROFIBUS-PA 广泛应用于化工和石油生产等领域。

PROFIBUS – DP 和 PROFIBUS – FMS 使用的是 RS – 485 传输技术，传输介质可以采用屏蔽双绞线和光纤等。使用屏蔽双绞线的传输速率有 9.6 kbit/s，19.2 kbit/s，93.75 kbit/s，187.5 kbit/s，500 kbit/s，1500 kbit/s，12000 kbit/s。随着通信速率的增加，传输距离也相应降低为 1200 m，1200 m、1200 m、1000 m、400 m、200 m、100 m，见表 5-1。

表 5-1　PROFIBUS 传输距离与通信速率的关系

波特率（kbit/s）	9.6~93.75	187.5	500	1500	3000~12000
传输距离/m	1200	1000	400	200	100

网络的拓扑结构可以采用树形、星形、环形以及冗余等结构。每一个网段最多可以组态 32 个站点，多于 32 个站点可以使用中继器，整个网络最多可以组态 127 个站点。中继器也要占用站点。

PROFIBUS 支持主从系统、纯主站系统、多主多从混合系统等几种模式。主站与主站之间采用的是令牌的传输方式，主站在获得令牌后通过轮询的方式与从站通信。

在 3 种 PROFIBUS 协议中，PROFIBUS – DP 解决的是分布式现场设备与控制器之间的数据交换，应用范围最为广泛。PROFIBUS – DP 是一种高速低成本通信连接，用于设备级控制系统和分散式 I/O 通信，它的实时性好，数据传输速率 9.6 kbit/s ~ 12 Mbit/s，响应时间为几百微秒到几百毫秒，数据传输技术采用 RS – 485，传输介质是可屏蔽双绞线或光纤。使用 PROFIBUS – DP 现场总线可以大大减少布线工作量，避免信号干扰，使系统更可靠。PROFIBUS – DP 无论在其性能、开放程度、可互换性和可操作性上，还是在其工业业绩上都是比较突出的。

2. PROFIBUS – DP 网络的硬件连接

（1）DP 的网络拓扑

DP 的网络拓扑如图 5-3 所示。在 DP 系统上，存在三类设备：一类主站（Class 1）、二类主站（Class 2）及从站（Slave）。一类主站主要是中央控制器，它与分散的 I/O 设备（从站）交换数据，如通常情况下的 PLC、PC 及 VME 等。二类主站一般用做组态监控，如触摸屏，它被用来设定网络或参数，监视 DP 从站设备。而 DP 从站则是直接连接 I/O 信号的外围设备，典型的有输入、输出、驱动器、阀门、操作面板等设备。

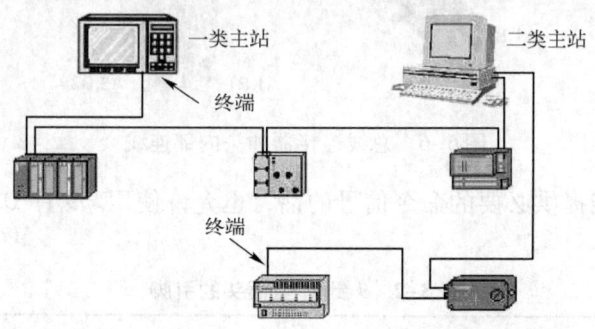

图 5-3　DP 的网络拓扑结构

DP 总线采用高速的 RS – 485，异步 NRZ 编码方法，波特率支持 9.6 kbit/s ~ 12 Mbit/s，中间有多级频率可供选择。总线传输使用屏蔽双绞线电缆。每段可以挂 32 个站，总线最多允许有 127 个站，其长度可达 1000 m，如果使用中继器则可延长到 10 km。

（2）DP 连接器（Connector）

DP 总线提供标准的总线连接器，如图 5-4 所示。总线连接器接口是标准的 9 针 D 形插头，其插座部分被安装到设备上。PROFIBUS 并不规定用户一定使用这样的 D 形插头，标准的连接器内部有红色与绿色两个接口，分别标示"A"和"B"，接线时将电缆的相同颜色的线与接口相接即可。总线连接器上存在终端电阻，可以选择使用终端电阻有效还是无效，一般在总线的两个终端，终端电阻选为"ON"，否则都为"OFF"，如图 5-5 所示，图 5-6 是总线连接器插头内部连线。

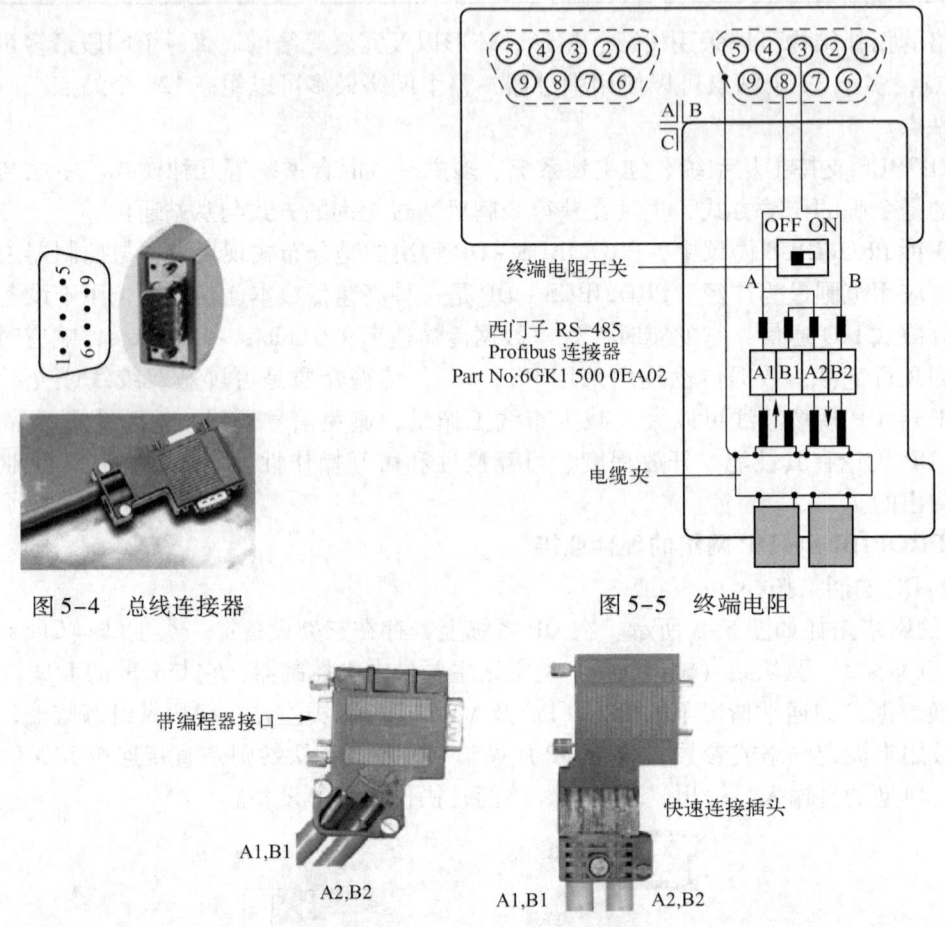

图 5-4　总线连接器　　　　　　　图 5-5　终端电阻

图 5-6　总线连接器插头内部连线

如果其他连接器能提供必要的命令信号的话，也允许使用。9 针 D 形插头的引脚定义见表 5-2。

表 5-2　9 针 D 型插头的引脚

引脚号	信号	规定
1	Shield	屏蔽/保护地
2	M24	24 V 输出电压的地
3	RxD/TxD - P*	接收数据传输数据阳极（+）

(续)

引脚号	信 号	规 定
4	CNTR – P	中继器控制信号（方向控制）
5	DGND*	数据传输势位（对地 5 V）
6	VP*	终端电阻 – P 的供给电压（P5V）
7	P24	输出电压 + 24 V
8	RxD/TxD – N*	接收数据/传输数据阴极（–）
9	CNTR – N	中继器控制信号（方向控制）

(3) 总线终端

总线的两端需要加上终端电阻。如图 5-7a、b 所示，是 PROFIBUS 总线的前后两个终端，终端电阻只需存在于总线的第一个站和最后一个站的连接器上（直接将连接器上的 Switch 拨到"ON"位置即可使终端电阻有效）。为使连接器上的终端电阻有效，处于总线第一和最后位置上的两个设备，在提供网络数据线连接的同时，还必须额外提供 5 V 的电源。

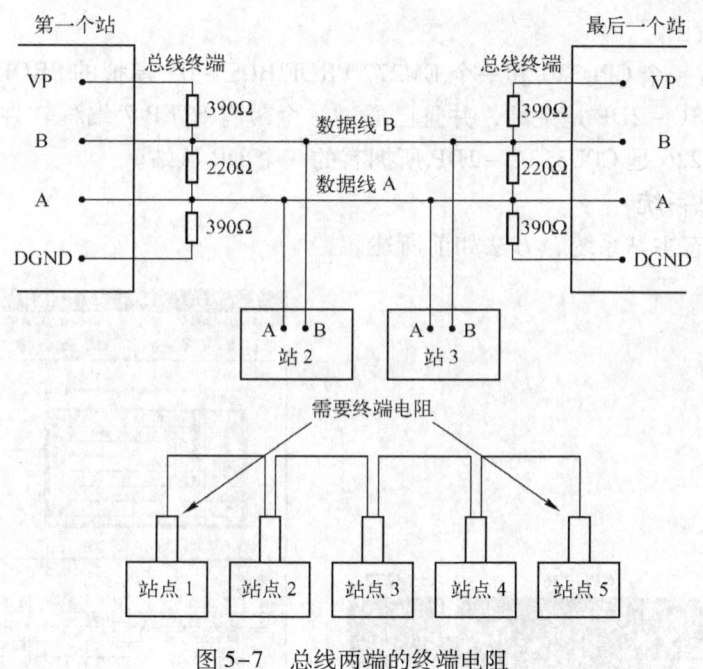

图 5-7 总线两端的终端电阻

【任务实施】

任务 5.1 基于 PROFIBUS – DP 的 S7 – 300 PLC 控制 S7 – 200 PLC 通信

1. S7 – 200 PROFIBUS – DP 从站模块 EM277 简介

EM277 用来将 S7 – 200 CPU 连接到 PROFIBUS – DP 网络，图 5-8 是其外形图，EM277

经过串口 I/O 总线连接到 S7 – 200 CPU，PROFIBUS – DP 网络经过其 DP 通信端口连接 EM277，波特率为 9600 bit/s ~ 12 Mbit/s。作为 DP 从站，EM277 模块接受来自主站的 I/O 配置，向主站发送和接收数据。

图 5-8　EM277 外形图

EM277 可以读写 S7 – 200 CPU 中定义的变量存储区中的数据块，使用户能和主站交换各种类型的数据。从主站传来的数据存储在 PLC 的变量区后，可以传送到其他数据区。

与许多 DP 站不同的是，EM277 模块不仅仅传输 I/O 数据，还能读写 S7 – 200 CPU 中定义的变量（V）数据块。这样，使用户能与主站交换任何类型的数据。首先将数据移入 S7 – 200 CPU 中的变量存储器，就可将输入、计数值、定时器值或其他计算值传送到主站。类似地，从主站来的数据存储在 S7 – 200 CPU 中的变量存储器内，并可移到其他数据区。

EM277 PROFIBUS – DP 模块的 DP 端口可连接到网络上的一个 DP 主站，但仍能作为一个 MPI 从站与同一网络上如 SIMATIC 编程器或 S7 – 300/S7 – 400 CPU 等其他主站进行通信。

2. S7 – 300 与 S7 – 200 的 PROFIBUS – DP 通信。

（1）网络配置图

图 5-9 表示有一个 CPU226 和一个 EM277 PROFIBUS – DP 模拟的 PROFIBUS 网络。在这种情况下，CPU313C – 2DP 是主站，并且已通过一个带有 STEP 7 编程软件的 SIMATIC 编程器进行组态。CPU226 是 CPU313C – 2DP 所拥有的一个 DP 从站。

（2）组态主站系统

图 5-10 是组态主站系统，方法如前所述。

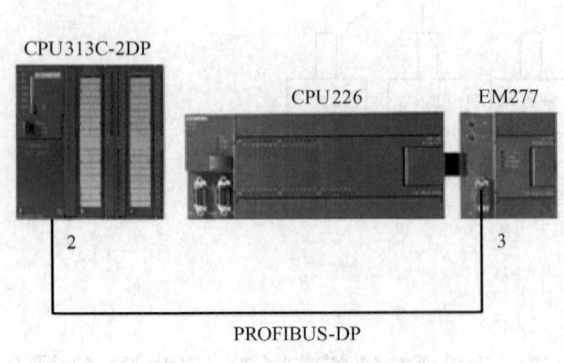

图 5-9　网络配置图

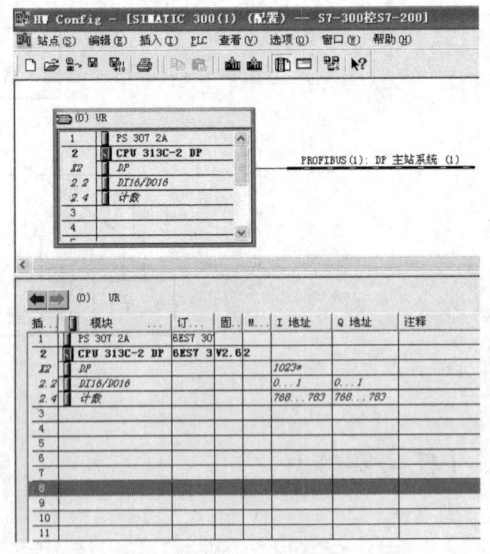

图 5-10　主站组态

1）在图 5-10 中双击第二个槽 "CPU313C – 2DP"，可对 CPU 的属性进行设置。如图 5-11 所示。

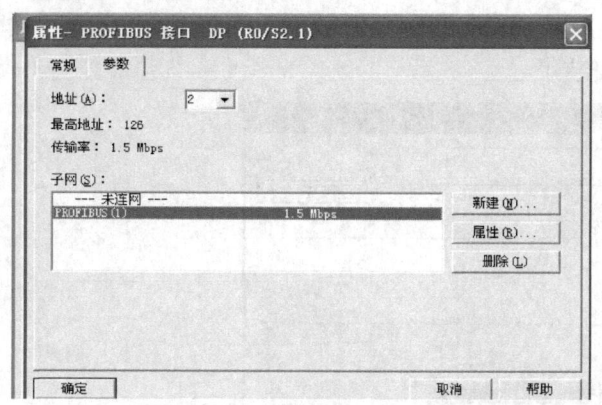 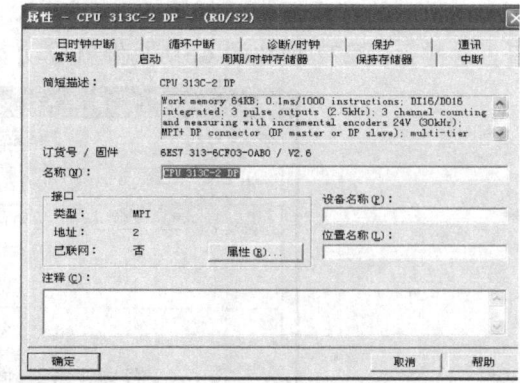

图 5-11 设置 CPU 的属性

2）双击第三槽的"DP"对"PROFIBUS-DP"的属性进行设置，单击"属性"按钮，新建"PROFIBUS"，设置完成后，DP 后面将延伸出一条总线，如图 5-12 所示。

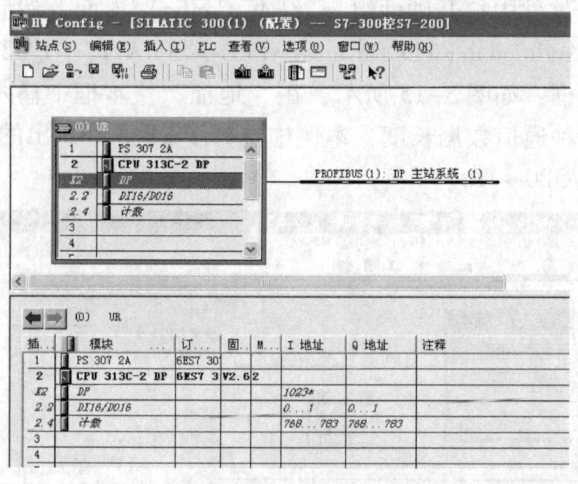

图 5-12 PROFIBUS-DP 的属性设置

(3) 组态 EM277 从站

1) 安装 EM277 模块的 GSD 文件。

EM277 模块必须安装 GSD 文件（SIEM089D.GSD）才能被西门子的 PLC 识别。打开硬件组态界面如图 5-13 所示，在"选项"菜单下选择"安装 GSD 文件"命令。

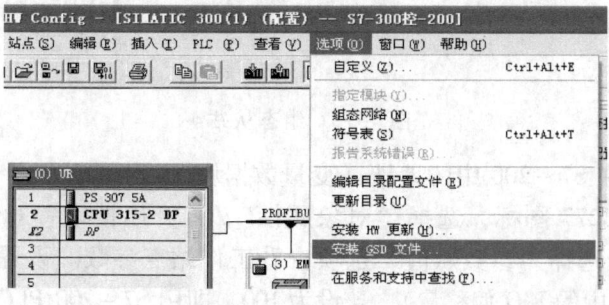

图 5-13 安装 GSD 文件

在弹出的对话框中，如图 5-14 所示，选择 SIEM089D. GSD 文件，并单击"安装"按钮。这样，EM277 模块的 GSD 文件就成功安装了。

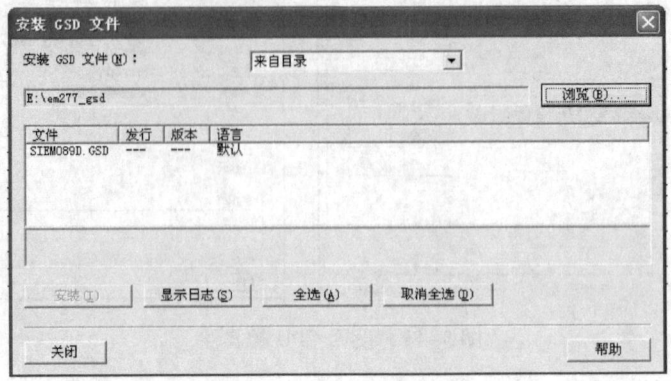

图 5-14 选择 SIEM089D. GSD 文件

2) 首先在 STEP 7 软件中打开硬件组态（HW Config）界面，然后在右侧配置目录下选择"PROFIBUS - DP→Additional Field Devices→PLC→SIMATIC→EM277"项；弹出 PROFIBUS 接口属性参数对话框，如图 5-15 所示，在"地址"文本框中输入"3"；根据需要设置通信的字节数，选择一种通信数据长度，本例中选择了 8B 入/8B 出的方式；从站组态完成，地址分配为 IB0 ~ IB7，QB0 ~ QB7。

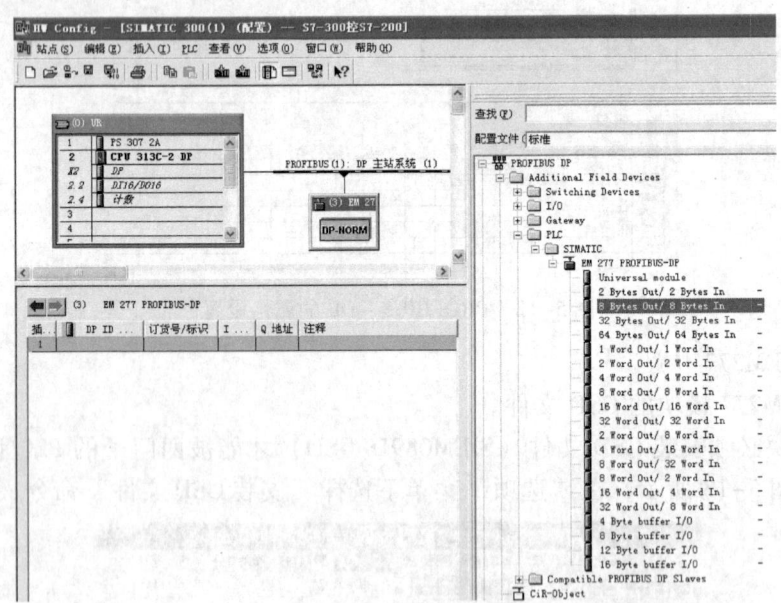

图 5-15 组态从站

3) 定义 EM277 在 S7 - 200 中的地址（变量数据块 V）。

首先右键单击 EM277 图标，选择"对象属性"，打开属性设置对话框（如图 5-16 所示，显示常规参数）。选择"参数赋值"选项查看工作站点参数。设置"I/O Offset in the V - memory"（V 存储区中的 I/O 偏移量），若设为 100，即用 S7 - 200 PLC 的 VB100 ~ VB115 与 S7 - 300 PLC 的 IB0 ~ IB7 和 QB0 ~ QB7 交换数据；若设为 0，可用 S7 - 200 PLC 的 VB0 ~ VB15

与S7-300 PLC的IB0~IB7和QB0~QB7交换数据。

4) EM277 PROFIBUS地址设置。

EM277模块的PROFIBUS的地址是靠拨码开关设定的。如图5-17所示，EM277拨位开关设置要与EM277从站组态的站地址一致，这里都设为1。

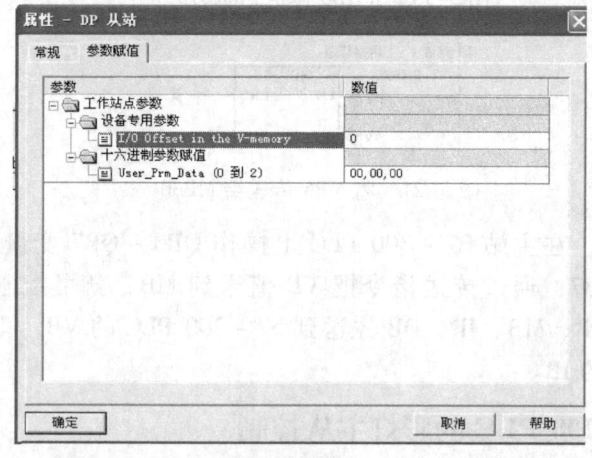

图5-16 定义EM277在S7-200中的地址　　　图5-17 EM277 PROFIBUS地址设置

5) S7-200 PLC的编程。

本例中S7-200 PLC通过VB0~VB15与主站交换数据。VB0~VB7是S7-300 PLC写到S7-200 PLC的数据，对应于S7-300 PLC的QB0~QB7；VB8~VB15是S7-300 PLC从S7-200 PLC读取的数据，对应于S7-300 PLC的IB0~IB7，见表5-3、表5-4。

表5-3 从S7-300 PLC传送到下载数据区　　　表5-4 从S7-200 PLC传送到S7-300 PLC

S7-300 地址		S7-200 地址	S7-300 地址		S7-200 地址
QB0	→	VB0	IB0	←	VB8
QB1	→	VB1	IB1	←	VB9
QB2	→	VB2	IB2	←	VB10
QB3	→	VB3	IB3	←	VB11
QB4	→	VB4	IB4	←	VB12
QB5	→	VB5	IB5	←	VB13
QB6	→	VB6	IB6	←	VB14
QB7	→	VB7	IB7	←	VB15

如果要把S7-200 PLC的MB3的值传送给S7-300 PLC的MB10，可以在S7-200 PLC中，用MOVB指令将MB3传送到VB8~VB15中的某个字节，例如VB8，如图5-18所示。通过通信，VB8的值传送给S7-300 PLC的IB0，在S7-300 PLC中将IB0的值传送给MB10，如图5-19所示。

如果要把S7-300 PLC的MB20的值传送给S7-200 PLC的MB30，可以在S7-300 PLC中，用MOVB指令将MB20传送到QB5，如图5-20所示。通过通信，QB5的值传送给S7-200 PLC的VB5，在S7-200 PLC中将VB5的值传送给MB30，如图5-21所示。

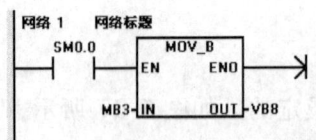
图 5-18 将 MB3 传送到 VB8

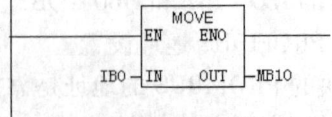
图 5-19 将 IB0 传送到 MB10

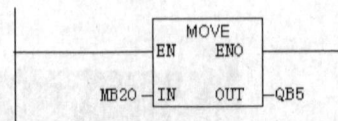
图 5-20 将 MB20 传送到 QB5

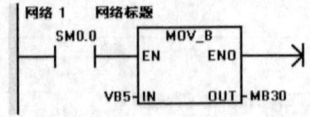
图 5-21 将 VB5 传送给 MB30

综上所述，通过 PROFIBUS-DP 总线，在主站 S7-300 PLC 上操作 QB0~QB7 变量，就相当于操作 S7-200 PLC 上的 VB0~VB7，通过传送指令把 VB 值送到 MB，就可控制 S7-200 PLC 的输出；而 S7-200 PLC 的 QB、MB、IB、DB 先送到 S7-200 PLC 的 VB，再通 PROFIBUS-DP 总线送给 S7-300 PLC 的 IB。

子任务 1　S7-300 PLC 与一台 S7-200 PLC 的彩灯主从控制

1. 控制要求

主机（S7-300 PLC）按启动按钮（I0.0），主机彩灯亮（Q0.0），延时 2 s 后，从机（S7-200 PLC）彩灯亮（Q0.0），经 2 s 后主机灯灭，再经 2 s 后从机彩灯灭，从机彩灯灭 2 s 后主机彩灯亮，如此循环；主机按停止按钮（I0.1），主从机彩灯全灭。

2. 硬件组态

硬件组态如图 5-22 所示。

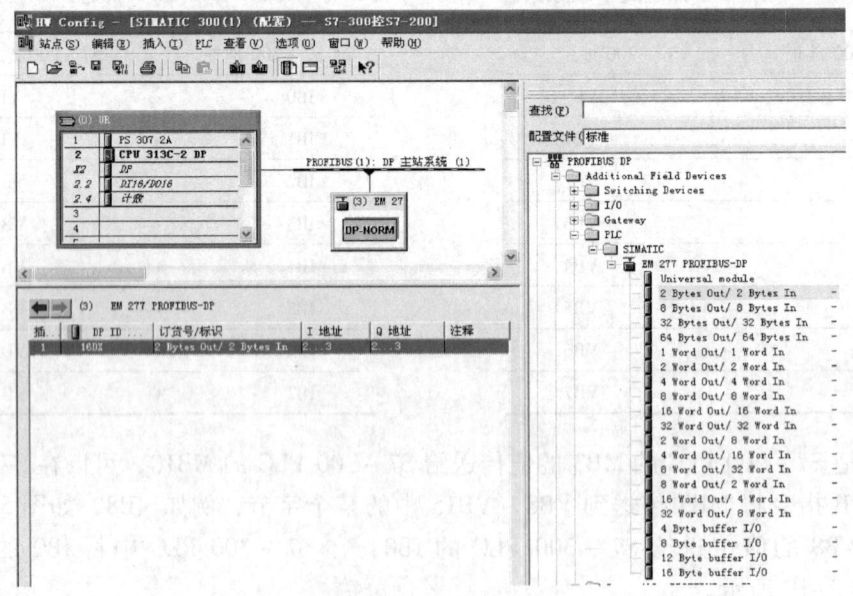

图 5-22　硬件组态

主机 CPU313C-2DP 的地址为 2，从机 S7-200 PLC 的地址是 4，EM277 在 S7-200 PLC 中的变量数据块是 100，如图 5-23 所示。

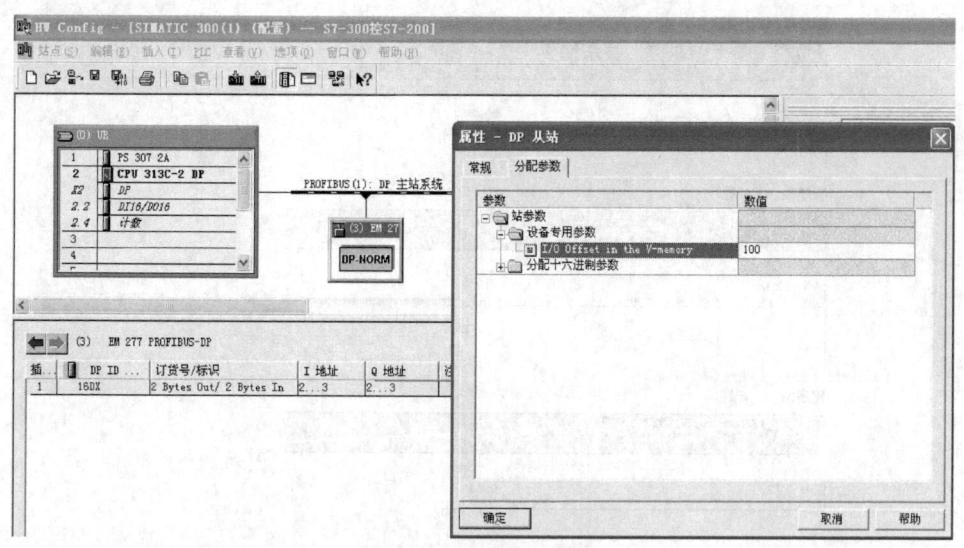

图 5-23　DP 从站参数

由此可得到数据传送区见表 5-5 所示。IB2～IB3 是 S7-300 PLC 占用的输入区，QB2～QB3 是 S7-300 PLC 占用的输出区。

表 5-5　数据传送区

S7-300	S7-200
QB2 →写→	VB100
QB3 →写→	VB101
IB2 ←读←	VB102
IB3 ←读←	VB103

3. PLC 程序

（1）S7-300 PLC 程序

S7-300 PLC 的程序如图 5-24 所示。

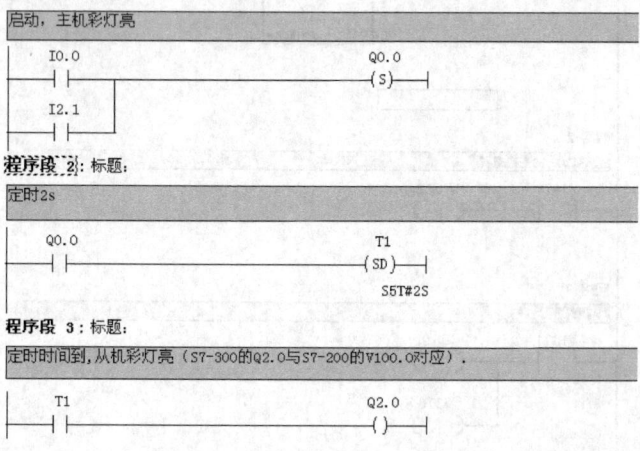

图 5-24　S7-300 PLC 程序

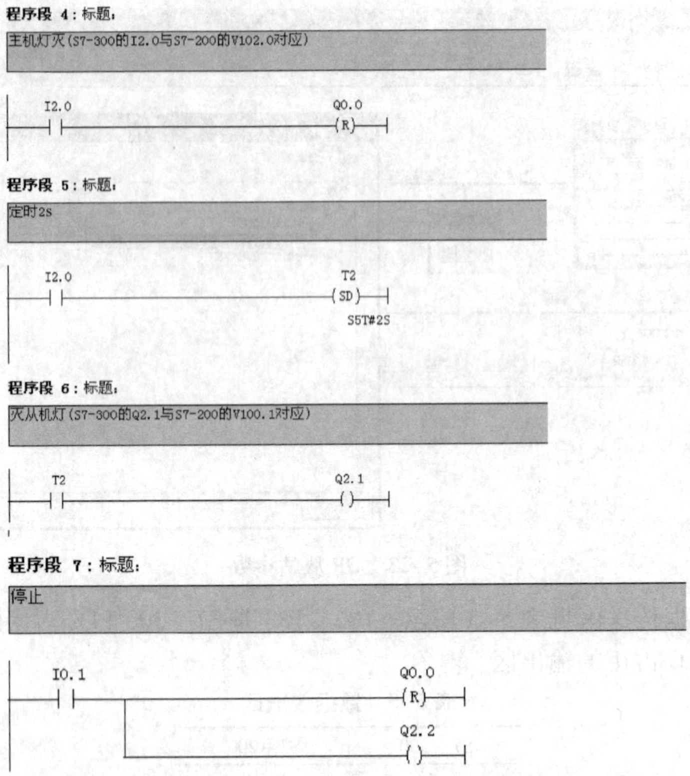

程序段 4：标题：
主机灯灭(S7-300的I2.0与S7-200的V102.0对应)
I2.0
Q0.0
R
程序段 5：标题：
定时2s
I2.0
T2
SD
S5T#2S
程序段 6：标题：
灭从机灯(S7-300的Q2.1与S7-200的V100.1对应)
T2
Q2.1
程序段 7：标题：
停止
I0.1
Q0.0
R
Q2.2

图 5-24　S7-300 PLC 程序（续）

（2）S7-200 PLC 程序

S7-200 PLC 程序如图 5-25 所示。

网络 1　网络标题
从机灯亮
V100.0
Q0.0
S
1
T37
IN
TON
20
PT
100 ms
网络 2
延时2s后使主机灯亮
T37
V102.0
S
1
网络 3
从机灯灭
V100.1
Q0.0
R
1
M30.0
S
1

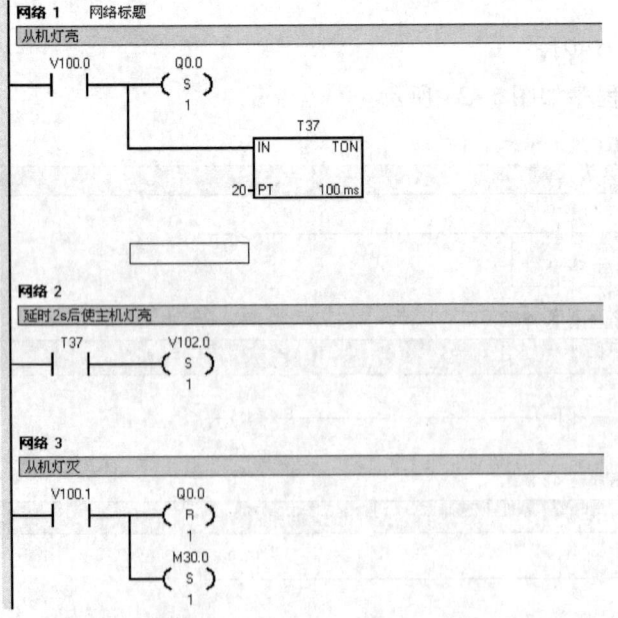

图 5-25　S7-200 PLC 程序

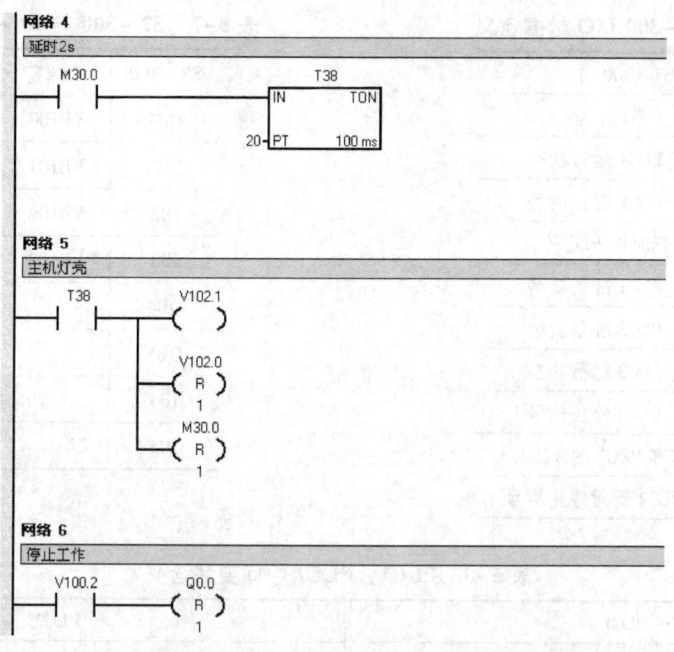

图 5-25　S7-200 PLC 程序（续）

子任务 2　S7-300 PLC 与两台 S7-200 PLC 的电动机控制通信

1. 控制要求

一台 S7-300 PLC 控制两台 S7-200 PLC，接线如图 5-26 所示，S7-300 PLC 为 2#，一台 S7-200 PLC1 为 3#，另一台 S7-200 PLC2 为 4#；S7-300 PLC 控制本机的两台电动机顺序起动，3# S7-200 PLC1 控制本机的星形-三角形降压起动，4# S7-200 PLC2 控制本机正转 6 s，停 1 s，再反转 6 s，再停 1 s，再正转 6 s，如此循环 4 次后自动停止；4# S7-200 PLC2 控制电动机停止后延时 8 s 使 3# S7-200 PLC1 控制的电动机停止，按 S7-300 PLC 的停止按钮时三台 PLC 控制的电动机全部停止。

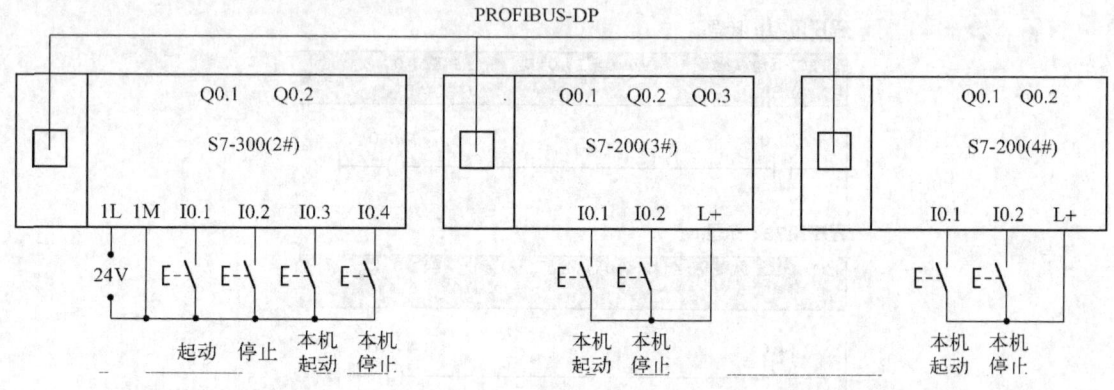

图 5-26　一台 S7-300 PLC 控制两台 S7-200 PLC 接线

2. 数据交换

S7-300 I/O 数据意义见表 5-6，S7-300 与 S7-200 数据交换见表 5-7，表 5-8 是 PLC1、PLC2 的中间变量。

表 5-6 S7-300 I/O 数据意义

S7-300	
地址	数据意义
Q2.0	PLC1 运行状态
Q2.1	PLC1 停止信号
Q2.2	延时使 PLC 停止
I2.0	PLC1 准备就绪
I4.0	PLC2 准备就绪
Q4.0	PLC2 运行状态
Q4.1	PLC2 停止信号
Q4.2	清零 PLC2 的 V202.1
I4.1	PLC2 延时停止信号

表 5-7 S7-300 与 S7-200 数据交换

S7-300	PLC1	PLC2
QB2	VB100	
QB3	VB101	
IB2	VB102	
IB3	VB103	
QB4		VB200
QB5		VB201
IB4		VB202
IB5		VB203

表 5-8 PLC1、PLC2 中间变量含义

PLC1		PLC2	
地址	数据意义	地址	数据意义
V100.0	运行状态	V200.0	运行状态
V100.1	系统停止	V200.1	系统停止
V100.2	从 S7-300 来的延时停止信号	V200.2	V202.1 清零信号
		V202.0	准备就绪
V102.0	准备就绪	V202.1	PLC2 延时送 S7-300

3. PLC 程序

（1）S7-300 PLC 程序

① OB100 程序。初始化程序如图 5-27 所示。

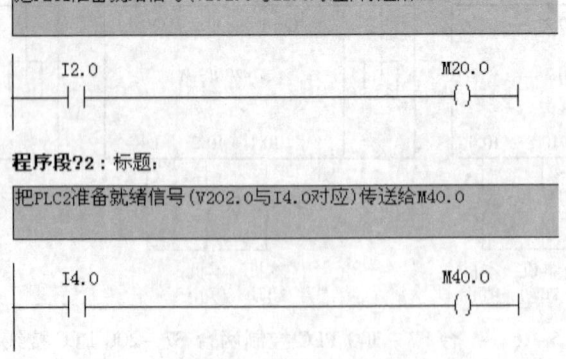

图 5-27 初始化程序

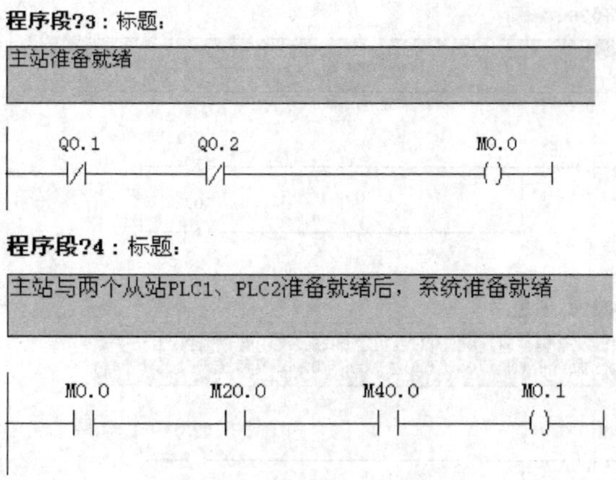

程序段?3：标题：
主站准备就绪

```
  Q0.1     Q0.2              M0.0
──┤/├──────┤/├────────────────( )──
```

程序段?4：标题：
主站与两个从站PLC1、PLC2准备就绪后，系统准备就绪

```
  M0.0     M20.0    M40.0    M0.1
──┤ ├──────┤ ├──────┤ ├──────( )──
```

图 5-27　初始化程序（续）

② OB1 程序。主程序如图 5-28 所示。

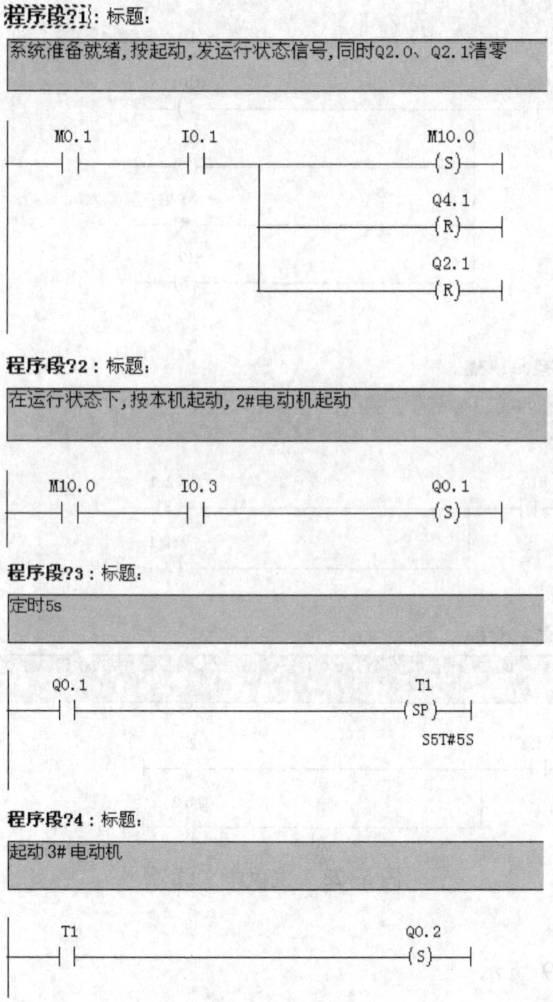

程序段?1：标题：
系统准备就绪,按起动,发运行状态信号,同时Q2.0、Q2.1清零

```
  M0.1     I0.1              M10.0
──┤ ├──────┤ ├────────────────(S)──
                              Q4.1
                              (R)
                              Q2.1
                              (R)
```

程序段?2：标题：
在运行状态下,按本机起动,2#电动机起动

```
  M10.0    I0.3              Q0.1
──┤ ├──────┤ ├────────────────(S)──
```

程序段?3：标题：
定时5s

```
  Q0.1                        T1
──┤ ├────────────────────────(SP)──
                             S5T#5S
```

程序段?4：标题：
起动3#电动机

```
  T1                          Q0.2
──┤ ├────────────────────────(S)──
```

图 5-28　主程序

201

程序段25：标题：

本机停止

```
I0.4                                     Q0.1
─┤ ├──────────────────────────────────────( R )
  │                                      Q0.2
  └──────────────────────────────────────( R )
```

程序段26：标题：

把运行状态信号通过Q2.0（对应PLC1的VB100.0）传送给PLC1
把运行状态信号通过Q4.0（对应PLC2的VB200.0）传送给PLC2

```
M10.0                                    Q2.0
─┤ ├──────────────────────────────────────(   )
  │                                      Q4.0
  └──────────────────────────────────────(   )
```

程序段27：标题：

系统停止，主站PLC停止

```
I0.2                                     M10.1
─┤ ├──────────────────────────────────────(   )
  │                                      Q0.1
  ├──────────────────────────────────────( R )
  │                                      Q0.2
  ├──────────────────────────────────────( R )
  │                                      M10.0
  └──────────────────────────────────────( R )
```

程序段28：标题：

系统停止，PLC1、PLC2同时停止

```
M10.1                                    Q2.1
─┤ ├──────────────────────────────────────( S )
  │                                      Q4.1
  └──────────────────────────────────────( S )
```

程序段29：标题：

从PLC2来的延时信号送Q2.2通过V100.2送PLC1使PLC1停机，同时使PLC2的V202.1清零

```
I4.1                                     Q2.2
─┤ ├──────────────────────────────────────(   )
  │                                      Q4.2
  └──────────────────────────────────────(   )
```

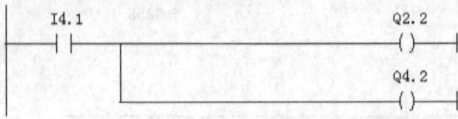

图 5-28 主程序（续）

（2）PLC1 程序

PLC1 程序如图 5-29 所示。

（3）PLC2 程序

PLC2 程序如图 5-30 所示。

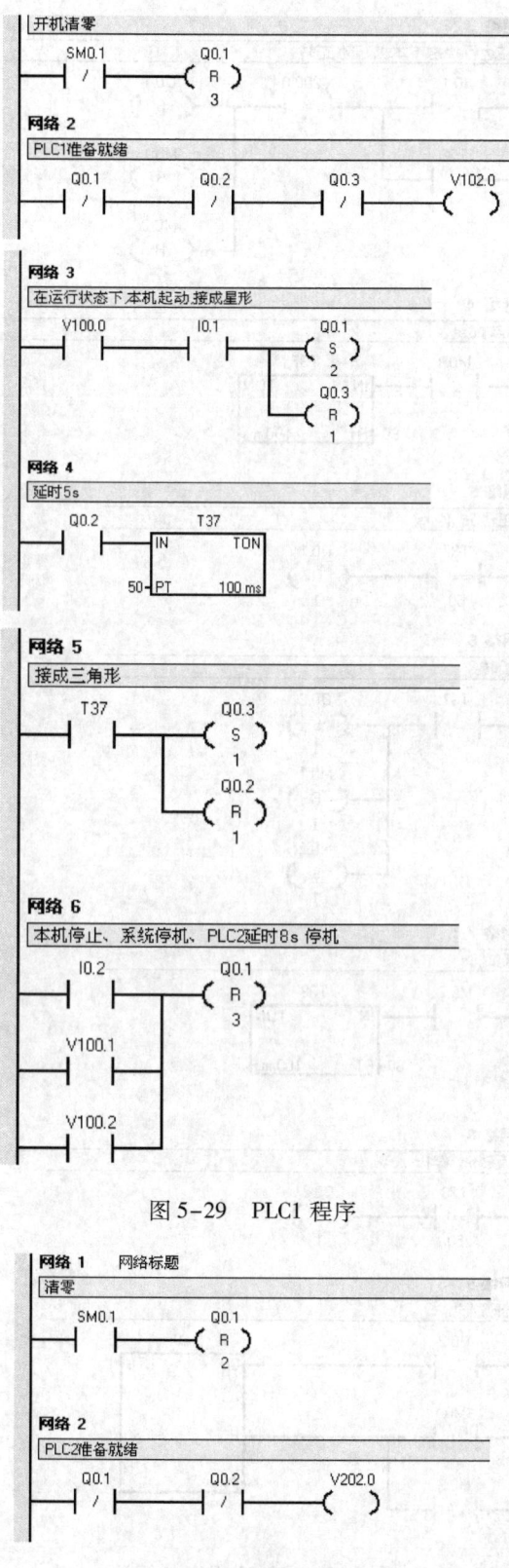

图 5-29 PLC1 程序

图 5-30 PLC2 程序

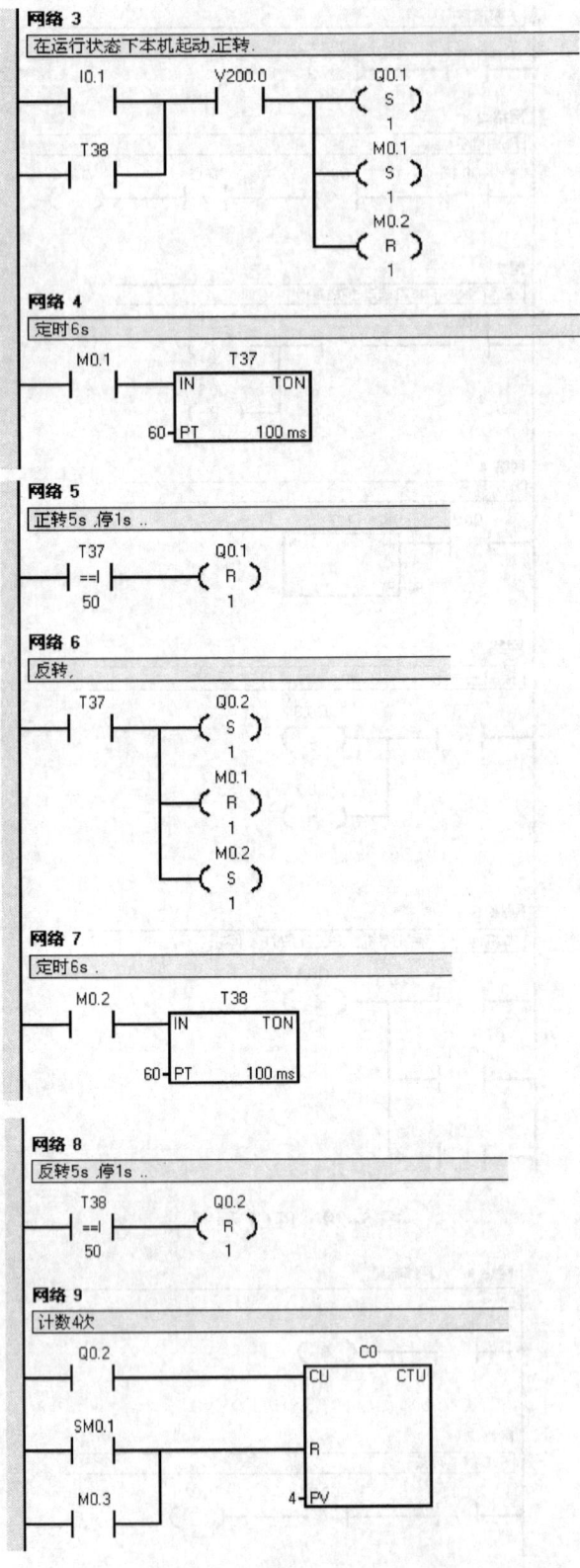

图 5-30　PLC2 程序（续）

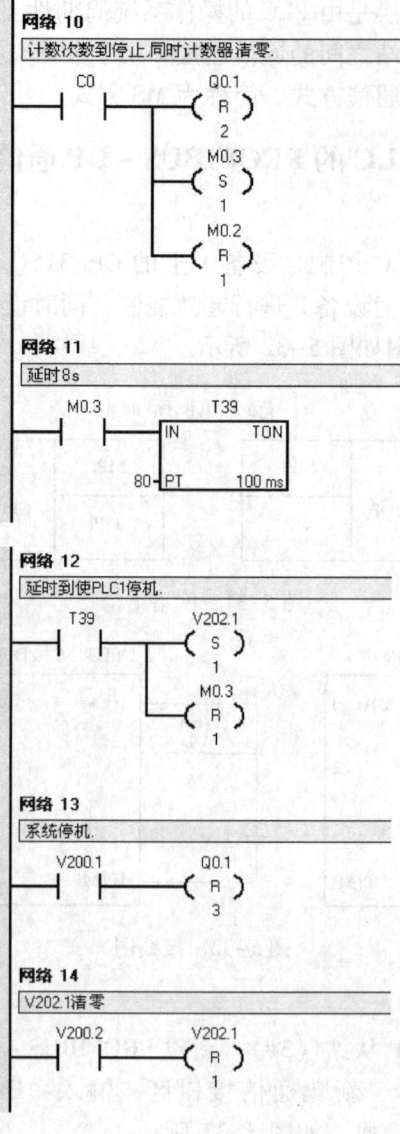

图 5-30 PLC2 程序（续）

任务 5.2 基于 PROFIBUS – DP 的 S7 –300 PLC 之间的 PROFIBUS – DP 通信

在实际工程中，可以将自动化任务划分为用多台 PLC 控制的若干个子任务，这些子任务分别用几台 CPU 独立和有效地进行处理，这些 CPU 在 DP 网络中作为 DP 主站和智能从站。

主站和智能从站的地址是独立的，它们可能分别使用相同的 I/O 地址区。DP 主站不是用 I/O 地址直接访问智能从站的物理 I/O 区，而是通过从站组态时指定的通信双方的 I/O 区来交换数据。该 I/O 区不能占用分配给 I/O 模块的物理 I/O 地址区。

主站与从站之间的数据交换是由 PLC 的操作系统周期性自动完成的，不需要用户编程，但是用户必须对主站和智能从站之间的通信连接和用于数据交换的地址区组态。这种通信方式称为主/从（Masteri Slave）通信方式，简称为 MS 方式。

子任务1　两台 S7 –300 PLC 的 PROFIBUS – DP 通信

1. 控制要求

有两台设备，都由一台 PLC 控制，设备 1 上的 CPU315C –2DP 发出起停命令，设备 2 上的 CPU315C –2DP 收到后，对设备 2 进行起停控制，同时设备 1 监控设备 2 的运行，其网络结构如图 5-31 所示，接线图如图 5-32 所示。

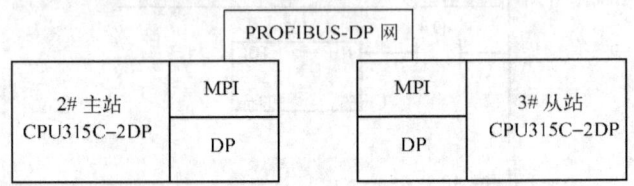

图 5–31　网络结构

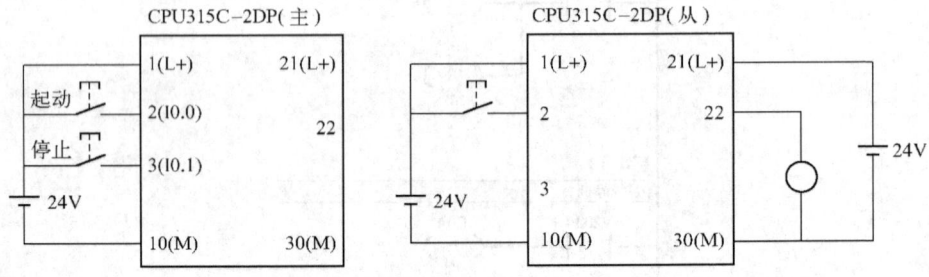

图 5–32　接线图

2. 硬件组态

1) 先组态 CPU315C –2DP 从站（3#），新建 PROFIBUS – DP 网络，选择工作模式（DP 从站），单击"组态"选项卡，新建通信接口区，输入：IB10，输出：QB10。本地地址（从站）的发送、接收区设置完成，如图 5-33 所示。

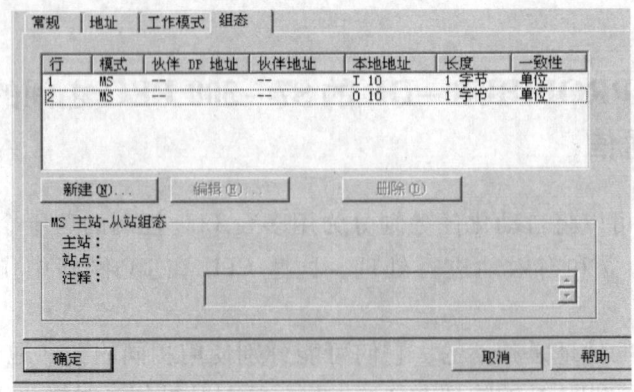

图 5–33　组态从站

2) 组态主站（2#）。

将从站（3#）挂在 PROFIBUS 网络上，选中主站的 DP 网络线，双击 CPU31X→L 连接→确定，弹出图 5-34 所示窗口。

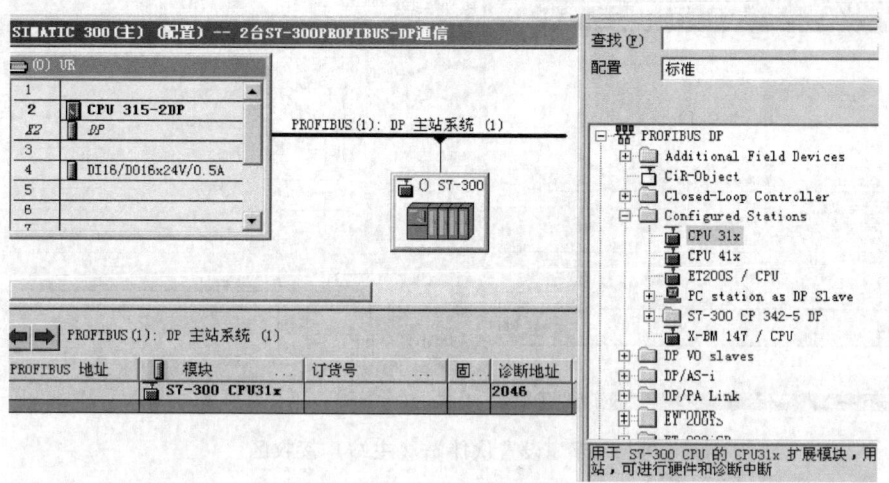

图 5-34　组态主站（1）

双击图 5-35 所示方框内的图标，得到图 5-35 所示对话框。

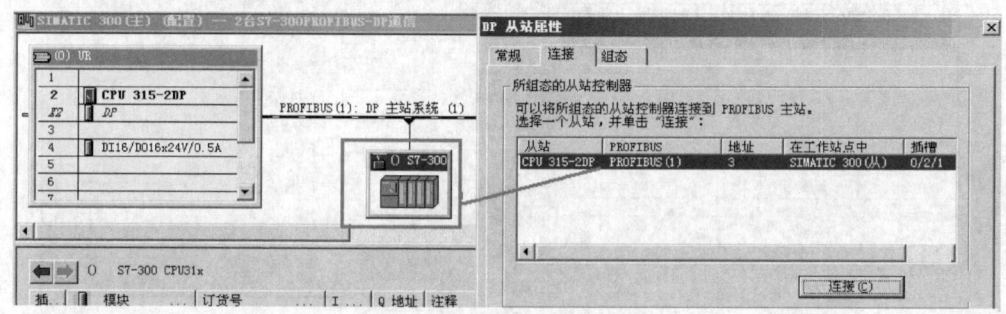

图 5-35　组态主站（2）

3) 组态主站通信参数接口。

设置伙伴站（主站）发送区，选中图 5-36 所示的"组态"选项卡，双击输入条目。

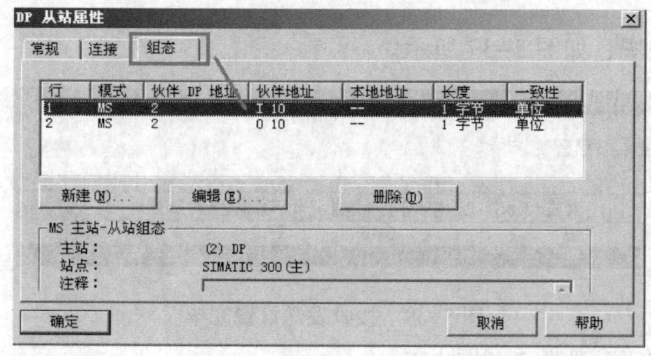

图 5-36　设置伙伴站（主站）发送区

设置伙伴站（主站）接收区，如图5-37所示。

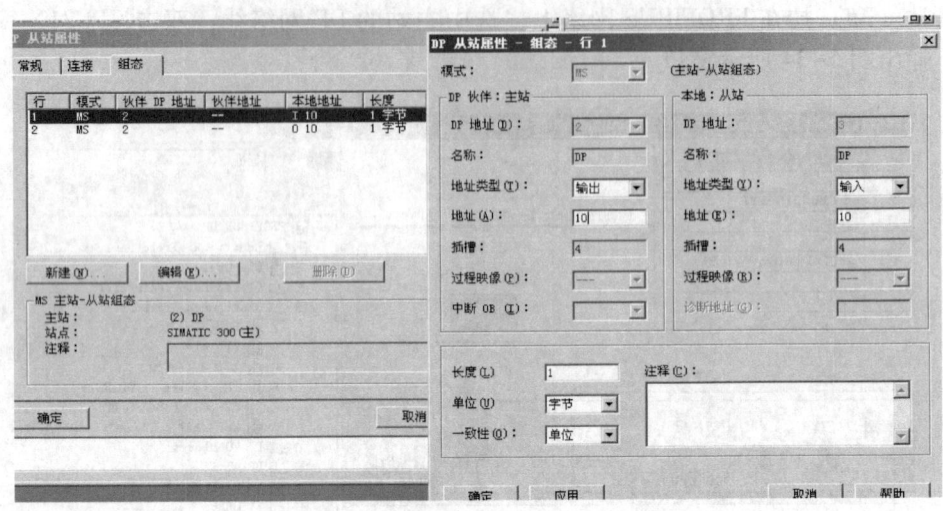

图5-37 设置伙伴站（主站）接收区

设置本地站（从站），如图5-38所示。

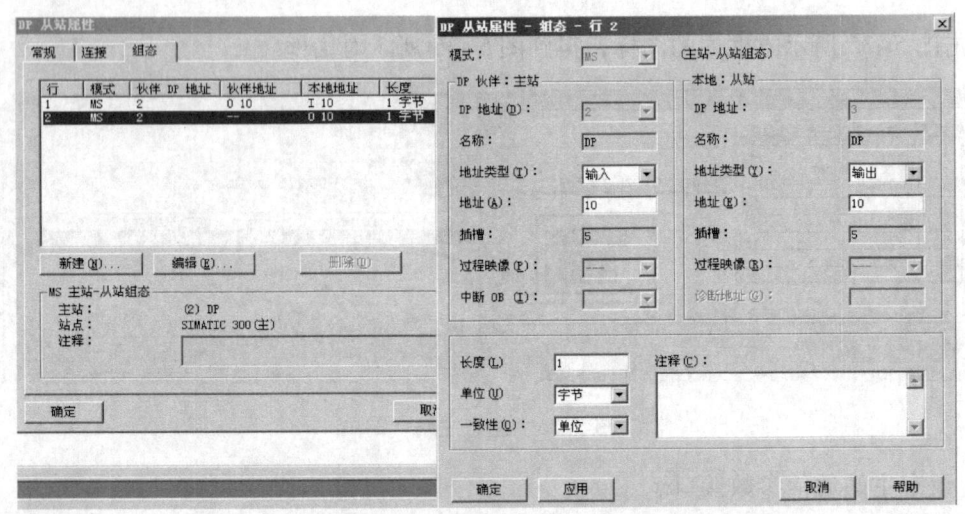

图5-38 设置本地站（从站）

接收发送设置完毕，如图5-39所示。

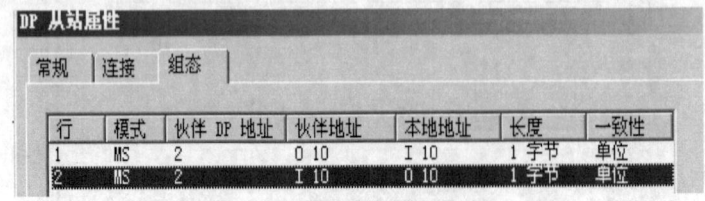

图5-39 接收发送设置完毕

主站与从站对应关系如图5-40所示。

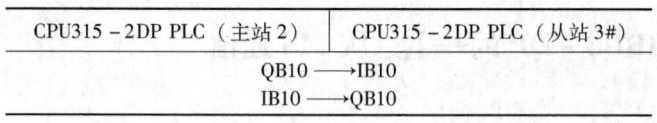

图 5-40　主站与从站对应关系

3. 编写程序

（1）主站程序

主站程序如图 5-41 所示。

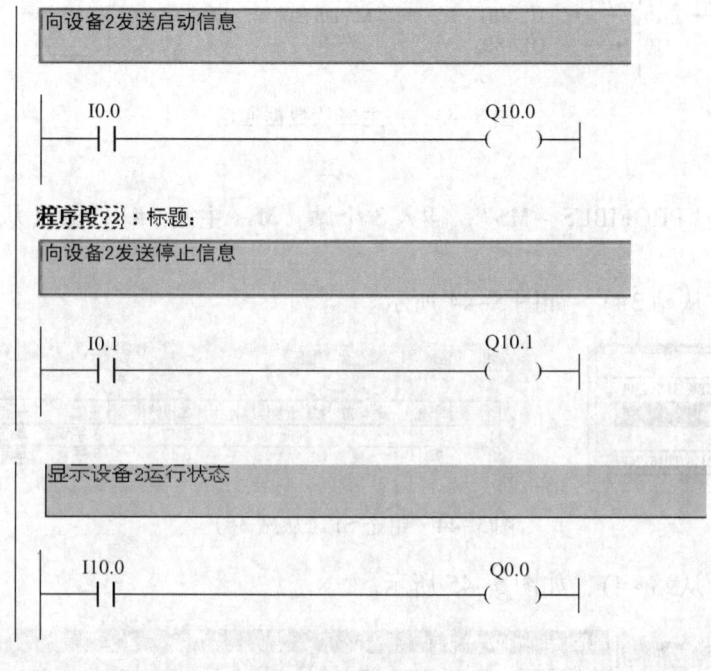

图 5-41　主站程序

（2）从站程序

从站程序如图 5-42 所示。

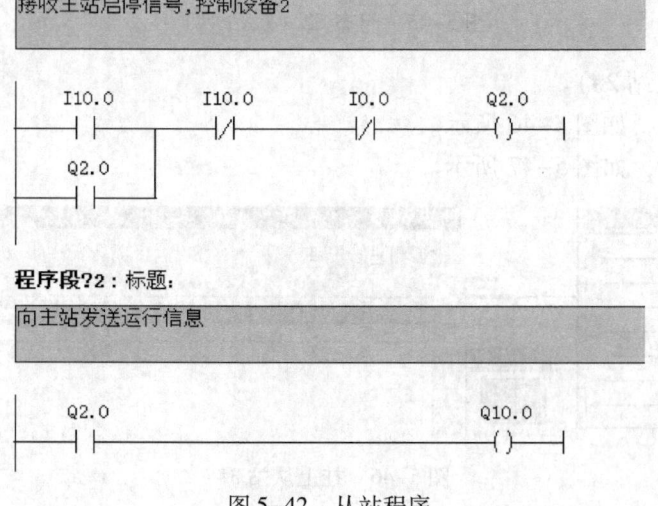

图 5-42　从站程序

子任务 2　PROFIBUS – DP 的一主二从 MS 通信

1. 技术要求

在从站 S1（3#）中发送 8 个字节数据包给主站，主站（2#）接收解压后并再次打包送从站 S2（4#），从站 S2 收到后解压存放在内存区中，如图 5-43 所示。

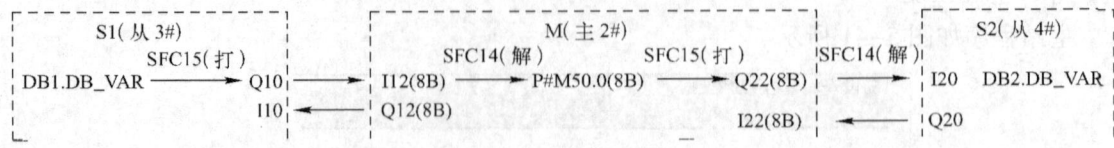

图 5-43　一主二从数据通信

2. 组态

1）新建项目"PROFIBUS – MS"，插入 3 个站：M（主站 2#）、S1（从站 3#）、S2（从站 4#）。

2）组态 S1（从站 3#），如图 5-44 所示。

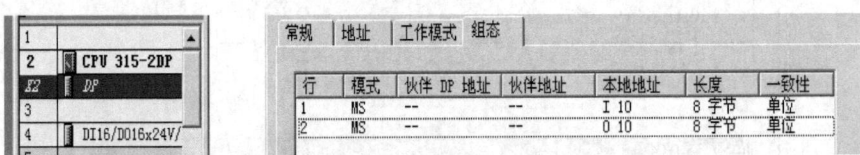

图 5-44　组态 S1（从站 3#）

3）组态 S2（从站 4#），如图 5-45 所示。

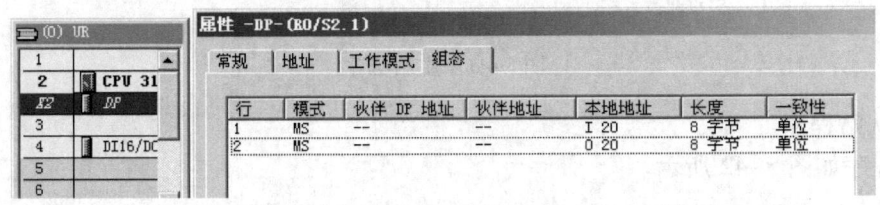

图 5-45　组态 S2（从站 4#）

4）组态 M（主站 2#）。

① 挂上从站 3#，如图 5-46 所示。

② 挂上从站 4#，如图 5-47 所示。

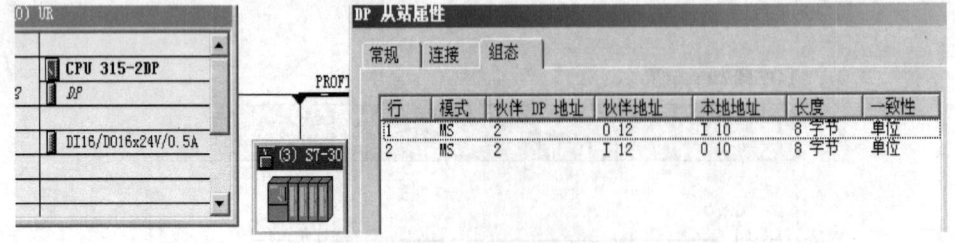

图 5-46　挂上从站 3#

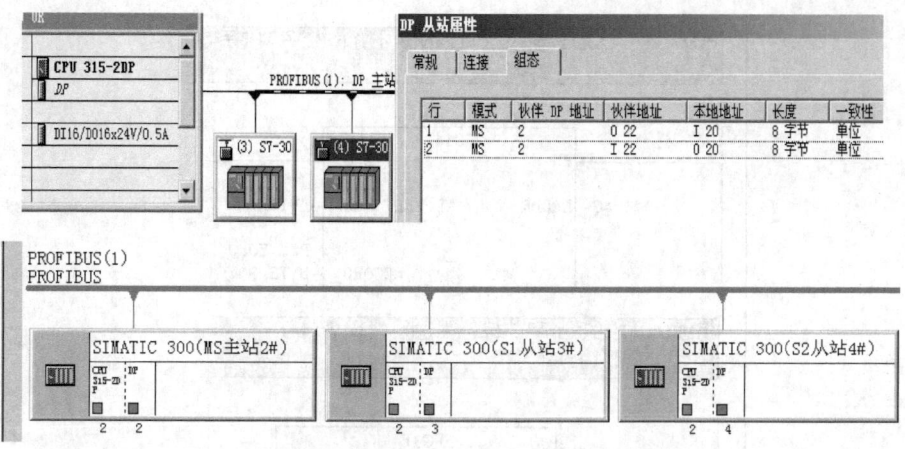

图 5-47 挂上从站 4#

5）编制程序。

① 从站 3#编程。先建 DB1 数据块，后在 OB35（也可在 OB1）中编程，中断执行。W#16#A 是 I10 起始地址。从站程序如图 5-48 所示。

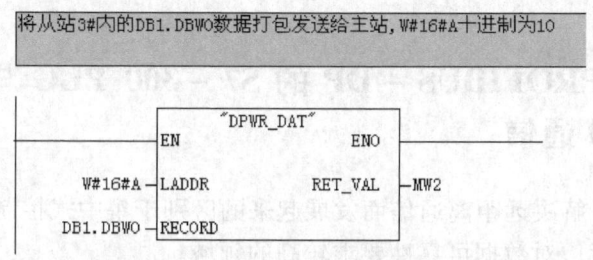

图 5-48 从站 3#程序

② 从站 4#编程。先建 DB2 数据块，后在 OB35（也可在 OB1）中编程，中断执行。W#16#14 是 I20 起始地址。从站程序如图 5-49 所示。

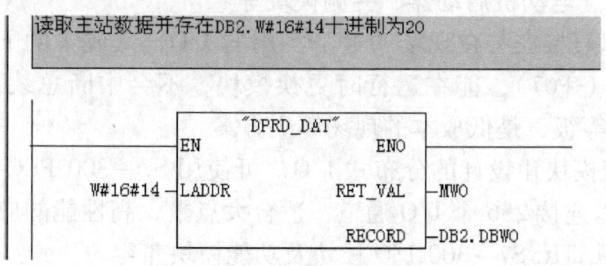

图 5-49 从站 4#程序

③ 主站 2#编程。不用 DB 块，用 M 实现读写，在 OB35 中编程，中断调用。W#16#C 是 I12 起始地址，W#16#16 是 I22 起始地址。程序如图 5-50 所示。

211

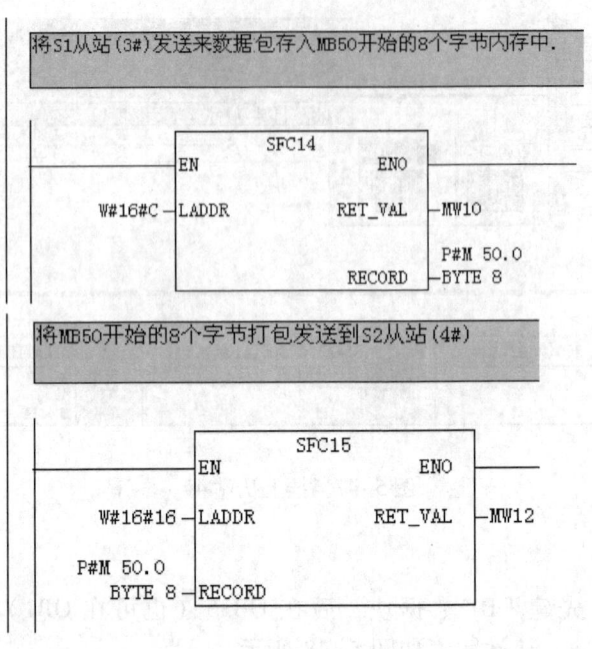

图 5-50　主站程序

任务 5.3　基于 PROFIBUS – DP 的 S7 – 300 PLC 与远程 I/O 模块 ET200 通信

分布式 I/O 是为了解决远距离通信而发展起来的区别于集中式控制的一种 I/O 系统。分布式 I/O 适用于距离远，对数据可靠性要求较高的领域。

ET200 是西门子 SIMATIC 家族中分布式 I/O 产品的统称，包括 ET200M、ET200S、ET200PRO、ET200iSP、ET200ECO、ET200SP 等。在这些产品中既有支持 PROFIBUS 总线通信的、也有支持 PROFINET 总线通信的。

ET200PRO 为多功能模块化，防护等级为 IP65、IP66、IP67 的分布式 I/O，产品包括数字量模拟量输入/输出、电动机启动器、变频模块等。

ET200ECO 是可以直接安装在现场的经济实用的 I/O，低成本的 ET200ECO 数字量 I/O 具有很高的保护等级（IP67），能在运行时更换模块，不会中断总线或供电。紧凑型的设计，达到 IP67 的防护等级，是低成本的现场解决方案。

ET200M 是多通道模块化设计的分布式 I/O，可使用 S7 – 300 PLC 全系列模块，最多可以扩展 8 个模块，可以连接 256 个 I/O 通道，适合大点数、高性能的应用。模块化设计方便安装于控制柜，与 SIMATIC S7 – 300 I/O 模块及功能模块兼容。

ET200iSP 是一种模块化的、本质安全的分布式 I/O 产品，可以用于易爆区域（安装于危险 1 区的远程 I/O）。

ET200S 是一种多功能的 I/O 系统，可以配备 PROFIBUS – DP 接口和 PROFINET 接口，是符合现代总线技术与传统机柜安装的优越产品。产品包括数字量输入/输出模块，模拟量输入/输出模块，智能模块（例如计数器 SSI 模块），负载馈电器（可通信）等。

ET200L 是小巧、紧凑、价格低廉的分布式 I/O 模块,适用于狭小的场合,可以十分方便地安装在 DIN 导轨上。

ET200X 是具有高防护等级（IP65）的分布式 I/O 设备,其功能相当于 S7 – 300 PLC 的 CPU314。

ET200R 是直接安装在现场的加固型 I/O,特别适合机器人等在恶劣的工业环境使用,可以直接安装在机器人内部。

ET200B 是整体式的一体化分布 I/O,现已停产,一般用 ET200S 代替。

1. ET200M 的使用

ET200M 是模块化 I/O 站,可以实现远程分布式 I/O 功能,通过接口模块 IM153 – 1 与 PROFIBUS – DP 现场总线相连。ET200M 的 I/O 模块可以连接来自现场的数字或者模拟 I/O。组态之后,分布式 I/O 将如同集中式 I/O 一样。如图 5-51 所示是 IM153 – 1 的正面视图。使用时注意模块地址与组态时地址相同,用 IM153 – 1 上的 DP 开关设置。

在硬件配置时,STEP 7 为各个 I/O 模块分配了输入、输出地址,而且从站上的 I/O 模块地址与主站机架上的 I/O 模块地址具有相同的意义,编程时无须考虑输入、输出点是在主站上还是在从站上,因而 ET200M 从

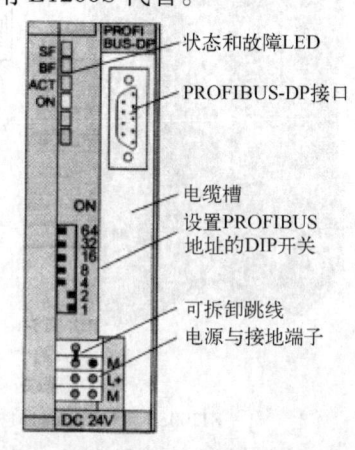

图 5-51　IM153 – 1 正面视图

站分散了主站 PLC 上的输入、输出点,减少了主站基槽上的 I/O 模块。因为 ET200M 从站可以安装在现场、操作台等处,所以节省了大量的电缆,同时也提高了整个系统的可靠性和抗干扰能力。

2. ET200S 的使用

ET200S 分布式 I/O 是离散式模块化、高度灵活的远程 DP 从站,是可分拆为单个组件的分布式 I/O,有 1/2/4/8 通道电子模块,ET200S 支持现场总线类型 PROFIBUS – DP（通过 IM151 – 1 接口模块）和 PROFINET I/O（通过 IM151 – 3 接口模块）,ET200S 特别适用于需要电动机启动器和安全装置的开关柜。

（1）ET200S 的组件

① IM151 通信接口用于连接 PROFIBUS – DP。

② 电源模块 PM – E 用于创建电压组,为电子模块 DI、DO 供电。

③ 端子模块用于连接电源和电子模块 DI、DO。

④ 终端器用于固定 ET200S。

如图 5-52 所示是 ET200S 分布式系统的硬件结构。图 5-53 所示是 ET200S 分布式系统组态结构图。

（2）ET200S 和 ET200M 的差别

ET200S 和 ET200M 都是分布式 I/O,都由接口模块加 I/O 模块构成,都有 DP/PN 接口模块可选,都是 IP20 的产品,都可提供光纤接口产品。其差别如下。

① 安装方式不同。ET200S 安装在 35 mm 导轨上,电源模块或电子模块通过端子模块与接口模块相连,ET200M 安装在 S7 – 300 PLC 机架上,电子模块通过 U 形总线连接器或有源

213

总线模块与接口模块连接。

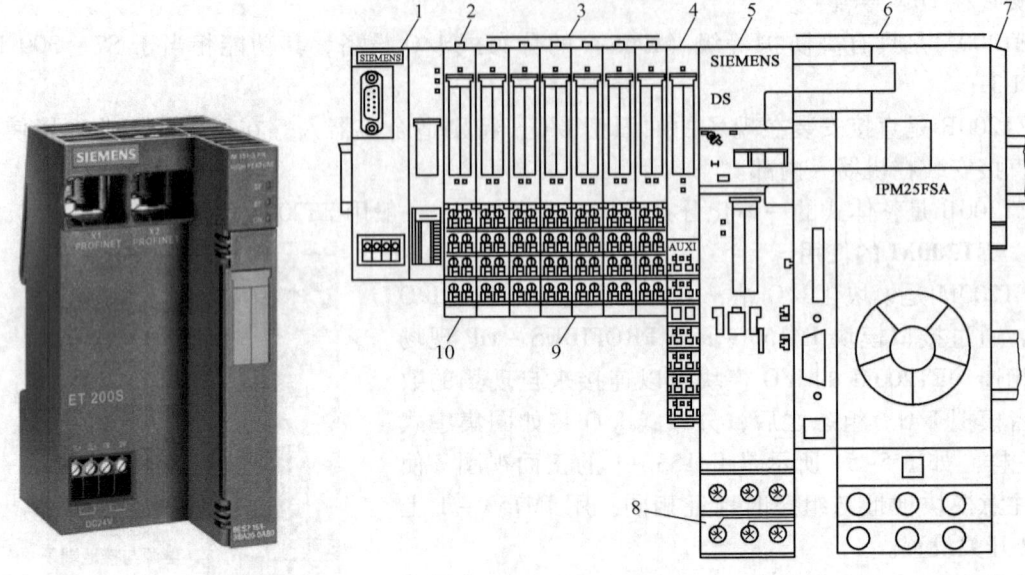

图5-52 ET200S分布式系统的硬件结构

1—ET200S接口模块IM151-1 2—DI/DO供电的电源模块PM-E 3—电子模块DI/DO
4—用于电动机启动器PM-D的电源模块 5—直接启动器 6—变频器 7—终端模块（固定端）
8—电源总线 9—DI/DO接线端子模块TM-E 10—电源模块端子接线端TM-P

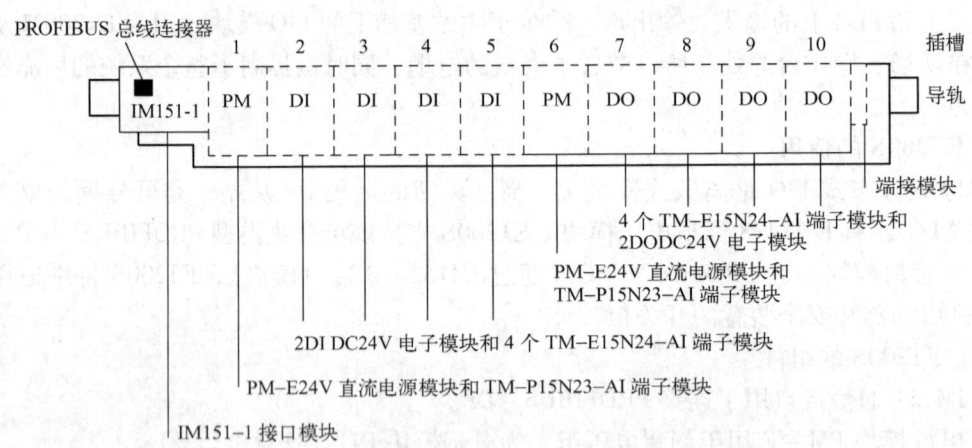

图5-53 ET200S分布式系统的组态结构

② 接线方式不同。ET200M使用前连接器接线；ET200S接线在端子模板上。

③ ET200M选用有源背板总线模块实现热插拔；ET200S的端子模块保证了其可以热插拔。

④ ET200S最多可扩展64个模块I/O模块；ET200M最多可扩展12个I/O模块。

⑤ ET200S有电动机启动器和变频器模块；而ET200M没有。

⑥ ET200M接口模块可以实现冗余配置；ET200S不能。

⑦ ET200S电子模块点数相对较小，数字量最大的是8点；ET200M最大的是64点。

（3）ET200S 接线

根据空间和成本的最佳选择，有 2 线连接、3 线连接和 4 线连接。

如表 5-9 是 2DI（6ES7131-4BB01-0AA0）、2DO（6ES7132-4BB01-0AA0）的接线端分配表（注意：型号不同，接线端会有区别）。

表 5-9　接线端分配表

接线端	分配	接线端	分配	备注
1	DI_0/DO_0	5	DI_1/DO_1	DI_0，DI_1：输入信号；DO_0，DO_1：输出信号
2	L+	6	L+	L+：额定负载是 DC 24V
3	M	7	M	M：接地
4	n.c.	8	n.c.	n.c.：未连接（最大可连接 DC 30V）
A4	AUX1	A8	AUX1	AUX1：保护导体接线端或电位总线（可自由使用，
A3	AUX1	A7	AUX1	最高 AC 230V）

图 5-54a 所示为接口端子，图 5-54b 所示分别为 2 线连接、3 线连接和 4 线连接的示意图。

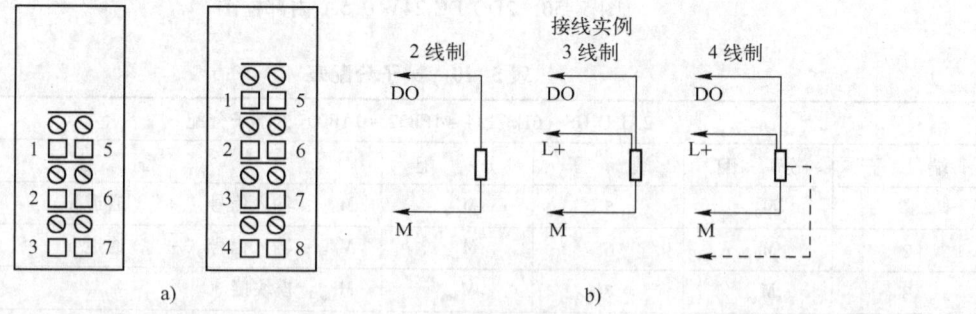

图 5-54　接口端子及接线示意图

图 5-55 所示是 2 线输入/输出的接线图，输入开关一端接 DI 的一个接入端 1（5 端是另一个输入），输入开关的另一端接电源正极；输出负载一端接 DO 的一个接出端 5（1 端是另一个输出），输出开关的另一端接电源负极。

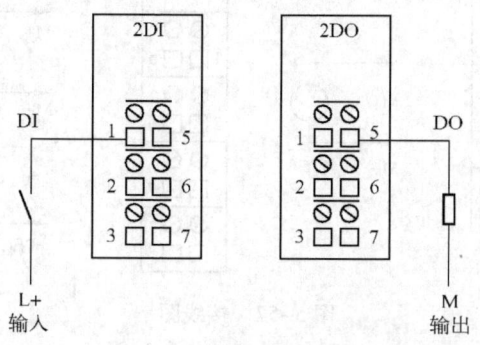

图 5-55　2 线输入/输出的接线图

图 5-56 所示是开关量输出 2DO DC 24V/0.5A 的内部框图。表 5-10 是模拟量输入的端子分配表，图 5-57 所示是接线实例。

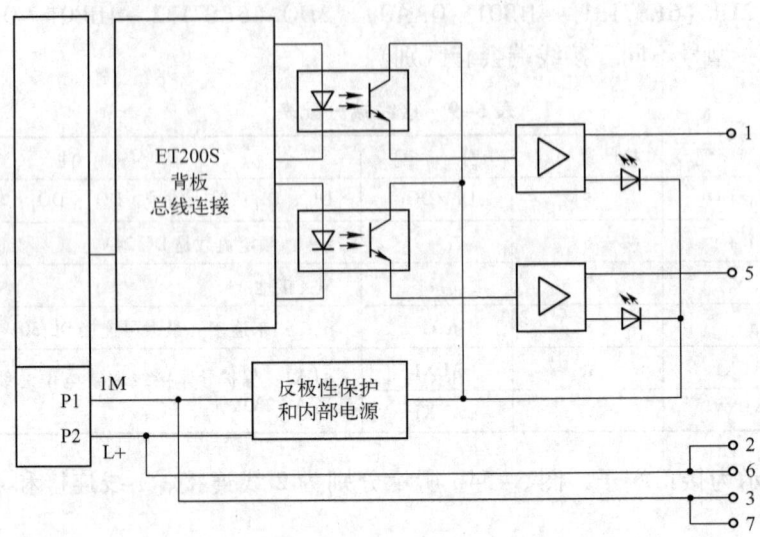

图 5-56　2DO DC 24V/0.5A 内部框图

表 5-10　端子分配表

2AI U HS（6ES7134-4FB52-0AB0）的端子分配					
端子	分配	端子	分配	备	注
1	M_{0+}	5	M_{1+}	M_{0+}：输入信号"+"，通道 n	
2	M_{0-}	6	M_{1-}	M_{0-}：输入信号"-"，通道 n	
3	M_{anz}	7	M_{anz}	M_{anz}：模块接地	
4	n.c.	8	n.c.	n.c.：未连接（最大可连接 DC 30V）	
A4	AUX1	A8	AUX1	AUX1：保护导体端子或电位总线（可自由使用，最高 AC 230V）	
A3	AUX1	A7	AUX1		

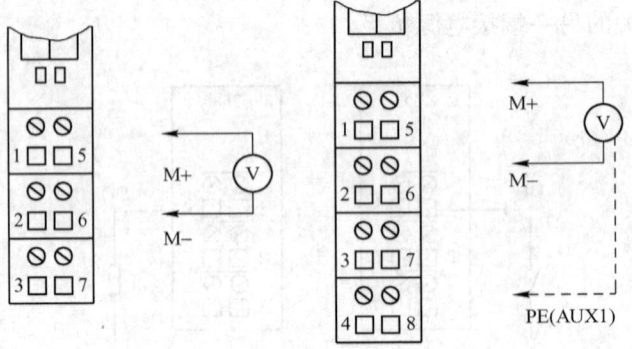

图 5-57　接线图

表 5-11 是 ET200S 部分型号的模拟量输出端子，图 5-58 所示是内部框图。

表 5-11 ET200S 部分型号的模拟量输出端子接线

端子号	2AO U ST (6ES7 135-4FB01-0AB0)	2AO I ST (6ES7 135-4GB01-0AB0)	2AO U ST (6ES7 135-4LB02-0AB0)	2AO I ST (6ES7 135-4MB02-0AB0)
1	QV0：模拟量输出电压，通道0	QI0：电流输出，通道0	QV0：模拟量输出电压，通道0	QV0：模拟量输出电压，通道0
2	S0+：Tracer Line+，通道0	n.c（未分配）	S0+：Tracer Line+，通道0	n.c（未分配）
3	Mane：模块模拟参考地	Mane：模块模拟参考地	Mane：模块模拟参考地	Mane：模块模拟参考地
4	S0+：Tracer Line+，通道0	n.c（未分配）	S0-：Tracer Line+，通道0	n.c（未分配）
A4	AUX1*			
A3	AUX1*			
5	QV1：模拟量输出电压，通道1	QI1：电流输出，通道1	QV1：模拟量输出电压，通道1	QV1：模拟量输出电压，通道1
6	S1+：Tracer Line+，通道1	n.c（未分配）	S1+：Tracer Line+，通道1	n.c（未分配）
7	Mane：模块模拟参考地	Mane：模块模拟参考地	Mane：模块模拟参考地	Mane：模块模拟参考地
8	S1+：Tracer Line+，通道1	n.c（未分配）	S0-：Tracer Line+，通道0	n.c（未分配）
A8	AUX1*			
A7	AUX1*			

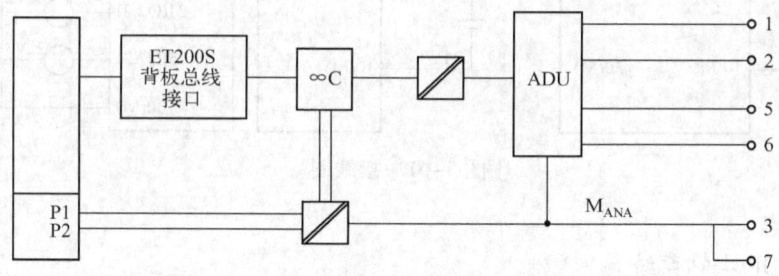

* AUX1：保护地端子或新的电势组端子

图 5-58 内部框图

子任务1　食品高温杀菌热水设备远程控制

1. 控制要求

有一食品高温杀菌设备如图 5-59 所示，其需要的热水由远处热水罐提供，高温杀菌设备主站由 CPU315-2DP PLC 控制，远处热水罐由从站 ET200M 控制，控制要求是：主站按启动按钮 SB1，从站中的 KV1 打开，启动水泵，冷水进入罐中，到达高水位时，水位计 L 触点闭合，关闭 KV1，水泵停止，此时打开蒸汽阀 KV2，加热，当水温达到设定值时，温控器 T 闭合，关闭 KV2，打开出水阀 KV3，热水送到杀菌设备，如 1 min 后杀菌设备热水满，关闭 KV3。

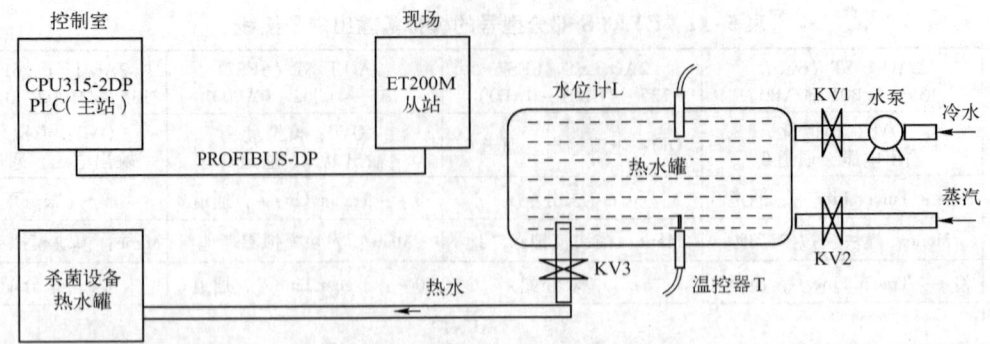

图 5-59 食品高温杀菌设备示意图

2. 硬件配置及接线图

其硬件配置如图 5-60 所示,PLC 接线图如图 5-61 所示。

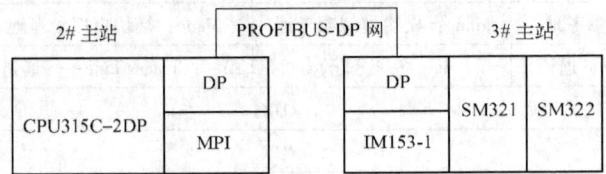

图 5-60 硬件配置图

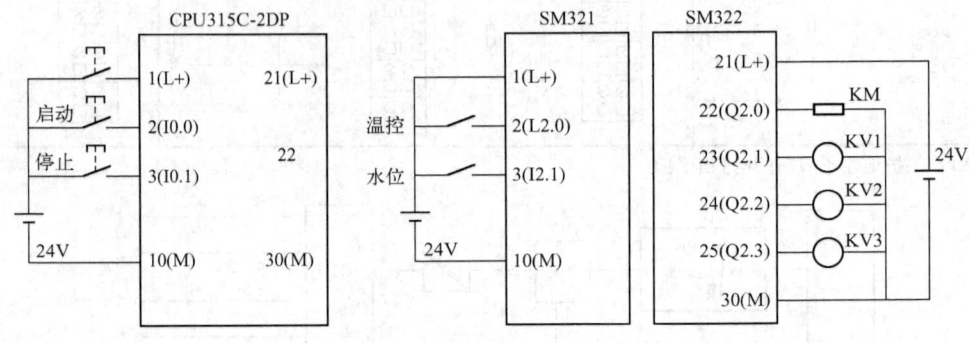

图 5-61 接线图

3. 硬件组态

(1) 组态 DP 主站系统

插入 S7-300 站并完成硬件组态,如图 5-62 所示。

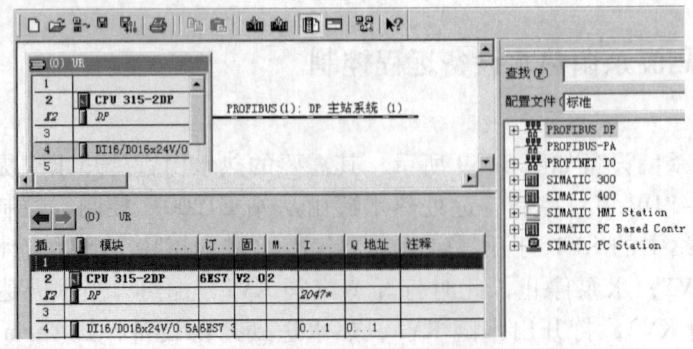

图 5-62 主站组态

(2) 组态 ET200M 从站

在组态好的 DP 系统中挂上 ET200M 从站，设定地址是 3，如图 5-63 所示。

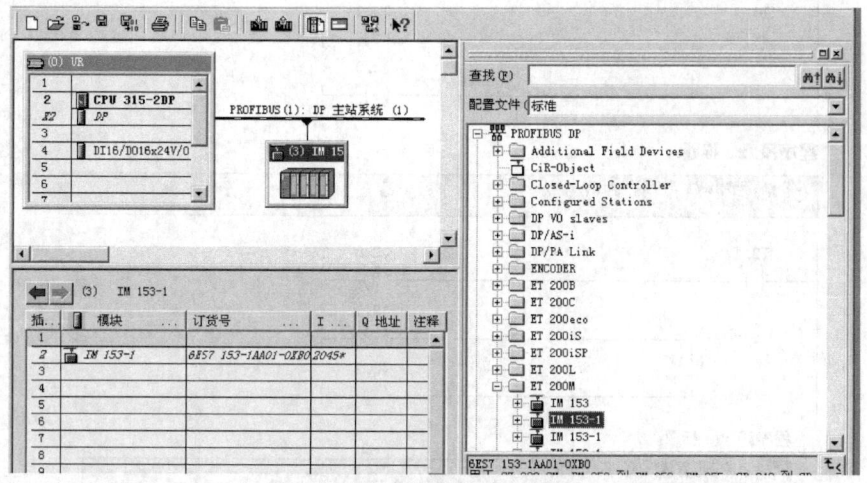

图 5-63　组态 ET200M 从站

(3) 组态 ET200M 的硬件 I/O

这时可以根据需要从 IM153-1 栏下进行硬件 I/O 组态，如图 5-64 所示，注意：远程 I/O 站点的 I/O 地址区不能与主站及其他远程 I/O 站的地址重叠。

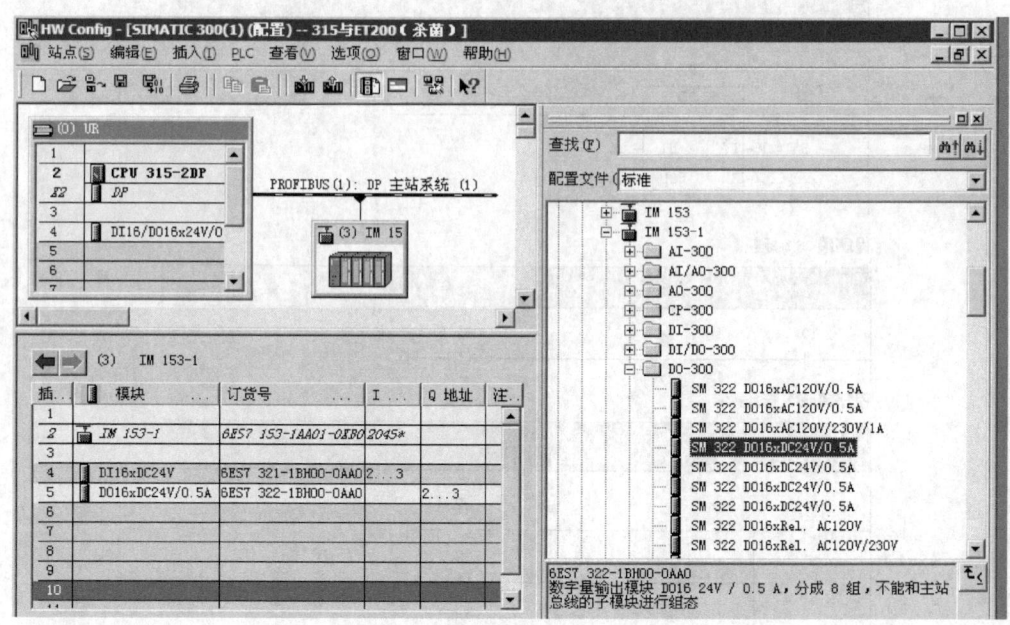

图 5-64　组态 ET200M 的硬件 I/O

4. 程序

PLC 程序如图 5-65 所示。

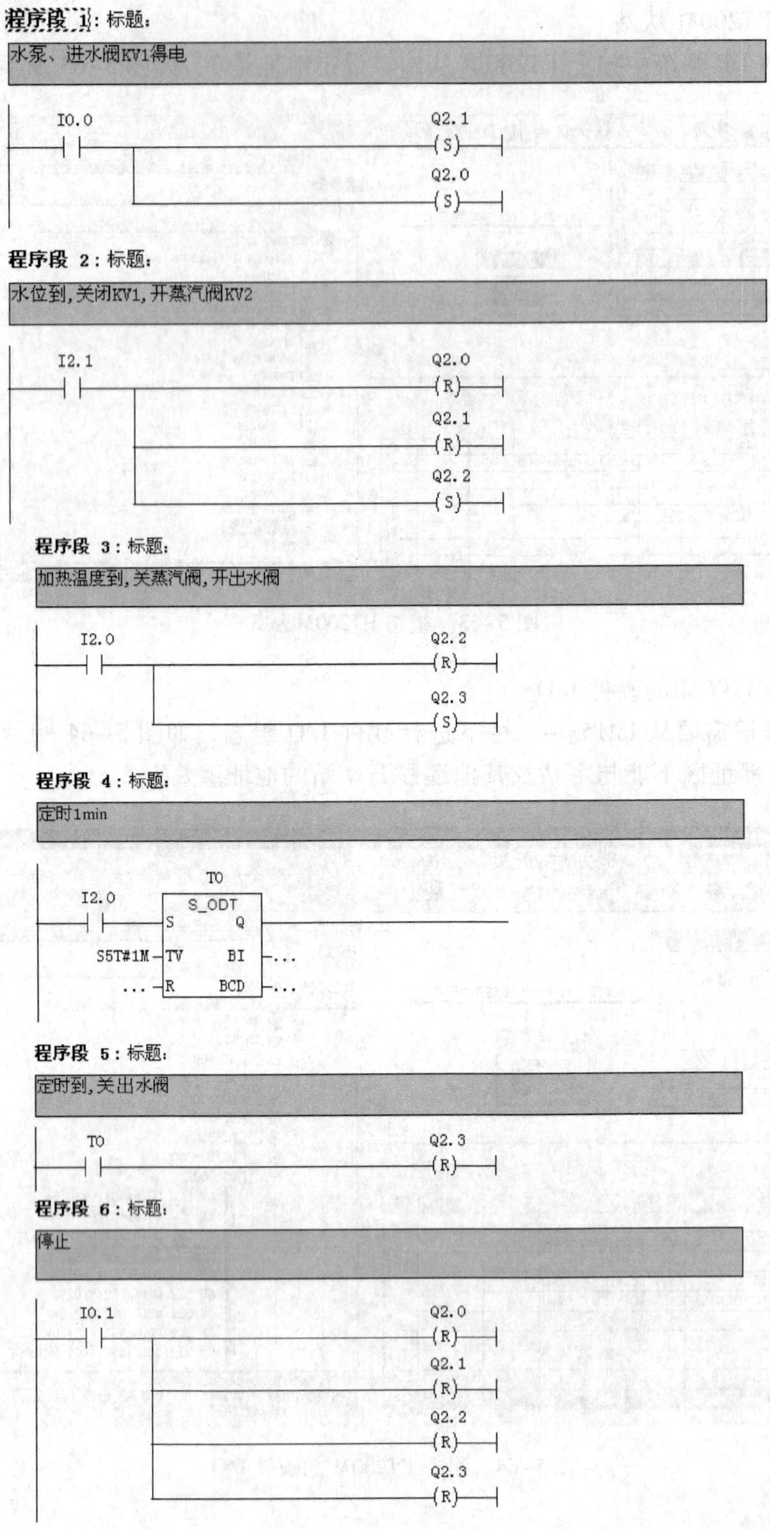

程序段 1：标题：

水泵、进水阀KV1得电

```
   I0.0                              Q2.1
───┤├──┬───────────────────────────(S)───
       │                            Q2.0
       └───────────────────────────(S)───
```

程序段 2：标题：

水位到，关闭KV1，开蒸汽阀KV2

```
   I2.1                              Q2.0
───┤├──┬───────────────────────────(R)───
       │                            Q2.1
       ├───────────────────────────(R)───
       │                            Q2.2
       └───────────────────────────(S)───
```

程序段 3：标题：

加热温度到，关蒸汽阀，开出水阀

```
   I2.0                              Q2.2
───┤├──┬───────────────────────────(R)───
       │                            Q2.3
       └───────────────────────────(S)───
```

程序段 4：标题：

定时1min

```
                    T0
   I2.0           S_ODT
───┤├──────────S       Q──────────
   S5T#1M──────TV      BI──...
   ...─────────R       BCD──...
```

程序段 5：标题：

定时到，关出水阀

```
   T0                                Q2.3
───┤├───────────────────────────────(R)───
```

程序段 6：标题：

停止

```
   I0.1                              Q2.0
───┤├──┬───────────────────────────(R)───
       │                            Q2.1
       ├───────────────────────────(R)───
       │                            Q2.2
       ├───────────────────────────(R)───
       │                            Q2.3
       └───────────────────────────(R)───
```

图 5-65　PLC 程序

子任务2　锅炉补水远程控制系统

1. 控制要求

锅炉补水控制系统如图5-66所示。锅炉有一个进水管和一个出水管，在按下启动按钮后水泵开始启动，使水池的水位保持在上限与下限之间。当锅炉水位下降时，通过电动调节阀的控制使水池向锅炉补水，电动调节阀的开度决定进水速度。本系统的最终目标是使锅炉中液位稳、准、快地达到设定值。

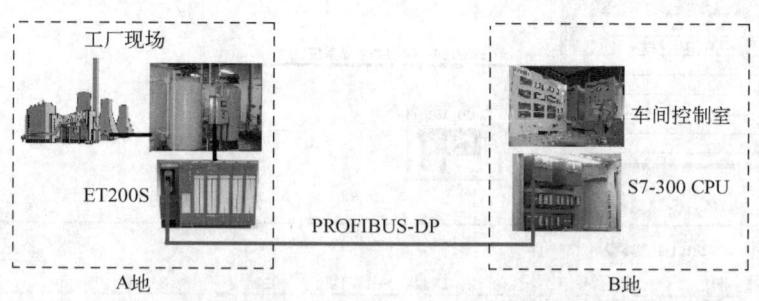

图5-66　锅炉补水控制系统示意图

S7-300 CPU中央机架安装在控制室机柜内（B地），ET200S机架安装在锅炉现场（A地），要求实现A、B两地控制水泵的启动、停止。A地通过按钮由ET200S的I/O口控制，B地由触摸屏控制水泵的启动、停止。

2. 硬件组态

（1）主站组态

由于现场所用的I/O量不多，故选用ET200S模块，以节约成本。

如图5-67所示，主站站点为2号。

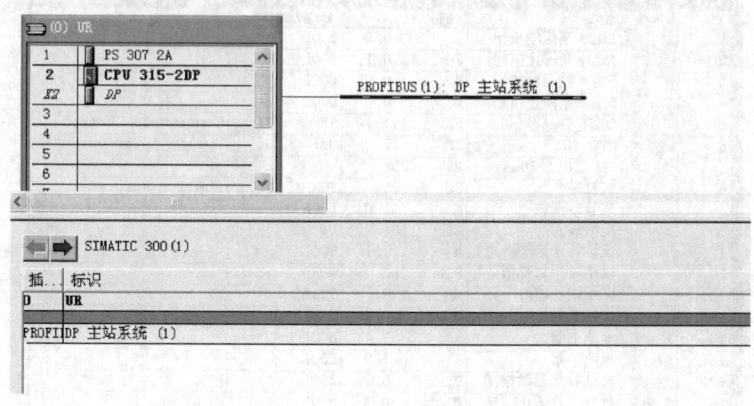

图5-67　主站组态

（2）从站组态

组态DP从站ET200S，当PROFIBUS-DP组态完成后才能组态各个从站，打开硬件组态窗口右侧硬件目录中最上面的PROFIBUS-DP文件夹，找到ET200S子文件夹，展开后找到IM151-Basic型，选中PROFIBUS总线，再双击右侧IM151-Basic图标。这时会弹出

IM151-1 PROFIBUS 接口属性对话框，在"参数"选项卡内设置站地址为3；为新增的站点配置具体的模块。添加电源模块：选中从站，在左下角的窗口中选中插槽1，在左侧找到电源模块 PM-E，双击添加电源模块 PM-E 到从站插槽1；添加 I/O 模块：步骤同上，分别添加两个数字量输入模块 DI 和一个数字量输出模块 DO，一个模拟量输入模块 AI 和一个模拟量输出模块 AO，如图 5-68 所示。

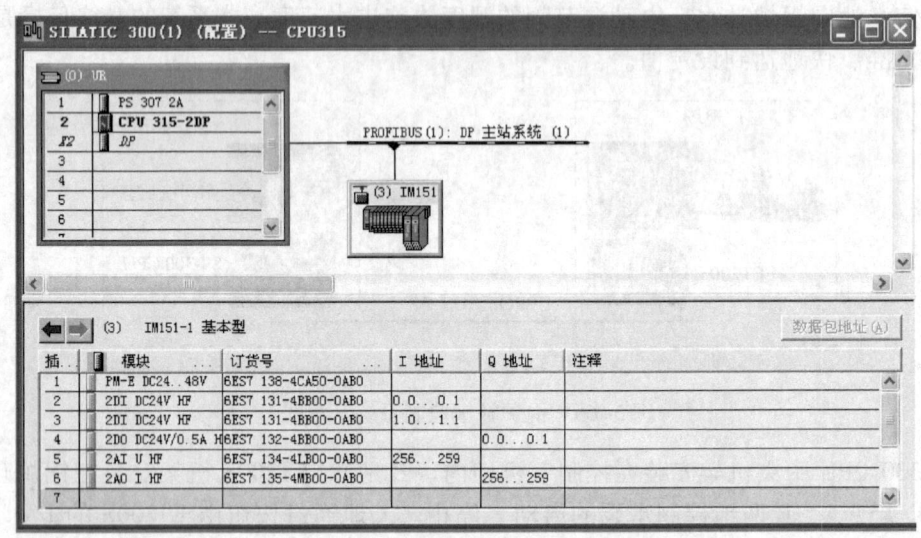

图 5-68 从站组态

（3）设置符号表

符号表如图 5-69 所示。

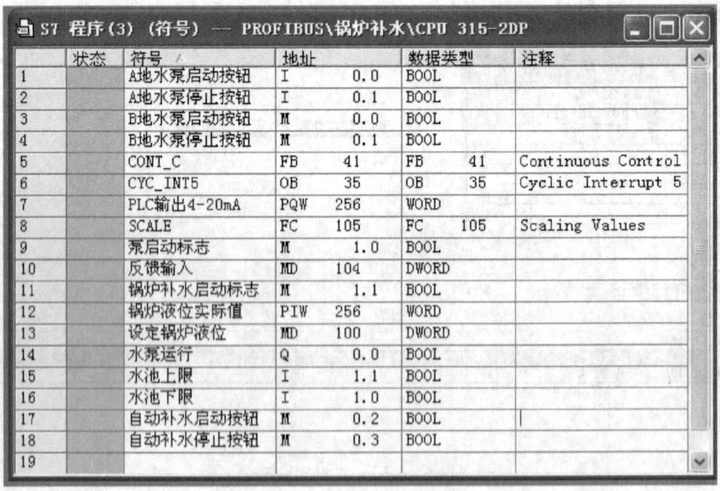

图 5-69 符号表

3．触摸屏

1）创建触摸屏画面，如图 5-70 所示。

2）建立 PLC 与触摸屏的连接，如图 5-71 所示。

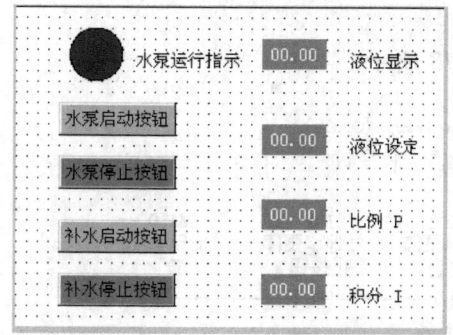

图 5-70 创建画面

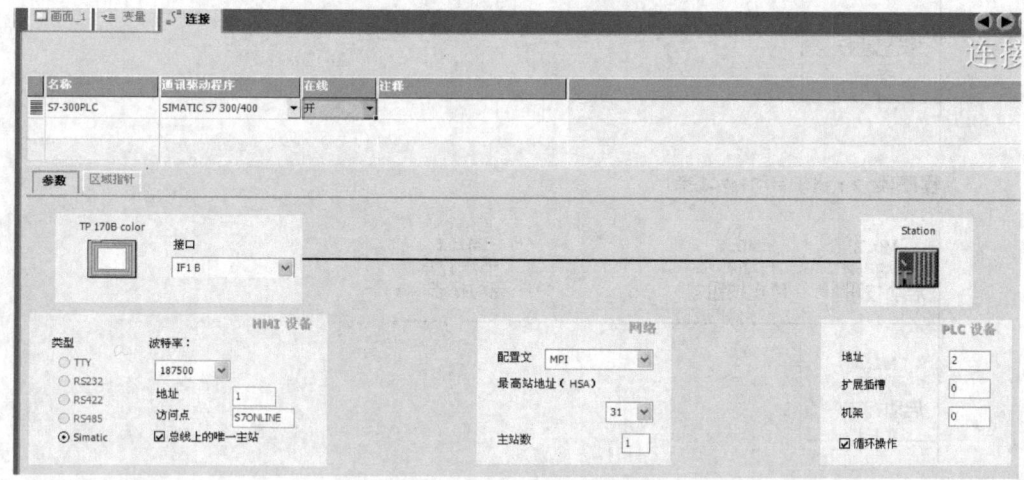

图 5-71 PLC 与触摸屏的连接

3）设置变量表，如图 5-72 所示。

名称	连接	数据类型	地址	数组计数	采集周期
B地水泵启动按钮	S7-300PLC	Bool	M 0.0	1	1 s
B地水泵停止按钮	S7-300PLC	Bool	M 0.1	1	1 s
自动补水启动按钮	S7-300PLC	Bool	M 0.2	1	1 s
自动补水停止按钮	S7-300PLC	Bool	M 0.3	1	1 s
水泵运行	S7-300PLC	Bool	Q 0.0	1	1 s
设定锅炉液位	S7-300PLC	DWord	MD 100	1	1 s
锅炉液位显示	S7-300PLC	DWord	MD 104	1	1 s
比例 P	S7-300PLC	Real	DB 1 DBD 20	1	1 s
积分 I	S7-300PLC	Real	DB 1 DBD 24	1	1 s

图 5-72 变量表

4. PLC 程序

1) 主程序 OB1 如图 5-73 所示。

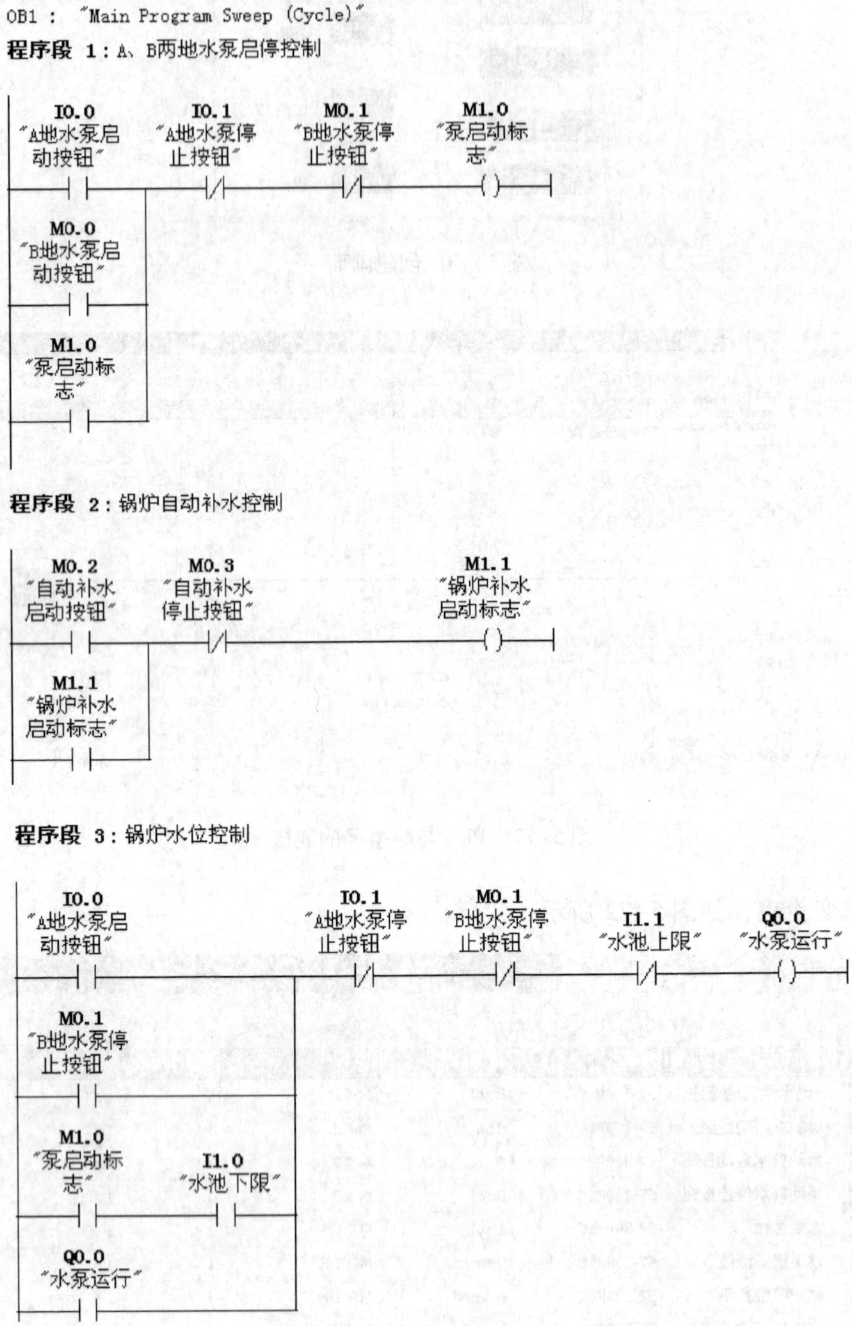

OB1: "Main Program Sweep (Cycle)"

程序段 1：A、B 两地水泵启停控制

```
  I0.0      I0.1      M0.1      M1.0
"A地水泵启 "A地水泵停 "B地水泵停 "泵启动标
 动按钮"    止按钮"    止按钮"     志"
  ─┤├──────┤/├──────┤/├──────────( )─

  M0.0
"B地水泵启
 动按钮"
  ─┤├─

  M1.0
"泵启动标
  志"
  ─┤├─
```

程序段 2：锅炉自动补水控制

```
  M0.2      M0.3                M1.1
"自动补水 "自动补水            "锅炉补水
 启动按钮" 停止按钮"            启动标志"
  ─┤├──────┤/├──────────────────( )─

  M1.1
"锅炉补水
 启动标志"
  ─┤├─
```

程序段 3：锅炉水位控制

```
  I0.0                I0.1      M0.1      I1.1      Q0.0
"A地水泵启           "A地水泵停 "B地水泵停 "水池上限" "水泵运行"
 动按钮"              止按钮"    止按钮"
  ─┤├─────────────────┤/├──────┤/├──────┤/├────────( )─

  M0.1
"B地水泵停
  止按钮"
  ─┤├─

  M1.0      I1.0
"泵启动标 "水池下限"
   志"
  ─┤├──────┤├─

  Q0.0
"水泵运行"
  ─┤├─
```

图 5-73 主程序 OB1

2) 中断程序 OB35 如图 5-74 所示。

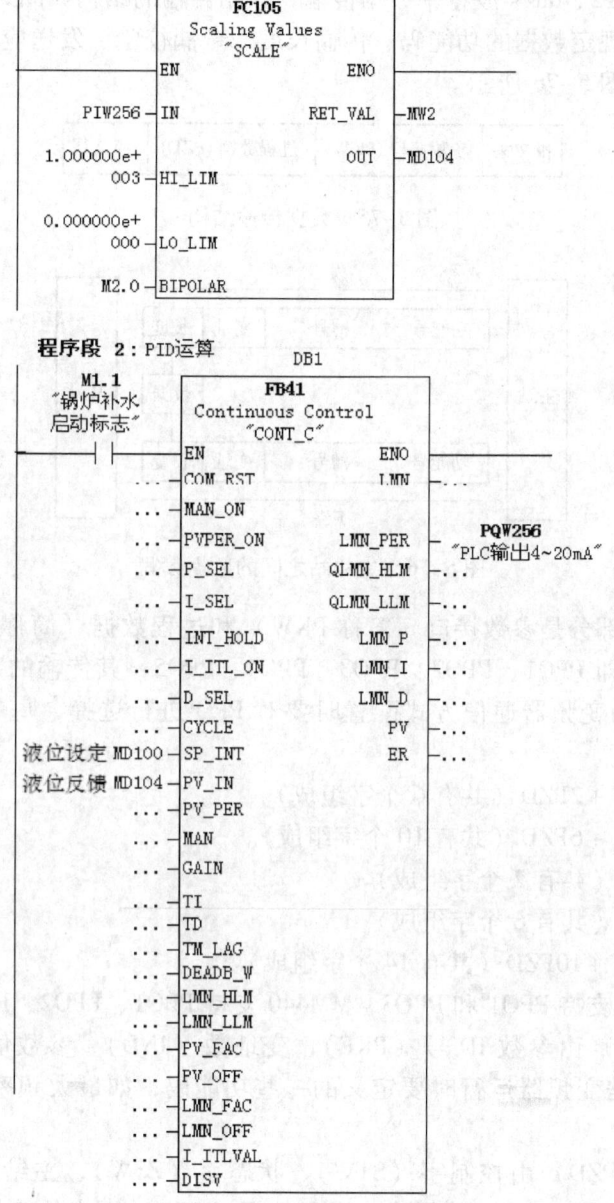

图 5-74 中断程序 OB35

任务 5.4　基于 PROFIBUS–DP 的 S7–300 与 MM440 变频器通信

随着变频器的不断发展和推广应用,越来越多的场合需要对变频器进行网络通信和监控,为满足应用的需要,许多变频器都带有现场总线接口,具有通信功能。RS–485 网络由于具有设备简单、容易实现、传输距离较远、维护方便等优点而被许多变频器厂家所采用。

传动装置通过 PROFIBUS-DP 网与主站 PLC 的接口是经过通信模块 CBP 板来实现的，带有 DP 口的 S7-300 和 S7-400 PLC 也可以通过 CPU 上的 DP 口来实现。采用 RS-485 接口及支持 9.6kbit/s~12Mbit/s 波特率数据传输，数据传输的结构如图 5-75 所示，其中数据的报文头尾主要是来规定数据的功能码、传输长度、奇偶校验、发送应答等内容。主从站之间的数据读写过程如图 5-76 所示。

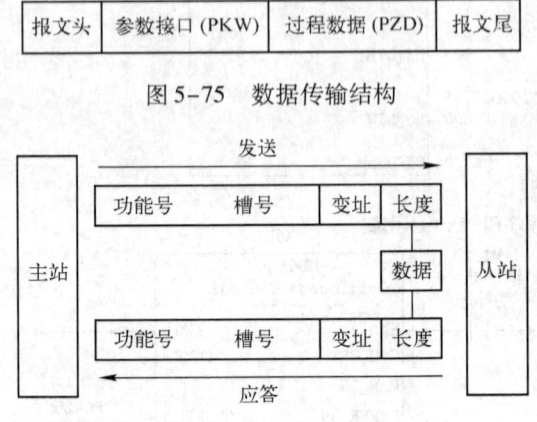

图 5-75 数据传输结构

图 5-76 主从站之间的数据读写

数据报文的核心部分是参数接口（简称 PKW）和过程数据（简称 PZD），PKW 和 PZD 共有五种结构形式，即 PPO1、PPO2、PPO3、PPO4、PPO5，其传输的字节长度及结构形式各不相同。在 PLC 和变频器通信方式配置时要对 PPO 进行选择，每一种类型的结构形式如下。

1）PPO1：4PKW+2PZD（共有 6 个字组成）。
2）PPO2：4PKW+6PZD（共有 10 个字组成）。
3）PPO3：2PZD（共有 2 个字组成）。
4）PPO4：6PZD（共有 6 个字组成）。
5）PPO5：4PKW+10PZD（共有 14 个字组成）。

注意：MM420 只支持 PPO1 和 PPO3，MM440 支持 PPO1、PPO2、PPO3 和 PPO4。

参数接口（PKW）由参数 ID 号（PKE）、变址数（IND）、参数值（PWE）三部分组成。参数接口 PKW 是变频器运行时要定义的一些功能码，如最大频率、基本频率、加/减速时间等。

过程数据接口（PZD）由控制字（STW）、状态字（ZSW）、主给定（Main set point）、实际反馈值（Main actual value）等组成。过程数据（PZD）用来传输控制字和设定值（主站—变频器）或状态字和实际值（变频器—主站）等输入/输出的数据值。

另外，要了解掌握控制字和状态字每一位的具体含义，并熟悉 SIEMENS 变频器参数的具体应用，在通信参数设置时需要具体定义。

1. MM440 周期性数据通信的报文说明

MM440 周期性数据通信报文有效数据区域由两部分构成，即 PKW 区（参数识别 ID 数值区）和 PZD 区（过程数据），如图 5-77 所示。PKW 区最多占用 4 个字，即 PKW 区（参数标识符值，占用一个字）、IND（参数的下标，占用一个字）、PWE1 和 PWE2（参数数值，共占用两个字)。

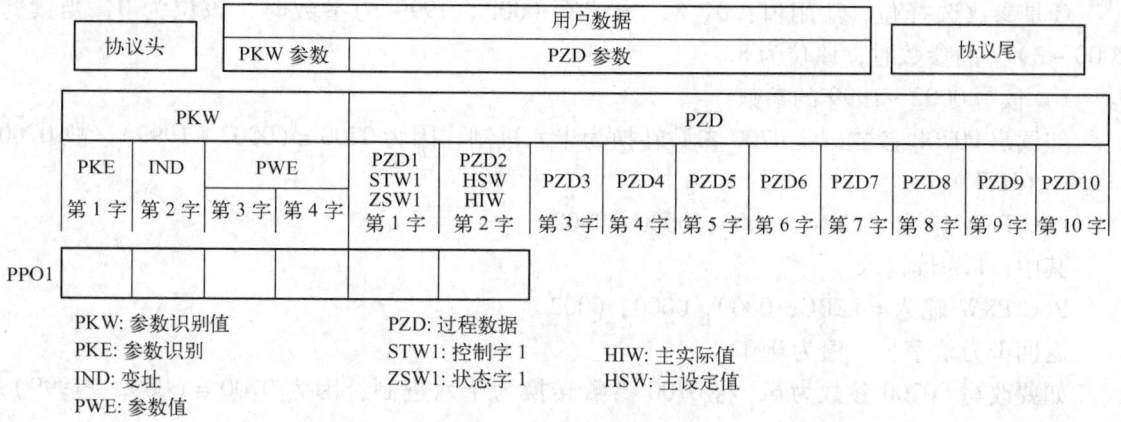

图 5-77 数据通信报文

在变频器现场总线控制系统中，PROFIBUS-DP 的通信协议的信息帧分为协议头、用户数据和协议尾。用户数据结构被指定为参数过程数据对象（PPO），有的用户数据带有一个参数区域和一个过程数据区域，而有的用户数据仅由过程数据组成。

MM440 变频器既支持和主站的周期性数据通信，也支持和主站的非周期性数据通信。

S7-300/400 PLC 可以使用功能 SFC14/SFC15（读取/修改）读取和修改 MM440 变频器参数值，调用一次可以读取或修改一个参数。也可以使用功能 SFC 58/SFC 59 或者 SFB 52/SFB 53 读取和修改多个 MM440 变频器参数值，一次最多可以读取或修改 39 个参数。

要实现 S7-300/400 PLC 与 MM440 变频器 DP 通信，需要在 MM440 变频器上加装 DP 通信模板（6SE6400-1PB00-0AA0）。

S7-300/400 PLC 使用功能 SFC14 和 SFC15 读取和修改参数需要占用 4 个 PKW。下面分别介绍 PKW 区的四个字的具体含义。

(1) 对 PKW 的访问

要通过 PROFIBUS 读写 MM440 的参数，必须了解 PKW 的数据结构，其数据报文结构如图 5-78 所示。对 PKW 区数据的访问是同步通信，即发一条信息，得到返回值后才能发第二条信息。PKW 一般为 4 个字，定义如下：

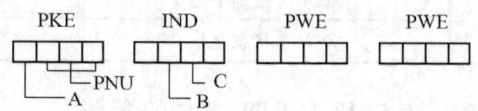

图 5-78 PKW 的 4 个字组成

图中，PKE 是参数表示符；IND 是索引；PWE 是参数值。

A 的常用值有：1、2、3、6、7、8，其中，1 为读请求（无数据分组），6 为读请求（有数据分组），2 为写请求（无数据分组、单字），7 为写请求（有数据分组、单字），3 为写请求（无数据分组、双字），8 为写请求（有数据分组、双字）。

PNU 是参数号，当读写 0002~1999 的参数时，直接将数值转换为十六进制即可；当读写 2000~3999 的参数时，将数值减去 2000 再转换为十六进制。

B 是数据分组编号，常用值：0、1、2；

C 是参数选择位，常用值：0、8，当读写 0002~1999 的参数时，该位为 0，当读写 2000~3999 的参数时，该位为 8。

1）读写 0002~1999 的参数。

如读出 P0700 参数，将 0700 参数转换为十六进制，因为 0700∈（0002~1999），故 0700 = 2BC（HEX）。

PLC PKW 输出 = 12BC，0000，0000，0000

其中，1 为读请求。

PLC PKW 输入 = 12BC，0000，0000，0002

返回 1 为单字长，值为 0002。

如要改写 P0700 参数为 6，将 0700 参数转换为十六进制，因为 0700∈（0002~1999），故 0700 = 2BC（HEX）。

给 PKW 赋值 32BC，0000，0000，0006（HEX）

其中，3 代表写请求。

PLC PKW 输入 = 12BC，0000，0000，0006

返回 1 为单字长，0006 就是确认写入 P0700 的参数值。

2）读写 2000~3999 的参数。

如读取 P2010，将 2010 参数转换为十六进制，因为 2010∈（2000~3999），需要减去 2000 后再转换为十六进制，10 = A(HEX)。

PLC PKW 输出 = 100A，0180，0000，0000

其中，1 为读请求，8 为参数 2000~3999，1 为数组中第一个参数。

PLC PKW 输入 = 100A，0180，0000，0006

返回 1 为单字长，值为 6（HEX）。

（2）对 PZD 的访问

对 PZD 的访问，一般只能访问 2 个字长，PZD 的结构及数据访问见表 5-12。

表 5-12　PZD 的结构及数据访问表

数 据 传 送	PZD1	PZD2
PLC 主站→MM440	STW（控制字）	HSW（主设定值）
MM440→PLC 主站	ZSW（状态字）	HIW（主实际值）

1）变频器的控制字 STW。表 5-13 是 STW 各位的含义。

表 5-13　STW 各位的含义

位	含　　义	功　　能
00	ON（斜坡上升）/OFF1（斜坡下降）	0 否（关），1 是（通）
01	OFF2：惯性自由停车	0 是，1 否
02	OFF3：快速停车	0 是，1 否
03	脉冲使能	0 否，1 是
04	斜坡函数发生器（RFG）	0 否，1 是

(续)

位	含 义	功 能
05	RFG 开始	0 否，1 是
06	设定值使能	0 否，1 是
07	故障确认	0 否，1 是
08	正向点动	0 否，1 是
09	反向点动	0 否，1 是
10	由 PLC 控制	0 否，1 是
11	设定值反向	0 否，1 是
12	保留	
13	电动电位计（MOP）升速	0 否，1 是
14	电动电位计（MOP）降速	0 否，1 是
15	本机/远程控制	0P7019 下标 0，1P7019 下标 1

常用控制字设置如下：

047E：准备运行

047F：正转

0C7F：反转

047C：停止。

图 5-79 是 047F 主要位的含义。

047F=0000 0100 0111 1111
　　　　　　　　　　　　0 停止、1 运行
　　　　　　　　　　PLC 控制
　　　　0 正向、1 反向

图 5-79　047F 主要位的含义

2）变频器的主设定值 HSW。

PZD 任务报文的第 2 个字是主频率设定值，有两种不同的设置方式。当 P2009 设置为 0 时，数值是以十六进制形式发送，4000（H）对应频率是 50 Hz，2000（H）对应频率是 25 Hz，负数则反向；当 P2009 设置为 1 时，数值是以十进制形式发送，4000（十进制）对应频率是 40.00 Hz。

例如当 P2009 = 0，任务报文为 PZD = 047F4000，第一个字的二进制是 0000，0100，0111，1111。这个字的含义是斜坡上升，不是惯性自由停车，不是快速停车，脉冲使能，斜坡函数发生器（RFG）使能，RFG 开始，设定值使能，无故障确认，不正向点动，不反向点动，由 PLC 进行控制，设定值不反向，不用 MOP 升速和降速；第二个字的含义是频率为 50 Hz。

3）变频器的状态字 ZSW。

PZD 应答报文的第 1 个字是变频器的状态字，状态字各位含义见表 5-14。

表 5-14　ZSW 各位的含义

位	含 义	功 能
00	变频器准备	0 否，1 是
01	变频器准备运行就绪	0 否，1 是
02	变频器正在运行	0 否，1 是

(续)

位	含 义	功 能
03	变频器故障	0 是，1 否
04	OFF2 命令激活	0 是，1 是
05	OFF3 命令激活	0 否，1 否
06	禁止接通命令	0 否，1 是
07	变频器报警	0 否，1 是
08	设定值/实际值偏差过大	0 否，1 否
09	PZD1（过程数据）控制	0 否，1 是
10	达到最大频率	0 否，1 是
11	电动机电流极限报警	0 是，1 否
12	电动机抱闸制动投入	0 否，1 是
13	电动机过载	0 否，1 是
14	电动机正向运行	0 是，1 否
15	变频器过载	0P7019 下标 0，1P7019 下标 1

4）变频器的实际值 HIW。

PZD 应答报文的第 2 个字是变频器主要运行参数实际值，通常定义为变频器的实际输出频率。

2. 变频器参数设定

恢复出厂值：P0010 = 30，P0970 = 1，按表 5-15 设定变频器的参数。

表 5-15 变频器参数设定

参 数	内 容	设 置
P0918	PROFIBUS 通信地址	3
P0719	表示启停命令源和频率设定值源均来自 DP	66
P0700	变频器启停命令来源是 DP	6
P1000	频率给定值源为通信板 CB，通过 DP 读取该值	6
P0927	参数修改设置	15

MM440 变频器 PROFIBUS 站地址的设定在变频器的通信板（CB）上完成，通信板（CB）上有一排拨钮用于设置地址，每个拨钮对应一个"8-4-2-1"码的数据，所有的拨钮处于"ON"位置对应的数据相加的和就是站地址。拨钮示意图如图 5-80 所示，拨钮 1 和 2 处于"ON"位置，所以对应的数据为 1 和 2；而拨钮 3、拨钮 4、拨钮 5 和拨钮 6 处于"OFF"位置，所对应的数据为 0，站地址为 1 + 2 + 0 + 0 + 0 + 0 = 3。

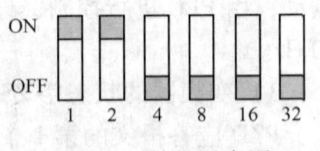

图 5-80 拨钮示意图

总之 S7-300 PLC 通过 PROFIBUS-DP 对 MM440 进行控制过程可归纳为：S7-300 PLC 通过 PROFIBUS-DP 通信发送控制字到变频器，并读取变频器的状态字来控制变频器运行。在 STEP 7 软件中进行硬件组态，选择 MM440 的 PPO 类型，设置各变频器的总线站地址，建立数据块 DB1 与 MM440 的 PKW 和 PZD 对应，用以存储通信数据。最后调用 DP 读/写专用系统功能块 SFC 14/SFC 15 来完成 PLC 与 MM440 之间控制字/状态字、主给定/主实际值的通信。当电动机正转时，变频器的控制字为 047F，此时状态字为 FB34；当电动机反转时，变频器的控制字为 0C7F，此时状态字为 BB34；当电动机停止时，变频器的控制字为 047E，此时状态字为 FA31。

子任务 1 S7-300 PLC 通过 PROFIBUS-DP 控制 MM440 变频器

1. 控制要求

如图 5-81 所示，在触摸屏设定频率和显示频率，利用 S7-300 PLC 通过现场总线控制 MM440 变频器带动风机的正反转、点动、停止、故障报警等功能，同时可通过现场总线修改变频器的参数。

2. PLC 组态

（1）主站的硬件组态

插入 S7-300 站并完成主站的硬件组态，如图 5-82 所示。

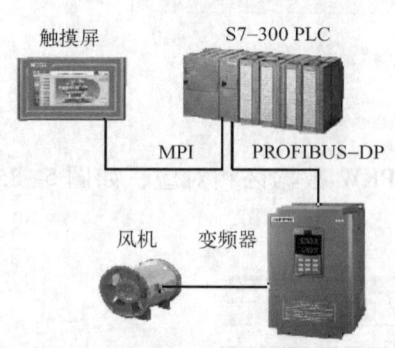

图 5-81 控制示意图

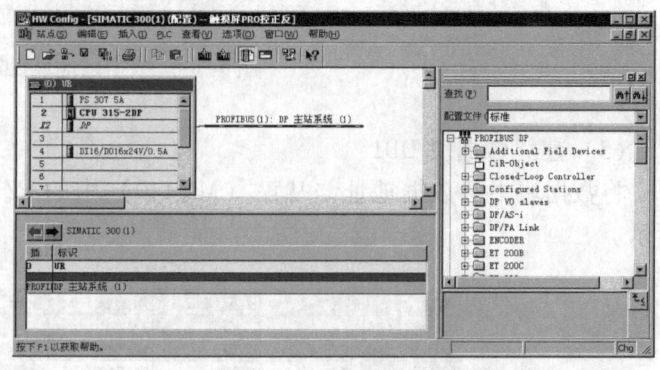

图 5-82 主站的硬件组态

（2）从站的硬件组态

在 PROFIBUS-DP 目录下，选中"SIMOVERT"→"MICROMASTER 4"，双击，在组态好的 DP 系统中挂上 MM440 从站，设定地址是 3，得到如图 5-83 所示的界面。

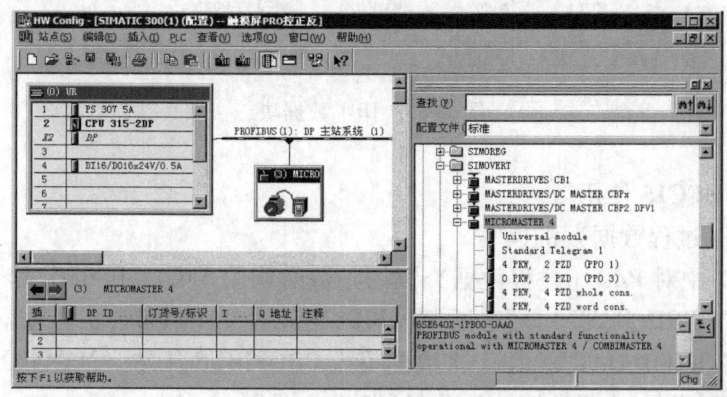

图 5-83 从站的硬件组态

设置通信报文的结构。选中"4PKW，2PZD（PPO1）"，得到如图 5-84 所示的结构图；从图中可得到 MM440 的数据地址，MM440 接收主要站（PLC）的数据存放在 IB256～IB263，MM440 发送信息给主站（PLC）的数据区在 QB256～QB263。

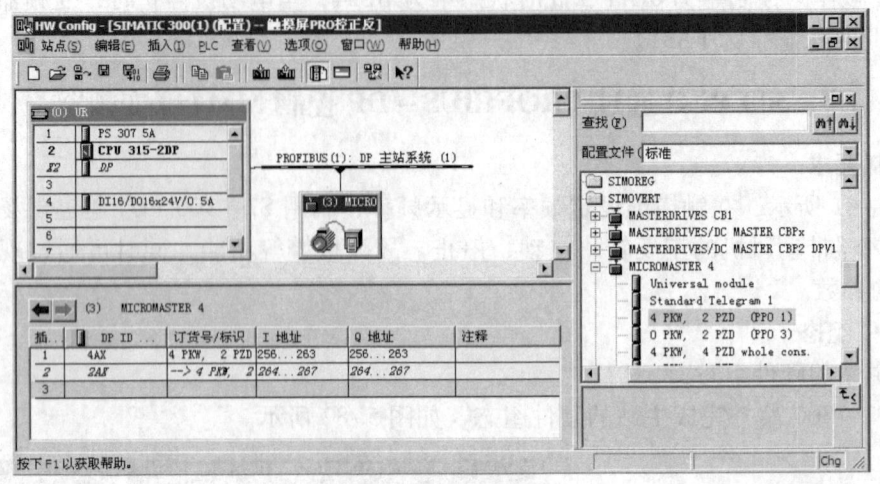

图 5-84　数据区地址设定

（3）建立数据块 DB1

将数据块中的数据地址与从站（MM440）中的 PZD、PKW 数据区相对应，如图 5-85 所示。

地址	名称	类型	初始值	注释
0.0		STRUCT		
+0.0	PKE_R	WORD	W#16#0	读参数号PIW256
+2.0	IND_R	WORD	W#16#0	读参数号下标PIW258
+4.0	PKE1_R	WORD	W#16#0	读参数值PIW260
+6.0	PKE2_R	WORD	W#16#0	读参数值PIW262
+8.0	PZD1_R	WORD	W#16#0	读状态字PIW264
+10.0	PZD2_R	WORD	W#16#0	读实际值（反馈值）PIW266
+12.0	PKE_W	WORD	W#16#0	写参数号PQW256
+14.0	IND_W	WORD	W#16#0	写参数号下标PQW258
+16.0	PKE1_W	WORD	W#16#0	写参数值PQW260
+18.0	PKE2_W	WORD	W#16#0	写参数值PQW262
+20.0	PZD1_W	WORD	W#16#0	写控制字PQW264
+22.0	PZD2_W	WORD	W#16#0	写给定值PQW266
=24.0		END_STRUCT		

图 5-85　DB1 数据块

3. SFC14 和 SFC15 使用

（1）对 PZD（过程数据）的读写

1) 在 STEP 7 中对 PZD（过程数据）读写参数时调用 SFC14 和 SFC15。

2) SFC14（"DPRD_DAT"）用于读 PROFIBUS 从站（MM440）的数据。

3) SFC15（"DPWR_DAT"）用于将数据写入 PROFIBUS 从站（MM440）。

4) 硬件组态时 PZD 的起始地址为 W#16#108（即 264）。

如图 5-85 所示，将数据块中的数据地址与从站（MM440）中的 PZD、PKW 数据区相对应。

①W#16#108（即 264）是硬件组态时 PZD 的起始地址

② 将从站数据读入 DB1. DBX8. 0 开始的 4 个字节（P#DB1. DBX8. 0 BYTE 4）。

PZD1→DB1. DBW8（状态字）；PZD2→DB1. DBW10（实际速度）。

③ 将 DB1. DBX20. 0 开始的 4 个字节写入从站（P#DB1. DBX20. 0 BYTE 4）。

DB1. DBW20→PZD1（控制字）；DB1. DBW22→PZD2（给定速度）。

（2）对 PKE（过程数据）的读写

1）在 STEP 7 中对 PKW（参数区）读写参数时同样调用 SFC14 和 SFC15。

2）SFC14(“DPRD_DAT”) 用于读 PROFIBUS 从站的数据。

3）SFC15(“DPWR_DAT”) 用于将数据写入 PROFIBUS 从站。

4）硬件组态时 PKW 的起始地址为 W#16#100（即 256）。

在图 5-85 中，具体的参数解释如下。

① W#16#100（即 256）是硬件组态时 PKW 的起始地址。

② 将从站数据读入 DB1. DBX0. 0 开始的 8 个字节（P#DB1. DBX0. 0 BYTE 8）。

PKE→DB1. DBW0；IND→DB1. DBW2。

参数值的高字位 PWE1→DB1. DBW4；参数值的低字位 PWE2—DB1. DBW6。

③ 将 DB1. DBX12. 0 开始的 8 个字节写入从站。

DB1. DBW12→PKE；DB1. DBW14→IND。

参数值的高字位 DB1. DBW16→PWE1；参数值的低字位 DB1. DBW18→PWE2。

4. 触摸屏变量设置

触摸屏变量设置如图 5-86 所示。

触摸屏监控画面分别如下。

1）初始画面如图 5-87 所示。

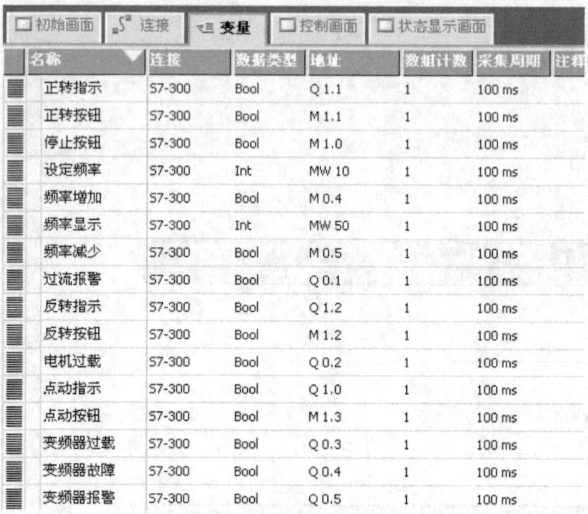

名称	连接	数据类型	地址	数组计数	采集周期	注释
正转指示	S7-300	Bool	Q 1.1	1	100 ms	
正转按钮	S7-300	Bool	M 1.1	1	100 ms	
停止按钮	S7-300	Bool	M 1.0	1	100 ms	
设定频率	S7-300	Int	MW 10	1	100 ms	
频率增加	S7-300	Bool	M 0.4	1	100 ms	
频率显示	S7-300	Int	MW 50	1	100 ms	
频率减少	S7-300	Bool	M 0.5	1	100 ms	
过流报警	S7-300	Bool	Q 0.1	1	100 ms	
反转指示	S7-300	Bool	Q 1.2	1	100 ms	
反转按钮	S7-300	Bool	M 1.2	1	100 ms	
电机过载	S7-300	Bool	Q 0.2	1	100 ms	
点动指示	S7-300	Bool	Q 1.0	1	100 ms	
点动按钮	S7-300	Bool	M 1.3	1	100 ms	
变频器过载	S7-300	Bool	Q 0.3	1	100 ms	
变频器故障	S7-300	Bool	Q 0.4	1	100 ms	
变频器报警	S7-300	Bool	Q 0.5	1	100 ms	

图 5-86　触摸屏变量设置

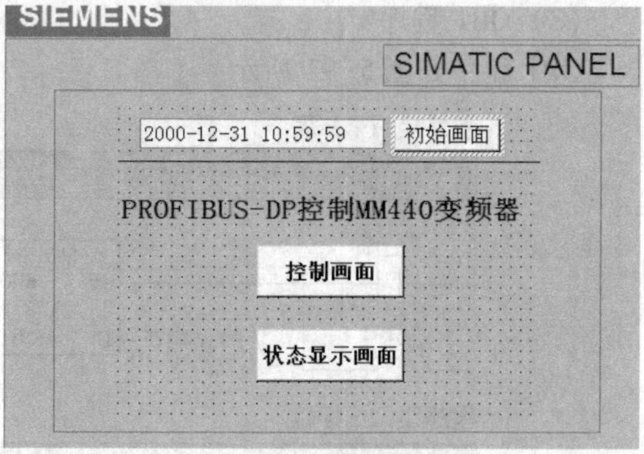

图 5-87　初始画面

2）控制画面如图 5-88 所示。

3）状态显示画面如图 5-89 所示。

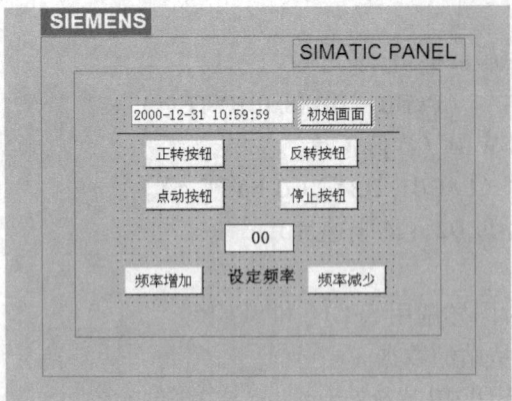

图 5-88 控制画面　　　　　　　　图 5-89 状态显示画面

5. PLC 梯形图

(1) OB100 初始化程序

OB100 初始化程序如图 5-90 所示。

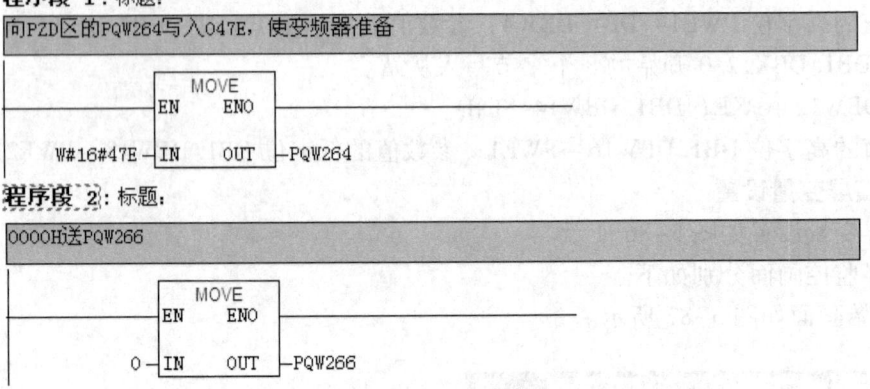

图 5-90 初始化程序

(2) OB1 程序

OB1 程序如图 5-91 所示。

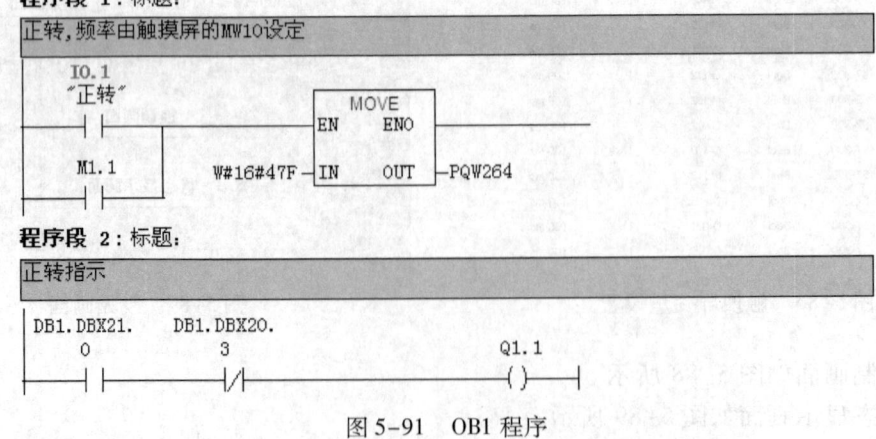

图 5-91 OB1 程序

程序段 3：标题：

反转，频率由触摸屏的MW10设定

程序段 4：标题：

反转指示

程序段 5：标题：

触摸屏设定频率经转换后送变频器（0～50Hz转换0～16 384）

程序段 6：标题：

停止

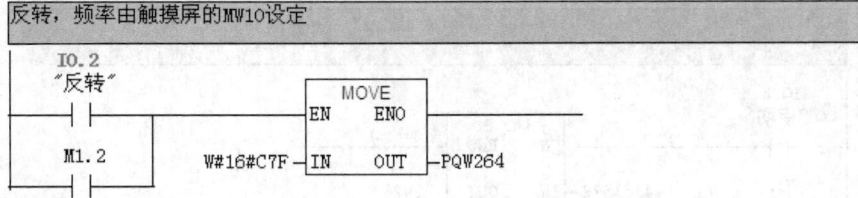

图 5-91　OB1 程序（续）

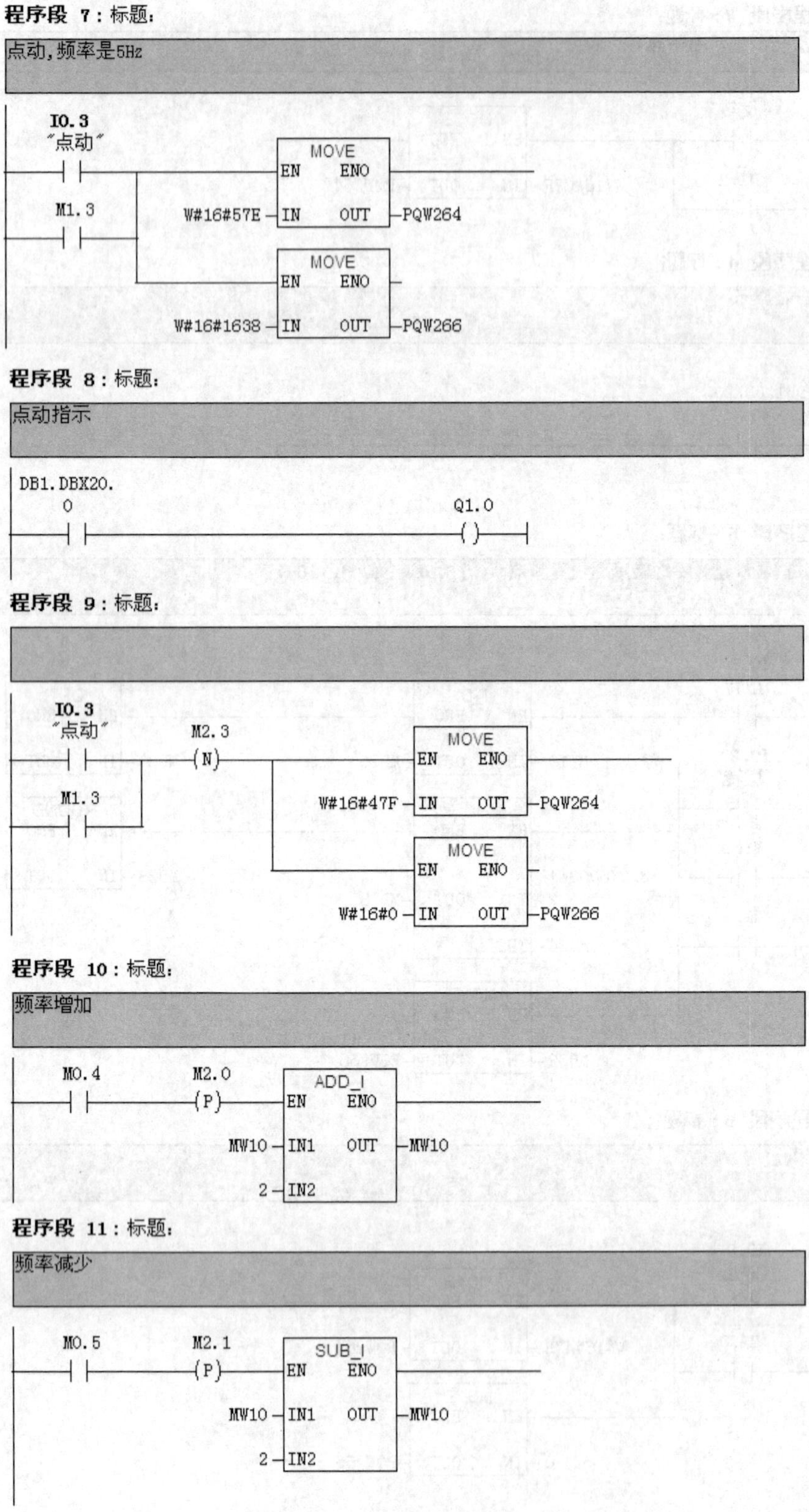

程序段 7：标题：

点动,频率是5Hz

```
   I0.3
   "点动"
   ─┤├─┬──────────┬──EN  MOVE  ENO──
    M1.3 │          │                  
   ─┤├───┘  W#16#57E─IN    OUT─PQW264
          │
          │         ┌──EN  MOVE  ENO──
          └─────────┤
            W#16#1638─IN    OUT─PQW266
```

程序段 8：标题：

点动指示

```
  DB1.DBX20.
      0                            Q1.0
   ──┤├─────────────────────────────( )──
```

程序段 9：标题：

```
   I0.3
   "点动"      M2.3
   ─┤├─┬──────(N)──┬──EN  MOVE  ENO──
    M1.3 │          │                  
   ─┤├───┘  W#16#47F─IN    OUT─PQW264
          │
          │         ┌──EN  MOVE  ENO──
          └─────────┤
              W#16#0─IN    OUT─PQW266
```

程序段 10：标题：

频率增加

```
    M0.4    M2.0     ADD_I
   ──┤├─────(P)──┬──EN    ENO──
                 │
             MW10─IN1   OUT─MW10
                2─IN2
```

程序段 11：标题：

频率减少

```
    M0.5    M2.1     SUB_I
   ──┤├─────(P)──┬──EN    ENO──
                 │
             MW10─IN1   OUT─MW10
                2─IN2
```

图 5-91　OB1 程序（续）

程序段 12：标题：

变频器运行状态送MW100

```
      MOVE
    EN   ENO
PIW264─IN   OUT─MW100
```

程序段 13：标题：

变频器实际输出频率送触摸屏显示（0～16 384转换0～50Hz）

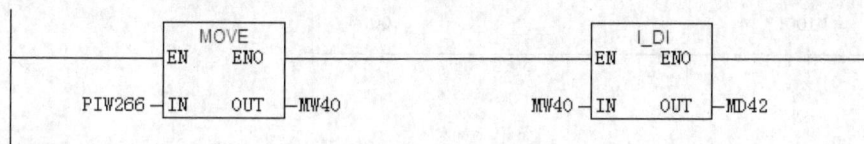

程序段 14：标题：

```
      DI_R                    DIV_R
    EN   ENO               EN      ENO
MD42─IN   OUT─MD46     MD46─IN1    OUT─MD50
                    3.276000e+
                         002─IN2
```

程序段 15：标题：

取整

```
      ROUND
    EN   ENO
MD50─IN   OUT─MD50
```

程序段 16：标题：

电流极限报警

```
 M100.3                          Q0.1
──┤├──────────────────────────────( )──
```

图 5-91　OB1 程序（续）

程序段 17：标题：

电动机过载

```
 M100.5                                Q0.2
──┤ ├──────────────────────────────────( )──
```

程序段 18：标题：

变频器过载

```
 M100.7                                Q0.3
──┤ ├──────────────────────────────────( )──
```

程序段 19：标题：

变频器故障

```
 M101.3                                Q0.4
──┤ ├──────────────────────────────────( )──
```

程序段 20：标题：

变频器报警

```
 M101.7                                Q0.5
──┤ ├──────────────────────────────────( )──
```

程序段 21：标题：

写P0701（十六进制是2BD，7为写）参数号

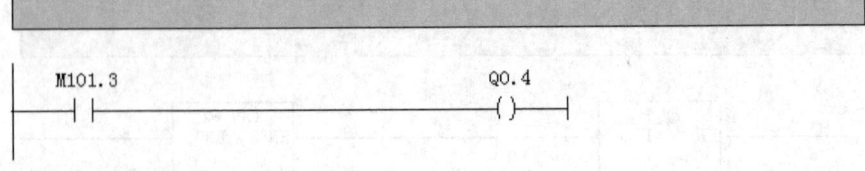

程序段 22：标题：

准备修改参数P0701的参数值为2

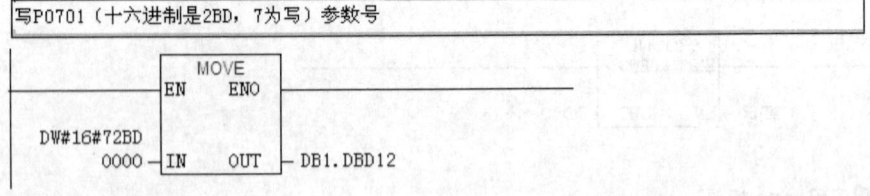

图 5-91　OB1 程序（续）

程序段 23：标题：

从PKW接收区起始地址为100(PIW256)内读取MM440应答数据送PLC

程序段 24：标题：

PLC通过PKW向MM440发送任务,PKW发送区起始地址为100(PQW256)

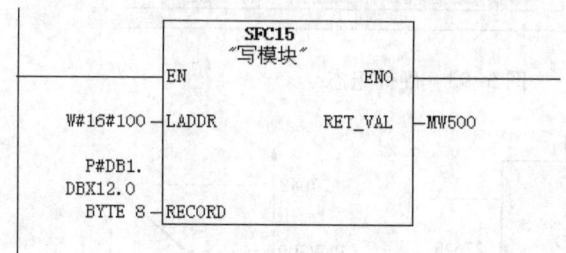

图 5-91　OB1 程序（续）

子任务 2　基于 PROFIBUS – DP 的 PLC 远程控制和修改 MM440 变频器参数

1. 控制要求

如图 5-92 所示，用 ET200M 远程控制 MM440 变频器的启停及频率给定，并实现变频器参数 P0700 的访问。

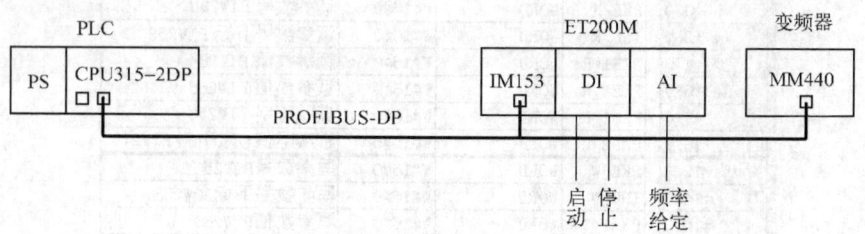

图 5-92　控制网络示意图

2. 硬件组态

硬件组态如图 5-93 所示。

如图 5-94 所示，PIW300 为外部输入的模拟信号转换值，数值范围是 0~27 648，而在 PROFIBUS – DP 中 0~16 384 对应 0~50 Hz，故必须经过转换后才能送到 PQW。

3. 建立 DB1 数据块

将 PLC 数据块中的数据地址 DB1 与变频器从站中的 PZD、PKW 数据区相对应，如图 5-95 所示。

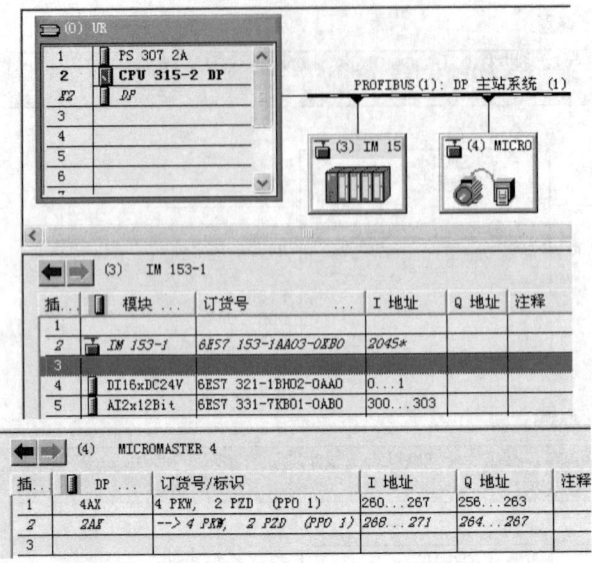

图 5-93 硬件组态

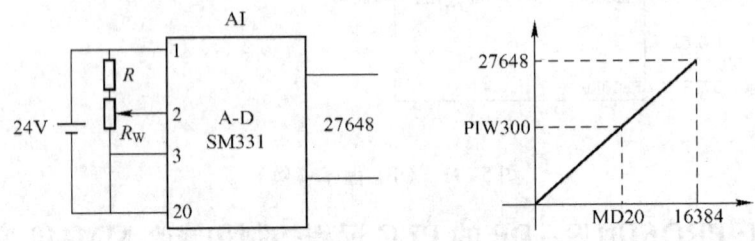

图 5-94 模拟信号转换

地址	名称	类型	初始值	注释
0.0		STRUCT		
+0.0	PKE_R	WORD	W#16#0	读参数号 PIW260
+2.0	IND_R	WORD	W#16#0	读参数号下标 PIW262
+4.0	PKE1_R	WORD	W#16#0	读参数值 PIW264
+6.0	PKE2_R	WORD	W#16#0	读参数值 PIW266
+8.0	PZD1_R	WORD	W#16#0	读状态字 PIW268
+10.0	PZD2_R	WORD	W#16#0	读实际值(反馈值)PIW270
+12.0	PKE_W	WORD	W#16#0	写参数号 PQW256
+14.0	IND_W	WORD	W#16#0	写参数号下标 PQW258
+16.0	PKE1_W	WORD	W#16#0	写参数值 PQW260
+18.0	PKE2_W	WORD	W#16#0	写参数值 PQW262
+20.0	PZD1_W	WORD	W#16#0	写控制字 PQW264
+22.0	PZD2_W	WORD	W#16#0	写给定值 PQW266
=24.0		END_STRUCT		

图 5-95 数据地址与 PZD、PKW 数据区对应表

4. 程序

(1) OB100

初始化程序如图 5-96 所示。

OB100：″Complete Restart″
程序段 1：通信运行准备

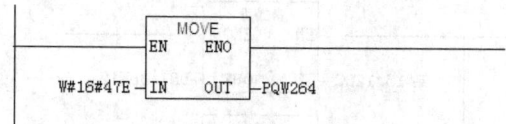

程序段 2：标题：

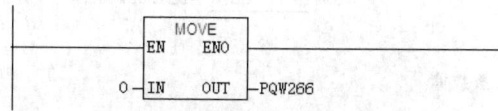

图 5-96 初始化程序

(2) OB1 程序

主程序如图 5-97 所示。

程序段 1：标题：

```
    M0.0                    M0.0
 ---|/|---------------------( )---
```

程序段 2：启动变频器

```
   I0.1       MOVE
 ---| |------EN   ENO----
   W#16#47F--IN   OUT----PQW264
```

程序段 3：停止变频器

```
   I0.2       MOVE
 ---| |------EN   ENO----
   W#16#47E--IN   OUT----PQW264
```

程序段 4：频率给定MD20=16484*PIW300/27648

```
   M0.0       MOVE                    MUL_R
 ---| |------EN   ENO----------------EN   ENO--------
   PIW300---IN   OUT----MD20    MD20--IN1  OUT----MD20
                                 1.638400e+
                                    004---IN2

              DIV_R                    ROUND
             EN   ENO----------------EN   ENO--------
   MD20---IN1   OUT----MD20    MD20---IN   OUT----MD20
   2.764800e+
       004---IN2

              MOVE
             EN   ENO----
   MD20---IN   OUT----PQW266
```

图 5-97 主程序

程序段 5：把P0700参数号(十六进制2BC)送到内存区DB1.DBW12、DB1.DBW14

```
    M0.0              MOVE
    ─┤├──────────┬──EN    ENO
                 │
         W#16#12BC─IN   OUT──DB1.DBW12
                 │
                 │        MOVE
                 └──EN    ENO
                 0──IN   OUT──DB1.DBW14
```

程序段 6：参数值

```
    M0.0              MOVE
    ─┤├──────────┬──EN    ENO
                 │
                 0──IN   OUT──DB1.DBW16
                 │
                 │        MOVE
                 └──EN    ENO
                 0──IN   OUT──DB1.DBW18
```

程序段 7：把PLC内存区数据DB1写入DP总线上从站变频器的PQW256～PQW262

```
            SFC15
         Write Consistent
         Data to a Standard
            DP Slave
           "DPWR_DAT"
    ───EN              ENO───
W#16#100──LADDR    RET_VAL──MW10
    P#DB1.
    DBX12.0
    BYTE 8 ──RECORD
```

程序段 8：将从站变频器的PIW260～PIW266读入PLC的DB1.DBX0.0开始的数据

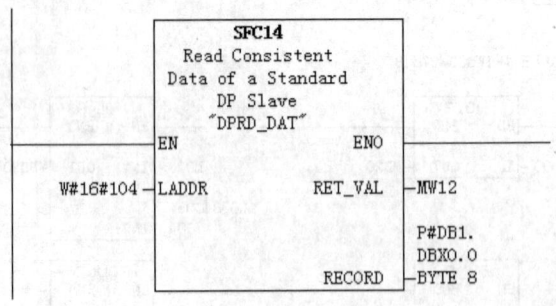

图 5-97　主程序（续）

为读写变频器 P0700 参数，首先将 12BC 0000 0000 0000 这 4 个字数据送到 PLC 的内存区 DB1.DBW12、DB1.DBW14、DB1.DBW16、DB1.DBW18，然后用 SFC15 指令将内存区数据写到 DP 总线上变频器从站的 PQW256、PQW258、PQW260、PQW262。

要取变频器返回的值，通过 SFC14 指令将变频器从站数据 PIW260、PIW262、PIW264、

PIW266 读入 PLC 的 DB1.DBW0、DB1.DBW2、DB1.DBW4、DB1.DBW6，如读成功则 MW12 的值为 0。

5. 数据监控

数据的监控与分析是理解 DP 运行机制及进行 DP 从站开发的重点。

当确认梯形图程序已经在 PLC 中正确运行，则将 PLC 的 KEY 拨到 RUN 图编辑窗口，选择菜单"PLC"→"Monitor/Modify Variables"，便可以启动变量监视窗口，如图 5-98 所示，在窗口的地址栏输入需要监视的变量的地址。输入 DB1.DBW12、DB1.DBW14、DB1.DBW16、DB1.DBW18，此 4 字为事先写入，准备用来访问变频器的数据。最后再输入 MW10，此地址存放的是写数据到变频器的操作的返回值，如果操作正确此值为 0。

选择菜单"变量"→"监视"便开始监视输入地址的变量值。

监视的结果如图 5-99 所示。从中可以看到 DB1.DBW12 的值为 2BCHEX，接下去的 3 字（words）的值都为 0，这与事先写入的值相符。另外，MW10 的返回值为 0，表示送数据到变频器的操作成功。

接着输入 DB1.DBW0、DB1.DBW2、DB1.DBW4、DB1.DBW6 的地址，此地址存放从变频器读回来的数据。后面再输入 MW12，这个地址存放从变频器读数据回来的操作是否成功，为 0 则表示成功。

从图 5-99 所示的数据中可以看到，DB1.DBW0 为 12BCHEX，与发送的相同，DB1.DBW2、DB1.DBW4 为 0，DB1.DBW6 值为 0006HEX，这个地址表示从变频器读回来的参数值，即需要读取的参数量 0700 的值为 6，MW12 为 0。表示此读数据操作成功。同理，可以使用此方法去监视其他变量。

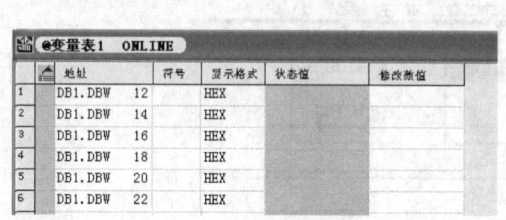

图 5-98　监视变量　　　　　　　图 5-99　监视变量结果

子任务 3　PLC 通过 PROFIBUS–DP 控制两台变频器运行系统

1. 控制要求

如图 5-100 所示，PLC 控制两台变频器带动两台电动机运转，电动机 M1 输出频率实际值的 80% 为电动机 M2 的设定值，用触摸屏起动、停止两台电动机，在触摸屏上设定电动机 M1 的运行频率，同时在触摸屏上显示这两台电动机的实际输出频率。图 5-101 是设备之间的数据流向示意图。

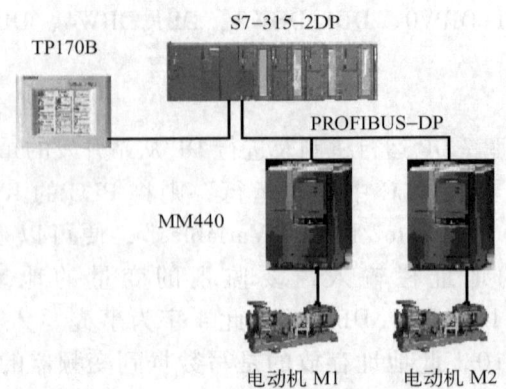

图 5-100　控制示意图

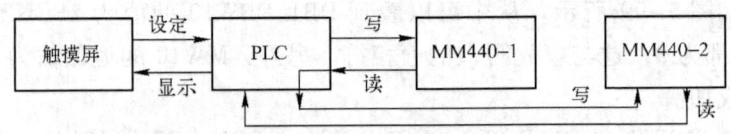

图 5-101　设备之间的数据流向示意图

2. 硬件组态

（1）硬件组态图

硬件组态如图 5-102 所示。

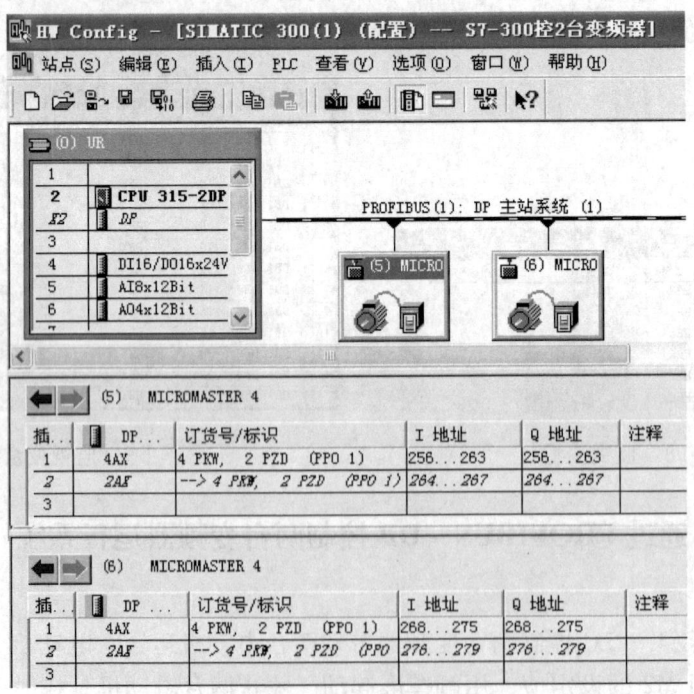

图 5-102　硬件组态图

(2) 变量表

变量表如图 5-103 所示。

(3) DB1 数据表

将 PLC 的数据地址 DB1 与变频器 MM440 -1 从站中的 PZD、PKW 数据对应，DB1 数据表如图 5-104 所示。

S7 程序(1) (符号) -- S7-300控2台变频器\SIMAT...

	状态	符号	地址	数据类型	注释
1		电机M1启动	I 0.1	BOOL	
2		电机M1停止	I 0.2	BOOL	
3		电机M2启动	I 0.3	BOOL	
4		电机M2停止	I 0.4	BOOL	
5		触摸屏启动M1	M 0.1	BOOL	
6		触摸屏停止M1	M 0.2	BOOL	
7		触摸屏启动M2	M 0.3	BOOL	
8		触摸屏停止M2	M 0.4	BOOL	
9		M1频率实际值	MD 34	REAL	
10		M2频率实际值	MD 42	REAL	
11		M1触摸屏设定值	MW 30	WORD	
12		M2设定值	MW 32	WORD	
13		主程序	OB 1	OB 1	
14		初始化程序	OB 100	OB 100	
15		M1运行指示	Q 0.1	BOOL	
16		M2运行指示	Q 0.2	BOOL	
17		读模块	SFC 14	SFC 14	
18		写模块	SFC 15	SFC 15	
19		VAT_1	VAT 1		

图 5-103　变量表

DB1 -- S7-300控2台变频器\SIMATIC 300(1)\CPU 315-2DP

地址	名称	类型	初始值	注释
0.0		STRUCT		
+0.0	PKE_R	WORD	W#16#0	读参数号PIW256
+2.0	IND_R	WORD	W#16#0	读参数号下标PIW258
+4.0	PKE1_R	WORD	W#16#0	读参数值PIW260
+6.0	PKE2_R	WORD	W#16#0	读参数值PIW262
+8.0	PZD1_R	WORD	W#16#0	状态字PIW264
+10.0	PZD2_R	WORD	W#16#0	M1实际频率值PIW266
+12.0	PKE_W	WORD	W#16#0	写参数号PQW256
+14.0	IND_W	WORD	W#16#0	写参数号下标PQW258
+16.0	PKE1_W	WORD	W#16#0	写参数值PQW260
+18.0	PKE2_W	WORD	W#16#0	写参数值PQW262
+20.0	PZD1_W	WORD	W#16#0	控制字PQW264
+22.0	PZD2_W	WORD	W#16#0	M1给定值PQW266
=24.0		END_STRUCT		

图 5-104　DB1 数据表

(4) DB2 数据表

将 PLC 的数据地址 DB2 与变频器 MM440 -2 从站中的 PZD、PKW 数据对应，DB2 数据表如图 5-105 所示。

3. 触摸屏画面

(1) 主画面

主画面如图 5-106 所示。

DB2 -- S7-300控2台变频器\SIMATIC 300(1)...

地址	名称	类型	初始值	注释
0.0		STRUCT		
+0.0	PKE_R	WORD	W#16#0	读参数号PIW268
+2.0	IND_R	WORD	W#16#0	读参数号下标PIW270
+4.0	PKE1_R	WORD	W#16#0	读参数值PIW272
+6.0	PKE2_R	WORD	W#16#0	读参数值PIW274
+8.0	PZD1_R	WORD	W#16#0	状态字PIW276
+10.0	PZD2_R	WORD	W#16#0	M2实际频率值PIW278
+12.0	PKE_W	WORD	W#16#0	写参数号PQW268
+14.0	IND_W	WORD	W#16#0	写参数号下标PQW270
+16.0	PKE1_W	WORD	W#16#0	写参数值PQW272
+18.0	PKE2_W	WORD	W#16#0	写参数值PQW274
+20.0	PZD1_W	WORD	W#16#0	控制字PQW276
+22.0	PZD2_W	WORD	W#16#0	M2给定值PQW278
=24.0		END_STI		

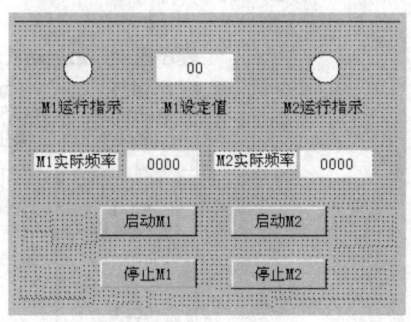

图 5-105　DB2 数据表

图 5-106　主画面

(2) 触摸屏变量

触摸屏变量如图 5-107 所示。

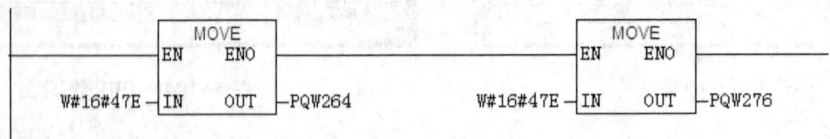

图 5-107 触摸屏变量

4. PLC 程序

（1）OB100 程序

初始化程序如图 5-108 所示。

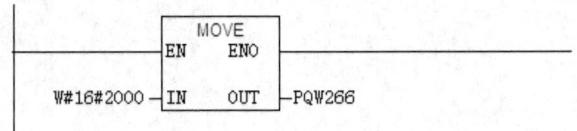

图 5-108 初始化程序

（2）OB1 程序

主程序如图 5-109 所示。

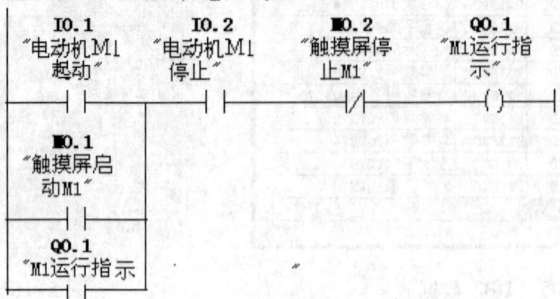

图 5-109 主程序

程序段 2：M2电动机起、停控制

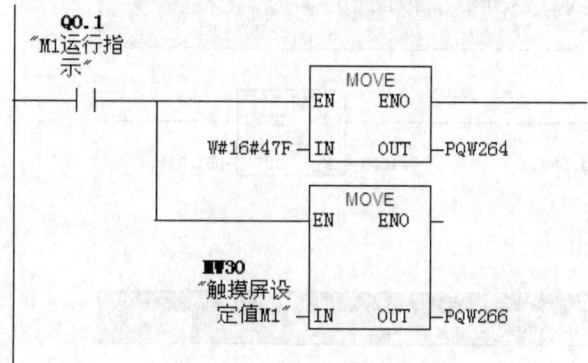

程序段 3：起动M1，设置控制位，触摸屏设定运行频率

程序段 4：停止M1，设停止控制位给过程数据（控制字）

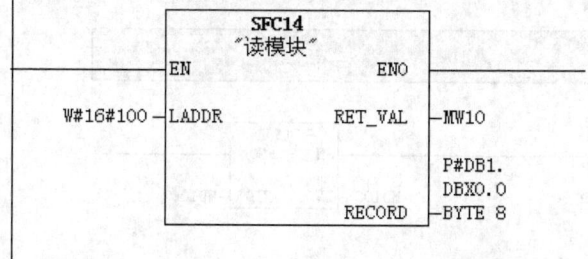

程序段 5：标题：

读MM440-1变频器PKE参数，把变频器PIW256开始的8个字节
(PIW256～PIW263)数据读入PLC的DB1.DBW0、DB1.DBW2、DB1.DBW4、DB1.DBW6

图5-109　主程序（续）

程序段 6：标题：

写MM440-1变频器PKE参数，把PLC中的DB1.DBW12、DB1.DBW14、DB1.DBW16、DB1.DBW18这8个字节数据写入变频器MM440-1的PQW256～PQW263中

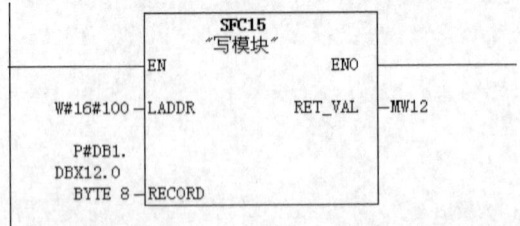

程序段 7：标题：

传送电动机M1的实际频率：PLC把参数号r024（实际输出频率转化为十六进制是1018）写入变频器MM440-1

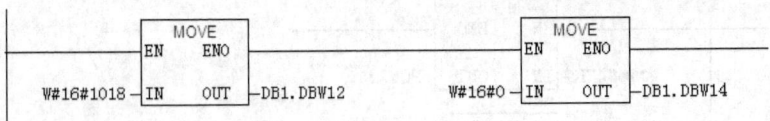

程序段 8：标题：

从变频器MM440-1中读出参数号r024的参数值，电动机M1实际输出频率送到触摸屏MD34显示

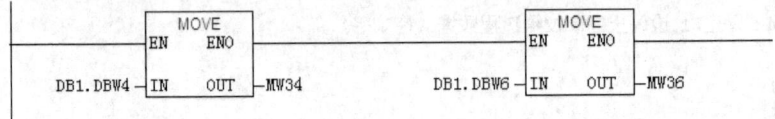

程序段 9：标题：

变频器实际输出频率转化为实数

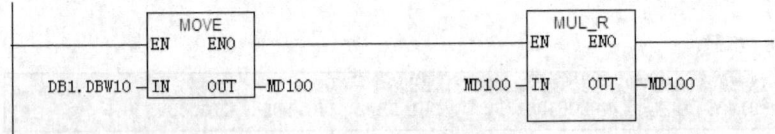

程序段 10：标题：

电动机M1的实际频率的80%，取整

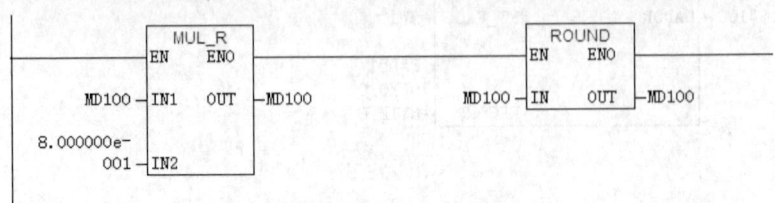

图 5-109　主程序（续）

程序段 11：.

电动机M2的设定值

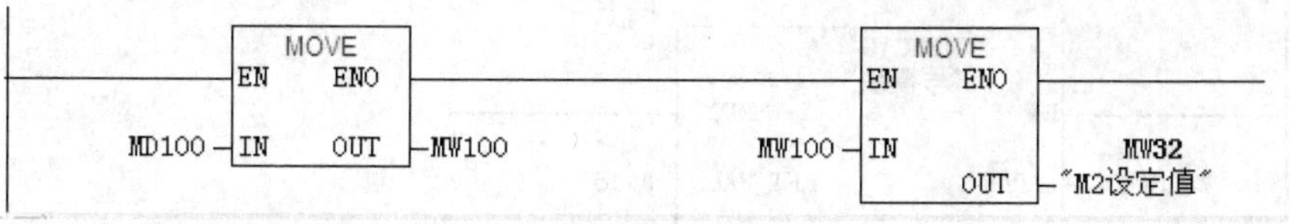

```
         MOVE                              MOVE
        EN  ENO                           EN  ENO
MD100 — IN  OUT — MW100        MW100 — IN
                                            OUT — MW32
                                                  "M2设定值"
```

程序段 12：标题：

起动M2,设置控制位,设定运行频率给过程变量(控制字和设定值)

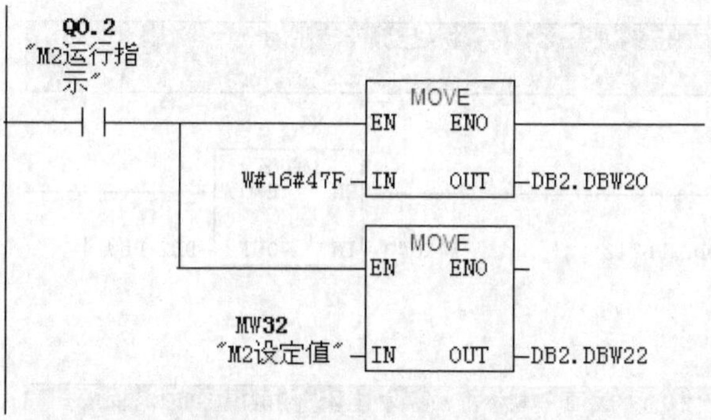

```
  Q0.2
"M2运行指
   示"
   ┤├──────────┬──── MOVE
              │    EN  ENO
              │W#16#47F — IN  OUT — DB2.DBW20
              │
              └──── MOVE
                   EN  ENO
             MW32
         "M2设定值" — IN  OUT — DB2.DBW22
```

程序段 13：标题：

停止M2,设停止控制位给过程数据(控制字)

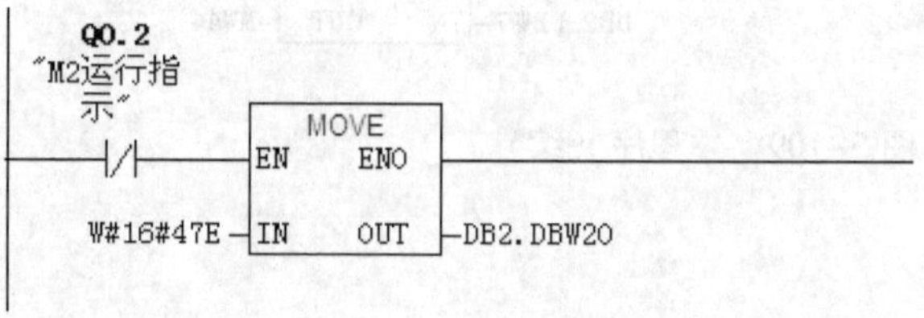

```
  Q0.2
"M2运行指
   示"
   ┤/├──────── MOVE
             EN  ENO
W#16#47E — IN  OUT — DB2.DBW20
```

程序段 14：标题：

对MM440-2变频器PKE参数读,把变频器PIW256开始的8个字节(PIW268～PIW275)数据读入PLC的DB2.DBX0～DBX7(DBW0、DBW2、DB4、DB6)

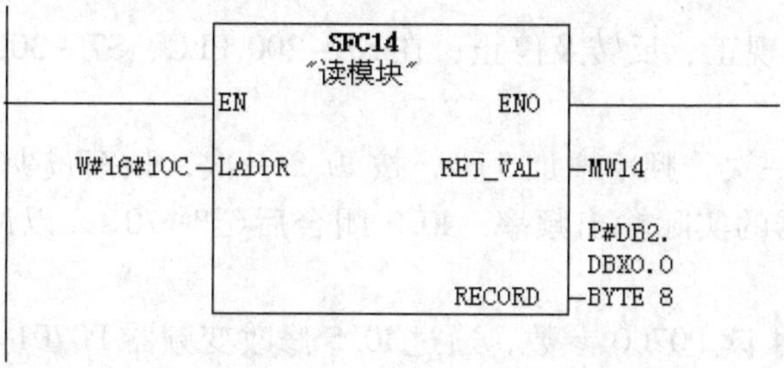

```
              SFC14
             "读模块"
            EN      ENO
W#16#10C — LADDR   RET_VAL — MW14

                            P#DB2.
                            DBX0.0
                   RECORD — BYTE 8
```

图 5-109 主程序（续）

程序段 15：标题：

对MM440-2变频器PKE参数写，把PLC中的DB2.DBX12、DB2.DBX14、DB2.DBX16、DB2.DBX18这8个字节数据写入变频器MM440-2的PQW268～PQW275中

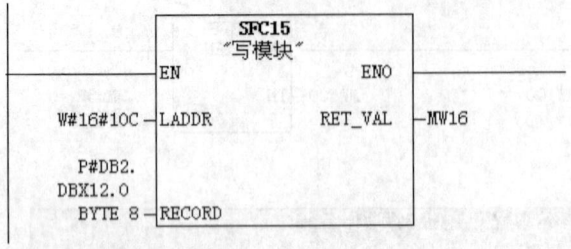

程序段 16：标题：

传送电动机M2的实际输出频率：PLC把参数号r024（实际输出频率转化为十六进制是1018）写入变频器MM440-2

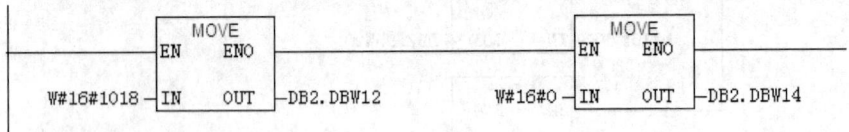

程序段 17：标题：

从MM440-2变频器中读出参数号r024的参数值，电动机M2实际频率送到触摸屏MD42显示

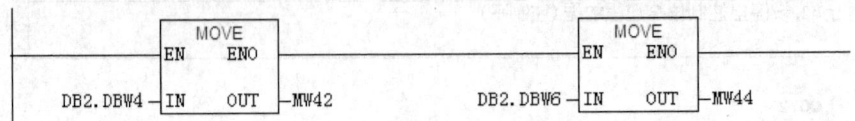

图 5-109　主程序（续）

【技能训练】

实训 1　S7-300 PLC 与 S7-200 PLC、变频器的 PROFIBUS-DP 的远程通信

1. 控制要求

如图 5-110 所示，S7-300 PLC 通过 PROFIBUS-DP 控制 MM440 变频器及 S7-200 PLC，要求：

1) S7-300 PLC 控制变频器实现正、反转及停止；在 S7-200 PLC、S7-300 PLC 中有变频器正、反转指示。

2) 在 S7-200 PLC 中按 I0.1 一次，频率增加 5 Hz，按 I0.2 一次，频率减少 5 Hz。

3) 在 S7-300 PLC 中读变频器的实际输出频率，I0.3 闭合后延时 10 s，以读到的实际输出频率的 80% 为设定频率运行。

4) 在 S7-300 PLC 中通过 I0.4 读 P0700 参数，通过 I0.5 修改变频器 P0701 参数为 2。

2. 训练要求

1) 硬件组态。

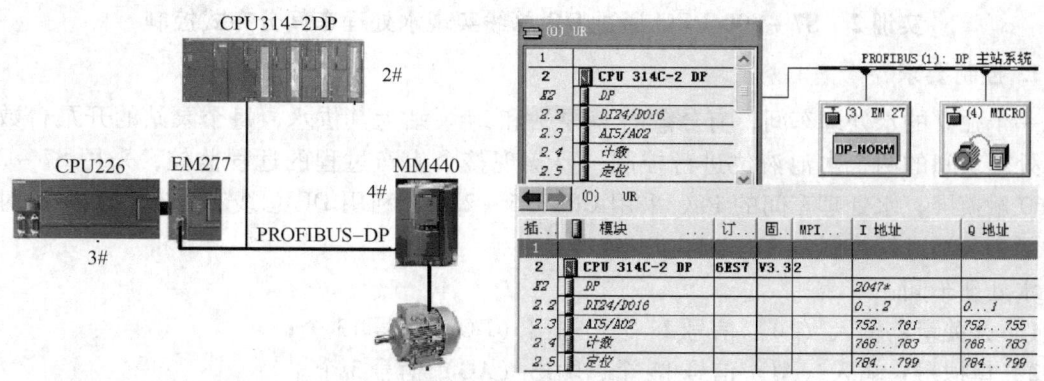

图 5-110 控制示意图及组态图

2) 列出数据块 DB 与地址 PIW、PQW 对应关系表。
3) 列出 S7-300 PLC 的 I/O 区与 S7-200 PLC 的 V 区对应关系表。
4) 设定变频器参数。
5) 编写 PLC 程序。

3. 技能训练考核标准

技能训练评价表

序号	主要内容	考核要求	评分标准	配分	扣分	得分
1	方案设计	根据控制要求，画出 I/O 分配表，设计梯形图程序及接线图	1. 输入/输出地址遗漏或错误，每处扣 1 分； 2. 梯形图表达不正确或画法不规范，每处扣 2 分； 3. 接线图表达不正确或画法不规范，每处扣 2 分； 4. 指令有错误，每处扣 2 分	20		
2	安装与接线	按 I/O 接线图在板上正确安装，接线要正确、紧固、美观	1. 接线不紧固、不美观，每根扣 2 分； 2. 接点松动，每处扣 1 分； 3. 不按 I/O 接线图，每处扣 2 分	10		
3	列关系表、程序调试、参数设置	正确列出数据块与地址 PIW、PQW 对应关系，S7-300 PLC 的 I/O 区与 S7-200 PLC 的 V 区对应关系，按动作要求模拟调试，达到设计要求	1. 数据块与地址 PIW、PQW 对应关系不正确扣 10 分； 2. S7-300 PLC 的 I/O 区与 S7-200 PLC 的 V 区对应关系不正确扣 10 分； 3. 设定变频器参数不正确每个扣 2 分； 4. 控制达不到要求，每个扣 4 分	60		
4	安全与文明生产	遵守国家相关专业安全文明生产规程，遵守学院纪律	1. 不遵守教学场所规章制度，扣 2 分； 2. 出现重大事故或人为损坏设备，扣完 10 分	10		
备注			合计	100		
	小组成员签名					
	教师签名					
	日期					

实训2 S7-300 PLC 通过 DP 总线实现水处理车间分布式控制

1. 控制要求

一个独立的水处理车间，有分散的1#泵站和2#泵站为其供水，每个泵站的开泵台数根据水处理车间的两个水池液位进行控制，要实现整个生产过程的远程监控，采用 S7-300 MT560 触摸屏，水处理车间的 PLC 采用 CPU315-2DP，利用 DP 总线和分布式 I/O 站对远程的两个泵站进行控制。

水处理车间：

1）开关量：输入（DI）信号28个，输出（DO）信号13个；

2）模拟量：输入（AI）信号15个，输出（AO）信号3个。

1#泵站：

1）开关量：输入（DI）信号12个，输出（DO）信号7个；

2）模拟量：输入（AI）信号5个，输出（AO）信号1个。

2#泵站：

1）开关量：输入（DI）信号16个，输出（DO）信号6个；

2）模拟量：输入（AI）信号5个，输出（AO）信号2个。

系统的总体网络结构如图5-111所示。

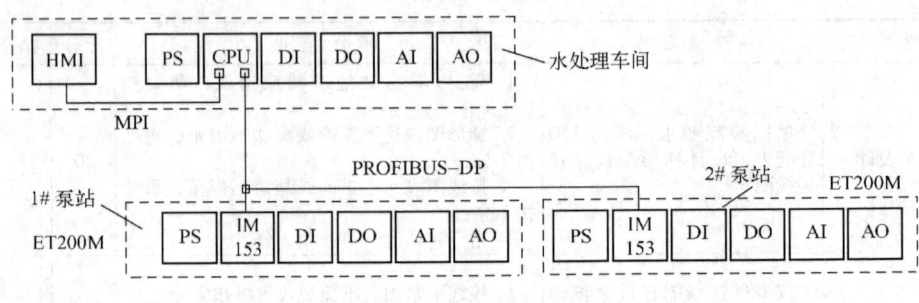

图 5-111 系统的总体网络结构

2. 训练要求

1）根据现场被监控信号的数量、种类，选择好水处理车间、1#泵站、2#泵站的 DI、DO、AI、AO 模块的数量。

2）进行硬件组态。

3. 技能训练考核标准

技能训练评价表

序号	主要内容	考核要求	评分标准	配分	扣分	得分
1	方案设计	根据控制要求，画出网络总体结构图	网络结构图不正确或画法不规范，扣10分	20		
2	选择模块	正确选择合适的 I/O 模块数量	1. 选择开关量模块不合适，扣10分； 2. 选择模拟量模块不合适，扣10分； 3. ET200M 通信模块选择不正确，扣10分	30		

(续)

序号	主要内容	考核要求	评分标准	配分	扣分	得分
3	硬件组态	正确组态主站和两个从站	1. 组态主站不正确扣10分； 2. 组态1#泵站不正确扣10分； 3. 组态2#泵站不正确扣10分	40		
4	安全与文明生产	遵守国家相关专业安全文明生产规程，遵守学院纪律	1. 不遵守教学场所规章制度扣2分； 2. 出现重大事故或人为损坏设备，扣完10分	10		
备注			合计	100		
	小组成员签名					
	教师签名					
	日期					

【巩固练习】

一、填空题

1. 现在各种总线及标准不少于200种，其中_____、_____、_____等是具有一定影响和已占有一定市场份额的总线。

2. PROFIBUS 协议结构是以_____为参考模型，该模型共有七层，PROFIBUS – DP 定义了其中的_____。

3. 利用 OLM 模块进行网络拓扑可分为_____、_____、_____三种方式。

4. 工厂自动化网络的分层结构为_____、_____和_____三个层次。

5. PROFIBUS – DP 是一种_____的通信，用于_____和_____的通信，可取代_____或_____信号传输。

6. 现场总线 PROFIBUS 通常采用_____作为传输介质，在电磁干扰很大的环境下，可使用_____。

7. PROFIBUS 根据应用特点可分为 PROFIBUS _____，PROFIBUS _____，PROFIBUS _____三个兼容版本。

8. PROFIBUS – DP 协议的最高通信波特率为_____。

9. S7 – 300/400 PLC 可以作为_____与 MM440 变频器通过 PROFIBUS – DP 接口进行通信连接。

10. S7 – 200 PLC 系统可以使用扩展模块_____扩展 S7 – 200 PLC 系统的 PROFIBUS – DP 接口，并作为 PROFIBUS 系统从站。

11. S7 – 300 PLC 系统可以使用扩展模块_____扩展 S7 – 300 PLC 系统的 PROFIBUS – DP 接口，并作为 PROFIBUS 系统主站。

12. S7 – 400 PLC 系统可以使用扩展模块_____扩展 S7 – 400 PLC 系统的 PROFIBUS – DP 接口，并作为 PROFIBUS 系统主站。

二、思考简答题

1. S7 – 300 PLC 作主站时，某一从站断电或烧坏，为什么主站处于停机状态？

2. 如果 CPU315 – 2PN/DP 作 PROFIBUS – DP 主站，应该在该 CPU 中编程哪些"故障

OBS"?

3. 整个 PROFIBUS DP 系统断电后，为什么 S7-300 PLC 主站 CPU 在电源恢复后仍保持在停止状态？

4. 如何实现在从站断电、通信失败或从站通信口损坏等现象出现时，主站能够不停机？

5. 传统的现场级与车间级控制系统（如 DCS）和基于现场总线的现场级与车间级控制系统有什么不同，并画图说明。

三、技能训练

1. 现有 1 套 S7-200 PLC 系统（包括 CPU222CN、EM277、CP243-1 等）和 1 套 S7-300 PLC 系统（包括 CPU315-2PN/DP、SM323 16DI/16DO、SM334 4AI/2AO 等），由于控制的需要，2 套 PLC 之间必须进行至少 8 个字节的数据交换，试在 2 台 PLC 之间建立 PROFIBUS-DP 通信连接，并编写相应的通信及调试程序。

任务要求：

（1）制定通信方案，选择适合功能要求的通信协议。

（2）在 2 台 PLC 之间建立硬件连接。

（3）建立项目文档，并进行相关的通信组态。

（4）编写通信程序。

（5）制定调试方案，编写调试程序并进行通信调试。

2. 组建一个 DP 网络，其中主站 CPU 为 314C-2DP，从站为 ET200M，其网络结构图如图 5-112 所示。要求：

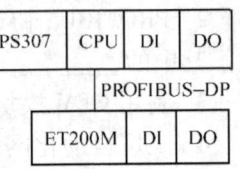

图 5-112 网络结构图

（1）完成模块的安装及 DP 通信电缆连接。

（2）完成主站组态和从站组态，要求主站地址为 4，从站地址为 5。主站地址 DI 是 IB0~IB3，主站地址 DO 是 QB0~QB3；从站地址 DI 是 IB4~IB7，从站地址 DO 是 QB4~QB7。

（3）设计一个简单程序，按下 I0.0，延时 10 s 后 Q4.0 得电，按下 I4.0，Q4.0 断电，延时 15 s 后 Q0.0 得电。

3. 组建一个 DP 网络，其中主站 CPU 为 314C-2DP，从站为 S7-200 PLC，其网络结构图如图 5-113 所示。要求：

（1）完成模块的安装及 DP 通信电缆连接。

（2）完成主站组态和从站组态，要求主站地址为 3，从站地址为 4。主站地址 DI 是 IB0~IB3，主站地址 DO 是 QB0~QB3。

（3）在主站设计一个简单程序，当按下从站的 I0.0，延时 10 s 后主站的 Q0.0 得电，按下主站的 I0.0，使主站的 Q0.0 断电，延时 15 s 后使从站的 Q0.0 得电。按下主站的 I0.0 同时，对 MW10 进行每秒加 1 运算，并将 MW10 的值传送给从站的 VW10。

4. 组建一个 DP 网络，其中主站 CPU 为 314C-2DP，从站为 MM440 变频器，其网络结构图如图 5-114 所示。要求：

（1）完成模块的安装及 DP 通信电缆连接。

（2）完成主站组态和从站组态，要求主站地址为 3，从站地址为 4。主站地址 DI 是 IB0~IB3，主站地址 DO 是 QB0~QB3。

（3）设计一个简单程序，当按下主站的 I0.0，变频器以 25 Hz 正向运行 30 s 后，再以

35 Hz 反向运行。按下 I0.1，变频器停止。

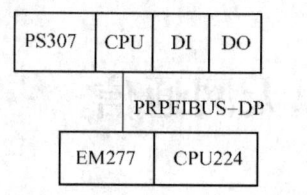

图 5-113　第 3 题网络结构图

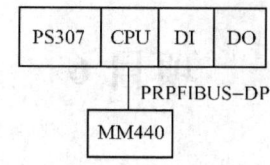

图 5-114　第 4 题网络结构图

5. 组建一个 DP 网络，其中主站 CPU 为 314C-2DP，其网络结构图如图 5-115 所示。
要求：
（1）完成模块的安装及 DP 通信电缆连接。
（2）通过 HMI 控制变频器启停，设定运行频率同时显示实际频率。
（3）完成主站与从站、从站与从站间的数据交换。
（4）设计通信故障报警程序。

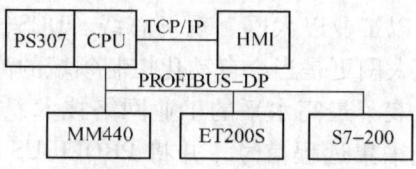

图 5-115　第 5 题网络结构图

项目6　工业以太网通信

【任务目标】

- 了解以太网及工业以太网的区别。
- 了解 S7-300 PLC 的工业以太网解决方案。
- 熟悉 S7-300 PLC 工业以太网的系统配置方法。
- 能配置 ProfiNet 工业以太网网络设备参数。
- 能编写 ProfiNet 工业以太网通信测试程序。

【任务描述】

现代自动化控制技术主要以工业以太网、现场总线、DCS、PLC、HMI 和交直流驱动为代表，其中现场总线与工业以太网更是当今自动化控制领域的高新技术，是近年来在工业自动化控制领域发展形成的并代表了最高水平的工业网络技术，在"网络就是控制器"的今天，多数企业以高速现场总线采集远程信号，并将 PROFIBUS 网络无缝集成到工业以太网内，实现实时监控与调度。

通过本项目的学习与训练，使学生在了解 ProfiNet 工业以太网的基础上，对 ProfiNet 工业以太网有一个较全面的分析和掌握，最终能够熟练完成 S7-300/400 PLC 的 ProfiNet 工业以太网设备组态、网络参数配置、数据测试及故障诊断等工作任务。

【知识准备】

1. 工业以太网概述

（1）什么是工业以太网

工业以太网是应用于工业控制领域的以太网技术，在技术上与商用以太网（即 IEEE802.3 标准）兼容。产品设计时，在材质的选用、产品的强度、适用性以及实时性、可互操作性、可靠性、抗干扰性、本质安全性等方面能满足工业现场的需要。

（2）工业以太网产生的背景

随着信息化技术的不断发展，信息技术覆盖了各行各业，在自动化领域，设备智能化程度越来越高，工业自动化控制系统分散程度也随之提高，工业通信技术在自动化系统中扮演的角色变得越来越重要，越来越多的企业需要建立包括从工厂现场设备层到控制层、管理层的自动化网络管控平台，建立从工业控制网络技术为基础的企业信息化系统。

过去十几年中，现场总线是工厂自动化和过程自动化领域中现场级通信系统的主流解决方案。但随着自动化控制系统的不断进步和发展，传统现场总线技术已难以满足用户不断增长需求。一方面随着现场设备智能程度的提高，控制变得越来越分散，分布在工厂各处的智能设备与工厂控制层之间需不断交换控制数据，导致现场设备间数据交换量飞速增长；另一方面随着企业信息化程度的提高，用户希望将底层生产数据整合到全厂信息管理系统中，并在信息管理级实现对生产现场的远程服务和维护，这样企业信息管理系统需获取生产现场的数据，所以客户希望管理层和现场级能够使用统一的、与办公自动化技术兼容的通信解决方案。

基于这种需求，以太网技术开始逐渐从工厂和企业信息管理层向底层渗透，广泛应用于工厂控制级通信。在自动化世界中使用以太网解决方案显著优势：统一架构、集成通信以及强大服务和诊断功能。从目前工业自动化控制领域情况来看，以太网技术取代现场总线是工业控制网络发展的必然趋势。

不过以太网技术在工厂控制系统中的应用并不是一个简单移植过程，既要保持普通以太网技术的优势，又须解决工业现场应用中的一些问题，如实时性、运动控制、故障安全和网络安全等，同时还需兼容现有工业以太网和现场总线通信系统。

以太网进入工业控制领域的另一个主要问题是，它所用的接插件、集线器、交换机和电缆等均是为商业领域设计的，商用网络产品不能应用在有较高可靠性要求的恶劣工业现场环境中，因而需要针对较恶劣的工业现场环境（如冗余直流电源输入、高温、低温、防尘等）来设计工业以太网。

2. 以太网应用于工业现场的关键技术

（1）通信确定性与实时性

工业控制网络不同于普通数据网络的最大特点在于它必须满足控制作用对实时性的要求，即信号传输要足够快和满足信号的确定性。实时控制往往要求对某些变量的数据准确定时刷新。由于 Ethernet 采用 CSMA/CD 方式，网络负荷较大时，网络传输的不确定性不能满足工业控制的实时要求，故传统以太网技术难以满足控制系统要求准确定时通信的实时性要求，一直被视为"非确定性"的网络。

目前工业以太网采取了以下措施使得该问题基本得到解决。

① 采用快速以太网加大网络带宽。Ethernet 的通信速率从 10 Mbit/s、100 Mbit/s 增大到如今的 1 Gbit/s、10 Gbit/s。在数据吞吐量相同的情况下，通信速率的提高意味着网络负荷的减轻和网络传输延时的减小，即网络碰撞概率大大下降，从而提高其实时性。

② 采用全双工交换式以太网。用交换技术替代原有的总线型 CSMA/CD 技术，避免了由于多个站点共享并竞争信道导致发生的碰撞，减少了信道带宽的浪费，同时还可以实现全双工通信，提高信道的利用率。

③ 降低网络负载。工业控制网络与商业控制网络不同，每个结点传送的实时数据量很少，一般为几个位或几个字节，而且突发性的大量数据传输也很少发生，因此可以通过限制网段站点数目，降低网络流量，进一步提高网络传输的实时性。

④ 应用报文优先级技术。在智能交换机或集线器中，通过设计报文的优先级来提高传输的实时性。

（2）稳定性与可靠性

传统的 Ethernet 并不是为工业应用而设计的，没有考虑工业现场环境的适应性需要。由于工业现场的机械、气候、尘埃等条件非常恶劣，因此对设备的工业可靠性提出了更高的要求。在工厂环境中，工业网络必须具备较好的可靠性、可恢复性及可维护性。

为了解决在不间断的工业应用领域，在极端条件下网络也能稳定工作的问题，美国 Synergetic 微系统公司和德国 Hirschmann，Jetter AG 等公司专门开发和生产了导轨式集线器、交换机产品，安装在标准 DIN 导轨上，并有冗余电源供电，接插件采用牢固的 DB-9 结构。此外，在实际应用中，主干网可采用光纤传输，现场设备的连接则可采用屏蔽双绞线，对于重要的网段还可采用冗余网络技术，以此提高网络的抗干扰能力和可靠性。

(3) 安全性

在工业生产过程中，很多现场不可避免地存在易燃、易爆或有毒气体等，对应用于这些工业现场的智能装置以及通信设备，都必须采取一定的防爆技术措施来保证工业现场的安全生产。

在目前技术条件下，对以太网系统采用隔爆、防爆的措施比较可行，即通过对 Ethernet 现场设备采取增安、气密、浇封等隔爆措施，使现场设备本身的故障产生的点火能量不外泄，以保证系统运行的安全性。对于没有严格的安全要求的非危险场合，则可以不考虑复杂的防爆措施。

工业系统的网络安全是工业以太网应用必须考虑的另一个安全性问题。工业以太网可以将企业传统的三层网络系统，即信息管理层、过程监控层和现场设备层，合成一体，使数据的传输速率更快、实时性更高，并可与 Internet 无缝集成，实现数据的共享，提高工厂的运作效率。但同时也引入了一系列的网络安全问题，工业网络可能会受到包括病毒感染、黑客的非法入侵与非法操作等网络安全威胁。一般情况下，可以采用网关或防火墙等对工业网络与外部网络进行隔离，还可以通过权限控制、数据加密等多种安全机制加强网络的安全管理。

(4) 总线供电问题

总线供电（或称为总线馈电）是指连接到现场设备的线缆不仅传输数据信号，还能给现场设备提供工作电源。对于现场设备供电可以采取以下方法。

① 在目前以太网标准的基础上适当地修改物理层的技术规范，将以太网的曼彻斯特信号调制到一个直流或低频交流电源上，在现场设备端再将这两路信号分离开来。

② 不改变目前物理层的结构，而通过连接电缆中的空闲线缆为现场设备提供电源。

(5) 工业以太网协议

由于工业自动化网络控制系统不单单是一个完成数据传输的通信系统，而且还是一个借助网络完成控制功能的自控系统。它除了完成数据传输之外，往往还需要依靠所传输的数据和指令，执行某些控制计算与操作功能，由多个网络节点协调完成自控任务。因而它需要在应用、用户等高层协议与规范上满足开放系统的要求，满足互操作条件。

① S7 通信。

使用 STEP 7 软件进行硬件组态和网络组态（建立 S7 连接）以及编写通信程序。如果选择双边通信要在 PLC 双方都编写通信程序。S7-300 PLC 调用函数 FB12、FB13 进行通信。S7-400 PLC 调用函数 SFB12、SFB13 来进行通信；如果选择单边通信只在主动方编写通信程序，S7-300 PLC 调用 FB14、FB15 进行通信。S7-400 PLC 调用函数 SFB14、SFB15 来进行通信。

② TCP 通信。

使用 STEP 7 软件进行硬件组态和网络组态（建立 TCP 连接）以及编写通信程序。PLC 双方都编写通信程序。S7-300PLC 调用函数 FC5、FC6 进行通信，S7-400 PLC 调用函数 FC50、FC60 来进行通信。

③ ISO 通信。

使用 STEP 7 软件进行硬件组态和网络组态（建立 ISO 连接）以及编写通信程序。PLC

双方都编写通信程序，S7-300 PLC 调用函数 FC5、FC6 进行通信，S7-400 PLC 调用函数 FC50、FC60 来进行通信。

3. 西门子工业以太网基本类型

10 Mbit/s 工业以太网，应用基带传输技术，控制级传输网络，通信介质有同轴电缆、工业屏蔽双绞线和光纤。

100 Mbit/s 快速工业以太网，基于以太网技术，控制级传输网络，通信介质有工业屏蔽双绞线和光纤。

4. 工业以太网硬件

（1）拓扑结构

拓扑是网络中电缆的布置。在工业以太网中，由于普遍使用集线器或交换机，拓扑结构为总线形、星形或分散星形，如图 6-1 所示。图 6-1a 是星形结构、图 6-1b 是总线形结构。

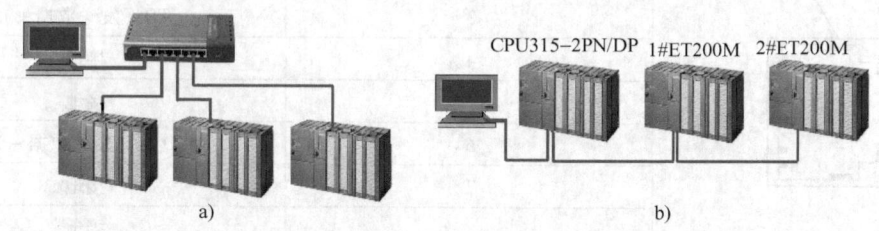

图 6-1 拓扑结构
a）星形结构 b）总线形结构

总线形结构的优点是经济性好，缺点是总线中间的任一个 I/O 站出现故障，会影响整个网络通信。星形结构需要一个交换机，星形结构的优点是任一个 I/O 站出现故障，不会影响整个网络通信。

（2）接线

工业以太网使用的电缆有屏蔽双绞线（STP）、非屏蔽双绞线（UTP）、多模或单模光缆。10 Mbit/s 的速率对双绞线没有过高的要求，而在 100 Mbit/s 速率下，推荐使用五类或超五类线。在实际应用中，主干网可采用光纤传输，现场设备的连接则可采用屏蔽双绞线，对于重要的网段还可以采用冗余网络技术，以此提高网络的抗干扰能力和可靠性。

（3）接头和连接

通信介质有普通双绞线、工业屏蔽双绞线和光纤，如图 6-2a、6-2b、6-2c 所示。

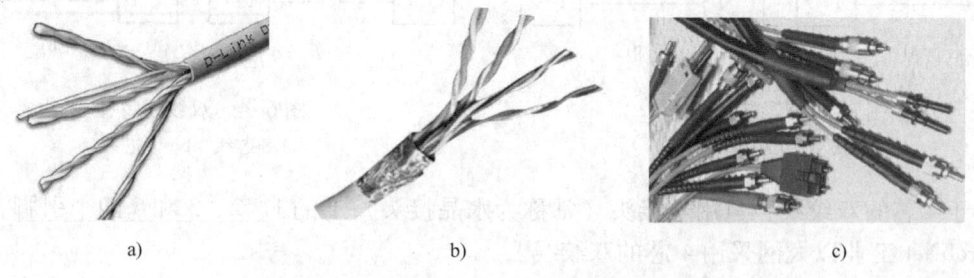

图 6-2 通信介质
a）普通双绞线 b）工业屏蔽双绞线 c）光纤

双绞线接头中RJ-45较常见，共两对线，一对用于发送，另一对用于接收。在媒介相关接口（MDI）的定义中，这四个信号分别标识为RD+、RD-、TD+和TD-。

光纤接头有两种，ST接头用于10 Mbit/s或100 Mbit/s，SC接头专用于100 Mbit/s。单模纤通常使用SC接头。DTE与DCE之间的连接只需依照端口的TX、RX标识即可。

IP地址和以太网MAC地址是不同的，不能混淆。MAC地址由设备生产商分配，所以是全球唯一的。IP地址是安装时分配并根据需要进行重分配。

工业以太网RJ-45连接器的引脚和功能见表6-1。

表6-1 RJ-45连接器的引脚和功能

RJ-45	端子	分配
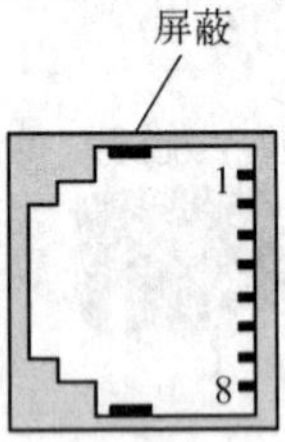	1	RD（接收数据+）
	2	RD_N（接收数据-）
	3	TD（发送数据+）
	4	接地
	5	接地
	6	D_N（发送数据-）
	7	接地
	8	接地

用于Ethernet的双绞线有8芯和4芯两种，双绞线的电缆连线方式也有两种，即正线（标准568B）和反线（标准568A），其中正线也称为直通线，反线也称为反交叉线。正线接线如图6-3所示，两端线序一样，从下至上线序是：白橙、橙、白蓝、蓝、白绿、绿、白棕和棕。反线接线如图6-4所示，一端为正线的线序，另一端从下至上线序是：白绿、绿、白橙、蓝、白蓝、橙、白棕和棕。

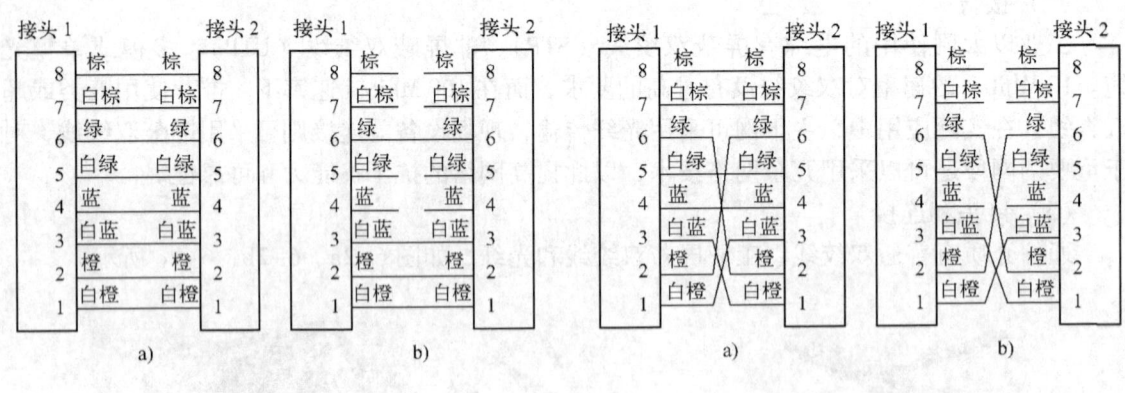

图6-3 双绞线正接
a) 8芯线 b) 4芯线

图6-4 双绞线反接
a) 8芯线 b) 4芯线

对于4芯的双绞线，只用连接头（常称为水晶接头）上的1、2、3和6四个引脚，西门子的ProfiNet工业以太网采用4芯的双绞线。

常见的采用正线连接的设备有：计算机（PC）与集线器（HUB）、计算机（PC）与交换机（SWITCH）、PLC与交换机（SWITCH）、PLC与集线器（HUB），一般非同类设备采用此接法。

常见的采用反线连接的有：计算机（PC）与计算机（PC）、PLC 与 PLC，一般同类设备采用此接法。

RJ-45 端子所接网线的线序与颜色的对应关系为：1-白橙，2-橙，3-白蓝，4-蓝，5-白绿，6-绿，7-白棕，8-棕。

网线采用屏蔽双绞线（TP）和工业屏蔽取绞线（ITP）。

（4）网络部件

工业以太网链路模块 OLM、ELM，利用电缆和光纤技术，OLM（光链路模块）有 3 个 ITP 接口和两个 BFOC 接口。ITP 接口可以连接 3 个终端设备或网段，BFOC 接口可以连接两个光路设备（如 OLM 等），速度为 10 Mbit/s。如图 6-5 所示。

（5）通信处理器

常用的 SIMATIC NET 工业以太网通信处理器（CP），包括用在 S7 PLC 站上的处理器 CP243-1 系列、CP343-1 系列、CP443-1 系列以及用在 PC 上的网卡，并提供 ITP、RJ-45 及 AUI 等以太网接口。如图 6-6a 是 CP243-1，图 6-6b 是 CP343-1，图 6-6c 是 CP443-1。

图 6-5 工业以太网链路模块 OLM

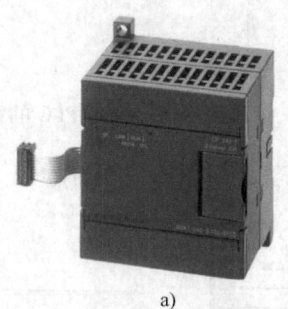

图 6-6 以太网通信处理器
a) CP243-1 b) CP343-1 c) CP443-1

【任务实施】

任务 6.1 两台 S7-300 PLC 的以太网通信

1. 控制要求

当一台 S7-300（PLC2）上发出一个启停信号时，另一台 S7-300（PLC1）收到信号，并以星形-三角形起/停一台电动机；PLC1 向 PLC2 反馈电动机的运行状态，网络连接如图 6-7 所示。

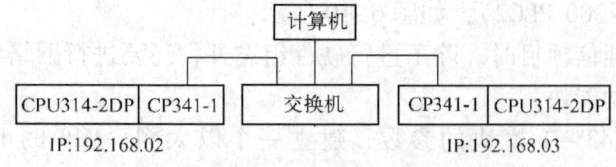

图 6-7 网络连接

2. 硬件设备

（1）2 台 CPU314-2DP；
（2）2 块 CP341-1 以太网模块；
（3）1 根 PC/USB 适配器；
（4）PC 中有网卡；
（5）1 台交换机；
（6）2 根有水晶接头的 8 芯双绞线（正线）。

3. 硬件组态

插入两个 S7-300 PLC 的站，进行硬件组态，如图 6-8 所示。

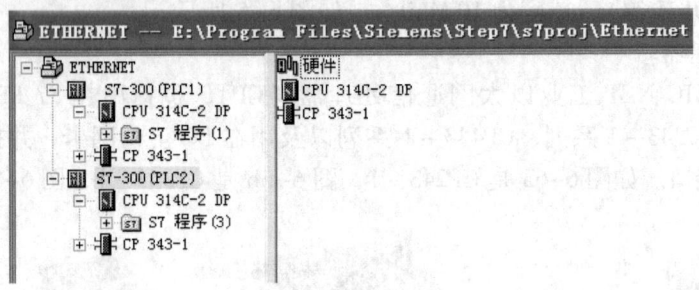

图 6-8 插入两个 S7-300 PLC 的站

硬件模块 1（S7-300 PLC1）组态，如图 6-9 所示。

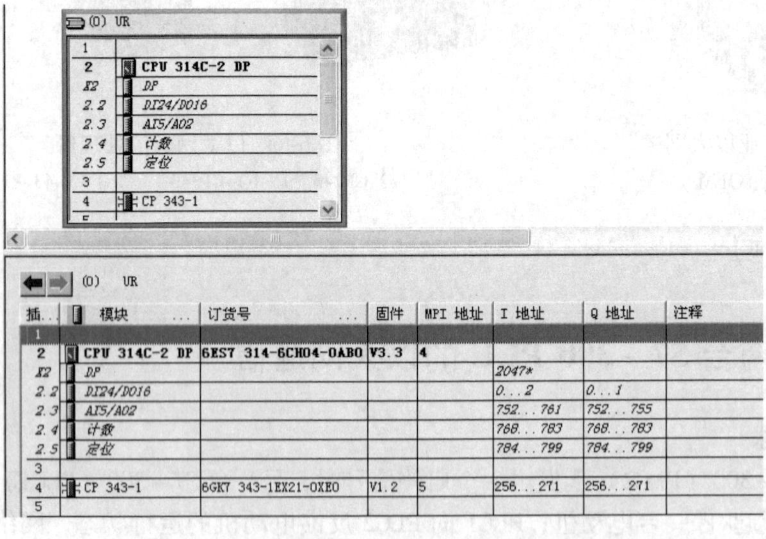

图 6-9 硬件模块 1（S7-300 PLC1）组态

硬件模块 2（S7-300 PLC2），如图 6-10 所示。

在做工业以太网通信项目时，除了进行硬件组态外，还要进行网络参数设置，以便于在编程时，可方便调用功能块。

设置 PLC1 的 CP343-1 模块的参数，建立一个以太网、MPI 的 IP 地址，如图 6-11 所示。

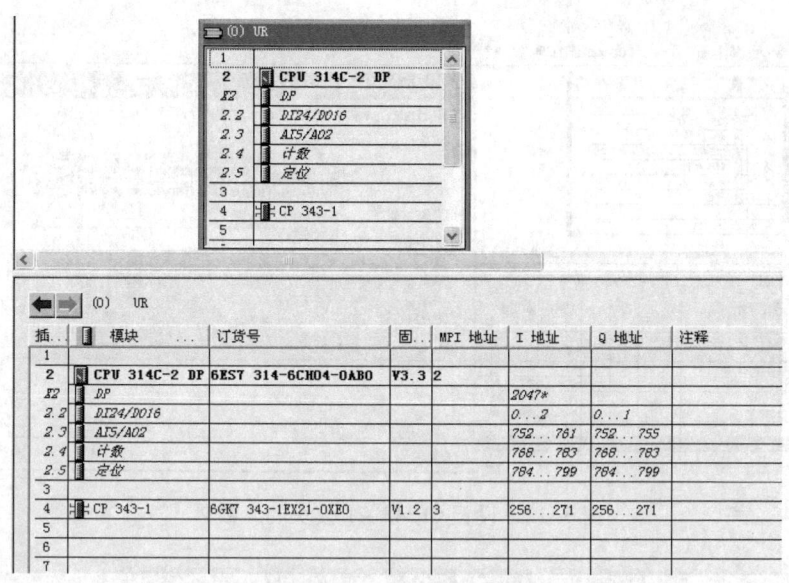

图 6-10 硬件模块 2（S7-300 PLC2）组态

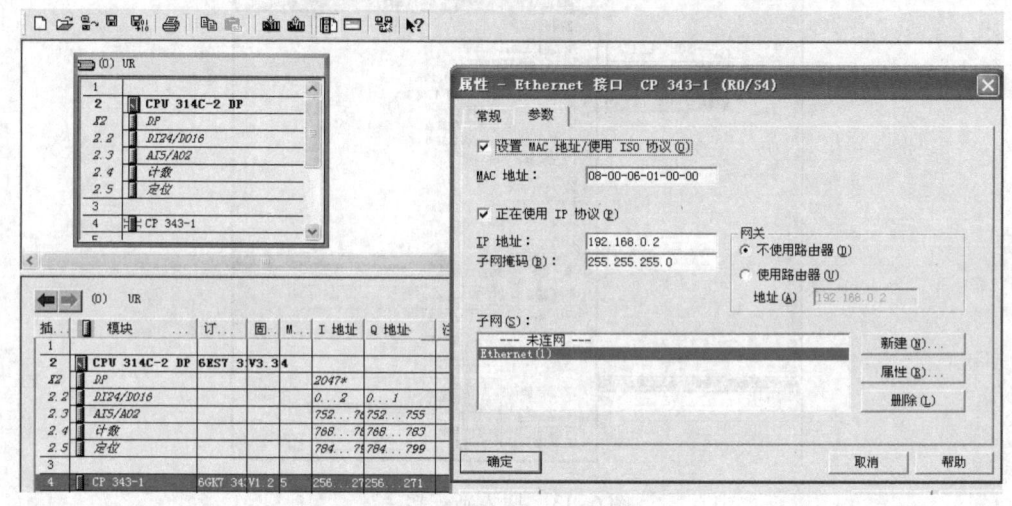

图 6-11 设置 CP343-1 模块的参数 1

同理设置 PLC2 的 CP343-1 模块的参数，如图 6-12 所示。注意：PLC2 的 CP343-1 模块地址设为 IP 192.168.0.3。

组态完两套系统的硬件模块后，分别进行下载，然后单击"网络组态"按钮，打开系统的网络组态窗口"NetPro"，选中 CPU314，如图 6-13 所示，单击鼠标右键，插入一个新的网络连接，并选中链接类型，单击"确定"按钮。

ID =1 是通信的连接号，W#16#100 是 CP 模块的地址（十进制 256 转换），这两个参数在后面的编程中将用到，通信双方其中一个站必须激活，以便在通信初始化中起到通信连接的作用，如图 6-14 所示。

当两套系统的链接建立完成后，选中图标中的 CPU，分别进行下载。

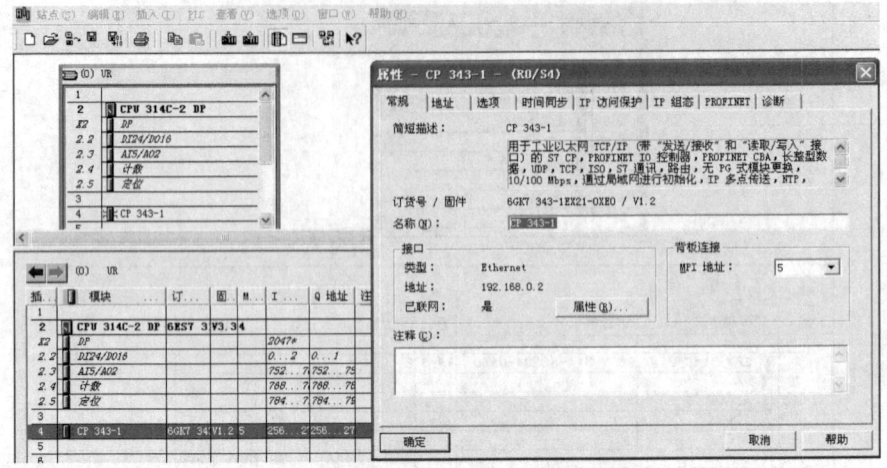

图 6-12　设置 CP343-1 模块的参数 2

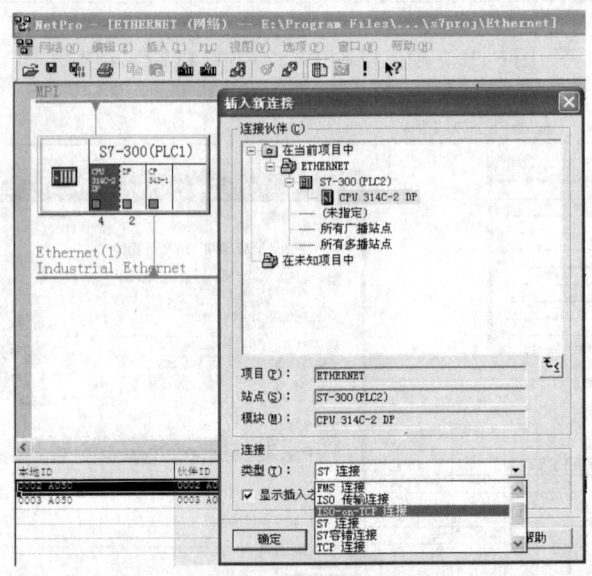

图 6-13　插入新连接

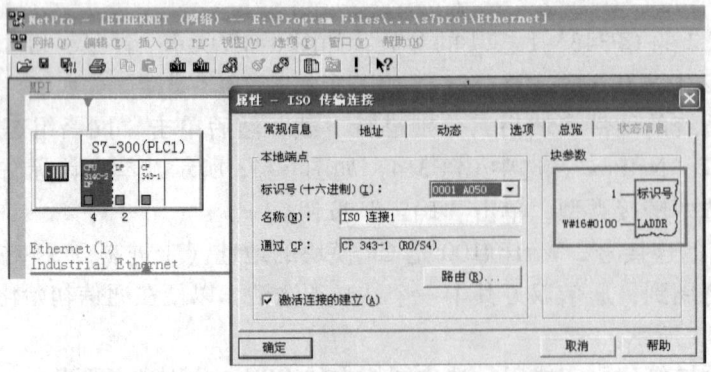

图 6-14　通信的连接号和 CP 模块的地址

4. 程序

（1）PLC1 程序

PLC1 程序如图 6-15 所示。

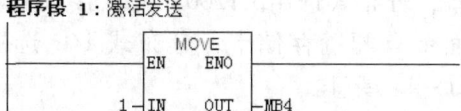
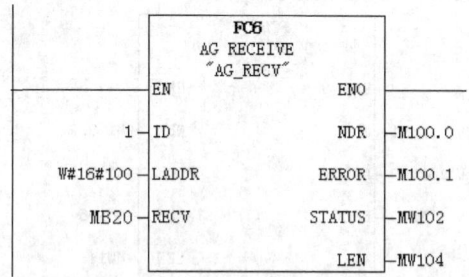
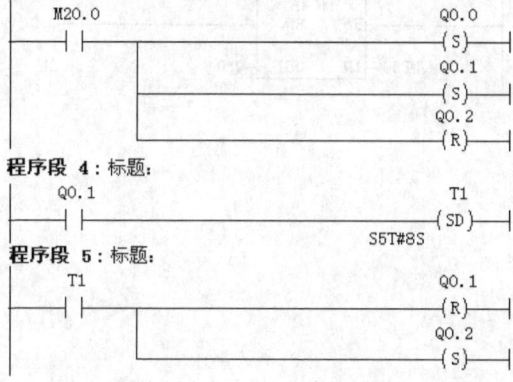
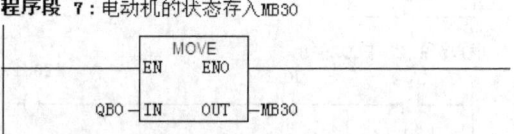
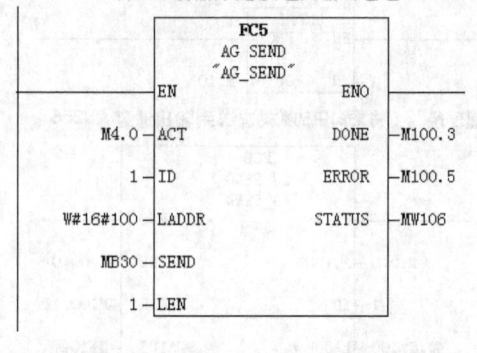

图 6-15 PLC1 程序

（2）PLC2 程序

PLC2 程序如图 6-16 所示。

任务 6.2　工业以太网 PROFINET 实现分布式 I/O 控制

1. 控制要求

一套 S7-300 PLC 通过 CP343-1 模块连接带 PN 接口的 ET200S 模块，对其数字量 I/O 进行读写，实现 PROFINET IO 通信。

2. 系统配置图

由于工业以太网在工业现场集中在车间，实时性差，存在不确定性因素，影响了工业以太网的可靠性，难以向现场设备延伸，当一个大型设备或一个车间中工艺紧密关联的控制信号较分散且具有局部集中特点时，也可以利用工业以太网（Industrial Ethernet）和分布式 I/O 站构成分布式控制方式，工业以太网通信速度快，开放性好。西门子的工业以太网在

STEP 7 组态软件中记为 PROFINET IO，现场的输入信号和现场的控制信号直接连接到最近的分布式 I/O 站，再将分布式 I/O 站连接到 PROFINET IO 工业以太网上，使用一台 PLC 对各台分布式 I/O 进行监控，PLC 使用专门 PROFINET IO 接口的 CPU（如 CPU315 - 2PN/DP 以上），CPU 称为 IO 控制器，分布式 I/O 称为 IO 设备，分布式选用 ET200M 时，接口模块为 IM153 - 4 PN，它有两个 RJ - 45，IM153 - 4 前面带有配置存储卡；分布式 I/O 选用 ET200S 时，接口模块选用 IM151 - 3 PN，它有两个 RJ - 45 接口。

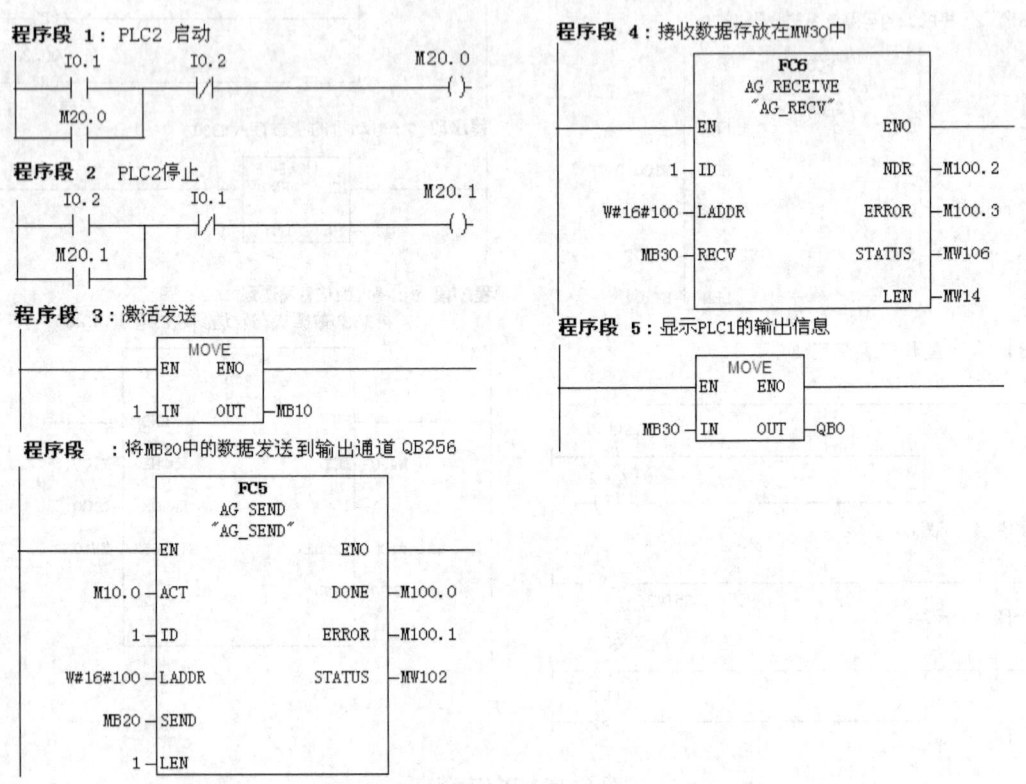

图 6-16　PLC2 程序

PROFINET IO 与 PROFIBUS 相似，也是一种分布式 I/O 系统，其 I/O 设备可看成是 PLC 机架上 I/O 点的一部分，可直接编程使用。PROFINET 是 TCP/IP 技术应用在现场总线，是基于以太网的现场总线。系统配置图如图 6-17 所示。

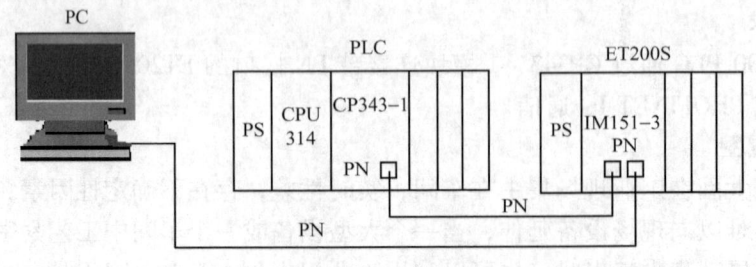

图 6-17　系统配置图

3. 硬件组态

（1）系统组态及参数设置

在 SIMATIC Manager 中新建一个项目。右键单击项目弹出快捷菜单，插入一个 S7-300 PLC 站，然后在硬件组态中按订货号和硬件安装次序依次插入机架、CPU314-2DP 和作为 IO 控制器的 CP343-1，如图 6-18 所示。

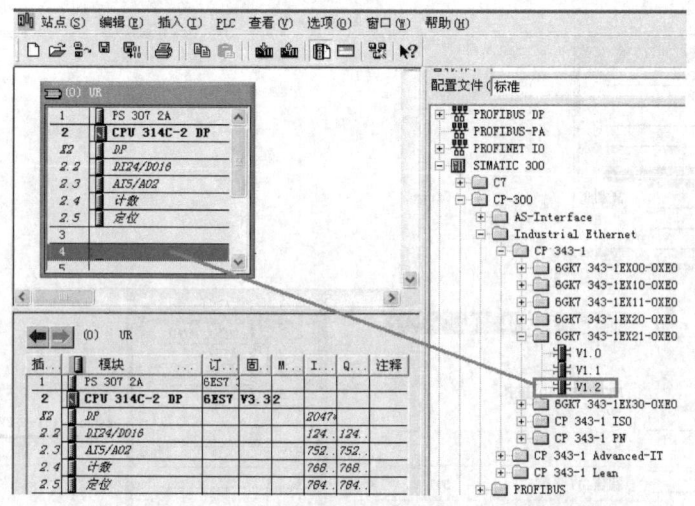

图 6-18　硬件组态

这时会弹出设置以太网接口的属性对话框，根据实际需要设定 IP 地址信息。这里用默认的 IP 地址和子网掩码，并新建一个子网 Ethernet(1)，如图 6-19 所示。

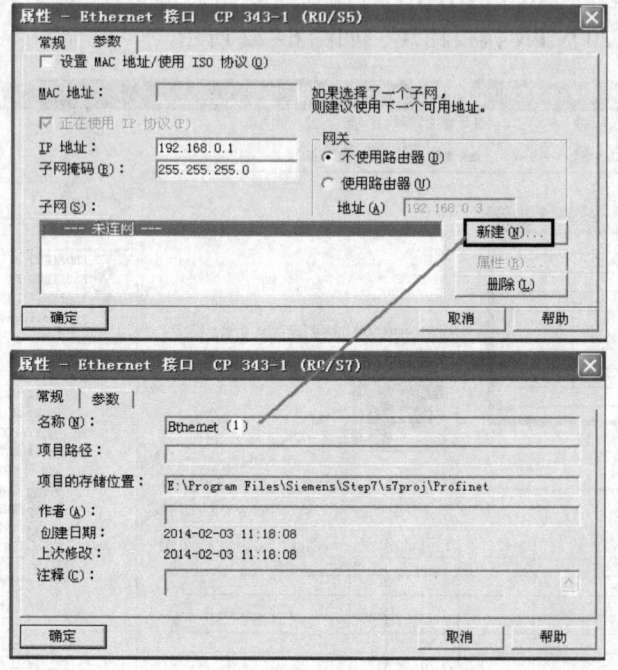

图 6-19　设置以太网接口并新建一个子网 Ethernet (1)

右键单击 CP343-1，插入一个 PROFINET IO 系统，如图 6-20 所示。这时已经建立了一个名称为 Ethernet(1) 的 PROFINET-IO 系统，如图 6-21 所示。

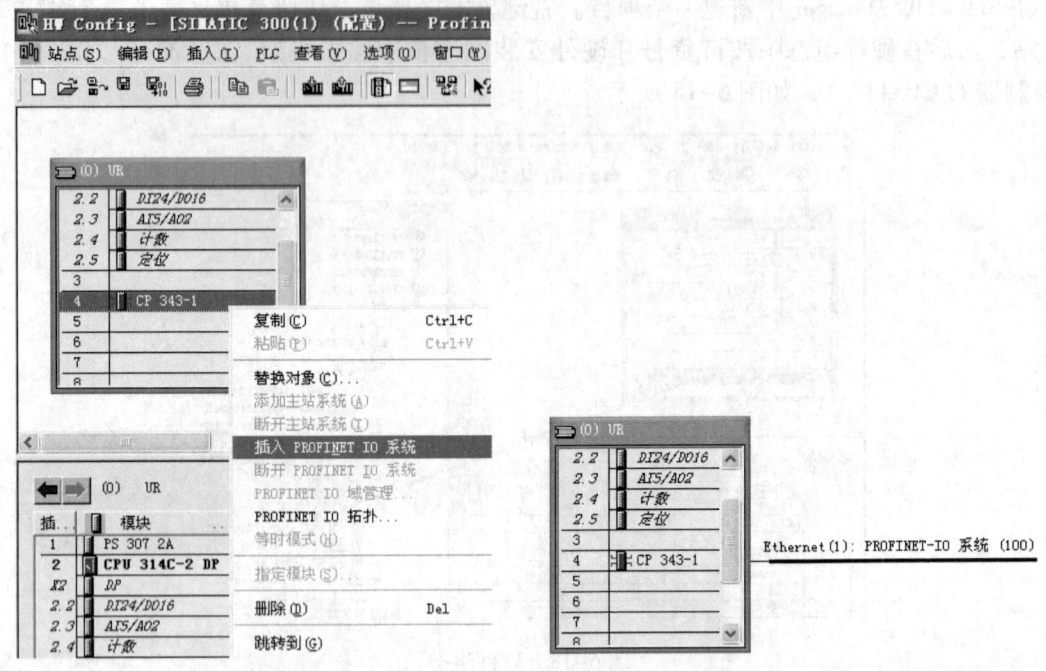

图 6-20　插入一个 PROFINET IO 系统　　　图 6-21　Ethernet(1) 的 PROFINET IO 系统

在这个以太网 Ethernet (1) 中，配置一个 IO 设备站，配置 IO 设备站与配置 PROFIBUS 从站类似。在硬件列表栏 PROFINET IO 内找到需要组态的 ET200S PN，并且找到与相应的硬件相同订货号的 ET200S PN 接口模块，如图 6-22 所示。

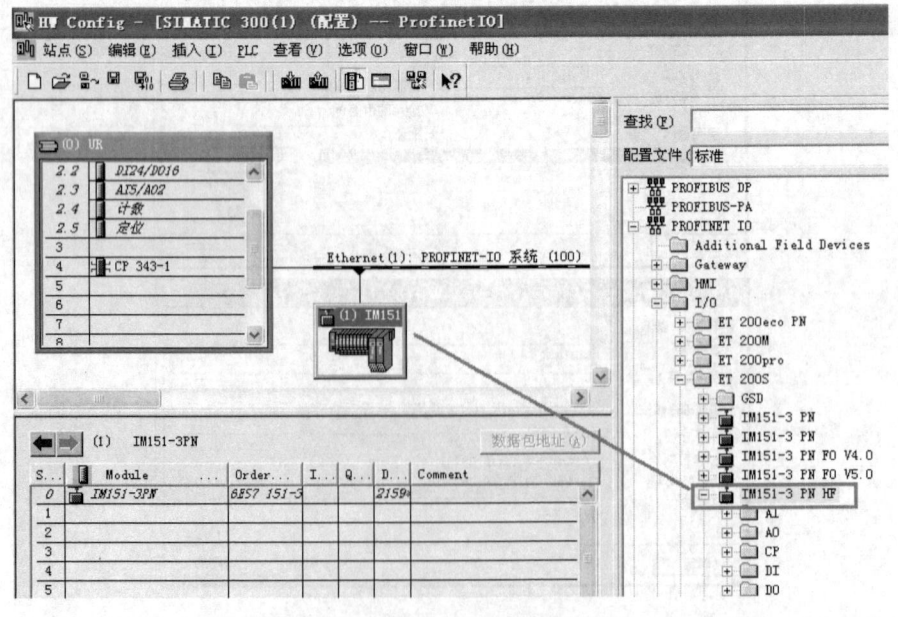

图 6-22　配置 IO 设备站

用鼠标左键双击 ET200S 图标，弹出 ET200S 的属性设置对话框。可以查看 ET200S 的简单描述、订货号、设备名称、设备号码和 IP 地址。其中"Device Name"设备名称可以根据工艺的需要来自行修改，这里使用默认设置：IM151-3PN 如图 6-23 所示。"Device Number"（设备号）用于 PROFINET IO 设备的诊断。IP 地址也可以根据需要来修改，这里使用默认设置 192.168.0.2。单击"确定"按钮，关闭该对话框。

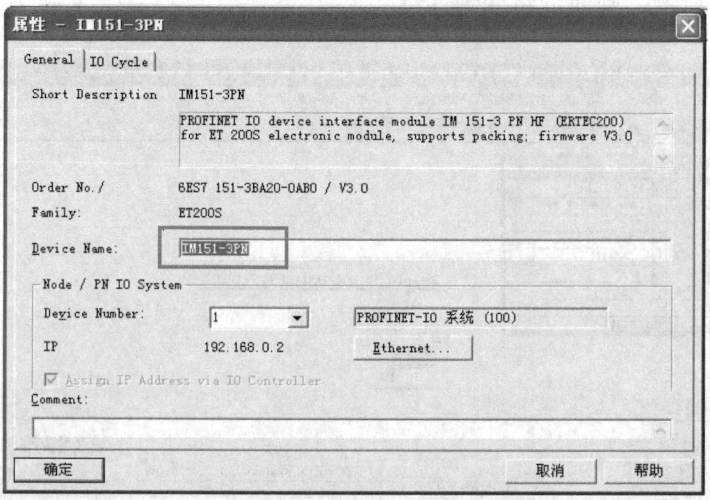

图 6-23　151-3PNHF 属性

用鼠标左键单击 ET200S 图标，会在左下栏中显示该 IO 设备的模块列表。依次在硬件列表栏内，选择 PM-E 模块和 2DI 模块与 2DO 模块如图 6-24 所示，注意该模块的订货号要与实际的配置的模块订货号相同，各个模块属性使用默认。

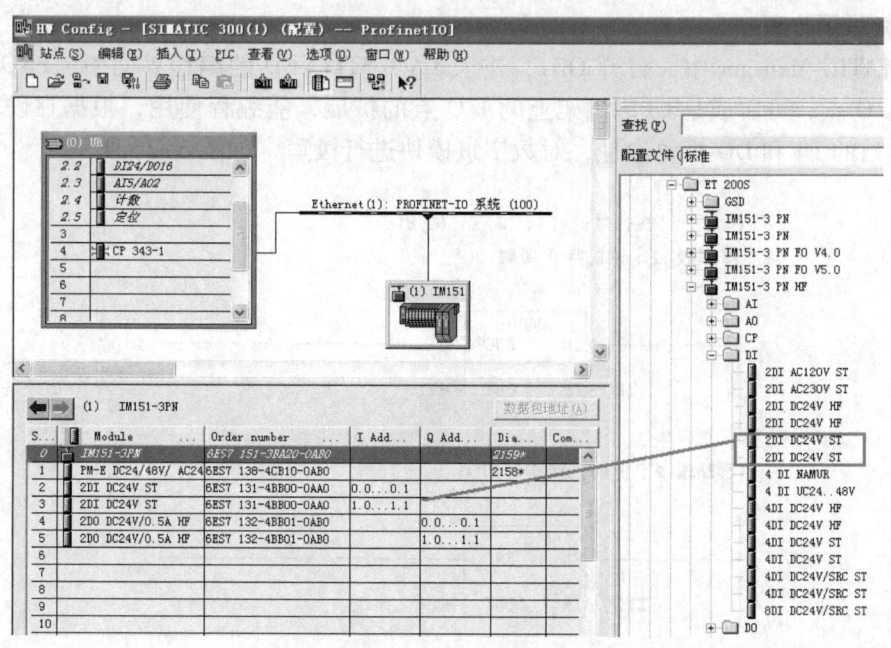

图 6-24　添加硬件列表

然后在硬件组态中单击保存和编译。IO Controller 和 IO Device 的硬件组态过程完成。

如果对 ET200S 模块的选型组态过程不熟悉，可以使用 SIMATIC EI200 配置工具进行组态，然后导入到项目硬件组态中来。

从图 6-24 可以看出，两块 DI 和两块 DO 的地址不连续，为了使同一类型模块地址连续，可以按住〈Shift〉键，同时选中这些模块，然后单击"数据包地址"按钮，进行地址打包，如图 6-25 所示，则地址将变为连续。

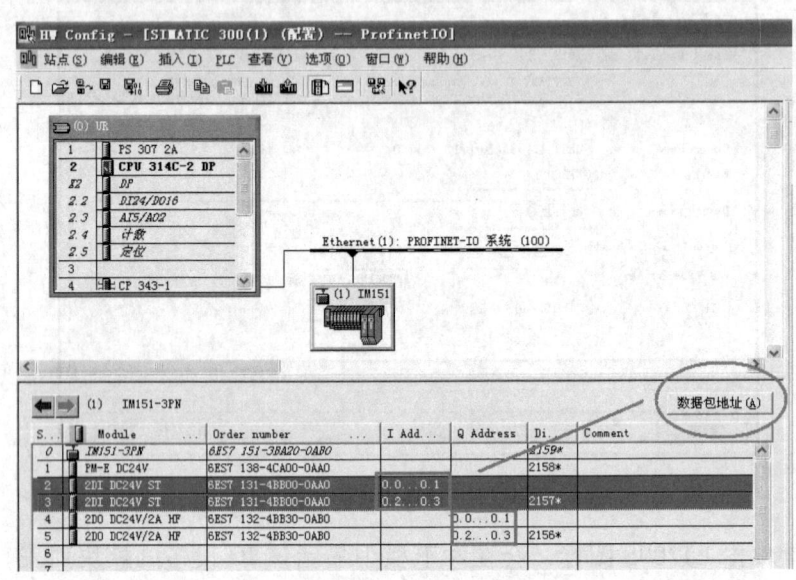

图 6-25 地址打包

（2）编写用户程序

在 SIMATIC Manager 中，打开 OB1，进入 LAD/STL/FBD 的编程界面中，PROFINET IO 设备上的 I/O 点，可看成是 CPU 机架上的 I/O 点的扩展，能编程使用，根据在硬件组态中的 ET200S 站的 DI 和 DO 模块地址，对数字量模块进行读写，如图 6-26 所示。

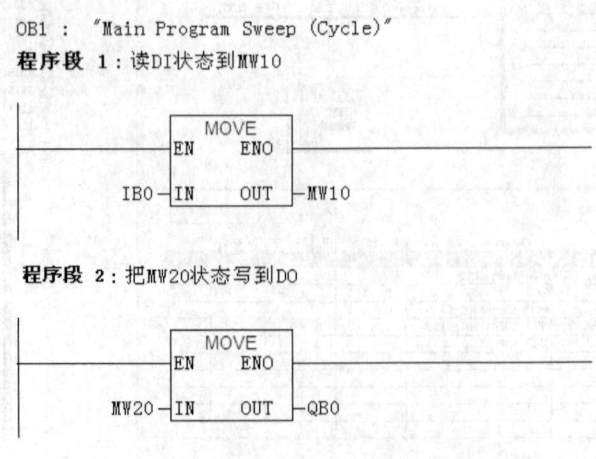

图 6-26 PROFINET IO 设备的读写程序

（3）设置 PG/PC 接口

所有以太网设备出厂设置里都有 MAC 地址，因此可以通过普通以太网卡对带有以太网口的 PLC 系统进行编程调试。注意：在第一次配置以太网设备时只能看到 MAC 地址。在 SIMATIC Manager 中选择"Options"菜单，选择"Set PG/PC Interface"。选择下载路径为"TCP/IP + 本机以太网地址"接口参数，下载硬件和软件。

任务6.3 基于以太网和组态王的化工反应车间远程监控系统设计

1. 工艺控制要求

1）按启动按钮，A泵和B泵同时启动（A、B泵分别由一台变频器驱动），A液体和B液体同时进入混合灌内。

2）A液体和B液体按一定比例混合，A泵与B泵运行频率的比例为3:2，频率由上位机设定。

3）混合灌内的混合液液位达到4.5 m时停止A泵和B泵运行，搅拌器开始工作，搅拌时间由上位机设定，灌内液位高于4.8 m时要报警。

4）搅拌完毕，排液阀打开，混合液进入加热反应釜，当混合灌内的液位低于低液位时（0.1 m），延时2 min，排液阀关闭。

5）混合液进入加热反应釜与热蒸汽进行热量交换，加热后得到合格产品，要求加热反应釜温度维持在80℃，温度高于90℃时要报警。

6）系统分远程控制和本地控制。

设液位传感器测量范围是0~10 m，输出4~20 mA；温度传感器测量范围是0~100℃，输出0~10 V，用PT100进行温度检测。

2. 组态示意图

采用组态王软件制作的画面如图6-27所示。

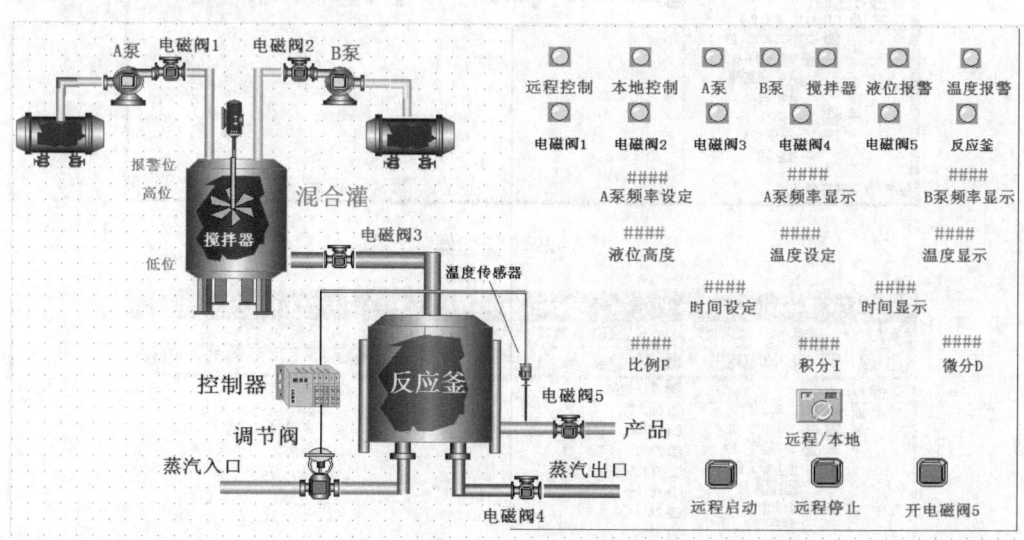

图6-27 监控画面

3. 系统配置图

如图 6-28 所示，控制器采用 CPU314-2DP 的 PLC，配置以太网模块 CP343-1，通过交换机与安装了组态王的上位机 PC 通信，下位机 PLC 通过现场总线与变频器通信。

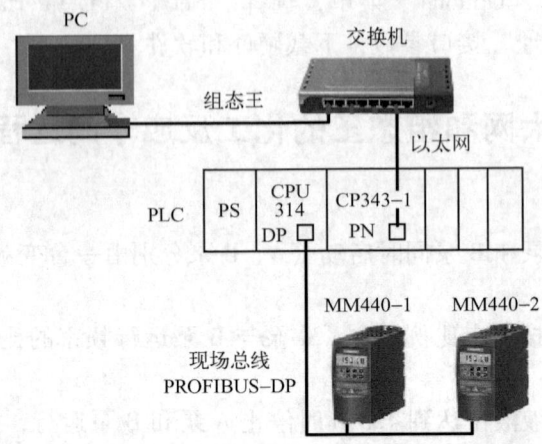

图 6-28 系统配置图

4. PLC 硬件组态

图 6-29 所示是管理器界面图；图 6-30 所示是程序块图；图 6-31 所示是 MM440-1 的数据交换地址，图 6-32 所示是 MM440-2 的数据交换地址；图 6-33 所示是以太网模块 CP343-1 属性配置图；图 6-34 所示为符号表；图 6-35 所示是数据块 DB1，图 6-36 所示是数据块 DB2。

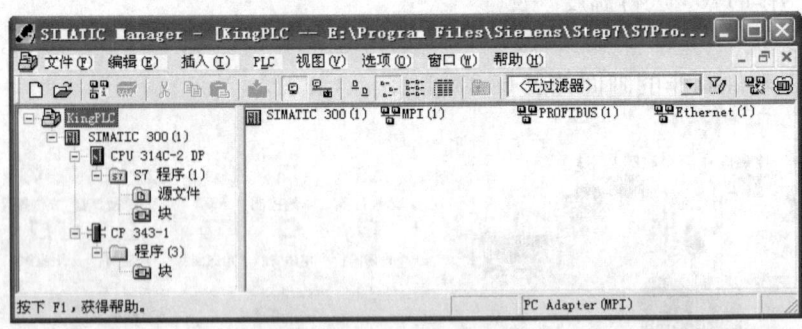

图 6-29 管理器

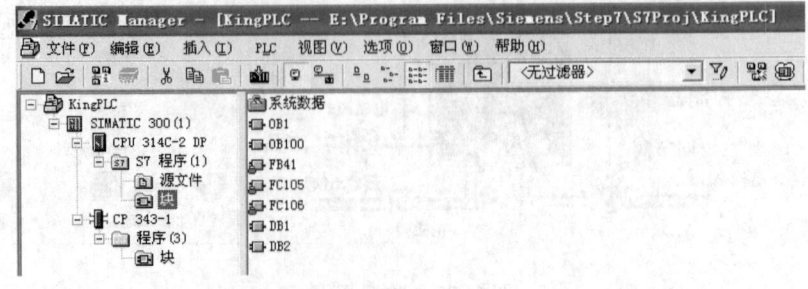

图 6-30 程序块图

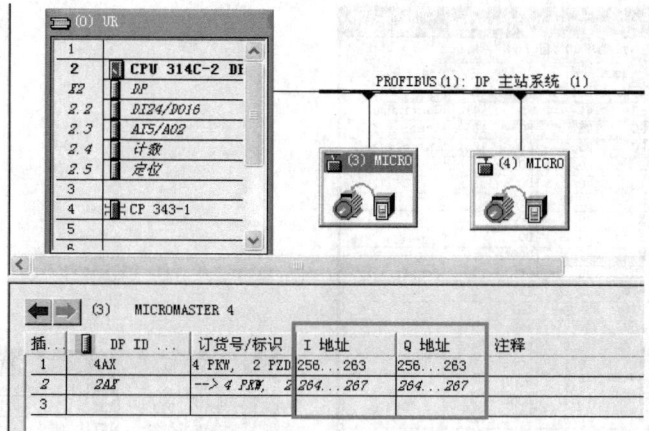

图 6-31 MM440-1 的数据交换地址

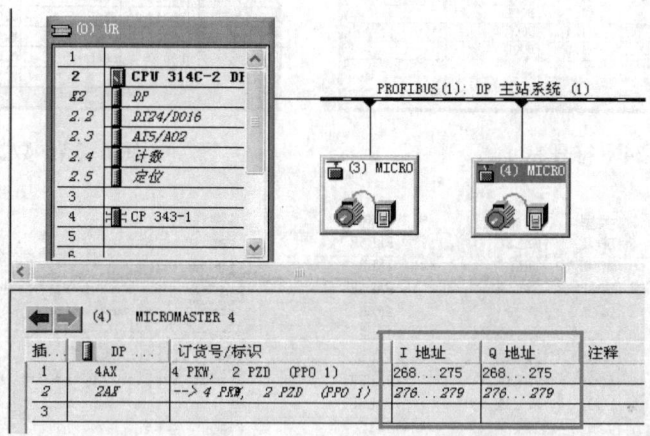

图 6-32 MM440-2 的数据交换地址

图 6-33 以太网配置

图6-34 符号表

	状态	符号	地址		数据类型		注释
1		CONT_C	FB	41	FB	41	Continuou...
2		SCALE	FC	105	FC	105	Scaling V...
3		UNSCALE	FC	106	FC	106	Unscaling...
4		本地启动按钮	I	0.1	BOOL		
5		本地停止按钮	I	0.2	BOOL		
6		远程/本地转换开关	M	0.0	BOOL		
7		远程启动按钮	M	0.1	BOOL		
8		远程停止按钮	M	0.2	BOOL		
9		电磁阀5开关	M	0.3	BOOL		
10		COMPLETE RESTART	OB	100	OB	100	Complete...
11		混合灌液位	PIW	300	INT		
12		反应釜温度	PIW	302	INT		
13		调节阀输出	PQW	300	INT		
14		系统工作指示	Q	0.0	BOOL		
15		电磁阀1	Q	0.1	BOOL		
16		电磁阀2	Q	0.2	BOOL		
17		电磁阀3	Q	0.3	BOOL		
18		电磁阀4	Q	0.4	BOOL		
19		电磁阀5	Q	0.5	BOOL		
20		搅拌电机	Q	0.6	BOOL		
21		反应釜工作	Q	0.7	BOOL		
22		远程工作	Q	1.0	BOOL		
23		本地工作	Q	1.1	BOOL		
24		A泵工作	Q	1.2	BOOL		
25		B泵工作	Q	1.3	BOOL		
26		液位报警	Q	1.4	BOOL		
27		温度报警	Q	1.5	BOOL		

图6-35 数据块 DB1

地址	名称	类型	初始值	注释
0.0		STRUCT		
+0.0	DBW0	INT	0	设定定时时间
+2.0	DBW2	INT	0	显示时间
+4.0	DBW4	WORD	W#16#0	设定A泵频率
+6.0	DBW6	WORD	W#16#0	A泵状态字
+8.0	DBW8	WORD	W#16#0	A泵实际频率
+10.0	DBW10	WORD	W#16#0	B泵状态字
+12.0	DBW12	WORD	W#16#0	B泵实际频率
+14.0	DBD14	REAL	0.000000e+000	混合灌液位高度
+18.0	DBW18	WORD	W#16#0	时间变换中间变量
+20.0	DBD20	REAL	0.000000e+000	温度显示
=24.0		END_STRUCT		

图6-36 数据块 DB2

	地址	声明	名称	类型	初始值	实际值	备注
1	0.0	in	COM_RST	BOOL	FALSE	FALSE	complete restart
2	0.1	in	MAN_ON	BOOL	TRUE	TRUE	manual value on
3	0.2	in	PVPER_ON	BOOL	FALSE	FALSE	process variable peripherie on
4	0.3	in	P_SEL	BOOL	TRUE	TRUE	proportional action on
5	0.4	in	I_SEL	BOOL	TRUE	TRUE	integral action on
6	0.5	in	INT_HOLD	BOOL	FALSE	FALSE	integral action hold
7	0.6	in	I_ITL_ON	BOOL	FALSE	FALSE	initialization of the integral action
8	0.7	in	D_SEL	BOOL	FALSE	FALSE	derivative action on
9	2.0	in	CYCLE	TIME	T#1S	T#1S	sample time
10	6.0	in	SP_INT	REAL	0.000000e+000	0.000000e+000	internal setpoint
11	10.0	in	PV_IN	REAL	0.000000e+000	0.000000e+000	process variable in
12	14.0	in	PV_PER	WORD	W#16#0	W#16#0	process variable peripherie
13	16.0	in	MAN	REAL	0.000000e+000	0.000000e+000	manual value
14	20.0	in	GAIN	REAL	2.000000e+000	2.000000e+000	proportional gain
15	24.0	in	TI	TIME	T#20S	T#20S	reset time
16	28.0	in	TD	TIME	T#10S	T#10S	derivative time
17	32.0	in	TM_LAG	TIME	T#2S	T#2S	time lag of the derivative action
18	36.0	in	DEADB_W	REAL	0.000000e+000	0.000000e+000	dead band width
19	40.0	in	LMN_HLM	REAL	1.000000e+002	1.000000e+002	manipulated value high limit
20	44.0	in	LMN_LLM	REAL	0.000000e+000	0.000000e+000	manipulated value low limit
21	48.0	in	PV_FAC	REAL	1.000000e+000	1.000000e+000	process variable factor
22	52.0	in	PV_OFF	REAL	0.000000e+000	0.000000e+000	process variable offset
23	56.0	in	LMN_FAC	REAL	1.000000e+000	1.000000e+000	manipulated value factor
24	60.0	in	LMN_OFF	REAL	0.000000e+000	0.000000e+000	manipulated value offset
25	64.0	in	I_ITLVAL	REAL	0.000000e+000	0.000000e+000	initialization value of the integral action
26	68.0	in	DISV	REAL	0.000000e+000	0.000000e+000	disturbance variable
27	72.0	out	LMN	REAL	0.000000e+000	0.000000e+000	manipulated value
28	76.0	out	LMN_PER	WORD	W#16#0	W#16#0	manipulated value peripherie
29	78.0	out	QLMN_HLM	BOOL	FALSE	FALSE	high limit of manipulated value reached
30	78.1	out	QLMN_LLM	BOOL	FALSE	FALSE	low limit of manipulated value reached
31	80.0	out	LMN_P	REAL	0.000000e+000	0.000000e+000	proportionality component
32	84.0	out	LMN_I	REAL	0.000000e+000	0.000000e+000	integral component
33	88.0	out	LMN_D	REAL	0.000000e+000	0.000000e+000	derivative component
34	92.0	out	PV	REAL	0.000000e+000	0.000000e+000	process variable

5. PLC 程序

(1) OB100 程序

初始化程序如图 6-37 所示。

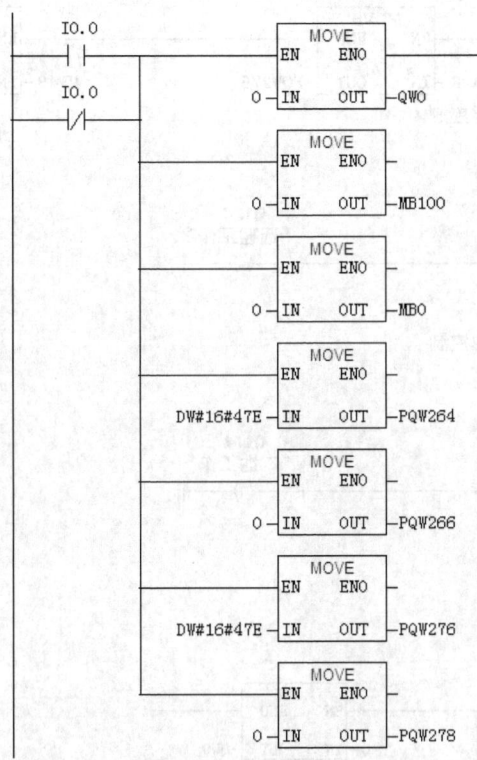

图 6-37 初始化程序

(2) OB1 程序

主程序 OB1 如图 6-38 所示。

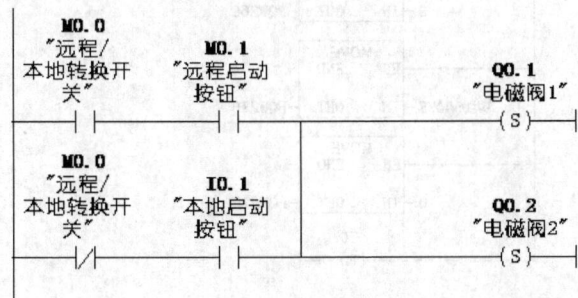

图 6-38 OB1 程序

程序段 2：控制A、B变频器并设定频率

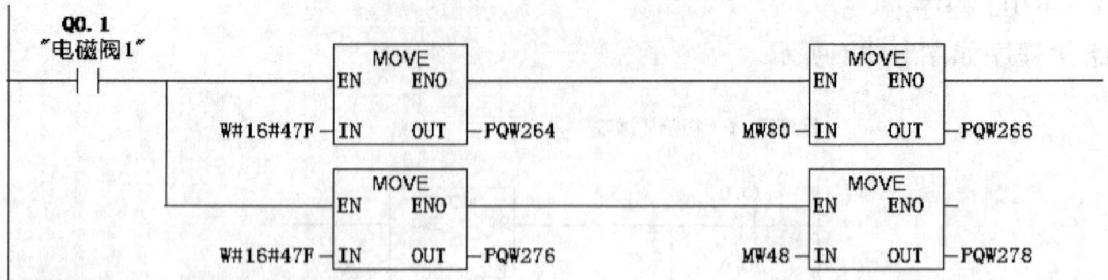

```
   Q0.1
 "电磁阀1"            MOVE                              MOVE
    ┤├──────┬────EN    ENO─────────────┬────EN    ENO─────────
           │                           │
           │  W#16#47F─IN    OUT─PQW264│  MW80─IN    OUT─PQW266
           │                           │
           │        MOVE               │        MOVE
           └────EN    ENO──────────────└────EN    ENO─────────
              W#16#47F─IN    OUT─PQW276    MW48─IN    OUT─PQW278
```

程序段 3：上位机操作远程控制

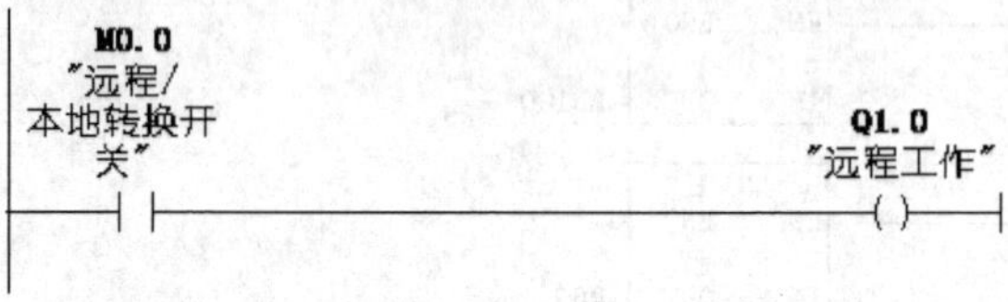

```
   M0.0
 "远程/
 本地转换开                                Q1.0
    关"                                "远程工作"
    ┤├────────────────────────────────────( )
```

程序段 4：上位机操作本地控制

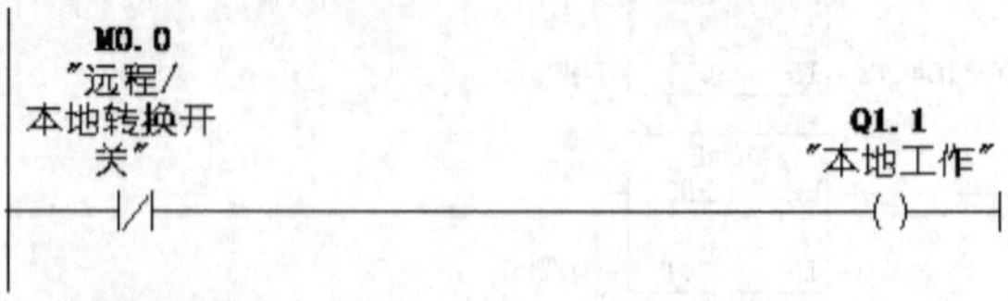

```
   M0.0
 "远程/
 本地转换开                                Q1.1
    关"                                "本地工作"
    ┤/├───────────────────────────────────( )
```

程序段 5：停止

```
   M0.0        M0.2
 "远程/       "远程停止
 本地转换开     按钮"
    关"
    ┤├─────────┤├──────┐         MOVE
                       ├─────EN    ENO───
   M0.0        I0.2    │
 "远程/       "本地停止 │     0─IN    OUT─QW0
 本地转换开     按钮"    │
    关"                │         MOVE
    ┤/├────────┤├─────┤─────EN    ENO───
                       │
                       │     0─IN    OUT─MB100
                       │
                       │         MOVE
                       ├─────EN    ENO───
                       │
                       │  W#16#47E─IN    OUT─PQW264
                       │
                       │         MOVE
                       ├─────EN    ENO───
                       │
                       │     0─IN    OUT─PQW266
                       │
                       │         MOVE
                       ├─────EN    ENO───
                       │
                       │  W#16#47E─IN    OUT─PQW276
                       │
                       │         MOVE
                       ├─────EN    ENO───
                       │
                       │     0─IN    OUT─PQW278
                       │
                       │          T0
                       └─────────(R)
```

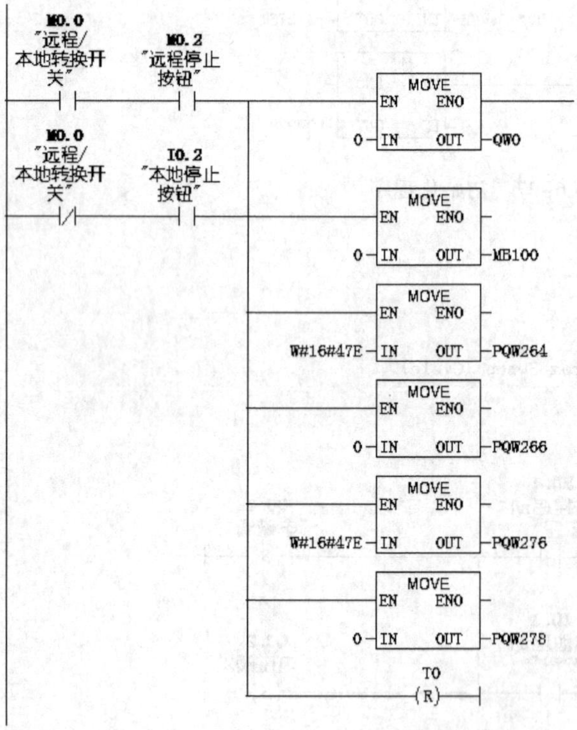

图 6-38　OB1 程序（续）

程序段 6：上位设定时间变换成S5T#格式

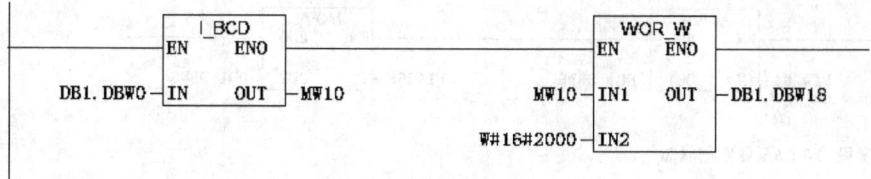

程序段 7：设定A泵频率(0~50)转化(0~16 384)

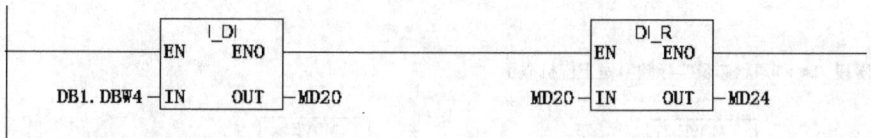

程序段 8：标题：

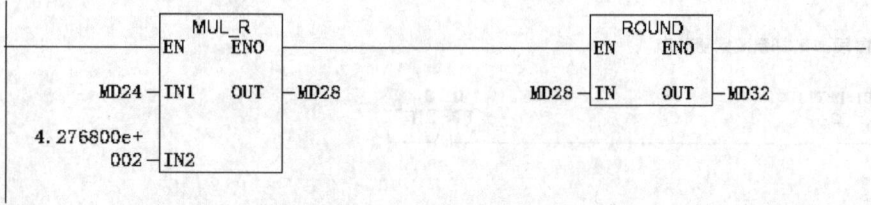

程序段 9：标题：

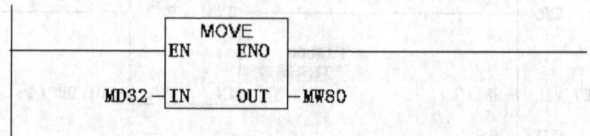

程序段 10：B泵频率

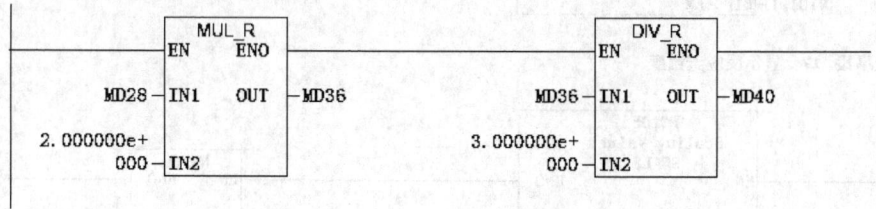

程序段 11：转换

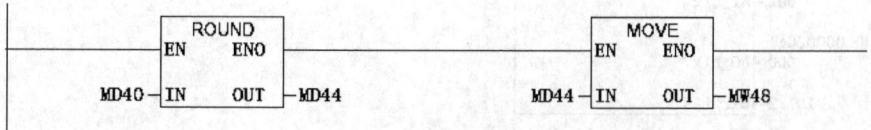

图 6-38　OB1 程序（续）

程序段 12：A泵状态及实际频率送上位机显示

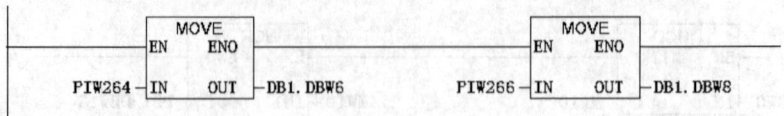

程序段 13：A变频器状态

```
DB1.DBX7.2                                    Q1.2
                                            "A泵工作"
   ┤├──────────────────────────────────────( )
```

程序段 14：B泵状态及实际频率送上位机显示

```
       MOVE                              MOVE
     EN    ENO                         EN    ENO
PIW276─IN   OUT─DB1.DBW10       PIW278─IN   OUT─DB1.DBW12
```

程序段 15：B变频器状态

```
DB1.DBX11.                                    Q1.3
    2                                       "B泵工作"
   ┤├──────────────────────────────────────( )
```

程序段 16：显示液位高度

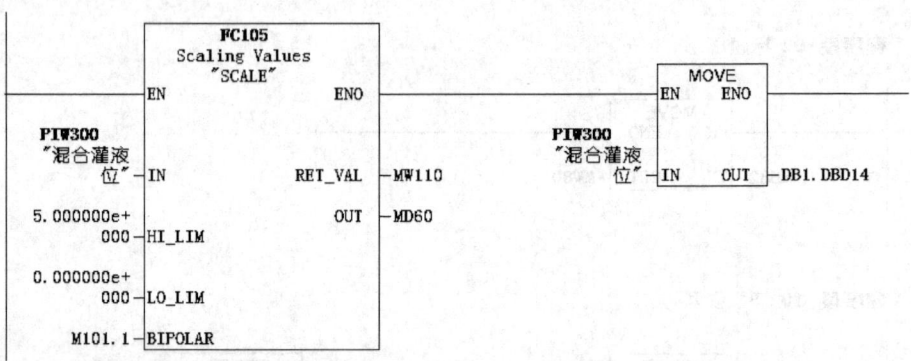

程序段 17：显示反应釜温度

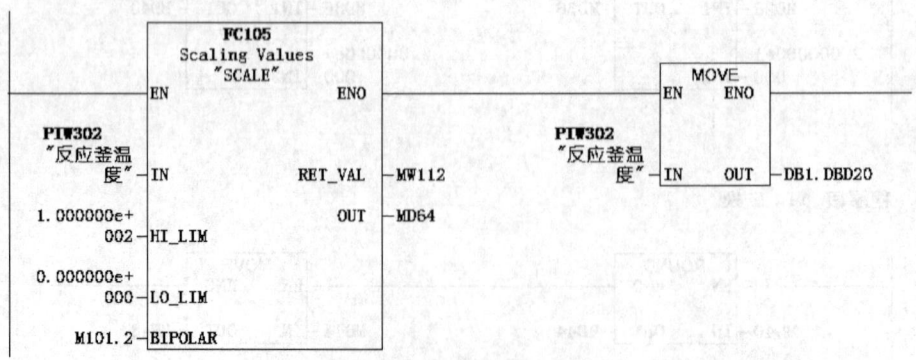

图 6-38　OB1 程序（续）

程序段 18：液位高于4.5m时延时停止A、B泵及电磁阀1、2

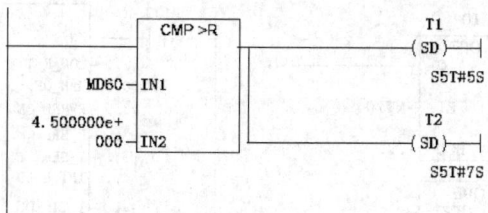

程序段 19：液位高于4.8m时报警

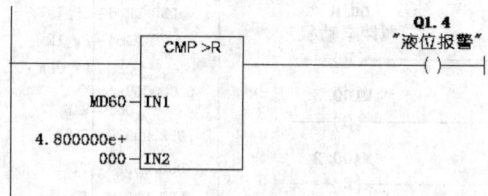

程序段 20：标题：

```
    T1              MOVE
────┤ ├────────────┤EN  ENO├────────
                   │       │
         W#16#47E ─┤IN  OUT├─ PQW264

                    MOVE
               ────┤EN  ENO├────────
                   │       │
                0 ─┤IN  OUT├─ PQW266

                    MOVE
               ────┤EN  ENO├────────
                   │       │
         W#16#47E ─┤IN  OUT├─ PQW276

                    MOVE
               ────┤EN  ENO├────────
                   │       │
                0 ─┤IN  OUT├─ PQW278
```

程序段 21：关电磁阀1、2

```
                                Q0.1
                               "电磁阀1"
    T2
────┤ ├─────────────────────────( R )

                                Q0.2
                               "电磁阀2"
                              ──( R )

                                M100.1
                              ──( S )
```

程序段 22：起动搅拌电动机

```
                                Q0.6
                               "搅拌电机"
   M100.1
────┤ ├─────────────────────────( S )

                                M100.1
                              ──( R )

                                M100.2
                              ──( S )
```

图 6-38　OB1 程序（续）

程序段 23：上位机设定搅拌时间

程序段 26： 温度PID运算

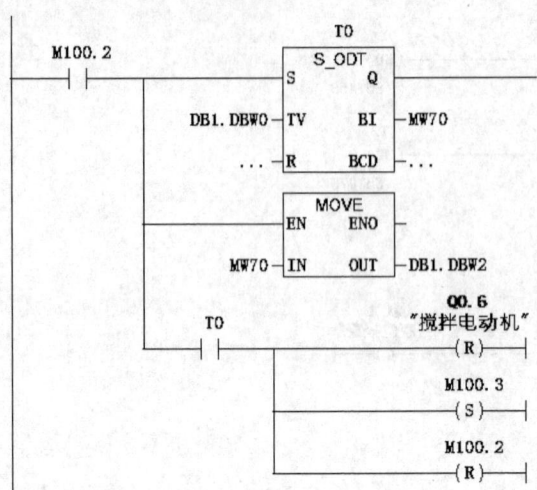

程序段 24：开电磁阀，到液位下限位延时关电磁阀3

程序段 27：PID运算结果工程化处理

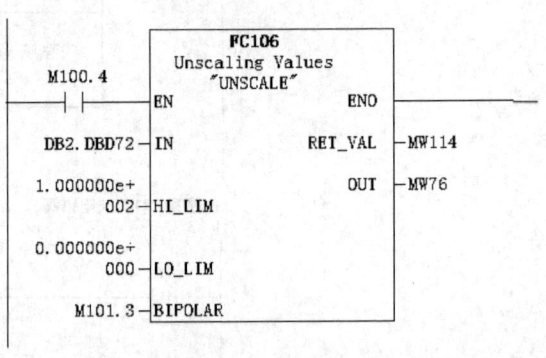

程序段 25：反应釜工作

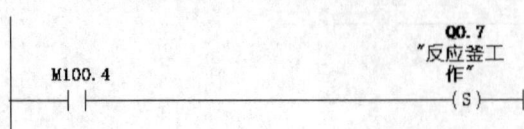

图 6-38　OB1 程序（续）

程序段 28：输出(0~10V)调节阀调节蒸汽流量

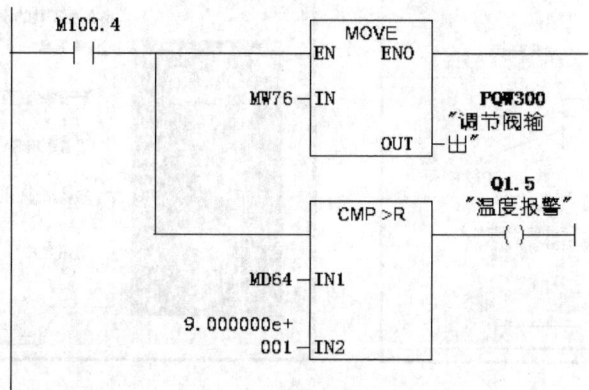

程序段 29：开电磁阀5排出产品

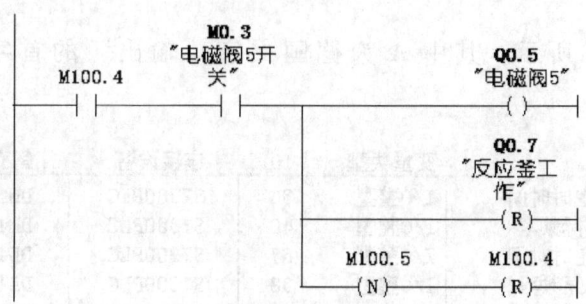

图 6-38 OB1 程序（续）

6. 组态监控

（1）定义设备

设置配置向导界面如图 6-39 ~ 图 6-42 所示。

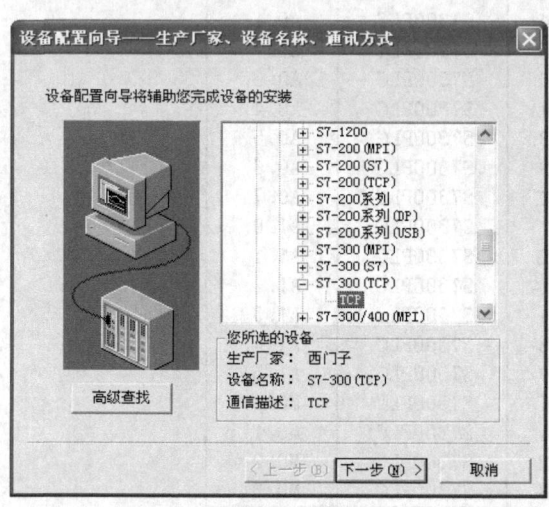

图 6-39 选择通信协议方式

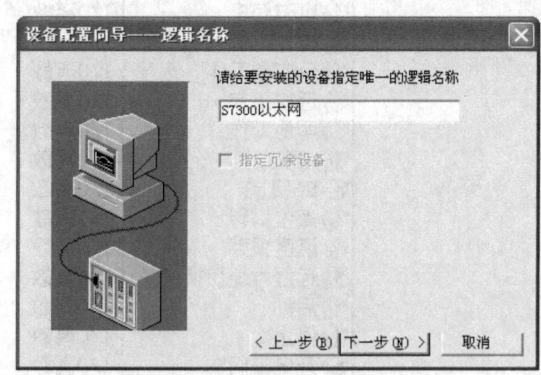

图 6-40 设置设备名称

281

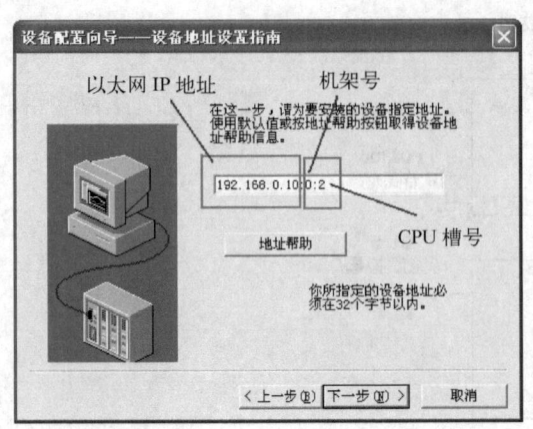
图 6-41 设备地址设置

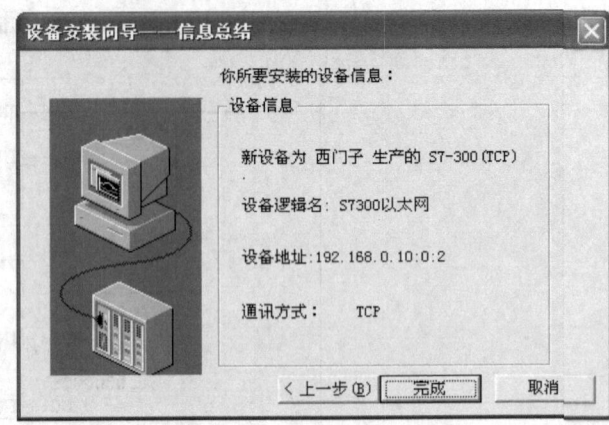
图 6-42 设备信息总结

(2) 定义变量

变量表如图 6-43 所示。其中 A 为德国文字"输出"的首字母,如 A0.0 相当于 Q0.0。

变量名	变量类型	ID	连接设备	寄存器
设定定时时间	I/O整型	36	S7300PLC	DB1.0
B泵实际频率	I/O整型	40	S7300PLC	DB1.12
显示定时时间	I/O整型	37	S7300PLC	DB1.2
设定A泵频率	I/O整型	38	S7300PLC	DB1.4
A泵实际频率	I/O整型	39	S7300PLC	DB1.8
积分	I/O整型	45	S7300PLC	DB2.24
微分	I/O整型	46	S7300PLC	DB2.28
液位高度	I/O实型	41	S7300PLC	DB1.14
温度反馈值	I/O实型	43	S7300PLC	DB1.20
比例P	I/O实型	44	S7300PLC	DB2.20
设定温度值	I/O实型	42	S7300PLC	DB2.6
系统工作指示	I/O离散	23	S7300PLC	A0.0
电磁阀1	I/O离散	24	S7300PLC	A0.1
电磁阀2	I/O离散	25	S7300PLC	A0.2
电磁阀3	I/O离散	26	S7300PLC	A0.3
电磁阀4	I/O离散	27	S7300PLC	A0.4
电磁阀5	I/O离散	28	S7300PLC	A0.5
搅拌电机	I/O离散	29	S7300PLC	A0.6
反应釜工作	I/O离散	30	S7300PLC	A0.7
远程工作	I/O离散	31	S7300PLC	A1.0
本地工作	I/O离散	32	S7300PLC	A1.1
A泵工作	I/O离散	33	S7300PLC	A1.2
B泵工作	I/O离散	34	S7300PLC	A1.3
液位报警	I/O离散	35	S7300PLC	A1.4
温度报警	I/O离散	49	S7300PLC	A1.5
远程本地切换开关	I/O离散	47	S7300PLC	M0.0
启动	I/O离散	21	S7300PLC	M0.1
停止	I/O离散	22	S7300PLC	M0.2
开电磁阀5	I/O离散	48	S7300PLC	M0.3

图 6-43 变量表

图 6-44~图 6-53 分别是定时时间、显示时间、A 泵频率、A 泵实际频率、液位高度、温度目标值、温度反馈值、比例、积分、微分等变量的设置情况。

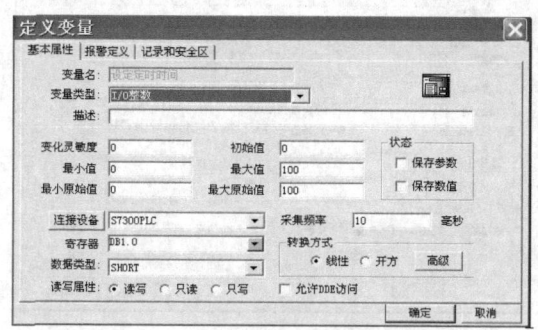

图 6-44 "定时时间"变量设置

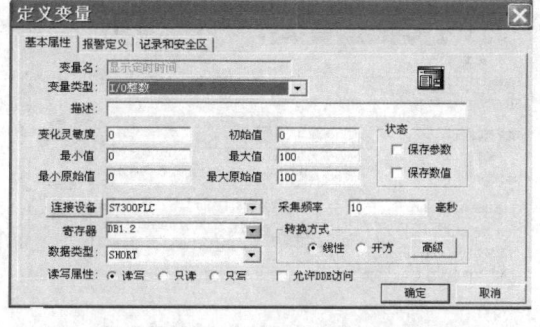

图 6-45 "时间显示"变量设置

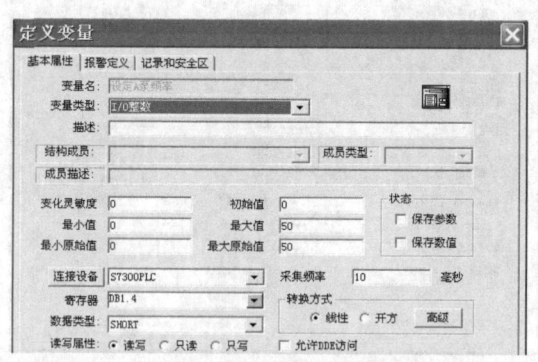

图 6-46 "A 泵频率"变量设置

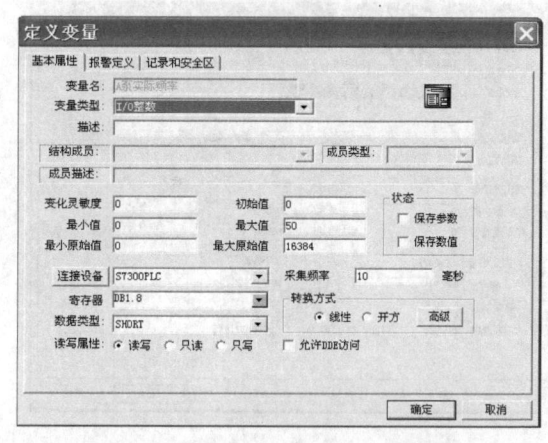

图 6-47 "A 泵实际频率"变量设置

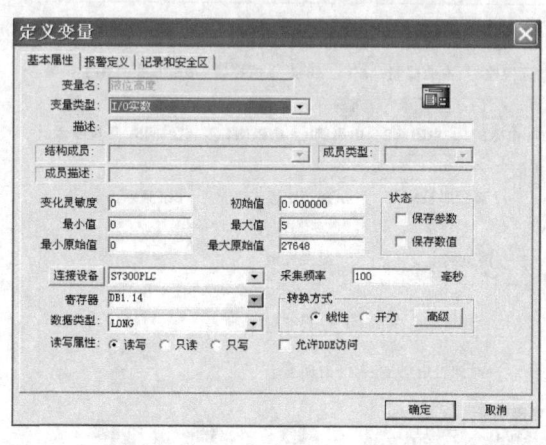

图 6-48 "液位高度"变量设置

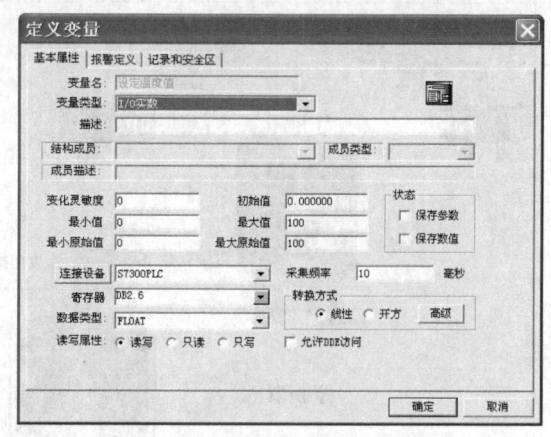

图 6-49 "温度目标值"变量设置

（3）监控画面的运行

监控画面的运行状态如图 6-54 所示。

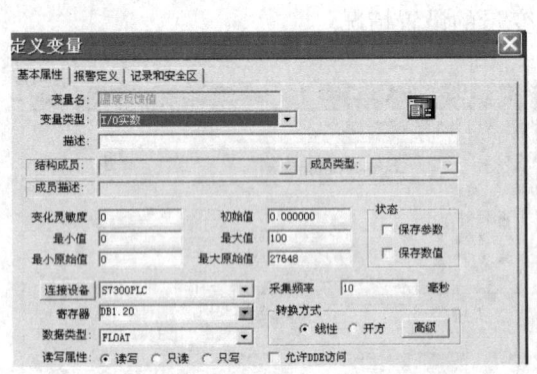
图6-50 "温度反馈值"变量设置

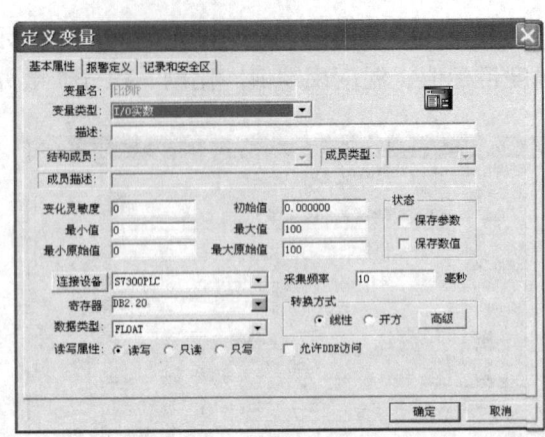
图6-51 "比例"变量设置

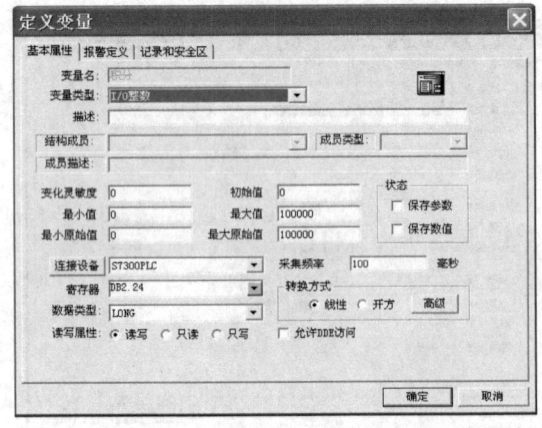
图6-52 "积分"变量设置

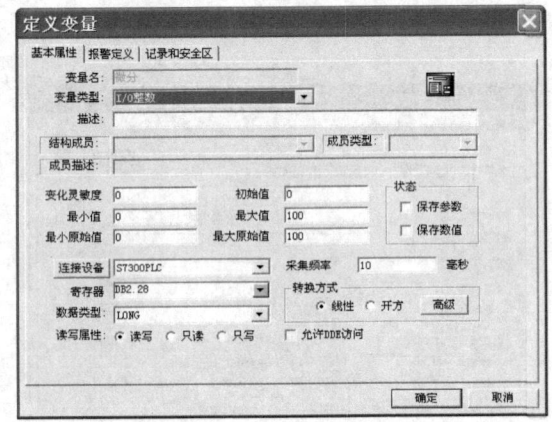
图6-53 "微分"变量设置

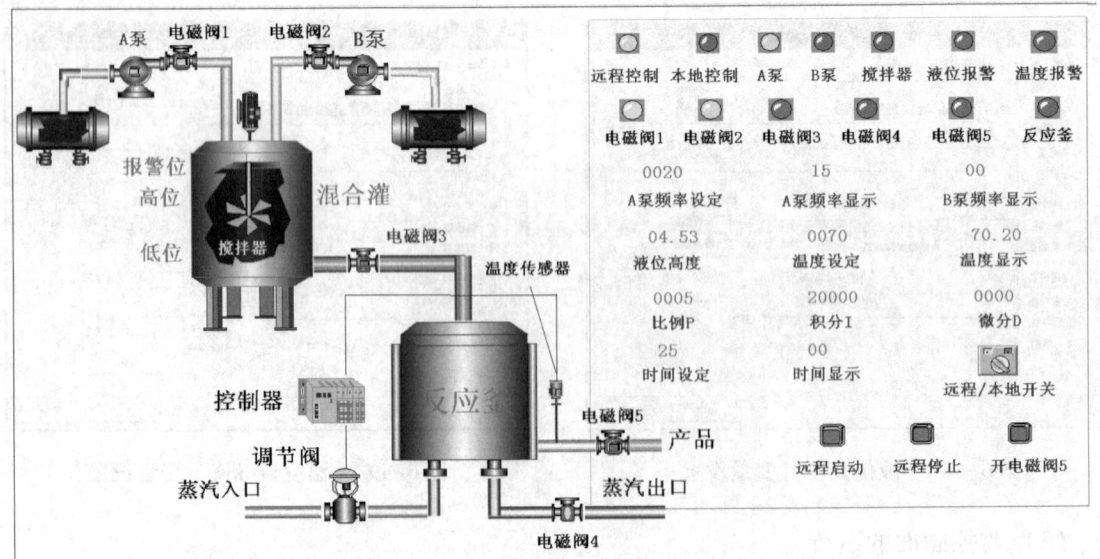
图6-54 监控画面

【技能训练】

电子产品生产车间分布式以太网控制

1. 控制要求

一个独立的电子产品生产车间，整条生产线由一个主工作区和两个辅助工作区组成，每个区域集中了一些模拟量和数字开关信号，要采用 PLC 和触摸屏基于工业以太网 PN 和分布式 I/O 站，对主工作区和两个辅助区进行控制。

主工作区：

1）开关量：输入（DI）信号 28 个，输出（DO）信号 13 个；
2）模拟量：输入（AI）信号 15 个，输出（AO）信号 3 个。

1#辅助区：

1）开关量：输入（DI）信号 12 个，输出（DO）信号 7 个；
2）模拟量：输入（AI）信号 5 个，输出（AO）信号 1 个。

2#辅助区：

1）开关量：输入（DI）信号 16 个，输出（DO）信号 6 个；
2）模拟量：输入（AI）信号 5 个，输出（AO）信号 2 个。

系统的总体网络结构如图 6-55 所示。

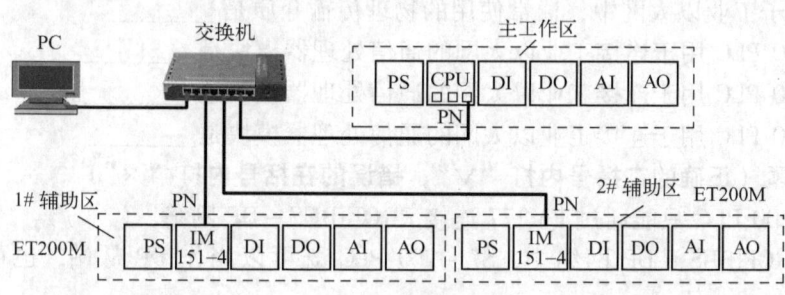

图 6-55 总体网络结构图

2. 训练要求

1）根据现场被监控信号的数量、种类，选择好主工作区和两个辅助工作区的 DI、DO、AI、AO 模块的数量。

2）进行硬件组态。

3. 技能训练考核标准

技能训练评价表

序号	主要内容	考核要求	评分标准	配分	扣分	得分
1	方案设计	根据控制要求，画出网络总体结构图	网络结构图不正确或画法不规范，扣 10 分	20		
2	选择模块	正确选择合适的 CPU 和 I/O 模块数量	1. 选择的 CPU 不正确，扣 10 分； 2. 选择开关量模块不合适，扣 10 分； 3. 选择模拟量模块不合适，扣 10 分； 4. ET200M 通信模块选择不正确，扣 10 分	30		

(续)

序号	主要内容	考核要求	评分标准	配分	扣分	得分
3	硬件组态	正确组态主站和两个从站	1. 组态主工作区不正确，扣10分； 2. 组态1#辅助工作区不正确，扣10分； 3. 组态2#辅助工作区不正确，扣10分	40		
4	安全与文明生产	遵守国家相关专业安全文明生产规程，遵守学院纪律	1. 不遵守教学场所规章制度，扣2分； 2. 出现重大事故或人为损坏设备，扣完10分	10		
备注			合计	100		
	小组成员签名					
	教师签名					
	日期					

【巩固练习】

一、填空题

1. ProfiNet 是西门子的工业以太网通信协议，其最高传输波特率为_____。
2. RJ-45 电缆有两种连接方式：交叉连接和_____。
3. 在西门子工业以太网中，通常使用的物理传输介质是_____。
4. S7-200 PLC 用于连接工业以太网的通信处理器模块是_____。
5. S7-300 PLC 用于连接工业以太网的通信处理器模块是_____。
6. S7-400 PLC 用于连接工业以太网的通信处理器模块是_____。

二、判断题（正确的在括号内打"√"，错误的在括号内打"×"）

（1）S7-200 PLC 只能通过 EM277 连接 PROFIBUS-DP 网络。（   ）

（2）在 PROFIBUS-DP 网络中，S7-200 PLC 既可以当作 DP 从站，也可以当作主站（   ）。

（3）编程器、组态装置、诊断装置、上位机等属于 DP2 类主设备（   ）。

（4）S7 系列 PLC 属于典型的 DP-1 类主设备（   ）。

（5）ET200 和变频器属于典型的 DP-从设备（   ）。

（6）EM277 是一种从站模块，不能用来通过 NETR 和 NETW 语句进行不同的 S7-200 PLC 之间的通信，不能用于自由端口的通信（   ）。

（7）RJ-45 直接连接电缆用于网卡与集线器或网卡与交换机之间的连接（   ）。

（8）RJ-45 交叉连接电缆用于网卡之间的直接连接，或集线器之间的直接连接（   ）。

（9）CP343-1IT 模块具有 Web 服务器、发送 E-mail 以及 FTP 功能（   ）。

三、思考简答题

1. 如何在 TCP/IP 网络中分配 IP 地址和子网掩码，在 TCP/IP 网络中分配 IP 地址和子网掩码要注意些什么？
2. 哪些 IP 地址和哪些子网掩码相互兼容？
3. CP343-1 能否与光纤连接？
4. CP343-1 能否连接无线以太网？

5. 在设置 CP343-1 以太网模块时应注意什么？

6. 在实验室环境下能否用一般路由器来代替西门子网络交换机？

四、技能训练

现有两套 S7-300 PLC 系统（包括 CPU315_2PN/DP、SM323 16DI/16DO、SM334 4AI/2AO 等），由于控制的需要。2 台 PLC 之间必须进行至少 8 个字节的数据交换，试在 2 台 PLC 之间建立 PROFINET 通信连接，并编写相应的通信及调试程序。

任务要求：

① 制定通信方案，选择适合功能要求的通信协议。

② 在 2 台 PLC 之间建立硬件连接。

③ 建立项目文档，并进行相关的通信组态。

④ 编写通信程序。

⑤ 设计调试方案，编写调试程序并进行通信调试。

参 考 文 献

[1] 柴瑞娟,等.西门子PLC高级培训教程[M].北京:人民邮电出版社,2009.
[2] 唐纪英.现场总线技术[M].天津:天津大学出版社,2008.
[3] 陶权,王凤桐.自动化综合应用工程[M].北京:化学工业出版社,2011.
[4] 陶权.PLC控制系统设计、安装与调试[M].北京:北京理工大学出版社,2009.
[5] 廖常初.跟我动手学S7-300/400PLC[M].北京:机械工业出版社,2010.
[6] 罗红福.PROFIBUS-DP现场总线工程应用实例解析[M].北京:中国电力出版社,2008.
[7] 王如松.组态软件应用技术[M].北京:机械工业出版社,2013.
[8] 陶权,吴尚庆.变频器应用技术[M].广东:华南理工大学出版社,2007.
[9] 李方园.零起点学西门子S7-300/400PLC[M].北京:机械工业出版社,2012.
[10] 吉红.PLC控制系统(西门子)[M].北京:机械工业出版社,2007.
[11] 姚福来.PLC、现场总线及工业网络实用技术速成[M].北京:电子工业出版社,2011.
[12] 陶飞.一步一步学PLC编程(西门子STEP7)[M].北京:中国电力出版社,2013.
[13] 向晓汉.PLC工业通信完全精通教程[M].北京:化学工业出版社,2013.
[14] 蔡杏山.图解西门子S7-300/400PLC技术快速入门与提高[M].北京:化学工业出版社,2013.
[15] 姜建芳.西门子S7-300/400PLC工程应用技术[M].北京:机械工业出版社,2012.
[16] 阳胜峰.图解西门子S7-300/400PLC编程技术[M].北京:中国电力出版社,2010.
[17] 李方园.PLC电气控制精解[M].北京:化学工业出版社,2010.
[18] 陈建明.电气控制与PLC应用练习与实践[M].北京:电子工业出版社,2008.